陈菁瑛　陈景耀◎主编

南方药用植物病虫害防治

（上 册）

中国农业出版社

图书在版编目（CIP）数据

南方药用植物病虫害防治．上册/陈菁瑛，陈景耀主编．—北京：中国农业出版社，2017.6
ISBN 978-7-109-22698-2

Ⅰ.①南… Ⅱ.①陈…②陈… Ⅲ.①药用植物－病虫害防治 Ⅳ.①S435.67

中国版本图书馆 CIP 数据核字（2017）第 018427 号

中国农业出版社出版
（北京市朝阳区麦子店街 18 号楼）
（邮政编码 100125）
责任编辑 孟令洋 郭 科

北京中科印刷有限公司印刷 新华书店北京发行所发行
2017 年 6 月第 1 版 2017 年 6 月北京第 1 次印刷

开本：700mm×1000mm 1/16 印张：29.25 插页：4
字数：600 千字
定价：80.00 元

编委会

《南方药用植物病虫害防治》

主　编： 陈菁瑛　陈景耀

副主编： 刘保财　陈　宏

赵云青　黄颖桢

参　编： 陈雄鹰　俞建华

吕竹清　万学锋

郭雪冰　林端寿

张运潭　张武君

黄冬寿　邱福平

前言

中医药是中华民族的文化瑰宝，也是世界医药宝库的重要组成部分。随着科技的不断进步，现代医药模式的转变、疾病谱的变化和预防保健对天然药物需求量的日益增长，中医药越来越受到国内外的普遍关注，特别是我国加入世界贸易组织（WTO）以来，国外对中医药的认识不断深化，需求量与日俱增。作为中医药的物质基础——中药材的增长却受限于多种因素，未能同步增长，其中最为主要因素之一是药用植物由于人工大面积栽培单一品种后，其生态系统的改变而导致病虫害的发生，甚至流行成灾。接踵而来的是因盲目或滥用化学农药防治病虫害而带来污染中药材和环境的严重后果，与此同时，国外针对我国中药材污染现状制订了日益苛刻的农药残留指标，很大限度上制约了中医药的发展势头，也直接影响了我国中医药现代化、规范化和国际化的进程。

近年来的生产实践进一步证明，药用植物病虫害的防控工作，始终是大宗药材栽植过程中最为薄弱的一个环节。解决这一问题的捷径是采用多种措施提高药农的基本素质，让药农尽快学习和掌握防控病虫害的基本知识和核心技术。为适应这一新需求，我们根据多年从事药用植物病虫害的研究和生产实践经验，参考大量文献资料，收集各地众多的新技术、新成果、新经验，编写了《南方药用植物病虫害防治》一书。

本书将所收集的 99 种南方药用植物分成上、下两册出版，上册共 63 种，其中果实与种子类 19 种，根与根茎类 20 种，茎与茎皮类 6 种，全草类 12 种，花类 6 种。每一种药用植物以植物名/药材名的形式列出，分别介绍其病害和害虫，其中，病害从症状、病原（病因）、传播途径和发病条件、防治方法等方面介绍，害虫从为害特点、形态特征、生活习性和防治方法等方面介绍。此外，还专列出地下害虫及其他有害生物部分，以减少不必要的文字重复。文后分别列出南方药用植物病害病原学名、害虫学名与中文名称对照索引，便于读者查阅。本书内容较为丰富，涉及的病虫害种类多，有不少系近期新发现的病虫害种类，可作为广大一线药农和植保工作者用于病虫防治实践的指导手册，对于农林、中医药院校师生了解和研究药用植物病虫害也有一定参考价值。

本书的编写得到公益性行业（农业）科研专项（201303117）、科学技术部科技支撑计划（2006BAI06A11－03）、福建省科学技术厅科技创新平台建设项目（2008Y2003）、福建省科学技术厅重大专项、福建省科学技术厅公益类项目、福建省发展和改革委员会五新项目及福建省农业科学院科技创新团队项目的大力支持。在本书编撰过程中，承蒙福建省植保植检总站、福建农林大学植物保护学院、福建省农业科学院植物保护研究所、福建省农业科学院果树研究所、福建省农业科学院农业生物资源研究所等单位，以及高日霞教授、黄建教授、陈元洪研究员等的大力支持或提供部分资料；张艳旋研究员、李坚贞研究员协助鉴定鱼腥草害螨及植绥螨标本；何学友研究员和庄家祥高级农艺师分别提供橄榄新害虫漆蓝卷象和余甘子新害虫异胫小卷蛾照片；参考引用了有关文献，还得到中国农业出版社孟令洋和郭科编辑的大力支持与帮助，在此一并致谢。

由于编著者的水平和收集的资料有限，错漏和不妥之处，恳请读者批评指正。

陈菁瑛　陈景耀

2016年11月于福建省农业科学院药用植物研究中心

目 录

索引

第一章　果实与种子类

第一节　砂仁/砂仁

中药材砂仁为姜科植物阳春砂（*Amomum villosum* Lour.）、绿壳砂（*Amomum villosum* Lour. var. *xanthioides* T. L. Wu et Senjen）或海南砂（*Amomum longiligulare* T. L. Wu）的干燥成熟果实。

一、病害

（一）砂仁叶枯病

砂仁叶枯病或称砂仁叶斑病，为害严重。

1. 症状　主要为害叶片和叶鞘。发病初期叶片出现褪绿色小点，后逐渐扩大成近圆形或不规则的黄褐色、水渍状病斑，边缘不清晰；后期病斑扩大，中央呈灰白色，边缘棕褐色，湿度大时病斑正反两面均产生灰色霉层（病原菌子实体），以叶背为多。发生多时，病斑相互融合，致叶干枯。通常从下部叶片始发，逐渐向上蔓延，严重时，整株叶片自下而上枯死，随即茎枯。

2. 病原　*Gonatopyricularia amomi* Z. D. Jiang et P. K. Chi [=*Pyriculariopsis amomi*（Z. D. Jiang et P. K. Chi）X. H. Lai & H. L. Gao]，为半知菌亚门拟梨孢属真菌。

3. 传播途径和发病条件　此病终年发生，分生孢子借气流、风雨传播，广东发病高峰为3月雨期和9～10月气温稍有下降时期。冬季天气干燥，病情发展缓慢，4月中旬后，气温上升，植株生长旺盛，大量新叶长出，仅少量病叶残留植株上，病叶通常干枯脱落。在栽培管理粗放、土壤瘠薄、植株荫蔽、光线不足、长势衰弱的种植地，发病尤重。老区发病猖獗，新区未见。海南砂仁少见发病。

4. 防治方法

（1）清园　采果后及时清园，将病残株携出园外烧毁，生长期间结合刈枯老苗和清除病残株，集中处理，以减少田间残留菌源。

（2）精心田管　注意防旱排涝，保持湿润；合理密植，保持适宜荫蔽度，改善通气条件，降低湿度；及时施肥培土，增施磷、钾肥，促进植株长壮，提高抗病力。

(3) 喷药防控　发病初期任选20%井冈霉素可湿性粉剂1 000倍液、2%春雷霉素水剂500倍液、20%苯醚甲环唑微乳剂（世高）2 000～3 000倍液、70%甲基硫菌灵可湿性粉剂1 000倍液喷治，病重时隔10d喷1次，连治2～3次。

（二）砂仁炭疽病

1. 症状　主要在成株期为害。幼叶和老叶均可发病，多从叶尖或叶缘发病，初为水渍状暗绿色，后变灰白色，继而成灰褐色或黄褐色，病斑边缘不明显，似云纹状。当病斑向叶基部扩展时，全叶干枯，其上生有小黑点（病菌子囊壳）。

2. 病原　有性阶段：围小丛壳［*Glomerella cingulata*（Stonem.）Spauld. et Schrenk］，为子囊菌亚门小丛壳属真菌。无性阶段：胶孢炭疽菌（*Colletotrichum gloeosporioides* Penz.），为半知菌亚门炭疽菌属真菌。半知菌亚门炭疽菌属辣椒炭疽菌［*Colletotrichum capsici*（Syd.）Butler et Bisby］为害砂仁实生苗：叶面可见褪绿色小点，迅速扩大为近圆形、椭圆形或不规则形的褪绿病斑，继而病斑扩大或相互融合，半叶或整叶下垂，病斑中央上生小黑点（病菌分生孢子盘）。如叶鞘先感染，则叶鞘组织软化，叶片下垂，但叶仍为绿色。发病后如天气转晴，湿度降低，病叶则出现穿孔，只留下黄色边缘，当地称“穿孔病”。发病期间连续阴天多雨，幼苗全叶将下垂，似开水烫过。

3. 传播途径和发病条件　病菌以菌丝体潜伏病组织和落叶病组织中，为翌年初侵染源。翌春回暖产生分生孢子，借风雨及昆虫传播，侵入叶片或叶鞘上，产生大量分生孢子，可不断进行再侵染，高温（24～32℃）高湿有利发病。4月气温升高，阴天多雨，出苗的幼苗开始发病，直至幼苗长到12cm以上，才渐减轻。育苗地管理粗放，过于荫蔽，杂草丛生，低洼积水，则发病重；少雨干旱，幼苗出土早，长势好，则发病较轻。

4. 防治方法　参见砂仁叶枯病。

（三）砂仁苗疫病

砂仁苗疫病是育苗期间发生的常见病害。

1. 症状　发病初期嫩叶叶尖或叶缘呈现暗绿色、不规则形病斑，后期病部变软，叶似开水烫过，干枯或水渍状下垂，严重时自上往下迅速延及叶鞘和下层叶片，终至全株叶片软腐或干枯，成光秆后慢慢枯死，根系一般尚好。

2. 病原　*Phytophthora* sp.，为鞭毛菌亚门疫霉属真菌。无性阶段产生卵形或长圆形的孢子囊，有性阶段产生球形、壁厚的卵孢子，卵孢子萌发形成孢子囊，再释放出游动孢子。

3. 传播途径和发病条件　病菌以卵孢子、厚垣孢子或菌丝体在病残体上越冬。带菌种苗和带菌土壤是该病初侵染源。病菌借风雨溅射和流水传播，通过重复侵染使病害在田间不断传开。高温多湿有利发病。一般4月开始发病，5～8

月气温高，热带风暴多，育苗地过于荫蔽，小气候湿度大，连作，土质黏重，排水不良，苗地低洼积水的发病较重。

4. 防治方法

(1) 选好苗地培育无病苗　在远离病区的前作水浇地建苗地，种前要进行苗地和种苗消毒处理：播种前7～8d用3波美度石硫合剂喷地面，种苗可使用1：1：200波尔多液浸苗片刻。

(2) 加强管理　3～4月调整荫蔽度，搞好排水，增施火烧土、草木灰或石灰，发病初期剪除病叶集中烧毁。

(3) 施药防控　发病初期喷1：1：200波尔多液、25%甲霜灵可湿性粉剂800～1 000倍液或50%敌菌丹可湿性粉剂1 000倍液。

(四) 砂仁丝核菌果腐病

1. 症状　通常近地面的春砂仁先发病，逐渐向果序上部扩展。始发时局部果皮变成棕褐色，后很快扩展至全果，果皮变软，上生稀疏褐色丝状物（病菌的菌丝体），果肉由白色变成褐色；在壳砂仁上还为害叶片，形成大型的云状褐斑，潮湿时有少许褐色菌丝附在病斑上，致叶早枯。

2. 病原　立枯丝核菌（*Rhizoctonia solani* Kuenn.），为半知菌亚门丝核菌属真菌。有性阶段：丝核薄膜革菌［*Pellicularia filamentosa*（Fat.）Rogers.］，为担子菌真菌，在自然条件下，很少发现。

3. 传播途径和发病条件　主要以菌核或菌丝在土中或寄主残体上越冬。病菌腐生性强，可在土中存活2～3年。条件适宜，菌核萌发成菌丝，通过风雨、流水、农具、病残体及带菌堆肥等传播。湿度是本病流行的主要条件，高温高湿发病重，地势低洼、排水不良、田间荫蔽、连作等容易发生该病。

4. 防治方法

(1) 从源头上防控病害　首先选择无病田块留种，并从中选健株种子作种用，其次是选择地势较高，排水良好的地块种植。

(2) 优化田管　增施腐熟有机肥和草木灰，雨后及时排水，幼果期从株群中分出通风道，改善通风条件，降湿防病。

(3) 清园　收果后结合刈枯老苗和清除病残株，集中烧毁，减少翌年初侵染源。

(4) 防疫　生长中后期，发现病果，及时采集加工，减少田间再侵染源。

(5) 施药防控　发病初期任选1：1：150波尔多液、15%井冈霉素A可溶性粉剂1 500～2 500倍液、10%多氧霉素可湿性粉剂（宝丽安）1 000倍液喷治。也可用20%噻菌铜悬浮剂400～500倍液、30%噁霉灵水剂1 500～2 000倍液、50%异菌脲可湿性粉剂（扑海因）1 000倍液、50%乙烯菌核利可湿性粉剂（农利灵）1 000～1 200倍液或2.5%咯菌腈悬浮种衣剂（适乐时）1 000倍液喷治，发病较多时须连喷 2～3 次，隔 10d 喷 1 次。

（五）砂仁镰孢果腐病

1. 症状 病果果皮棕黑色，果肉为褐色，整个果实失水萎缩，果面上生白色霉状物（病原菌的菌丝体和分生孢子）。

2. 病原 *Fusarium solani*（Mart.）Sacc.，为半知菌亚门镰孢属真菌。

3. 传播途径、发病条件和防治方法 参见砂仁丝核菌果腐病。

（六）砂仁褐斑病

1. 症状 叶呈现近椭圆形病斑，淡褐色，边缘色深，叶两面生淡黑色霉状物（病原菌子实体）。

2. 病原 *Pseudocercospora amomi*（A. K. Kar. et M. Mundel）Deighton，为半知菌亚门假尾孢属真菌。

3. 传播途径和发病条件 以菌丝体和分生孢子在病叶上越冬，成为翌年初侵染源。翌年条件适宜，分生孢子借气流和风雨传播，辗转为害。高温多雨，有利该病害发生。

4. 防治方法

（1）加强管理 收后结合刈枯老苗和清除病株，集中烧毁，种 1～2 年后处分株繁殖阶段，注意保持 70%～80%遮阴度，进入开花结实阶段遮阴度减至 50%～60%，冬旱期适时喷水，幼果期从株群中分隔出通风道，改善通风条件，春季注意排水，增施草木灰、石灰。

（2）施药防控 发病初期喷 1∶1∶150 波尔多液或 50%硫菌灵可湿性粉剂 1 000倍液，连喷 2～3 次。

（七）砂仁轮纹褐斑病

1. 症状、病原、传播途径和发病条件 参见本书益智轮纹褐斑病。零星发生。

2. 防治方法 防治砂仁褐斑病时可兼治此病。

（八）砂仁斑枯病

1. 症状 病叶呈现宽椭圆形、宽菱形、大小不等病斑，小的为（10～15）mm×（8～12）mm，大的为（20～30）mm×（15～25）mm，中央灰色，边缘细，褐色，上突露许多小黑点（病菌分生孢子器）。

2. 病原 *Septoria amomi* Z. D. Jiang et P. K. Chi，为半知菌亚门壳针孢属真菌。

3. 传播途径和发病条件 以菌丝体在病残体上越冬，翌春条件适宜，产生分生孢子，借风雨传播，也可借助农具或农事活动传播，从伤口侵入或直接侵入。在温度20～25℃、多雨高湿条件下，该病害发生较重。

4. 防治方法 参见砂仁褐斑病。

（九）砂仁灰斑病

1. 症状 叶片呈现椭圆形至不规则形病斑，中央灰白色，边缘不整齐，浅褐色至棕褐色，上生许多小黑点（病原菌子囊座）。

2. 病原 *Guignardia amomi* S. M. Lin et P. K. Chi，为子囊菌亚门球座菌属真菌。

3. 传播途径和发病条件 不详。

4. 防治方法 参见砂仁叶枯病。

（十）砂仁藻斑病

1. 症状 初期叶产生白色、灰绿色或黄褐色、针头状大小的圆形病斑，随后呈放射状扩展，形成圆形、椭圆形或不规则形稍隆起的毡状物。边缘整齐，后期病斑转为暗褐色，斑面光滑。病斑可布满叶片，影响光合作用，削弱树势。

2. 病原 *Cephaleuros virescens* Kunze.，一种寄生性绿藻。该病原寄主范围较广，除为害砂仁外，还可侵染肉桂、八角茴香、槟榔、柑橘等多种药、果。

3. 防治方法

（1）加强栽培管理 改善田间通风透光条件，注意防旱，增施有机肥，特别要多施磷、钾肥，以增强树势、提高抗病能力。

（2）清除病叶 集中烧毁，减少田间侵染源。

（3）施药防控 病重田块可在发病初期选喷1∶1∶150波尔多液、30%王铜悬浮剂600倍液或0.2%硫酸铜溶液1～2次。

二、害虫

（一）黄潜蝇

黄潜蝇又名钻心虫，属双翅目潜蝇科。

1. 为害特点 以幼虫蛀食砂仁细笋生长点，致生长点停止生长或腐烂，俗称“枯心病”，被害幼笋先端干枯以至死亡。

2. 形态特征

（1）成虫 体较小，灰褐色，有金属光泽，腹面黄白色，胸部两侧各有一乳白斑点。

（2）卵 白色，椭圆形。

（3）幼虫 体白色，略带黄色，头极小，腹足退化，尾端很小。

（4）蛹　乳白色至红棕色。

3. 生活习性　1年发生多代，世代重叠，近距离传播主要通过成虫的迁移或通过气流的扩散，远距离主要靠寄主植物或砂仁苗等的人为调运和携带。蛹怕湿，土壤过湿，叶面积水，影响其羽化率。暴风雨可引起田间成虫或幼虫的大量死亡。

4. 防治方法

（1）清洁田园　收获后及时清除田间和田边杂草及寄主植物的残株，集中用作高温堆肥或烧毁。尤其要及时刈除被害幼笋。

（2）淹水灭蛹　有条件的地区进行水淹，造成田间积水或增加土壤湿度，提高蛹死亡率。

（3）诱杀　成虫盛发期挂放粘蝇纸或涂机油的黄板，诱杀成虫。

（4）适时施药防控　掌握成虫产卵盛期和成虫盛期喷药防治，可任选1.8%阿维菌素乳油300～400mL/hm^2、20%灭幼脲悬浮剂600～800倍液、10%高效氯氰菊酯乳油450mL/hm^2、2.5%溴氰菊酯乳油（敌杀死）2 000倍液、20%氰戊菊酯乳油2 000倍液或50%辛硫磷乳油1 500倍液喷治。提倡阿维菌素与高效氯氰菊酯混用。也可用10%灭蝇胺悬浮剂600～700mL/hm^2、20%灭蝇杀单可溶性粉剂800～1 000倍液或50%敌敌畏乳油1 000～1 500倍液，为害高峰期宜每5～7d喷1次，连喷2～3次。

（二）姜弄蝶

姜弄蝶（*Udaspes folus* Cramer），属鳞翅目弄蝶科。

为害特点、形态特征、生活习性和防治方法，参见本书益智弄蝶。

三、鼠害

灭鼠方法参见本书其他有害生物鼠害部分。

第二节　薏苡/薏苡仁

薏苡［*Coix lacryma-jobi* L. var. *ma-yuen*（Roman.）Stapf］，为禾本科草本植物。其干燥成熟种仁为中药材薏苡仁，别名薏仁、薏米等。

一、病害

（一）薏苡黑穗病

该病也称薏苡黑粉病。

1. 症状　染病籽粒常肿胀成紫褐色疱状，内部充满黑褐色粉末（病原菌的厚垣孢子)。受害轻的外形与健粒相似,但病粒较软,内有少量黑粉。严重时茎叶也会受害,茎弯曲粗肿,病叶呈现红色,有不规则瘤状突起和畸形,破裂后散出褐色粉状物。

2. 病原 薏苡黑粉菌(*Ustilago coicis* Brefeld),为担子菌亚门黑粉菌属真菌。该菌只侵染薏苡。

3. 传播途径和发病条件 以成熟的散落在土表、种子或病残体上的厚垣孢子(又称冬孢子)越冬。翌春气温上升至10～18℃种子发芽时,厚垣孢子也同时萌发,侵入幼芽,且随植株生长而在组织内蔓延。幼穗形成时侵害穗部,破坏穗部花器,最终厚垣孢子充斥穗粒,引起黑穗。菌瘿(病组织)破裂后厚垣孢子散出,随风传播落在种子表面或落入土中,成为翌年初侵染源。调运病种是远程传播的主要途径。种子传播为主,土壤和粪肥也可传播。厚垣孢子可在土中存活2年以上,储存的种子表面病菌,可存活4年以上。种子不消毒、连作或施用带菌粪肥,有利于该病发生。

4. 防治方法

(1)建立无病留种田 从无病田的健株上采种,经种子消毒处理(硫酸铜100倍液浸种12h,也可将种子袋浸入5%石灰水或1∶1∶100波尔多液中24～48h,再取出清洗晾干),播在远离疫区的留种田上,繁育的良种可供大田种植,这是杜绝种子带菌的基本措施。

(2)种子处理 一般从健康无病田块上采种,在种前必须进行种子处理,以杀灭种子表面的病菌。还可采用热力法和药物拌种灭菌:播前用冷水将种子预浸24h,使厚垣孢子萌动,再用60℃温水(水量是种子的4倍)浸30min,晾干后播种;药剂拌种,用种子重量0.2%～0.4%的25%三唑酮可湿性粉剂、50%多菌灵可湿性粉剂或50%硫菌灵可湿性粉剂拌种,充分拌匀后播种。

(3)实行轮作 与豆科或非禾本科作物轮作至少3年。

(4)选用抗病品种 贵州高秆白壳品种、吉林矮秆紫茎品种较为抗病。

(5)加强田间管理 秋耕冬灌有助于减少田间土中越冬菌源,薏苡收获后及时清除秸秆和病株,以减少翌年侵染源。施用充分腐熟有机肥,以免有机肥带菌。加工的下脚料,应集中处理。田间发现病株,及时拔除并烧毁。

(二)薏苡德氏霉叶枯病

1. 症状 叶呈现梭形、长条形病斑,长30～80mm,褐色,边缘不明显,上生大量黑色霉状物(病原菌子实体),严重发生时病斑相融合,致叶枯死。

2. 病原 *Drechslera coicis* Subram.,为半知菌亚门德氏霉属真菌。

3. 传播途径和发病条件 广州地区8～10月普遍发生,为害重。病菌以菌丝体或分生孢子随病残体在土壤、病叶或秸秆上越冬,翌春分生孢子借气流、雨水传播,直接或经气孔侵入寄主,潜伏期10d左右。病叶上病菌可形成大量分生孢子，进行多次再侵染。7～8 月高温（18～32℃）多湿，为发病盛期，低温、干旱能能抑制该病病情发展，连作发病早且重。

（三）薏苡平脐蠕孢叶枯病

1. 症状 叶初始出现半透明水渍状小斑点，后扩大为边缘深褐色、中央浅褐色的椭圆形或梭形病斑，一般长 5～20mm、宽 2～5mm。生长中后期病斑汇合，形成大面积叶枯。后期病斑灰白色，边缘褐色，病部上生黑色霉层（病原菌分生孢子梗和分生孢子）。一些较抗病品种，病斑呈黄褐色斑点，周围具黄色晕圈，病斑不扩大，霉层不明显。

2. 病原 平脐蠕孢（*Bipolaris coicis*），为半知菌亚门真菌。

3. 传播途径和发病条件 苗期未见此病，6 月分蘖期始发，8 月中旬抽穗期出现发病高峰，条件适宜，病情可延至成熟期。其他参见薏苡德氏霉叶枯病。

（四）薏苡尾孢叶斑病

1. 症状 始发时叶呈水渍状半透明小斑点，周边为淡黄色晕圈，后水渍状斑点中心出现白色小点，继续扩大，呈椭圆形、圆形或梭形病斑，水渍状均变白色，边缘呈现褐色环带，外围为较宽的黄色晕圈，对光观看，叶片病斑呈半透明状，病斑一般长 1～15mm，宽 1～3mm。

2. 病原 *Cercospora* sp.，为半知菌亚门尾孢属真菌。

（五）薏苡弯孢叶斑病

1. 症状 与薏苡尾孢叶斑病相似。

2. 病原 *Curvularia* sp.，为半知菌亚门弯孢属真菌。

3. 传播途径和发病条件 分别参见本书石斛叶斑病与莲弯孢紫斑病。苗期至灌浆初期其发病情况与叶枯病相似，不同之处在于乳熟期以后，病斑数虽有增多，但不合并造成叶枯。生长中后期病叶率高达 100%，叶斑病与叶枯病常并发。

（六）薏苡小斑病

1. 症状 叶上病斑椭圆形，（3～5）mm×（1～3）mm，灰褐色，边缘褐色，上生淡黑色霉状物（病原菌子实体）。

2. 病原 无性阶段：薏苡德氏霉［*Drechslera maydis*（Nishik）Subrarm. et Jain］，为半知菌亚门德氏霉属真菌。有性阶段：宫部旋孢腔菌［*Cochliobolus miyabeanus*（Ito et Kurib.）Drechsl.］，为子囊菌亚门旋孢腔菌属真菌。

3. 传播途径和发病条件 不详。

（七）薏苡叶枯病、叶斑病、小斑病综合防治

（1）选用抗病品种　一般矮秆品种较高秆品种抗病。

（2）加强管理　科学施肥，重施基肥，改善土质，尤其要施充分腐熟的有机肥，薄施分蘖肥，巧施保粒肥，控制氮肥，增施磷、钾肥，促进植株长壮。合理密植，拔节终止后要及时摘除第一分枝以下的脚叶和无效分蘖，以利通风透光，降湿防病。抽穗期及时灌水。收后清园，彻底清除病残体，集中烧毁。

（3）轮作或选新地种植　选新地或两年未种过薏苡的地块种植。也可与非禾本科作物轮作，以减少田间菌源量。

（4）施药防控　发病初期任选65%代森锌可湿性粉剂500倍液、50%多菌灵可湿性粉剂500倍液、30%丙环唑·苯醚甲环唑乳油3 000～3 800倍液、50%异菌脲可湿性粉剂（扑海因）600倍液，或75%百菌清可湿性粉剂600倍液喷治，每7～10d喷1次，连喷2～3次。

（八）薏苡白粉病

1. 症状　发病初期叶上呈现黄色小点，后扩大成圆形或椭圆形病斑，叶表产生白色粉状霉层。一般下部叶较上部叶多，叶背较叶面多。早期霉斑分散，后期可融合成大斑，以至覆盖全叶，严重影响光合作用，使植株早衰减产。

2. 病原　禾白粉菌（*Erysiphe graminis* DC.），为子囊菌亚门白粉菌属真菌。

3. 传播途径和发病条件　以闭囊壳随病残体在地面上越冬，或以菌丝体潜伏在芽中越冬。条件适宜，闭囊壳放射出子囊孢子进行初侵染。生长季节产生大量分生孢子，通过气流传播进行多次再侵染。温暖地区可周年侵染为害。该病病程短，再侵染发生频繁，故病害流行性特别强，应重视防范。

4. 防治方法

（1）选种抗病品种。

（2）加强管理　合理密植，科学施肥，促进植株长壮。

（3）施药防控　播种时用三唑类农药拌种（参见黑粉病）或生长期喷药。发病早期任选25%三唑酮可湿性粉剂800～1 000倍液、12.5%烯唑醇可湿性粉剂（速保剂）500倍液或70%甲基硫菌灵可湿性粉剂1 000～1 500倍液喷治，视病情酌治次数。

（九）薏苡红花锈病

该病主要为害叶片和苞叶。

1. 症状　苗期染病子叶下胚轴及根部密生黄色病斑，上生针头状黄色颗粒状物（病菌性孢子器），后期在性孢子器边缘产生栗褐色近圆形斑点（即锈孢子

器），表皮破裂后散出锈孢子。成株叶片病叶背面，散生栗褐色或暗褐色稍隆起小疱状物（病菌夏孢子堆），直径大小0.5～1mm，表皮破裂后，散出大量棕褐色夏孢子，后期夏孢子堆处产生暗褐色至黑褐色疱状物（病菌冬孢子堆），直径大小为1～1.5mm，严重时叶面布满孢子堆，引起叶黄，早枯。

2. 病原 红花柄锈菌［*Puccinia carthami*（Hutz.）Corda.］，为担子菌亚门柄锈菌属真菌。

3. 传播途径和发病条件 该菌系长循环型单主寄生锈菌。病菌以冬孢子随病残体遗留在田间或黏附在种子上越冬。翌春条件适宜，冬孢子萌发产生担孢子，引起初侵染。3月下旬播种30d后子叶、下胚轴及根部出现性孢子器，5～6d产生锈孢子器，释放出的锈孢子侵入叶片，至5月下旬叶斑上产生夏孢子堆，释放的夏孢子又通过风雨传播，引起再侵染。8月中旬病部产生冬孢堆及冬孢子进行越冬，一般6月中旬始发，其发生、流行程度取决于5～8月雨量和浇水次数。

4. 防治方法

（1）清园 收后及时清除田间病残体，结合幼苗期间苗拔除病株，烧毁或深埋。

（2）选地种植，加强管理 宜选地势高、排水良好的地块种植。控制灌水，雨后及时排水。适当增施磷、钾肥，促进植株长壮。

（3）选育和种植抗病或早熟避病良种。

（4）种子预措 播种前用种子重量0.3%～0.5%的25%三唑酮可湿性粉剂拌种。

（5）施药防控 发病初期和盛期任选25%三唑酮可湿性粉剂800～1 000倍液、97%敌锈钠原药600倍液或62.25%锰锌·腈菌唑可湿性粉剂500倍液等药剂喷治，隔10d喷1次，连喷2～3次。

二、害虫

（一）玉米螟

玉米螟［*Ostrinia furncalis*（Guenee）］，属鳞翅目螟蛾科。又名亚洲玉米螟、钻心虫。

1. 寄主 食性杂，寄主多，为害粮、棉、药用植物等70多种。

2. 为害特点 以低龄幼虫咬食叶片，心叶被害，引起枯心苗，穗期被害造成“白穗”，也会使植株折断。

3. 形态特征

（1）成虫 黄褐色，体长10～14mm，前翅内横线呈波浪状，外横线锯齿状，暗褐色，前缘有2个深褐色斑。后翅略浅，也有两条波状纹。雄蛾比雌蛾小。

（2）卵　椭圆形，黄白色，卵产叶背，鱼鳞状排列成块。

（3）幼虫　共5龄，三龄后体色有微黄、深褐、淡黄等。老熟幼虫体长20～30mm，体背淡褐色，中央有一条明显的背线，腹部第一至八节背面各有两列横排的毛瘤，前4个较大。

（4）蛹　纺锤形，红褐色，长15～18mm，腹部末端有5～8根刺钩。

4. 生活习性　华南地区1年发生5～7代，老熟幼虫在薏苡、玉米秆中越冬。成虫昼伏夜出，有趋光性，初孵幼虫有吐丝下垂习性，并随风或爬行扩散，为害薏苡心叶，啃食叶肉。抽穗期以二至三龄幼虫蛀入茎内为害，引起“枯心”或“白穗”，易折断。5月中下旬为成虫发生盛期，5月底至6月初为产卵盛期，6月上中旬为幼虫为害盛期，主要为害茎秆，一般8～9月为害最重，一般越冬虫口基数大，翌年发生就严重。4～5月温度偏低、湿度偏高年份，为害也重。

（二）黏虫

黏虫（*Leucania separata* Walker），属鳞翅目夜蛾科。别名栗黏虫、栗夜盗虫、剃枝虫、行军虫等。

1. 寄主　薏苡、板蓝根、黄芪、水稻、玉米、高粱等。

2. 为害特点　为杂食性、暴食性、迁飞性、群集性害虫，以幼虫取食叶片，大发生可将叶片食光，造成严重损失。

3. 形态特征

（1）成虫　体长15～17mm，翅展36～40mm，头胸部灰褐色，腹部暗褐色。前翅灰褐、黄褐或橙色，后翅暗褐色，向基部色渐淡。

（2）卵　馒头形，直径约0.5mm，有光泽，表面有网状细脊纹，卵粒单层排列成块。

（3）幼虫　共6龄，老熟幼虫长约38mm，头部红褐色，沿蜕裂线有八字形的黑褐色纹，纹外方有褐色网状纹和一条短淡纹，胸腹部背侧有5条明显纵线；背线白色较细，两侧各有2条红褐色纵纹，纵纹上下均镶有灰白色细纵线。

（4）蛹　长约20mm，褐色，有光泽，具臀棘4根，中央2根粗大，两侧的细短略弯。

4. 生活习性　华南地区1年发生6～8代，世代重叠。长江以南地区以幼虫和蛹在稻田越冬，华南地区终年繁殖，北方春季出现的大量成虫系由南方迁飞所至。羽化后3～5d交尾，经6～12d开始产卵。卵产于叶尖或嫩叶、心叶缝间，常致叶纵卷。初龄幼虫仅啃食叶肉，三龄后可蚕食叶片成缺刻，五至六龄幼虫进入暴食期，三龄后幼虫有假死性和成批转移习性，老熟幼虫在根际表土下1～3cm做土室化蛹。

（三）棉铃虫

棉铃虫［*Helicoverpa*（*Heliothis*）*armigera* Hubner］，属鳞翅目夜蛾科。

1. 寄主 棉花、玉米、番茄、芦荟等植物。

2. 为害特点 主要咬食花朵和叶片，致叶缺刻，引起落花。

3. 形态特征

（1）成虫 体长15～20mm，翅展27～38mm。雌蛾前翅赤褐或黄褐色，雄蛾多为灰绿色或青灰色，肾状纹和环状纹褐色，外横线及亚外横线之间色较深。后翅淡黄灰色。近外缘部分茶褐色，外缘中部内侧有灰白色月牙形斑。

（2）卵 黄白色，半球形，表面有网纹。

（3）幼虫 共6龄，体色有绿、黄白、淡红或暗褐色，胸部各节有黑色疣状突起，并着生一毛，各体节一般有毛片12个，四龄以后体背和侧面有多条细纵纹。

（4）蛹 体长17～20mm，褐色，纺锤形，腹部第五、六节各节前缘密布环状刻点，背面比腹面密。末端有一对臀刺。

4. 生活习性 以蛹在土中越冬。华南地区1年发生6～7代，世代重叠。成虫飞翔力较强，昼伏夜出。卵多产寄主嫩梢、嫩叶上，每雌一般可产卵千粒左右，卵期3～7d。对黑光灯和萎蔫的杨树有较强趋性。温度25～28℃，相对湿度70%～90%，有利该虫生长发育。一般在7～8月为害严重。该虫天敌多，有多种寄生蜂如赤眼蜂、齿唇姬蜂、侧沟茧蜂、绒茧蜂等寄生卵、蛹，以及草蛉、瓢虫、小花蝽、蜘蛛等捕食卵和幼虫，对控制该虫为害有良好作用。幼虫老熟时吐丝下垂，入土做茧化蛹。完成一个世代需35～45d。

（四）大螟

大螟（*Sesamia inferens* Walker），属鳞翅科夜蛾科。别名甘蔗紫螟。

1. 寄主 水稻、玉米、甘蔗、茭白、小麦等。

2. 为害特点 幼虫为害茎秆造成枯鞘、枯心苗和虫伤株，茎外有大量虫粪。

3. 形态特征

（1）成虫 体长12～15mm，淡褐色，前翅近长方形，外缘色较深，翅面有光泽，中央有暗褐色纵线纹，上下各有2个小黑点，后翅银白色，外缘线稍带淡褐色，翅的缘毛均为银白色。雄蛾触角短栉形，雌蛾触角丝状。

（2）卵 扁球形，直径约0.5mm，高约0.3mm，卵表面有放射细隆线，初产白色，后变褐色，将孵化时紫色卵块呈带状，排列成2～3行。

（3）幼虫 老熟幼虫体长30mm，体粗状，头红褐色，腹部背面紫红色。

（4）蛹 较肥大，雄的长13～15mm，雌的长15～18mm，黄褐色，背面颜色较深，头胸部有白色粉状物。臂棘明显，在背面和腹面各具2个小形角质突起。

4. 生活习性 1年发生3～7代，在薏苡杂草根际残株中越冬。初孵幼虫群集为害，二至三龄后分散取食，老熟幼虫在叶鞘或茎内化蛹。成虫昼伏夜出，趋光性强。幼虫有转株为害习性。单雌产卵5～6块（每块40～60粒）每雌产卵约150粒。

（五）稻管蓟马

稻管蓟马［*Haplothrips aculeatus*（Fabricius）］，属缨翅目管蓟马科。

1. 为害特点 成、若虫以口器锉破叶面，呈现微细白色斑，严重时致叶枯死。

2. 形态特征 成虫体长1.5～1.8mm，黑褐色，头长方形，触角8节，前翅透明，腹末呈管状。

3. 生活习性 生活周期短，发生代数多，世代重叠，以成虫在稻桩、落叶及杂草中越冬。附近稻田发生的稻管蓟马可转移到薏苡上为害。

（六）斜纹夜蛾

斜纹夜蛾［*Spodoptera*（*Prodenia*）*litura*（Fabricius）］，属鳞翅目夜蛾科。

1. 寄主 十字花科、茄科、葫芦科、豆科等多种作物。

2. 为害特点、形态特征、生活习性 参见本书仙草斜纹夜蛾。

（七）薏苡害虫综合防治

（1）合理布局 不在水稻、玉米、甘蔗、小麦等作物附近建园种植薏苡，以免为害水稻、玉米等的多种害虫转移为害薏苡。

（2）清园 收后播种前在玉米螟等多种害虫羽化前把上一年薏苡秸秆收拾干净，烧毁，也可集中沤肥，结合幼苗期间苗拔除枯心苗，烧毁或深埋，杀死其中幼虫；收后清园结合深耕灭蛹，对上述几种害虫和部分地下害虫有兼治作用。

（3）人工捕杀 为害不重时可利用其幼龄有群集为害特点，组织人工捕杀，摘除卵块。

（4）诱杀成虫 成虫发生期设置振频式黑光灯诱杀，每公顷一盏。毒饵诱杀：常用糖、酒、醋液诱杀，糖∶醋∶白酒∶水＝6∶3∶1∶10，加少量90％敌百虫晶体药剂1份，调匀置器内诱杀成虫。上述措施对小地老虎、东方蝼蛄、金龟子等成虫也有兼治作用。性诱剂诱杀：大螟为害为主，可用大螟性诱剂诱捕；斜纹夜蛾为害为主，则采用斜纹夜蛾性诱剂诱捕器诱捕，诱芯每月更换1次，每个诱捕器相距50m。此外还可在每日6:00前后检查诱捕器内虫量，并逐日记载，根据诱量可推算一至二龄幼虫发生期，为施药防治提供依据。

（5）生物防治 大面积种植区可引进或自繁赤眼蜂，在玉米螟初卵期（越冬代幼虫化蛹率达20%，往后推10～11d）和螟卵初盛期（上述再往后推5d）分别为进行第一次和第二次放蜂防治适期，每公顷释放赤眼蜂15万头，连放2次，可控制第一代全期螟卵，在放蜂期和捕食性天敌多时不喷农药。也可在玉米螟幼虫蛀入心叶为害时，用每克含50亿～70亿活孢子的白僵菌孢子粉，以1：100比例制成菌液或Bt乳剂300倍液进行灌心防治。低龄期喷苏云金杆菌剂（Bt）对多种鳞翅目幼虫均有效。若错过低龄期喷药，虫龄大、虫口密度大时，可喷用菊酯类农药。也可应用10亿PIB/g斜纹夜蛾可湿性粉剂，按667m² 400亿～500亿PIB有效成分喷雾。棉铃虫发生多，可采用10亿PIB/g可湿性粉剂，600～800倍液喷治，防效好，持效长。但要注意选晴天早晨或16:00后喷，避免高温强光下喷药。遇雨补喷，不能与化学农药混用，桑园、养蚕场不能用。

（6）适期施药防控　应掌握低龄期（或卵孵盛期）喷药效果好，可任选20%氰戊菊酯乳油2 000倍液、10%高效氯氰菊酯乳油2 000倍液、2.5%氯氟氰菊酯乳油1 500～2 500倍液、2.5%溴氰菊酯乳油3 000倍液、50%辛硫磷乳油1 000～1 500倍液、48%毒死蜱乳油1 000～1 500倍液、50%敌敌畏乳油800倍液、90%敌百虫晶体1 000倍液、2.5%甲氨基阿维菌素甲酸盐微乳油2 000倍液、17%阿维菌素·毒死蜱乳油（索虫死）1 500～2 000倍液、25g/L多杀霉素悬浮剂（菜喜）800～1 000倍液、10%虫螨腈悬浮剂（除尽）1 500～2 000倍液、25%灭幼脲悬浮剂1 000～1 500倍液、5%氟啶脲乳油（抑太保）1 200～2 000倍液、15%菜虫净乳油1 500倍液喷治。玉米螟为害重的，可在薏苡心叶展开时选用甲氨基阿维菌素，每667m²用10.8～14.4mg乳油，或用50%辛硫磷乳油1 000倍液拌10kg细沙撒入心叶；或用90%敌百虫晶体1 000倍液灌心；还可用50%甲萘威可湿性粉剂0.5kg加细土15kg配成毒土撒治。如稻管蓟马为害较重，可用10%吡虫啉可湿性粉剂1 500倍液或1%～2%烟·参碱乳油600～800倍液喷治。上述生物农药使用3～5d后方可使用化学杀虫剂，也不能与杀菌剂混用。化学农药宜轮流使用。

（八）地下害虫

常见有小地老虎、蛴螬等，参见本书地下害虫相关部分。

三、鼠害

参见本书其他有害生物灭鼠方法。

第三节　栀子/栀子

栀子（*Gardenia jasminoides* Ellis）为茜草科栀子属植物，以干燥成熟果实入药。中药材名为栀子，异名山栀子、黄栀子、山栀等。

一、病害

（一）栀子煤病

1. 症状 刺炱属真菌引起的煤病，为害叶、花序、果实。被害部初呈煤污状小黑点，后污点扩展加厚，形成圆形、多角形煤烟层。富特煤炱引起的煤病，侵染后叶呈现黑色圆形霉斑，后扩成灰状霉层，引起小枝缩短，扭曲，叶变小、畸形，影响植株生长。

2. 病原 病原有二：*Balladyna gardeniae* Racib，为子囊菌亚门刺炱属真菌；富特煤炱（*Capnodium footii* Berk et Desm），为子囊菌亚门煤炱属真菌。

3. 传播途径和发病条件 以菌丝体、假囊壳或分生孢子器在病部越冬，翌春条件适宜，煤层散出孢子，借风雨传播，以蚧类、蚜虫等分泌物为营养，加速生长繁殖。4～10 月均可发生，田间管理不善、治虫不力、通气差，有利发病。

4. 防治方法

（1）治虫防病 适时治蚧、蚜等害虫，为防治关键。可选用治蚧、蚜等害虫的药物，还可采用95％机油乳剂加 50％多菌灵喷洒，效果较好。

（2）加强管理 适当修剪，改善通透性，合理施肥，增强树势。

（3）喷药防控 发病初期可选喷 1∶1∶100 波尔多液或 77％氢氧化铜可湿性粉剂（可杀得）600 倍液。视病情确定喷药次数。

（二）栀子叶斑病

1. 症状 叶上初为褐色，圆形或近圆形病斑，后中央为浅褐色，边缘黄褐色，有 3～4 圈轮纹。多个病斑可汇合成波状大斑，其上密生小黑点（病原菌的假囊壳）。

2. 病原 *Mycosphaerella gardeniae*（Cke.）Weiss，为子囊菌亚门球腔菌属真菌。有报道称，由半知菌亚门叶点霉属栀子生叶点霉（*Phyllosticta gardeniicola* Saw）引起的叶斑病，主要发生在植株中下部叶片上，下部叶先发病，叶尖和叶缘发生的病斑呈不规则形，中央淡褐色，边缘褐色，有明显的同心轮，数个病斑汇合，形成不规则大病斑。叶片中部病斑较小，初呈圆形或近圆形淡褐色，边缘褐色，有稀疏轮纹，后期病斑散生小黑点，严重时叶枯萎脱落。尚有报道提及薄膜革菌（*Pellicularia* sp.）和盘多毛孢（*Pestalotia langloisii*）也会引起叶斑病。

3. 传播途径和发病条件 病菌以假囊壳在落叶上越冬，雨季为子囊孢子释放提供了有利条件。子囊孢子借风雨传播，栽培管理粗放、树势衰落的药园，发病较多。

4. 防治方法

（1）加强管理　合理施肥，多施有机肥，雨季注意排水，降湿防病。

（2）搞好清园　及时清除病残体，集中烧毁，减少翌年初侵染源。

（3）喷药防控　发病初期任选 1∶1∶100 波尔多液、77%氢氧化铜可湿性粉剂 600 倍液、65%代森锌可湿性粉剂 500 倍液或 50%多菌灵可湿性粉剂 500～600 倍液喷治，视病情酌治次数。

（三）栀子斑点病

1. 症状　叶上呈现近圆形、褐色、边缘暗褐色病斑，上生小黑点（病原菌的分生孢子器）。

2. 病原　*Phoma* sp.，为半知菌亚门茎点霉属真菌。

3. 传播途径和发病条件　以分生孢子器在病叶上越冬，翌春分生孢子器产生分生孢子，借风雨传播，辗转为害。

4. 防治方法　参见栀子叶斑病。

（四）栀子灰斑病

1. 症状　受害叶出现近圆形或椭圆形病斑，中央灰白色，稍凹陷，边缘紫褐色，大小为（4～9）mm×（3～6）mm，后期表皮裂开，露出纤维组织和病原菌的分生孢子盘。

2. 病原　*Pestalotiopsis acaciae*（Thuem.）J. F. Lue et P. K. Chi（=*Pestalotia acaciae* Thuem.），为半知菌亚门拟盘多毛孢属真菌。

3. 传播途径和发病条件　以分生孢子在病部越冬，翌春条件适宜，散出分生孢子，借风雨传播，进行初侵染和再侵染。

4. 防治方法　为害较轻，可结合防治栀子叶斑病进行兼治。

（五）栀子白粉病

1. 症状　初在叶背呈现黄褐色斑点，后扩大呈紫褐色斑，其上覆盖一层稀薄白粉，严重时白粉布满叶两面，致叶枯黄，大量落叶。

2. 病原　蓼白粉菌（*Erysiphe polygoni* DC.），为子囊亚门白粉菌属真菌。

3. 传播途径和发病条件　南方温暖地区无明显越冬现象，也很少形成闭囊壳，该病以分生孢子借气流、风雨传播，辗转为害。其他参见本书薏苡白粉病。

4. 防治方法　参见本书薏苡白粉病。

（六）栀子溃疡病

1. 症状　主要为害叶子，引起叶片萎蔫、黄化、皱缩、脱落和花芽脱落。也可侵染枝条和茎部，在其上产生椭圆形溃疡斑，但不与土壤相接触。有时木质部外露，树皮粗糙、皱起。根颈部受侵害产生溃疡后，由于木栓化组织内侵染点向上、下纵向延伸，根颈部变肿大，其直径增大为正常大小的2倍以上，直至与土壤接触才被限制。

2. 病原 *Diporthe gardeniae*，为子囊菌亚门间座壳属真菌；*Phomopsis gardeniae*，为半知菌亚门拟茎点霉属真菌。

3. 传播途径和发病条件 病菌在病部越冬。翌年条件适宜，病菌通过叶痕、机械伤口侵入寄主，形成溃疡斑，病部产生黑色小粒点。

4. 防治方法

（1）溃疡斑康复处理 枝干溃疡发生后应尽力刮治，可试用50%多菌灵可湿性粉剂100～200倍液或波尔多浆（1∶1∶10）涂抹消毒。对无法治愈的病枝或病株重剪或拔除、烧毁。

（2）精细管理 细心操作，避免损伤，减少病菌侵染机会。剪取插条时避免剪口劈裂或参差不齐，影响刀口愈合。插条上刚落叶的叶痕是病菌的侵染途径，栽前将插条试用50%多菌灵可湿性粉剂500倍液或1∶1∶100波尔多液浸渍消毒。

（3）育苗床内沙子、泥炭等用料，应经热力灭菌或换用新材料。

（七）栀子芽腐病

1. 症状 芽受害后呈现褐色病斑，终至腐烂。

2. 病原 灰葡萄孢（*Botrytis cinerea* Pers.），为半知菌亚门葡萄孢属真菌。

3. 传播途径和发病条件 不详。

4. 防治方法

（1）冬季清园。

（2）加强田管，增强树势，提高抗病性。

（3）施药防控 发病初期试喷50%多菌灵可湿性粉剂500～1 000倍液、50%咪鲜·氯化锰可湿性粉剂2 000倍液或50%腐霉利可湿性粉剂2 000倍液。

（八）栀子细菌性叶斑病

1. 症状 叶呈现水渍状褪绿小斑，后扩大成多角形褐色斑（黄单胞杆菌引起），或叶上初呈现水渍状小圆点后扩大成较大圆形、近圆形斑（假单胞杆菌引起）。

2. 病原 *Xanthomonas maculifolii gardeniae* 和 *Pseudomonas gardeniae*，分别为黄单胞杆菌属和假单胞杆菌属细菌。

3. 传播途径和发病条件及防治方法 参见本书佛手溃疡病。

（九）栀子黄化病（缺绿症）

1. 症状 始发时枝端幼嫩叶上叶绿素减少，叶肉浅黄色或黄色，叶脉仍保持绿色，随后全叶变黄，严重时成白叶，有的叶缘变为灰褐色或出现褐色坏死。如不及时防治，经 1～2 年全株会枯死。

2. 病因 主要由两因素引起：一是 pH 过高引起根尖死亡；二是土壤缺铁或铁元素不能被根吸收引起。

3. 防治方法 发现上述病状后每 10d 左右施一次 0.2%～0.3%硫酸亚铁溶液，每次用量 5～10g，连用 3 次，可促进叶转绿。也可采用树根或树干注射法防治，根际用钻打孔，灌注硫酸亚铁 30～50 倍液。树干注射，可用硫酸亚铁 15g，尿素、硫酸镁各 5g，水 1 000mL 混合，取兽用针头将混合剂注进。

二、害虫

(一) 茶小蓑蛾

茶小蓑蛾（*Acanthopsyche bipars*），属鳞翅目蓑蛾科。

1. 为害特点 主要以幼虫为害叶片。幼虫在护囊中咬食叶片、嫩枝或剥食枝干、果实皮层，受害叶出现圆形孔洞。

2. 形态特征

（1）成虫 雌虫体长 6～8mm，头小，咖啡色，胸腹部米色，胸部弯曲，各节背板咖啡色。雄蛾体长 4mm，翅展 12～14mm，触角羽毛状，体翅均为深茶褐色，体被白毛；后翅底面银灰色，有光泽。

（2）卵 椭圆形，长 0.6mm，米色。

（3）幼虫 成长幼虫体长 5.5～9mm，乳白色，头部咖啡色，三龄以后头壳上有深褐色花纹。前胸背板咖啡色，中、后胸背板各有咖啡色斑纹 4 个。第八腹节背面褐色点 2 个，第九腹节 4 个。

（4）蛹 雌蛹长 5～7mm，淡黄色，纺锤形，第三至第六腹节背面后缘各有黑褐色小刺一列。雄蛹体长 4.5～6mm，茶褐色，第四至第七腹节背面近前缘和后缘及第八腹节前缘均有小刺一列。

（5）护囊 雌囊长约 12mm，雄囊长 7～10mm，囊外附有细碎叶片和枝皮。

3. 生活习性 湖南、江西、浙江、安徽 1 年发生 2 代，广西、福建 1 年发生 3 代，以三、四龄幼虫在枝条上的护囊内越冬，翌年 3 月气温上升至 8℃以上，开始活动取食，六至七龄幼虫晴天日间多躲叶背或丛中，黄昏后到清晨或阴天在叶面取食。老熟幼虫吐长丝将护囊悬挂栀子丛中，雄囊多挂在栀子下半部，雌囊在上部叶片繁茂处。卵期 5～7d，幼虫期 38～77d。

4. 防治方法

（1）摘除虫囊，集中烧毁。

（2）注意保护寄生蜂等天敌。

（3）施药防控 幼虫孵化期或低龄期任选 20%氰戊菊酯乳油 3 000～4 000

倍液、20%杀铃脲悬浮剂（杀虫隆）2 000～3 000 倍液、10%醚菊酯悬浮剂 1 500～2 000 倍液、50%辛硫磷乳油1 000倍液或 90%敌百虫晶体 800～1 000 倍液喷治，注意喷湿蓑囊和树冠顶梢部。

（二）栀子灰蝶

栀子灰蝶（*Deudorix eryx* Linnaeus），属鳞翅目灰蝶科。

1. 为害特点 幼虫蛀入花果内将其食空，引起落花、落果、空壳，空果率高达 30%～40%。

2. 形态特征

（1）成虫 雌、雄形态差异较大。雌虫体型较大，翅正面烟黑色，有青蓝色金属闪光，后翅有细长黑色尾突，尾突末端白色。

（2）卵 扁圆形，中央凹陷，孵化前灰黑色。

（3）幼虫 共 4 龄。体黄褐色，具光泽，密被黑色刚毛。前胸背板具菱形灰褐色斑。胸腹部各节具毛瘤 4 个，排列整齐，上有长而黑的刚毛，气门围片黑色。

（4）蛹 黄褐色，腹部具 1 条黑褐色背中线，翅芽乳白色，可见翅脉。

3. 生活习性 华南地区 1 年发生 7 代，广西 1 年发生 6 代，11 月中旬以后，以老熟幼虫及蛹在枝条、果内或入土越冬。翌年 3 月羽化，4 月上旬出现幼虫为害，以后约每月发生 1 代，直至 10 月。以第一、二、三代发生量最大，为害严重。广西以 4 月初、5 月下旬、6 月上旬出现为害高峰。幼虫经 4 次蜕皮即化蛹。除第一代部分老熟幼虫在土中化蛹外，其余各代多在果壳内化蛹，一至六代各虫态历期，卵期 3～5d，幼虫期 12～16d，蛹期 8～13d，成虫寿命 8～10d。成虫白天活动，取食花蜜以补充营养。卵产在花蕾的萼片、子房及幼果上，喜产在果与萼片之间凹陷处，散产，一般每雌产 20 粒左右。幼虫孵化后即蛀入为害，幼虫期均在花、果内取食为害，有转移为害习性，每只幼虫可蛀食 3～5 个花果。

4. 防治方法

（1）冬季清园，春季松土，以消灭部分越冬虫蛹。

（2）结合疏花疏果，摘除虫害果。

（3）适期喷药防控 在一至三代幼虫孵化盛期喷药，即现蕾初期、幼果期和结果中后期各施药 1 次，尤其注意幼果期若出现蛀果，应立即施药防治。可任选 2.5%溴氰菊酯乳油（敌杀死）3 000 倍液、20%氰戊菊酯乳油 2 000 倍液、2.5%氯氟氰菊酯乳油（功夫）4 000倍液、10%虫螨腈悬浮剂 1 500 倍液或 90%敌百虫晶体 1 000 倍液喷治。

（三）日本龟蜡蚧

日本龟蜡蚧［*Ceroplastes japonicus*（Green）］，属同翅目蜡蚧科。是为害栀子的常见介壳虫。

1. 寄主 橄榄、柑橘、芒果、栀子等多种植物。

2. 为害特点 以成虫、若虫为害枝、叶、果，被害部密布介壳虫，如裹着一层白霜，为害轻的长势衰弱，花芽明显减少、产量低，重则引起早期落叶，以至全株枯死。该虫也能诱发煤病。

3. 形态特征

（1）成虫 雌成虫椭圆形，紫红色，体长约2mm，体外覆盖厚的蜡质分泌物，蜡壳近圆形，产卵期背面隆起，略呈半球形，灰白色，表面呈龟甲凹陷。雄虫体长1~3mm，棕褐色，翅白色透明。

（2）卵 椭圆形，橙黄色。

（3）若虫 初孵若虫扁平，椭圆形，不久体背出现蜡点，虫体围有白色蜡刺。

4. 生活习性 福建1年发生1代，若虫期3龄，以雌成虫在枝叶越冬，翌年3月开始为害，4～5月在腹下产卵，5月卵开始孵化，初孵若虫在嫩枝叶上吸食为害，6月为幼龄若虫盛期，8月初雌虫开始分化，雄虫蜡壳仅增大加厚，雌虫分泌软质新蜡，形成龟甲状蜡壳。

（四）龟蜡蚧

龟蜡蚧（*Ceroplastes floridensis* Comstock），属同翅目蜡蚧科。

1. 为害特点 参见日本龟蜡蚧。

2. 形态特征

（1）成虫 雌成虫椭圆形，红褐色，体长1.0～3.5mm，体外覆盖厚的蜡质分泌物，蜡壳近圆形，隆起，略呈半球形，灰白色或略带浅粉红色，表面呈龟甲状凹陷。前、后气门带明显。蜡壳一般长1.5～4mm。雄成虫，体短小，长约1.08mm，翅约2mm，眼黑色。

（2）卵 长椭圆形，两端细小，长0.27mm，初为红黄色，后变为红紫色。

（3）若虫 共3龄，扁椭圆形，红褐色，足与触角色淡。

（4）雄蛹 椭圆形，长0.94mm，紫褐色。

（5）茧 为白色绵状，呈椭圆形。

3. 生活习性 福建1年发生2代，以雌成虫和少数三龄若虫越冬。第一代发生于3~7月，第二代发生于7月至翌年3月。越冬雌成虫于3月下旬开始产卵，4月为盛卵期，5月为若虫盛期。第二代8月上中旬为盛卵期，9月初为幼龄若虫盛期。该虫行孤雌生殖。每雌平均产卵500多粒。卵产于蜡壳下方呈半球形空腔内。初孵若虫多寄生叶上为害。固定后若虫不爬动，并开始泌蜡。天敌有小蜂总科的8种寄生蜂，其中以长盾金小蜂（*Anysis* sp.）数量最多，其次是夏威夷食蚧蚜小蜂（*Coccophagus hawaiiensis* Timberlake）和斑翅食蚧蚜小蜂[*Coccophagus ceroplastae*（Howard）]，最高寄生率可达26.3%。

（五）红蜡蚧

红蜡蚧（*Ceroplastes rubens* Maskell.），属同翅目蜡蚧科。

1. 寄主 栀子、八角茴香、柑橘、茶、桑、枇杷、樟等。

2. 为害特点 初孵若虫群集于向阳的外侧新叶嫩枝上寄生为害，并在虫体背面和胸部两侧分泌粉白色蜡质。该虫还能诱致煤病，严重时枝叶尽黑，影响新梢生长，以至叶落、枝枯。

3. 形态特征

（1）成虫 雌成虫椭圆形，背面覆盖的蜡质较厚。蜡壳暗红色，长4mm，高2.5mm，顶部凹陷，形如脐状。有4条白色蜡质，从腹面卷向背面。全体隆起如红豆状，虫体紫红色。雄成虫体长1mm，翅展2.4mm，暗红色，前翅白色半透明，单眼黑色。触角、足及交尾器淡黄色。

（2）卵 椭圆形，淡红色，长0.3mm。

（3）若虫 初孵若虫扁平椭圆，暗红色，体长0.4mm，腹端有2根长毛。

（4）前蛹和蛹蜡 壳暗红色，长形，蛹体长1.2mm，淡黄色。

（5）茧 椭圆形，暗红色，长1.5mm。

4. 生活习性 1年发生1代，以受精雌虫越冬。5月下旬至6月上旬为越冬雌虫产卵盛期。雌若虫蜕皮3次。第一龄期20d，第二龄期23～25d，第三龄期30～35d。9月上旬成熟交尾后进入越冬状态。雄若虫第二次蜕皮后成预蛹，随即在分泌一层白色蜡茧中化蛹。8月下旬至9月上旬羽化，寿命1～2d。雌虫产卵于体下，产卵历期达2个月，单雌产卵量为200～500粒。初孵若虫离母体后移至新梢，群集新叶及嫩梢上，多在接受阳光的外侧枝梢上寄生，树冠内部较少，不久固着吸取汁液，2～3d即分泌蜡质，覆盖体背。以当年生春梢上虫口为最多，5～6月为害嫩芽、幼茎最盛。10月至翌年5月为害较轻。该虫自然天敌较多，除捕食性天敌大红瓢虫、澳洲瓢虫外，还有寄生性天敌跳小蜂、啮小蜂、蚜小蜂、缨翅小蜂等多种。

（六）藤壶蚧

藤壶蚧（*Asterococcus muratae* Kuwana），属同翅目壶蚧科。为害特点、形态特征和生活习性，参见本书厚朴藤壶蚧。

（七）介壳虫类综合防治

（1）保护和利用天敌 天敌繁殖高峰期，要注意避免施用农药，或禁用广谱性农药。介壳虫发生较多时，可引进释放天敌。卵孵化前剪除有虫枝，带出果园处理，把虫卵置寄生蜂保护器内，再移入园内，孵出天敌可再寄生介壳虫。

（2）苗木检疫　杜绝苗木带虫传播。

（3）及时清园　冬季要彻底清园，生产季节结合修剪剪除虫害枝，将其清除干净。

（4）适期喷药防控　掌握卵、第一代若虫盛发、被蜡初期，及时喷药防治，可选喷2.5%氯氟氰菊酯乳油3 000～5 000倍液、20%氰戊菊酯乳剂3 000倍液或25%噻嗪酮可湿性粉剂（扑虱灵）1 000～1 500倍液，也可用40%杀扑磷乳油（速扑杀）1 500倍液、20%噻·杀扑乳油1 000倍液、95%机油乳剂100～200倍液或松脂合剂15～20倍液喷治。

（八）咖啡透翅天蛾

咖啡透翅天蛾（*Cephonodes hylas* Linnaeus），属鳞翅目透翅蛾科。又名大透翅天蛾，咖啡天蛾。

1. 为害特点　以幼虫为害叶片及嫩梢，低龄取食叶成孔洞、缺刻，高龄取食全叶、花蕾，影响植株生长，削弱树势。

2. 形态特征

（1）成虫　雌蛾体长23～28cm，翅展42～54cm，胸部背面密被黄绿色鳞毛，腹面密被白色鳞毛；前胸与翅基周围具黄色毛，腹部背面第一至三节黄绿色，第四、五节紫红色，第六节中央紫红色，两侧杏黄色，第七、八节杏黄色。腹部腹面黑色，腹末毛丛黑色。触角黑色，前半部粗大，端部渐尖，略弯曲呈钩状。翅透明，脉棕黑色，基部黄绿色，顶角黑色，后翅内缘至后角有浓绿色鳞毛。足跗节黑色，其余各节白色。

（2）卵　近圆形，长径约1.2mm，短径约0.96mm，初产卵鲜绿色，孵化前为黄色。

（3）幼虫　老熟幼虫体长44～54mm，体圆筒形，头胸较腹部小，主要有两种色型。淡色型：体黄绿色、头淡绿色，两侧有绿褐色斑纹，前胸盾淡绿色，上有6排黄色小颗粒。背线深绿色，两侧各有1条灰白色纵带，白色纵带与亚背线间青绿色；亚背线白色，其上缘有1条粉红色纵线。气门周围淡紫色，围气门片白色，气门筛赭红色，尾角黑色，胸足红褐色，腹足黄绿色。预蛹前体变为红色。深色型：体茶褐色，前胸盾黑褐色，上有6排橘色小颗粒，背线黑色，较宽，两侧各有1条淡黄色纵带，亚背线白色，淡黄色纵带与亚背线之间有间断的黑色纵纹。尾角黑色，腹足紫红色。

（4）蛹　纺锤形，长30～39mm，光滑，棕褐色至黑褐色，腹部末端向腹面略弯曲，臀棘1枚，棘端分叉成两个小棘。

3. 生活习性　福建南平1年发生3～4代，以蛹在寄主周围表土层中越冬。翌年4月中旬开始羽化，5月上旬为羽化盛期。第一代幼虫发生期4月中旬至6月中旬，第二代5月下旬至8月上旬，第三代8月上旬至10月中旬，第四代10

月中旬至12月上旬。成虫白日活动，有趋光性，常吸取花蜜为补充营养。雌虫平均产卵量176粒，卵散产，多产嫩叶、嫩梢和幼芽上，叶背多于叶面。卵期36d。幼虫共5龄，老熟幼虫从树上爬下钻入较疏松土内做一椭圆形蛹室，或吐薄丝构成蛹室化蛹。蛹室离地3～5cm，蛹期一至四代分别为14～22d、9～14d、10～16d、152～193d。幼虫期天敌有质型多角体病毒、白僵菌、细菌、姬蜂及蝇虎。卵期有寄生蜂寄生。

4. 防治方法

（1）清园　结合修剪剪除被害枝叶，及时处理。

（2）保护天敌　如益鸟、寄生蜂等。

（3）结合修剪进行人工捕杀幼虫，冬末结合松土灭蛹。

（4）施药防控　生物农药可选用质型多角体病毒（5×10^6个/mL）悬液，喷三至四龄幼虫，效果可达71.55%，还可用Bt可湿性粉剂（每克100亿活芽孢）800～1 000倍液喷治，低龄期任选20%氰戊菊酯乳油1 500倍液、80%敌敌畏乳油1 000倍液、90%敌百虫晶体1 000倍液、50%辛硫磷乳油1 000倍液或2.5%氯氟氰菊酯乳油4 000倍液喷治。

（九）茶长卷叶蛾

茶长卷叶蛾（*Homona magnanima* Diakonoff），属鳞翅目卷蛾科。又名东方长卷蛾、柑橘长卷蛾。

1. 为害特点　初孵幼虫为害初抽嫩芽、嫩叶，致叶缘内卷，匿身其中取食嫩叶及生长点，仅食上表皮和叶肉，残留下表皮，卷叶呈枯黄薄膜斑。大龄幼虫食叶成缺刻或孔洞，稍大后吐丝将邻近叶黏结在一起。

2. 形态特征

（1）成虫　体长8～10mm，雄虫翅展16～20mm，雌虫翅展25～30mm，全体暗褐色，头顶有浓黑鳞片，唇须向上曲，达到复眼前缘。

（2）卵　椭圆形，淡黄色，长约0.8mm。卵块椭圆形，呈鱼鳞片排列，上方覆有胶质薄膜。

（3）幼虫　共6龄，体黄绿色，老熟幼虫体长20～23mm，头黑褐色或深褐色，气门圆形，具臀栉。

（4）蛹　黄褐色，长8～12mm，下唇须成镊状，具8条卷丝臀棘。

3. 生活习性　福建、台湾1年发生6代，湖北孝感地区1年发生4代，世代重叠，以幼虫越冬。翌年3月恢复取食，4月上旬开始化蛹，5月上旬出现第一代幼虫，11月底进入越冬。成虫昼伏夜出，有趋光性。卵产叶正面。初孵幼虫有群集性，靠爬行或吐丝下垂进行扩散转移，幼虫在嫩叶背面吐丝缀结叶尖，潜入其中取食，每年8月大量发生，也是为害盛期。老熟幼虫缀结叶片，结茧化蛹。该虫主要天敌为赤眼蜂（*Trichogramma* sp.）

4. 防治方法

(1) 采摘虫苞，捏死其中幼虫。

(2) 清园　冬季清除病虫害株枝叶，集中烧毁或深埋。

(3) 冬春防治　可用0.3～0.5波美度石硫合剂喷雾或涂抹树干，杀灭越冬病菌和害虫。

(4) 加强栽培管理　采后增施复合肥和有机肥，增强树势。每年3月修剪1次，改善树体通风透光条件。

(5) 适期施药防控　幼虫低龄期防治效果好，可任选20%甲氰菊酯乳油2 000倍液、20%溴氰菊酯乳油1 500倍液或80%敌敌畏乳油1 000倍液喷治。

(6) 保护和利用天敌　在茶长卷叶蛾发生较重地区繁殖释放赤眼蜂，以蜂治虫。

(十) 霜天蛾

霜天蛾［*Psilogramma menephron* (Cramer)］，属鳞翅目天蛾科。

1. 寄主　凌霄、女贞、栀子、丁香等。

2. 为害特点　以幼虫蚕食叶子成缺刻或孔洞，严重时将叶食光，削弱树势。

3. 形态特征

(1) 成虫　体翅灰褐色，混杂霜状白粉。体长45～50mm，翅展90～130mm，胸板两侧及后缘有黑色纵带，形成圆圈状，前翅中部有两条棕黑色波状横线，后翅棕黑色，被白粉，前后翅外缘均由黑白相间的小方块连成。

(2) 卵　球形，初产时绿色，渐变成黄色。

(3) 幼虫　体长92～110mm，有两种类型：一种是绿色，体上有棕黑色小颗粒，腹部第一至八节两侧各有1条白色斜纹；另一种也是绿色，但在腹部第一至七节背面两侧各有两个三角形的褐色斑块。两种类型的斜斑纹均在三龄以后出现。

(4) 蛹　长纺锤形，长50～60mm。

4. 生活习性　1年发生3代，以蛹在土中越冬，成虫昼伏夜出，趋光性强，卵产于叶背，卵期20d，幼虫有转株为害习性，幼虫老熟后落地潜入土中化蛹。

5. 防治方法　参见咖啡透翅天蛾。

(十一) 棉大卷叶螟

为害特点、形态特征、生活习性和防治方法，参见本书仙草棉大卷叶螟。

(十二) 三纹野螟

三纹野螟 (*Archernis tropicalis* Walker)，属鳞翅目螟蛾科。

1. 为害特点　主要为害嫩叶，也为害老叶、花蕾和果实。以幼虫咬食嫩叶

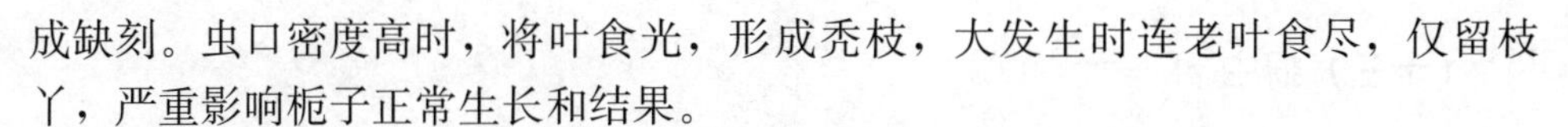

成缺刻。虫口密度高时，将叶食光，形成秃枝，大发生时连老叶食尽，仅留枝丫，严重影响栀子正常生长和结果。

2. 形态特征

（1）*成虫* 体长 9mm，翅展约 22mm，体暗褐色，头黄白色，复眼褐色，触角长 4.5mm，灰色，额及触角基部白色，下唇须平伸，下侧白色，有长鳞毛，颈板、翅基片间有白色鳞毛，前翅暗褐色，内横线浅褐，弯曲。中室内有一新月形白斑，缘毛末端白色。后翅外横线边缘白色，在第二至五脉间弯曲，中足胫节有二端距，后足颈节二中距、二端距。虫体腹面、翅、足灰白色。雄蛾触角间有一束长毛。

（2）*卵* 椭圆形，长约 0.9mm，乳白色，散产。

（3）*幼虫* 初孵幼虫白色，三龄后绿色，老熟幼虫体长 20mm，头褐色，单眼黑色，前胸背板褐色；骨化强，中后胸各 8 个毛片双行排列，中胸毛片黑色，腹部各节 6 个毛片，双行排列，趾钩异序全环。

（4）*蛹* 黄褐色，长 7～8mm，宽 3mm，外被一层白色丝织薄茧。

3. 生活习性 浙江景宁地区 1 年发生 6 代，世代重叠。以老熟幼虫、蛹在落叶、地被物及虫苞中越冬，翌年 4 月下旬开始羽化、交配、产卵。5 月上旬为羽化盛期。第一至六代成虫出现盛期分别在 6 月、7 月、8 月、9 月、10 月上旬，及翌年的 5 月上旬。幼虫出现盛期分别在 5 月、6 月、7 月、8 月、9 月、10 月中旬。8～9 月，幼虫数量最多，为害最重。室内饲养观察，卵期 4～7d，幼虫期 11～17d（越冬代幼虫期 200～230d），蛹期 8～15d（越冬代蛹期 170～200d），成虫期 3～5d。室内观察，越冬代于 10 月中旬末以老熟幼虫开始越冬，部分老熟幼虫于 11 月上旬化蛹。成虫昼伏夜出，趋光性弱，卵散产于初展嫩叶两面，也产于老叶、花蕾和果实表面。幼虫孵化后，啃食叶表，三龄后吐丝缀嫩叶呈“荷包”状、筒状虫苞，潜内取食，幼虫特别敏捷，受惊则速向前或向后蠕动，惊动大时即从虫苞内弹跳出或吐丝下垂，钻入地被物中。

天敌多种，幼虫期天敌有鸟类、螳螂、草蛉、猎蝽、蜘蛛及寄生蜂，幼虫期寄生率高达 11%。

4. 防治方法

（1）*清园结合翻耕* 采收后和生长期间结合整形修剪，清除残枝落叶，集中烧毁。结合垦覆挖除越冬幼虫和蛹。

（2）*摘除虫苞* 田间出现虫苞即行摘除，并将其捏死。

（3）*保护利用天敌* 该虫有多种天敌应注意保护。

（4）*施药防控* 发生量大时应全面喷药，可任选 50%杀螟硫磷乳油 500 倍液、20%氰戊菊酯乳油 1 500 倍液、Bt 可湿性粉剂（每克 100 亿活芽孢）每 667m^2 100～200g 对水稀释、80%敌敌畏乳油 1 000 倍液或 90%敌百虫晶体 1 000 倍液喷治，药剂宜轮换使用。

（十三）蚜虫

蚜虫（*Aphis* sp.），属同翅目蚜科。

为害特点、形态特征、生活习性和防治方法，参见本书罗汉果蚜虫部分。

（十四）绿盲蝽

绿盲蝽（*Lygus lucorum* Meyer-Dür.），属同翅目盲蝽科。

1. 寄主 栀子、梅、山楂、葡萄、梨、草莓、桑、麻等。

2. 为害特点 以成虫、若虫刺吸寄主嫩叶和幼果汁液，初期叶面呈现黄白色斑点，后渐扩大成黑色枯死斑，造成大量穿孔和皱缩不平的“破叶疯”，严重时叶片扭曲、皱缩，果实被害处停止生长，出现凹陷斑点或斑块。

3. 形态特征

（1）成虫 体长5～5.5mm，绿色，密被短毛。头部三角形，黄绿色，复眼黑色，突出，无单眼，触角4节，丝状，较短，约为体长2/3，第二节长于第三和第四节之和。前胸背板黄绿色，布有许多小黑点，前缘宽。小盾片三角形，微突，黄绿色，中央具一浅纵纹。前翅膜片半透明，暗灰色，余绿色。足黄绿色，后足腿节末端具褐色环斑，雌虫后足腿节较雄虫短，不超腹部末端，跗节3节，末端黑色。

（2）卵 长1mm，黄绿色，似香蕉状，卵盖奶黄色。

（3）若虫 共5龄，与成虫相似，初孵时体长0.8～1.0mm，绿色，复眼桃红色。末龄体长约3.1mm，全体鲜绿色，复眼灰淡，翅芽伸达第四腹节后缘，密被黑色细毛，触角淡黄色，一至三龄若虫腹部第三节背中有一橙红色斑点，后缘有1个一字形黑色腺口；四龄后色斑渐褪，黑色腺口明显。

4. 生活习性 长江流域1年发生5代，华南地区1年发生7～8代，世代重叠，以卵在栀子、石榴、木槿等植物的伤口组织内越冬。翌春3～4月，气温高于10℃或连续日均温达11℃、相对湿度高于70%，卵开始孵化。气温15～25℃、相对湿度80%以上最为有利。成虫寿命长达30d以上，发生期不整齐，若虫期28～44d。成虫飞行力强，趋嫩为害，喜食花蜜。生活隐蔽，爬行敏捷。非越冬代卵多散产在嫩叶、茎、叶脉、嫩蕾等组织内，外露黄色卵盖。以春、秋两季受害重。主要天敌有寄生蜂、草蛉、捕食性蜘蛛等。

5. 防治方法

（1）清园 冬季清除枯枝落叶，集中深埋或烧毁；早春生长季度及时中耕除草，上述措施可消灭部分越冬虫卵。

（2）保护利用天敌 天敌发生期不用广谱性农药，如需喷药应选用选择性农药，以免伤害天敌。

（3）适期施药防控 最为关键是掌握一、二代虫卵孵化期和若虫盛发期用药。可任选 10%吡虫啉可湿性粉剂 2 000 倍液、5%啶虫脒乳油 3 000～3 500 倍液、20%氰戊菊酯乳油 2 500～3 000 倍液、1.8%阿维菌素乳油 4 000 倍液、2.5%联苯菊酯乳油（天王星）2 000～3 000 倍液或 48%毒死蜱乳油 1 500 倍液喷治，傍晚施药，效果较好。

第四节　栝楼/瓜蒌

葫芦科栝楼属植物栝楼（*Trichosanthes kirilowii* Maxim.）或双边栝楼（中华栝楼，*T. rosthornii* Harms）的干燥成熟果实、干燥成熟种子、干燥成熟果皮均可作为中药材，其药材名分别为瓜蒌、瓜蒌子和瓜蒌皮。

一、病害

（一）栝楼根腐病

1. 症状　根部变黄，根断面有黄褐色斑，严重时块根变褐腐烂。发病轻时，地上部症状不明显，严重时植株萎蔫、枯死。

2. 病原　尚待鉴定。

3. 传播途径和发病条件　连作病重，地下害虫和根结线虫为害重的发病也重。

4. 防治方法

（1）培育无病种苗　首先，在远离病区的健田里选无病橙黄色壮实而柄短的果实作种用。其次，采回果实挂室内通风处，播种前破开果壳，取出种子，选饱满种仁，于播前用 35～50℃温水浸泡 24h 后取出，与 3～5 倍湿细沙混拌均匀，置于 25～30℃下催芽，待大部分种仁裂口时即可播种。催芽播种，出芽快，可减少被病菌侵染机会，有利培育壮苗。

（2）实行轮作　可与禾本科作物轮作 3～5 年。

（3）做好防治地下害虫和根结线虫工作，避免虫伤诱发病菌侵染。

（4）拔除病苗　集中烧毁，其病穴可试用木霉菌（每克 1.5 亿活孢子）可湿性粉剂 1 500～2 000 倍液、30%琥胶肥酸铜胶悬剂 350 倍液或 40%多菌灵胶悬剂 500 倍液浇灌，病株周围苗可试用上述药剂喷治。

（二）栝楼白粉病

该病主要为害叶片和嫩茎。

1. 症状　初发时叶或嫩茎呈现近圆形白色绒状霉斑，后不断扩展，全叶或嫩茎布满白色霉层。后期霉层渐变成灰白色或灰褐色。霉层中出现黑色小点（病菌闭囊壳）。严重时叶枯、脱落，影响产量和品质。

2. 病原 *Erysiphe* sp.，为子囊菌亚门白粉菌属真菌。

3. 传播途径和发病条件 以闭囊壳在田间病残体上越冬。翌春雨后闭囊壳吸水膨胀，释放出子囊孢子，引起初侵染，病斑上产生大量分生孢子，不断进行再侵染。高温、高湿有利发病，植株密闭、通气差的发病较重。

4. 防治方法

（1）清园 收后清除病残体，减少越冬菌源。

（2）加强田间管理 剪除病枝梢、徒长枝，改善通透性。适当增施磷、钾肥，增强植株抗病性。

（3）适时喷药防控 发病初期选喷25%三唑酮可湿性粉剂1 000～1 500倍液、62.25%锰锌·腈菌唑可湿性粉剂600倍液或50%甲基硫菌灵可湿性粉剂1 000倍液，10d喷1次，视病情酌治次数。

（三）栝楼斑枯病（灰斑病）

常见病，主要为害叶片，也可为害茎蔓。

1. 症状 初期叶呈褐色至灰白色小斑点，后逐渐形成近圆形、不规则形或多角形病斑，边缘黑褐色，上生淡黑色霉状物（病菌子实体），有时会融合成大病斑，严重时全叶枯死。茎蔓病斑为梭形至长条形，中央灰白色，后期病斑上生小黑点（病菌的分生孢子梗和分生孢子）。

2. 病原 瓜类尾孢（*Cercospora citrullina* Cooke），为半知菌亚门尾孢属真菌。

3. 传播途径和发病条件 病菌以菌丝体和分生孢子器在田间病残体上越冬，成为翌年病害初侵染源。条件适宜，分生孢子借气流、风雨传播，侵入寄主引起初侵染。病斑上产生大量分生孢子，进行多次再侵染。6月开始发病，7～9月为发病盛期。植株过密，通风透光差，湿度大，有利发病。

（四）栝楼炭疽病

1. 症状 可侵染叶、茎、蔓及果。叶上病斑多呈近圆形至不规则形，白色，直径2～4mm，在茎蔓上病斑近椭圆形，边缘褐色。叶病斑上生小黑点（病原菌分生孢子盘），肉眼不易看清。

2. 病原 无性阶段：*Colletotrichum orbiculare*（Berk. et Mont.）V. Arx，为半知菌亚门炭疽菌属真菌。有性阶段：*Glomerella lagenaria*（Pass.）Watanabe et Tamura，为子囊菌亚门小丛壳属真菌。

3. 传播途径和发病条件及防治方法 参见本书罗汉果炭疽病。

（五）栝楼蔓枯病

该病可为害叶片、茎蔓和果实。

1. 症状 叶上病斑近圆形，有的有微细的轮纹，茎蔓上病斑椭圆形至纺锤形，灰褐色，边缘色深，严重时引起蔓枯，全株枯死。果上病斑为近圆形，褐色，2～5mm，后期灰褐色。果皮下的果肉干腐，稍发黑，后期病部密生小黑点（病菌分生孢子器）。严重时果面布满病斑，密生黑点，皮下果肉发黑，整个果实几乎变成黑色，或称果腐病。

2. 病原 西瓜壳二孢（*Ascochyta citrullina* C. O. Smith），为半知菌亚门壳二孢属真菌。

3. 传播途径和发病条件 以分生孢子器、分生孢子或菌丝体在病残体上越冬。翌春条件适宜，病部产生大量分生孢子，经风雨传播，进行初侵染和多次再侵染。全年均可发生，以夏秋高温、多湿发生为多。管理粗放、荫蔽、潮湿，有利发病。

（六）栝楼斑点病

1. 症状 叶上病斑近圆形，直径2～3mm，褐色，后变灰白色，边缘细褐色，上生小黑点（病原菌分生孢子器）。

2. 病原 正圆叶点霉（*Phyllosticta orbicularis* Ell. et Ev.），为半知菌亚门叶点霉属真菌。

3. 传播途径和发病条件 参见栝楼蔓枯病。

（七）栝楼叶斑病类综合防治

（1）*加强管理* 冬季清园，清除园内病枝叶，集中烧毁。科学施肥，增施磷、钾肥，及时浇水和培土，以增强树势，提高抗病力。

（2）*改善果园生态环境条件* 合理密植（株行距1.5m×2m），结合打顶疏枝，剪除病枝叶、徒长枝、过密枝，改善田间通风透光条件，降湿防病。

（3）*施药防控* 发病初期摘除病叶，并对发病中心及周围植株喷药防治。发病多时可全面施药，选喷1∶1∶200波尔多液、58%甲霜·锰锌可湿性粉剂500倍液或50%代森锰锌可湿性粉剂600倍液。7～10d喷1次，视病情酌治次数。

（八）栝楼根结线虫病

该病各产区均有发生。

1. 症状 初期须根变褐色腐烂，后期主根、侧根和须根上生有大小不等的瘤状根结，其表面光滑，上面不再生侧根，严重发生时，根系布满大小不一的肿瘤。剖开肿瘤，可见乳白色小粒，即根结线虫的雌虫。受到根结线虫的侵害而造成的微伤口，有利土中微生物侵入，促使根全部或局部腐烂。受害根的地上部初期症状不明显，后期出现叶褪绿、发黄、变小，植株矮化，生长缓慢，当根部腐烂后，地上部随即枯死或翌年不再出苗。

2. 病原 南方根结线虫［*Meloidogyne incognita*（Kofoide & White）Chitwood］，为线形动物门异皮科根结线虫属线虫。

3. 传播途径和发病条件 1年发生3～4代，以幼虫和卵在寄主病根内或杂草寄主的残根内及土中越冬。越冬幼虫或早春孵化出来的二龄幼虫是本病初侵染来源。侵入根皮后，吸取寄主养分，形成明显的“虫瘿”（肿瘤），幼虫在虫瘿内发育。不经蜕皮即变成豆荚状，称寄生二龄幼虫，以后随着龄期的增加，体型逐渐膨大，雌虫定居虫瘿内，产卵后死亡。卵经过发育，孵化出二龄幼虫，进行再次侵染，雌虫蜕皮4次后变成线形的成虫，从瘤中钻出，进入土中。该线虫孤雌生殖。在土质疏松、通气性好的壤土、沙土、沙壤土、碱性土中发病重。通气性差的黏土发病轻。线虫在土中活动能力差，只有通过作为繁殖材料的带病种根的调运才能远传，施用带有线虫的土杂肥和农机具、人畜沾带的病土，以及浇水均是该病的传播途径。

4. 防治方法

（1）翻土晒白 栝楼收后将土壤翻晒多次，也可在种植前按种植行宽和深度要求挖沟，将土翻沟两边，经过多次翻晒，可减少线虫为害。

（2）种根处理 选用无病健壮种根作繁殖材料是防病的十分重要环节。为防种根带病，在种植时可试用真菌杀线剂（线虫清高浓缩吸附剂）进行种根浸泡或拌种处理（参看说明书）。

（3）施药防控 发生重时每667m^{2}用1.8%阿维菌素乳油2 000～3 000倍液、80%敌敌畏乳油1 000倍液或70%辛硫磷乳油1 000～1 500倍液浇根，7～10d浇1次，连浇2～3次，每次每株300～500mL。也可用毒土防治：每667m^{2}用1.8%阿维菌素乳油400～500mL对水适量拌细土20～30kg，均匀撒地表，浅耕10cm，有效期可达60d，或用50%辛硫磷颗粒剂2～2.5kg拌细土30～50kg，沟施或穴施。

（4）加强田间管理 包括增施充分腐熟有机肥、清除田间杂草、遇旱及时浇水（避免串浇）等措施。

二、害虫

（一）栝楼透翅蛾

栝楼透翅蛾（*Melittia bom-byliformis* Cramer），属鳞翅目透翅蛾科。

1. 寄主 栝楼、白芷、马兜铃等。

2. 为害特点 初龄幼虫在栝楼藤状茎表面蛀食，分泌白色透明胶状物，和排泄的粪便混在一起。幼虫三龄后即蛀入茎内，将茎蛀空，形成虫瘿。

3. 形态特征

（1）成虫 雌蛾体长20～22mm，翅展38mm，胸部被有红棕色细毛，腹面有棕色和黑色丛毛相间。雄蛾体长18～20mm，翅展36mm，头部暗褐色，复眼的前缘有黄白色毛，触角近似球杆状，末端有钩，并有一毛束，口喙发达。翅透明，翅缘翅脉及翅的顶中为黑色，翅面散生白色鳞片。胸部被有茶褐色细毛，后足生有蓬松的丛毛（故俗称粗腿透翅蛾）。

（2）卵　馒头形，直径约0.9mm，红褐色，表面有白色小突起。

（3）幼虫　体长约32mm，背线和气门线灰白色，头部及前胸背板黄褐色，前胸背板有倒八字形纹。气门圆形，黄褐色，带有褐色环。腹部每个气门的腹侧方有2根刚毛，臀板黄褐毛，末端有6根刚毛。

（4）蛹　体长22～23mm，暗赤色，有光泽，纺锤形。腹节背面有突起。腹末节近圆形，有20个左右的突起。

4. 生活习性　1年发生1代，以老熟幼虫在土下3～6cm处做茧越冬。翌年6月上旬，越冬幼虫开始化蛹，6月下旬出现成虫，7月上中旬为羽化盛期，7月中旬为产卵盛期。成虫寿命4～5d，蛹期20d左右，卵期7～10d，7月中旬至9月幼虫在茎秆内取食为害。成虫一般在上午交配、产卵，卵散产于靠地面茎上，每只雌虫平均产卵约120粒。幼虫孵化后在茎表面取食，三龄后蛀茎为害。

5. 防治方法

（1）冬季翻土毁茧，减少越冬虫口数量。

（2）人工捕杀　被害茎蔓下部有明显虫瘿和凝结胶状物，用手取下胶状物，将其幼虫捕杀。也可在每天晨露未干前用手或木棍拍打植株或棚架，将成虫震落捕杀。

（3）适期喷药防控　掌握幼龄期即幼虫蛀茎前（7月中旬）、成虫羽化高峰期（7月上中旬）及幼虫离开虫瘿入土越冬期间（9月上旬）喷药，可选用80%敌敌畏乳油1 000倍液、2.5%溴氰菊酯乳油2 000倍液或50%辛硫磷乳油1 000倍液喷茎部或浇泼。

（二）黑足黑守瓜

黑足黑守瓜（*Aulacophora nigripennis* Motschulsky），属鞘翅目叶甲科。俗称黄萤子。

1. 为害特点　成虫取食栝楼叶片，幼虫为害栝楼根部，幼苗受害后容易死亡。成株为害根表皮，常留有黄褐色食痕。幼虫还可蛀入根内，被害株生长衰弱，易引起土壤病原物侵入，致使根烂，植株死亡。

2. 形态特征

（1）成虫　体长约7mm。头部、前胸和腹部橙黄色。翅鞘、后胸腹板、上唇及足为黑色，翅鞘有较强光泽。头部光滑，触角之间背纹隆起，但不尖细。触角11节。小盾片三角形，无刻点。翅鞘端部微隆，前方1/4处靠缝呈现一浅凹痕，腹末露出翅鞘外。雄虫尾节腹片中叶长方形，微凸。雌虫尾节腹片末端呈弧表凹陷，中有一小尖角。

（2）卵　短椭圆形，堆产时卵多呈馒头状，大小为（0.7～0.8）mm×（0.6～0.7）mm。初产时鲜黄色，渐变为淡黄褐色。卵的表面有多角形网状纹。

（3）幼虫　成长幼虫体长13～14mm，细长，淡黄白色，头部黑褐色。胸足3对，腹部无足，臀板扁平，较长，有环纹，具刚毛，肛门在臀板下方，呈瘤状突出。

（4）蛹　裸蛹，蛹长6.5～7mm，宽约2.5mm，白色，近纺锤形，前端宽，后端窄。头部具刚毛6根，前胸背部具刚毛12根，中后胸及腹部也有一定数量的刚毛，腹末生有较大的臀刺2条。

3. 生活习性　1年发生1～2代，以成虫在背向阳的土、石缝隙和杂草土块等处越冬。翌年3月下旬，越冬成虫开始活动。栝楼未出苗，成虫可在白菜、萝卜等植物叶背上为害，栝楼出苗后则取食其幼苗，幼株受害严重。5月中旬开始产卵，6月上旬为产卵盛期。5月下旬至7月下旬为第一代幼虫为害期。6月下旬开始化蛹。7月中下旬为化蛹盛期，7月上旬成虫开始羽化，7月下旬至8月初为羽化盛期，8月下旬为产卵盛期，9月初幼虫孵化，9月下旬化蛹，直至10月底土中仍有老熟幼虫、蛹和刚羽化的成虫。成虫喜躲在栝楼叶背取食，夜间在叶背不动。成虫有假死性，用手轻拍栝楼棚架，便立即落地，落地后很快飞走，但清晨露干前落后不飞，只在地面缓慢爬行。成虫有群集为害的习性。刚出土的成虫不能飞，沿主蔓往上爬，遇叶取食，故植株下部及棚架边缘的叶片被害严重。近山坡的地块越冬成虫虫口密度大，成虫寿命很长，一般能活1年左右。成虫产卵于植株根部的土缝中，湿润的土壤产卵量大，产卵较集中，堆产成一字形排列，卵期13d左右。取食期成虫耐饥性强，不取食可活8～10d，幼虫孵化后潜入土中，为害寄主根部。初龄幼虫啃食根皮，后蛀入根内为害。老熟幼虫在寄主根际4～19cm深处，做土室化蛹。

（三）黄足黄守瓜

黄足黄守瓜（*Aulacophora femoralis chinensis* Weise），属鞘翅目叶甲科。别名瓜守、黄虫。

1. 为害特点　参见黑足黑守瓜。

2. 形态特征

（1）成虫　体长约9mm，虫体除复眼、中胸至腹部腹面黑色外，其他皆为橙黄色，前胸背板长方形，中央有一弯曲横凹沟。雌虫腹部末节腹面有V形凹陷；雄虫腹部末节腹面有匙形构造。

（2）卵　卵圆形，黄色，卵壳表面有六角形蜂窝状网纹。

（3）幼虫　体长12mm，长圆筒形，头部黄褐色，前胸背板黄色，胸腹部黄白色，腹部末节腹面有肉质突起。

(4) 蛹　裸蛹，体长 9mm，黄白色，头缩于前胸下，各腹节背面疏生褐色刚毛，腹末端有巨刺 2 个。

3. 生活习性　长江中下游地区以 1 年发生 1 代为主，部分地区 1 年发生 2 代，华南地区 1 年发生 3 代，台湾 1 年发生 3～4 代。以成虫在向阳的枯枝落叶、草丛及土缝中越冬。土温达 6℃时越冬成虫开始活动。栝楼出土前，为害其他蔬菜和作物，出土后即集中为害叶子。5～6 月为害幼苗严重，5～8 月均可产卵，每次产卵平均约 30 粒，产于潮湿土表内。孵出幼虫即可为害细根，三龄后可为害主根，历期 19～38d。相对湿度 75%以下，卵不能孵化，卵发育历期 10～14d。老熟幼虫在根际附近筑土室化蛹。该虫喜温好湿，成虫耐热性强，故南方发生较重。土表潮湿，有利产卵。其他参见黑足黑守瓜。

(四) 守瓜类防治方法

(1) 人工捕杀　利用成虫假死性，于晨露未干前抖动棚架，捕杀坠落成虫。

(2) 加强管理　产卵期保持干燥环境，不利成虫产卵。在地面撒草木灰、烟草粉、木屑等，可阻止成虫产卵。

(3) 适期喷药　3 个时期喷药：成虫发生期，任选 50%敌敌畏乳油 1 000～1 500倍液，20%氰戊菊酯、2.5%溴氰菊酯乳油 3 000～4 000 倍液或 10%氯氰菊酯乳油 1 500～2 000 倍液喷治；卵孵化期，选用 2.5%鱼藤酮乳油 1 000 倍液或 90%敌百虫晶体 1 000 倍液防治；幼虫发生期，选用 50%辛硫磷乳油 1 000～1 500倍液或 90%敌百虫晶体 1 000 倍液防治。

(五) 瓜绢螟

瓜绢螟［*Diaphania indica* (Saunders.)］，属鳞翅目螟蛾科。俗称瓜螟，常见害虫之一。

1. 寄主　除栝楼外尚可为害多种瓜类植物及茄子、番茄等。

2. 为害特点　以幼虫为害瓜类作物的嫩头、幼瓜和叶子。低龄幼虫啃食叶背叶肉，残留表皮成网状。严重时食光叶片，仅留叶脉，三龄后吐丝缀合嫩叶、嫩梢，隐匿其中为害，至叶穿孔或缺刻。幼虫还可啃食瓜皮，形成疮痂，也能蛀入瓜内取食。

3. 形态特征

(1) 成虫　体长 10～11mm，翅展 25mm，头胸黑色，腹部白色，仅第一节、第七节和第八节黑色，腹末端有黄褐色毛丛。前、后翅白色，半透明，前翅前缘、外缘和后翅外缘均为黑色宽带。

(2) 卵　扁平，椭圆形，淡黄色，表面有网纹。

(3) 幼虫　共 5 龄，末龄虫体长 23～26mm，头部、前胸背板淡褐色，胸腹部草绿色，亚背线为2条较宽的乳白色纵带，气门黑色。各体节上有瘤状突起，上生短毛。

（4）蛹　长约14mm，深褐色，外被薄茧。

4. 生活习性　广东1年发生6代，世代重叠，以老熟幼虫或蛹在枯叶或表土中越冬。翌年4月羽化，5月出现幼虫为害，7～10月发生量大，为害重。11月后进入越冬。成虫昼伏夜出，趋光性弱。卵产叶背，散产或20粒左右聚集一起，每只雌虫产卵300～400粒。初孵幼虫多集中叶背取食叶肉；三龄后吐丝卷叶取食。幼虫活泼，受惊后吐丝下垂，转移他处为害。幼虫发育适温为26～30℃，相对湿度80%以上。老熟幼虫在卷叶内或表土中做茧化蛹。卵期5～7d，幼虫期9～16d，蛹期6～9d，成虫寿命6～14d。

5. 防治方法

（1）清园　生长期和收后及时清除枯藤落叶，集中处理，消灭部分虫蛹。

（2）摘除卷叶　幼虫发生期及时摘除卷叶，集中处理，消灭部分幼虫。

（3）适期施药防控　卵孵化盛期施药，任选1.8%阿维菌素乳油3 000倍液、2%阿维·苏可湿性粉剂1 500倍液、40%阿维·敌敌畏乳油（绿菜宝）1 000倍液、10%醚菊酯悬浮剂1 500～2 000倍液、3%啶虫脒乳油（莫比朗）1 000～2 000倍液、10%氯氰菊酯乳油3 000～4 000倍液、10%联苯菊酯乳油2 500～3 000倍液或20%氰戊菊酯2 500～3 000倍液等喷治，药剂宜轮换使用。

（六）瓜蚜

瓜蚜（*Aphis gossypii* Glover），属同翅目蚜科。又名棉蚜。

1. 寄主　瓜类、豆类、棉花等多种作物。

2. 为害特点、形态特征、生活习性和防治方法　参见本书罗汉果棉蚜。

（七）瓜藤天牛

瓜藤天牛（*Apomecyna saleator* Fabricius），属鞘翅目天牛科。

为害特点、形态特征、生活习性和防治方法，参见本书罗汉果瓜藤天牛。

（八）甜菜夜蛾

甜菜夜蛾［*Spodoptera*（*Laphygma*）*exigua* Hübner］，属鳞翅目夜蛾科。

1. 寄主　为害多种蔬菜、大田作物和药用作物。

2. 为害特点　初孵幼虫群集叶背，吐丝结网，啃食叶肉，仅留表皮。三龄后分散为害，将叶食成孔洞或缺刻。严重发生时只剩叶脉和叶柄，以至幼苗死亡，出现缺苗、断垄。

3. 形态特征

（1）成虫　体长10～14mm，翅展25～33mm，灰褐色。前翅内横线，亚外缘线灰白色。外缘有一列黑色的三角形小斑，肾形纹，环形纹均为黄褐色，有黑色轮廓线。后翅银白色，翅缘灰褐色。

(2) 卵　圆馒头形，直径0.2～0.3mm，白色，常数十粒一起呈卵块状，其上盖有雌蛾腹端的绒毛。

(3) 幼虫　共5龄，少数6龄，体色多种，老熟幼虫体长20～30mm，常见绿色、墨绿色，也有黑色个体。气门浅白色，腹部气门下线有明显的黄白色纵带，有时带粉红色，纵带末端直达腹末，不弯到臀足（此为与甘蓝夜蛾幼虫的主要区别）。各节气门后上方具一明显的白点。

(4) 蛹　长约10mm，黄褐色，臀棘上有刚毛两根，其腹面基部也有两根极短刚毛。

4. 生活习性　山东1年发生5代，浙江金华地区6～7代，以蛹在土室内越冬。长江以南地区周年均可发生，广州地区无明显越冬现象。成虫昼伏夜出，趋光性强，但趋化性弱。幼虫夜晚活动，有假死性。卵多产叶背、叶柄或杂草上，卵块单层或双层，上盖白色毛层。单雌产卵量一般100～600粒，多达1 700粒。三龄前群集为害，但食量小。四龄后昼伏夜出，食量大增，且有成群迁移习性，食料短缺时会自相残杀，老熟后入土做室化蛹。该虫最适生长温度为20～23℃，相对湿度50%～70%。南方春季雨水少，梅雨季度明显提前，夏季炎热，则秋季发生为害将会严重。卵期2～6d，幼虫期11～39d，蛹期7～11d。该虫偏嗜白菜、萝卜等绿叶蔬菜，其为害也重。

5. 防治方法　参见本书薏苡害虫综合治理。

(九) 二十八星瓢虫（茄二十八星瓢虫）

二十八星瓢虫［*Henosepilachna vigintioctopunctata* (Fabricius)］，属鞘翅目瓢虫科。长江以南为害较重。

1. 寄主　为害多种茄科、葫芦科作物和药用植物。

2. 为害特点　以成虫和幼虫舐食叶肉，残留上表皮呈网状，有时也将叶食成空洞或仅留叶脉，严重时将叶食尽，以至整株死亡。被害果开裂，内部组织僵硬，有苦味，影响产量和品质。

3. 形态特征

(1) 成虫　体长7～8mm，半球形，赤褐色，体表密生黄褐色细毛。前胸背板上有6个黑点，有时中央4个连成一个横而长的大黑斑；每个鞘翅上有14个黑斑，其中第二列4个黑斑呈一直线，这是明显区别于马铃薯瓢虫之处。

(2) 卵　长约0.2mm，弹头形，淡黄色至褐色，卵粒排列成块，有纵纹。

(3) 幼虫　体长约9mm，初淡黄色后变白色，长椭圆形，背面隆起，体节白色，其基部有黑褐色环纹。

(4) 蛹　椭圆形，黄白色，背面有黑色斑纹，尾端具黑色尾刺2根。

4. 生活习性 广东1年发生5代，福建的永安、沙县5～6代，无越冬现象，世代重叠。以成虫群集在杂草、松土、篱笆、老树皮、墙缝等的间隙中越冬，每年5月发生量最多。成虫昼夜取食，有假死性和自残性。雌虫产卵块于叶背，一生产卵量约400粒。初孵幼虫群集为害，稍大后分散取食，老熟幼虫在原处或枯叶中化蛹。在江西南昌，成虫期30d以上，卵期3～5d，幼虫期15～20d，蛹期3～6d。该虫生长最适温度为25～28℃，相对湿度80%～85%，高温、高湿有利该虫发生。6～9月食料丰富，种群增长快，为害加剧。枝叶茂密、杂草和枯叶多的田块发生较多。栝楼附近种植茄果类的发生为害会重。

5. 防治方法

(1) 人工捕杀 利用成虫假死性，拍打植株，致虫坠落盆中杀灭。

(2) 摘除卵块 该虫卵块集中，颜色鲜艳易辨，在产卵季节摘除卵块销毁。

(3) 清园 收后和生长期间，及时清除杂草和枯枝落叶，可消灭部分虫蛹，减少虫源。

(4) 适期施药防控 幼虫孵化盛期（即在幼虫分散前）喷药防治。可任选90%敌百虫晶体1 000倍液、50%敌敌畏乳油1 200倍液、50%辛硫磷乳油1 000倍液、20%甲氰菊酯乳油1 200倍液、2.5%溴氰菊酯乳油3 000倍液、10%联苯菊酯乳油（天王星）2 000倍液或2.5%氯氟氰菊酯乳油3 000～4 000倍液喷治，7～10d喷1次，连喷2～3次。药剂宜轮换使用。

第五节 莲/莲子、莲须、莲心、莲房

莲（*Nelumbo nucifera* Gaertn.），又名荷，为睡莲科莲属植物。其成熟种子为中药材莲子，成熟种子中的干燥幼叶及胚根为中药材莲子心，其干燥花托为中药材莲房，其干燥雄蕊为中药材莲须。

一、病害

（一）莲腐败病（根腐病）

1. 症状 主要侵染地下茎和根部。病根呈现褐色腐烂，有的叶在发病初期出现青枯，后期变枯黄而死。叶柄先端多弯曲下垂，严重时引起全株枯死。

2. 病原 湖北产区主要由半知菌亚门镰孢属尖镰孢［*Fusarium oxysporum* Schl. f. sp. *nelumbicola*（Nis. & Wat. Booth.）］侵染引起。据报道，串珠镰孢（*F. moniliforme* Sheld.）、接骨镰孢（*F. sambucinum* Fuck.）、半裸镰孢（*F. semitactum* Berk. et Rav.）和腐皮镰孢［*F. solani*（Mart.）App. et Wollenw.］也能引起本病。有人认为是球茎状镰孢莲变种（*F. bulbigenum* var. *nelumbicolum* Nisikado et Watanabe）引起的。上海产区认为病藕表面水渍

状斑是由一种腐霉菌（*Pythium* sp.）侵染引起。

3. 传播途径和发病条件 病菌可在病部越冬，成为翌年初侵染源。翌春条件适宜，产生分生孢子，借风雨传播，从根茎部伤口侵入。20～30℃适宜发病，阴雨天多，有利发病。凡土壤酸性强，通气性差和偏施氮肥、连作地，发病会重，润湿灌溉，发病轻，干旱断水的发病也重。

4. 防治方法

（1）选用无病种藕，建立无病种藕基地 对外来引进的或选用的无病种藕均须进行消毒：采用50%多菌灵或50%甲基硫菌灵可湿性粉剂800倍液，加75%百菌清可湿性粉剂800倍液，喷雾种藕，后用塑料薄膜覆盖，密闷种藕24h，晾干后即可播种。

（2）轮作 水旱轮作2～3年，对净化土壤，减少发病十分重要。

（3）加强肥水管理 施足腐熟有机肥，配方施肥，按莲不同生育阶段需求调控水层，以防因水温过高或长期深灌而加重发病。

（4）适期喷药防控 发病初期除及时连根挖除病株外，局部土壤用上述多菌灵消毒，对周围植株喷药保护，可选用50%多菌灵可湿性粉剂600倍液，加75%百菌清可湿性粉剂600倍液喷叶面、叶柄，发病多时，除逐一拔除病株外，须全田均匀喷药，7～10d喷1次，连喷2～3次。发现叶呈水渍状病斑（由腐霉菌引起）宜选用25%甲霜灵可湿性粉剂800～1 000倍液、58%甲霜·锰锌可湿性粉剂500～600倍液或64%噁霜·锰锌可湿性粉剂600～800倍液喷治地上部。

（二）莲炭疽病

1. 症状 主要为害叶片，也可侵染茎部。被害叶呈现圆形至近圆形褐色病斑。中央色淡，与黑斑病初期症状不易区别。后期上生许多小黑点（病原菌分生孢子盘）。严重时，病斑密布，叶局部或全叶枯死。茎上病斑近椭圆形，暗褐色，上生小黑点，以至全株枯死。

2. 病原 有性阶段：*Glomerella cingulata*（Stonem）Spauld. et Schrenk.，为子囊菌亚门小丛壳属真菌。无性阶段：胶孢炭疽菌（*Colletotrichum gloeosporioides* Penz.），为半知菌亚门炭疽菌属真菌。

3. 传播途径和发病条件 4～8月发生，为害较重。

（三）莲黑斑病

该病为害叶片，发生普遍。

1. 症状 初期病叶出现近圆形、直径3～6mm病斑，后扩展成不规则形，具同心轮纹，病健部分界明晰，外围常出现细窄的褪色黄晕。上生黑色霉状物（病原菌子实体），发生多时，病斑汇合，叶片枯死。

2. 病原 链格孢［*Alternaria nelumbii*（Ell. et Ev.）Enlows et Rand.］，

为半知菌亚门链格孢属真菌。

3. 传播途径和发病条件 7～9月发生。本病以菌丝体及分生孢子梗随病残体在莲田或病株上越冬，翌春产生分生孢子，借风雨传播。病斑上可不断产生分生孢子进行再侵染。多雨季节有利发病。

（四）莲棒孢褐斑病

1. 症状 主要为害莲主叶，叶柄也会发病。受害叶呈近圆形、不定形褐色至紫褐色病斑，一般2～8mm，病部上生灰褐色霉状物（病菌分生孢子梗与分生孢子），斑面常有轮纹。严重时病斑融合，叶片变褐干枯，叶柄发病易折断下垂。

2. 病原 山扁豆生棒孢［*Corynespora cassiicola*（Berk. et Curg.）Wei］，为半知菌亚门棒孢属真菌。寄主范围很广，可侵染豇豆、大豆、番茄、黄瓜、橡胶树等，引起叶斑病。

3. 传播途径和发病条件 本病易发生，8～9月为盛发期，地势低洼、通气差、长势弱的发病较重。

（五）莲假尾孢紫褐斑病

1. 症状 为害莲主叶。染病后叶斑正面呈紫褐色，背面色稍淡，病斑周围呈明显或不明显的角状突起，致病斑呈不规则形，斑面具明显或不明显的同心轮纹。后期斑面呈隐约可见暗灰色至蜡色薄霜层（病菌分生孢子梗及分生孢子），严重时病斑汇合，叶片干枯。

2. 病原 睡莲假尾孢［*Pseudocercospora nymphaeacea*（Cke. et Ell.）Deighton］，为半知菌亚门假尾孢属真菌。

3. 传播途径和发病条件 以菌丝体和分生孢梗随病残体遗落莲田或在病株上越冬，翌春条件适宜，以分生孢子借风雨传播，从伤口、孔口侵入致病。一般于5～9月发生，阴雨天多，偏施氮肥的易发病。其他参见本书砂仁褐斑病。

（六）莲斑枯病

1. 症状 多种病菌可引起斑枯病。叶点霉引起的病斑多发生在叶脉间，有的受叶脉限制，出现扇形大斑，呈褐色、灰褐色至灰白色，斑面密生黑色小点（分生孢子器），随着病情发展，病斑常破裂或脱落，叶片穿孔，严重时仅留主叶脉，整个病叶如破伞状。由壳二孢和拟茎点霉引起的症状与上述症状相似。

2. 病原 喜湿叶点霉（*Phyllosticta hydrophila* Speg.），为半知菌亚门真菌；*Ascochyta* sp.，为半知菌亚门壳二孢属真菌；*Phomopsis* sp.，为半知菌亚门拟茎点霉属真菌；*Monochaetia* sp.，为半知菌亚门盘单毛孢属真菌。各地不同生育阶段引起的斑枯病，其优势病菌可能存在差异。

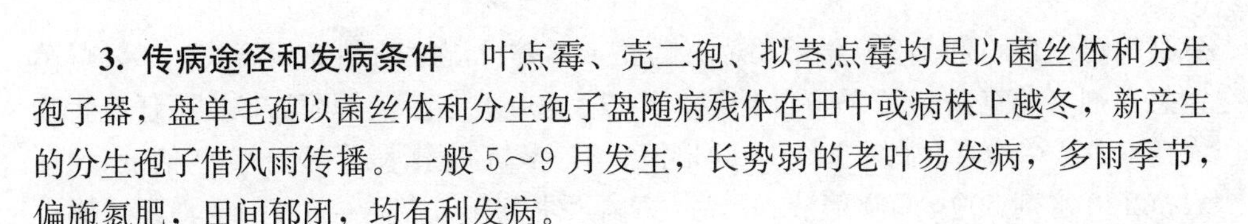

3. 传病途径和发病条件 叶点霉、壳二孢、拟茎点霉均是以菌丝体和分生孢子器，盘单毛孢以菌丝体和分生孢子盘随病残体在田中或病株上越冬，新产生的分生孢子借风雨传播。一般5～9月发生，长势弱的老叶易发病，多雨季节，偏施氮肥，田间郁闭，均有利发病。

（七）莲弯孢紫斑病

1. 症状 为害莲立叶。叶初现近圆形紫褐色病斑，斑面出现同心轮纹，后期病斑呈现黑褐色薄霉状物（病菌分生孢子梗与分生孢子），这与莲黑斑病症状相似。

2. 病原 *Curvularia* sp.，为半知菌亚门弯孢霉属真菌。有性阶段：*Cochliobolus lunatus*，为子囊菌亚门旋孢腔菌属真菌。

3. 传播途径和发病条件 病菌以菌丝体和分生孢子梗随病残体遗落莲田越冬。分生孢子借风雨传播，进行初侵染和再侵染。本病多发生于生长中后期，长势弱的植株易染病，老熟叶较嫩叶易发生。

（八）莲芽枝霉污斑病

1. 症状 为害莲立叶。多从叶缘开始发病，由外向内沿叶脉间的叶肉扩展，呈近圆形至不定形病斑，可相互融合成条状、污褐色，边缘出现暗灰色薄霉状物（病菌分生孢子梗与分生孢子）。

2. 病原 *Cladosporium* sp.，为半知菌亚门芽枝（孢）霉属真菌。

3. 传播途径和发病条件 病菌以菌丝体和分生孢子梗随病残体遗落在莲田或在病株上越冬。翌春条件适宜，产生的分生孢子借气流传播，进行初侵染与再侵染。发生较轻。

（九）莲叶斑病类综合防治

（1）加强田间管理 增施有机肥，避免过量或偏施氮肥，合理密植，并根据莲不同生育阶段要求，保持相应的水位。

（2）重视清园 生长期和收后及时清除残枝病叶，净化环境，减少翌年初侵染源。

（3）重病田实行轮作。

（4）防控发病中心，遏制病害扩展 发病初期可根据不同种类病害的轻重，选用针对性强的药剂。炭疽病为主，可任选25％溴菌腈可湿性粉剂500～600倍液、40％福·福锌可湿性粉剂800倍液、77％氢氧化铜可湿性粉剂800～1 000倍液或40％氟哇唑乳油（福星）5 000倍液喷治。炭疽病与黑斑病、褐斑病、斑枯病等并发时，可任选75％百菌清可湿性粉剂1 000倍液、10％苯醚甲环唑水分散粉剂（世高）2 000倍液、77％氢氧化铜可湿性粉剂800～1 000倍液、70％代森锰锌可湿性粉剂1 000倍液、64%噁霜·锰锌可湿性粉剂600倍液、20%噻菌铜悬浮剂（龙克菌）500～600倍液、1∶1∶100波尔多液等喷治，也可任选生物农药0.05%绿泰宝水剂600～800倍液、3%多抗霉素水剂600～900倍液、4%农抗120水剂500～600倍液、1%武夷菌素水剂150倍液、3%中生霉素可湿性粉剂（克菌康）1 000～1 500倍液等喷治。还可选用75%多菌灵与77%氢氧化铜按1∶1配制成1 000～1 500倍液喷治。叶斑病类发生重时应间隔7～10d喷1次，连喷2～3次。

（十）莲叶疫病

1. 症状 主要侵染浮贴水面的叶片。叶缘和叶面初呈黑褐色近圆形病斑，后扩大连成不定形湿腐斑块，引起叶片变褐腐烂。

2. 病原 *Phytoththora* sp.，为鞭毛菌亚门疫霉属真菌。

3. 传播途径和发病条件 病菌以菌丝体随病残体在莲田中越冬。翌年条件适宜，孢子囊释放游动孢子，借风雨、流水传播，从叶片气孔或伤口侵入致病。

4. 防治方法

（1）发病初期剪除病叶并烧毁，减少再侵染源。

（2）施药防控 发病初期可试用25%甲霜灵可湿性粉剂1 000倍液、72%霜脲·锰锌可湿性粉剂1 000倍液、65.5%霜霉威水剂1 000倍液或硫酸铜2 000倍液泼浇。还可试用68%精甲霜·乙铝可湿性粉剂600倍液或70%锰锌·乙铝可湿性粉剂500倍液喷治，施药前莲田最好保持浅水层，喷后24～48h回水至莲所需水层。7～15d施药1次，连用2～3次。

（十一）莲小核菌叶鞘（腐）病

1. 症状 主要侵染浮于水面的叶片。罹病叶病斑形状不一，有的呈S形，有的如蚯蚓状，出现褐色至黑褐色坏死病斑，易脱落穿孔，浮叶呈破烂状。后期病斑表面边缘呈现白色菌丝状或皱球状菌核（幼嫩菌核），进而成茶褐色菜籽状菌核。严重时叶烂，难于抽离水面。

2. 病原 喜水小核菌（*Sclerotium hydrophilum* Sacc.），为半知菌亚门小核菌属真菌。

3. 传病途径和发病条件 病菌以菌丝体和菌核随病残体在莲田中越冬，并可随灌溉水侵染叶面，引起发病。该菌发育适温为25～30℃，夏、秋高温多雨季节，本病较易发生。

4. 防治方法

（1）选用较为抗病良种。

（2）莲田收后清除病枝叶，园外烧毁。

（3）加强田管 增施有机肥，按莲生长要求保持一定水位。

(4) 适期施药防控　初发时可选用50%乙烯菌核利可湿性粉剂或干悬浮剂(农利灵)1 000～1 500倍液、50%异菌脲可湿性粉剂(扑海因)1 000～1 500倍液或4%农抗120水剂500～800倍液喷治。

(十二) 莲花叶病

1. 症状　病株矮化，叶变细小，可见浓绿相间花叶，有的叶片局部褪绿，畸形、皱缩，有的叶脉凸显，叶成畸形；有的叶抱卷不展。

2. 病原　黄瓜花叶病毒(CMV)，为黄瓜花叶病毒属病毒。

3. 传播途径和发病条件　广东始见于5～6月。本病可通过种藕或蚜虫传染，也可借接触传病。管理粗放，施肥不足，生长差，蚜虫发生多的发病较重。

4. 防治方法

(1) 培育无病种藕　选用无病种藕，远离疫区建立无病种藕基地，培育和种植无病种藕。

(2) 治蚜防病　做好蚜虫测报，及时喷药，治蚜防病，参见本书罗汉果治蚜方法。

(3) 莲附近不种寄主范围的葫芦科、茄科植物，减少交互传染机会。

(十三) 僵藕病

1. 症状　染病植株生长衰退，萌芽迟，休眠早，地上和地下部器官均较正常生长的植株迟缓。藕身出现褐色条纹，斑条1～5cm，长达10cm以上，以近先端节位的背面为多，藕身细瘦僵硬，顶芽和先端节间常扭曲畸形，品质下降，以至不堪食用。

2. 病原　病原性质待定。

3. 传病途径和发病条件　可能通过种藕、土壤等途径传染。

4. 防治方法　参见莲花叶病。

二、害虫

(一) 莲纹夜蛾(斜纹夜蛾)

莲纹夜蛾[*Prodenia litura* (Fabricius)，异名：*Spodoptera litura* (Fabricius)]，属鳞翅目夜蛾科。

1. 为害特点、生活习性、形态特征　参见本书仙草斜纹夜蛾。

2. 防治方法　参见本书仙草“四虫”综合防治。

(二) 莲缢管蚜

莲缢管蚜[*Rhopalosiphum nymphaeae* (Linnaeus)]，属同翅目蚜科。

1. 寄主 桃、李、杏、梅、莲、慈姑等植物。

2. 为害特点 以成虫、幼虫群集于嫩绿幼叶、叶芽、花蕾及柄上刺吸汁液，呈现黄白斑痕，严重时叶卷、皱缩，茎叶枯黄，花蕾凋萎，引起莲藕减产，品质下降。

3. 形态特征

(1) 成虫 无翅胎生雌蚜，卵圆形，体长2.5mm，宽1.6mm，褐色、褐绿色至深褐色；有翅胎生雌蚜，长卵形，体长2.3mm，宽1mm，触角、头、胸黑色，腹部褐绿色至深褐色。

(2) 卵 长圆形，黑色。

(3) 若蚜 大多共4龄，似无翅胎生雌蚜，但体较小。

4. 生活习性 该虫在桃、李、杏等核果类枝条上的叶芽、分枝、树皮下越冬。翌年4月开始繁殖，孵化后产生有翅蚜飞至莲、慈姑等水生植物上继续繁殖为害。1年发生数代。到10月产生有翅性母蚜，回迁越冬寄主。该虫喜阴湿环境，初夏至晚秋均可发生，数量较多，盛夏高温季节不利其发生。

5. 防治方法

(1) 清除水生植物 发现慈姑、浮萍等应及时清除，减少其食料，不利于该虫增殖。

(2) 合理密植 减少郁闭程度，有利通风透光，降低湿度，不利于其繁殖为害。

(3) 保护利用天敌 该虫天敌有瓢虫、蚜虫蜂、食蚜蝇、草蛉、食蚜盲蝽、蜘蛛等多种，应加以保护利用，尤其田间发现天敌多时，不喷药或尽量选用选择性农药，避免杀伤天敌。

(4) 黄板诱杀 参见本书罗汉果蚜虫。

(5) 适期施药防控 初发生时可对部分植株喷药，重点抓成虫盛发期防治，可选喷50%抗蚜威可湿性粉剂2 000倍液或5%吡虫啉可湿性粉剂1 500～2 000倍液，也可任选2.5%苦参碱乳油2 000～2 500倍液、2.5%鱼藤酮乳油400～500倍液、0.65%茴蒿素水剂300～400倍液，或杀蚜霉素（块状耳霉菌）每毫升200万菌体悬浮剂1 500～2 000倍液喷治，视虫情酌治次数。

（三）莲食根金花虫（稻根叶甲）

莲食根金花虫［*Donacia provosti*（Fairmaire）］，属鞘翅目叶甲科。是莲的重要害虫。

1. 寄主 水稻、莲藕、眼子菜、鸭舌草、李氏禾、稗草等。

2. 为害特点 幼虫为害莲藕根茎，引起地上部发育迟缓，植株矮小，叶小发黄，吮吸地下茎汁液，被害处呈黑褐色斑点，根系受害，致根发黑腐烂。成虫主要为害绿叶，造成缺刻或孔洞。

3. 形态特征

(1) 成虫　体绿褐色，有光泽，体长约6mm，前胸背板近似四方形，腹部有厚密的银白色透明的胶状物质，鞘翅有刻点和平行纵沟，翅端平截，腹部末端稍露出翅外。

(2) 卵　长椭圆形，稍扁平，表面光滑，初产时乳白色，孵化前淡黄色，卵粒常聚集成块，上覆白色透明的胶状物。

(3) 幼虫　白色蛆状，头小，胸腹部肥大，稍弯曲，长9～11mm，胸足3对，无腹足，尾端有一对褐色爪状尾钩。

(4) 蛹　长约8mm，白色，藏在红褐色的胶质薄茧内。

4. 生活习性　江苏1年发生1代，以幼虫在土壤的藕根须、藕节间等处越冬。4～5月开始为害，5～6月老熟幼虫在藕根部土壤中分泌乳白色黏液，包围体躯，形成胶质薄茧化蛹，7～8月羽化。成虫羽化后浮出水面交配，产卵于荷叶、眼子菜、鸭舌草、长叶泽泻等水生植物叶上。7月为产卵盛期，孵化后2～3d，幼虫即钻入土中食害藕节和根须。幼虫期长，可达10个月左右。成虫行动活泼，受惊后即贴水面飞遁，也能潜水逃逸。

5. 防治方法

(1) 实行水旱轮作　严重田块可改种旱作1～2年。

(2) 清园　生长期和收后应清除田间杂草和残枝落叶，尤其要挖净眼子菜、鸭舌草等水生植物，以减少其产卵场所。

(3) 结合整地种植施药杀虫　可在早春莲藕发芽前幼虫出蛰始盛期、高峰期排除田水，每667m^2施用50%辛硫磷颗粒剂25kg拌细土，均匀撒施土中，并适当耕翻，可防治越冬幼虫。种莲藕时，每667m^2施入石灰50kg，中和土壤酸性，防病治虫。也可施入菜籽饼、茶籽饼粉15～20kg，防治早春出蛰幼虫。

(4) 适期施药防控　成虫盛发期可选喷90%敌百虫晶体800～1 000倍液或80%敌敌畏乳油1 000倍液。

(四) 潜叶摇蚊

潜叶摇蚊［*Stenochironomus nelumbus*（Tokunaga et kuroda)］，属双翅目摇蚊科。是莲上的重要害虫。

1. 寄主　莲、黄实、菱角、萍等植物。

2. 为害特点　幼虫为害莲的浮叶，不为害离开水面的主叶。大发生时浮叶100%受害，叶面布满紫黑色或酱紫色虫斑，四周开始腐烂，致全叶枯萎。

3. 形态特征

(1) 成虫　体长3～4.5mm，浅绿色，头小，复眼中部褐色，四周黑色，中胸特发达，背板前部隆起，后部两翼各具褐黑色梭形条斑1个，小盾片上有倒八字形黑斑，前翅浅茶色，最宽处有较宽的黑斑。外缘黑斑不规则。触角羽毛状，共14节。前足胫节黑色，腿节先端有一段黑色，腹末端第五、六节背面前缘具褐斑。

（2）幼虫　体长10～11mm，体淡黄绿色至黄色，头褐色，口器黑色，头部一部分缩在前翅内，中后胸宽大，下唇齿板粗壮发达，大颚扁，呈锯齿状，腹部圆筒状，分节明显，足退化。

（3）蛹　体长4～6mm，淡绿色或翠绿色。

4. 生活习性　发生代数不详。冬季以幼虫随枯叶沉入水底越冬。浙江一年中成虫分别于4～5月、9～10月出现高峰期，幼虫于4～11月为害，老熟幼虫吐丝做茧化蛹蛹期共3～7d。成虫羽化后产卵于浮叶边缘的水中，卵在水中孵化成幼虫。幼虫稍大后，游至浮叶下面，从叶背钻入叶肉为害，造成线状虫道，出现紫色虫斑。

5. 防治方法

（1）摘除虫叶　发现有虫道浮叶，及时摘除，集中烧毁或深埋。

（2）选用无虫害植株作种藕，也不从疫区引种藕种植。

（3）适时施药防控　发现浮叶有被害虫道时，可选喷3%除虫菊素乳油800～1 200倍液、90%敌百虫晶体1 000～1 500倍液或80%敌敌畏乳油1 000～2 000倍液。

（五）大蓑蛾（大袋蛾）

大蓑蛾（*Clania variegata* Snellen），属鳞翅目蓑蛾科。

1. 寄主　柑橘、桃、李、枇杷、莲等。

2. 为害特点　幼虫咬食叶片成孔洞或缺刻，食尽叶肉，仅留叶脉。

3. 形态特征

（1）成虫　雌虫无翅，蛆状，体长25mm左右，头小，淡赤色，胸背中央有1条褐色隆脊，后胸腹面及第七腹节后缘密生黄褐色绒毛环。雄虫有翅，体长15～17mm，翅展约30mm，体黑褐色，触角羽状，前、后胸均为褐色，前翅有4～5个半透明斑。

（2）卵　椭圆形，淡黄色，长0.8～1mm。

（3）幼虫　共5龄，雌性老熟幼虫体长25～40mm，肥大，头赤褐色，头顶有环状斑，胸部背板骨化，亚背线、气门上线附近有大型赤褐色斑，腹部黑褐色，各节有皱纹，腹足退化成盘状，趾钩15～24个。雄性体长18～25mm，头黄褐色，中央有1个白色八字形纹。

（4）蛹　雌蛹体长28～32mm，赤褐色。雄蛹体长18～24mm，暗褐色，翅芽伸达第三腹节后缘，臀棘分叉，叉端各有钩刺1枚。

（5）袋囊　老熟幼虫袋囊长40～60mm。丝质坚实，囊外附有较大碎叶片，有时附有少数枝梗。

4. 生活习性 福建1年发生2代，以老熟幼虫在袋囊里越冬，翌年4月开始活动取食、化蛹。雌虫羽化后仍留在袋囊内，仅头部伸出蛹壳。雄蛾羽化飞出袋囊，有趋光性。雌虫交尾后即在囊内产卵，卵堆覆盖虫体黄绒毛，虫体萎缩而死。每雌平均可产卵2 000余粒。雌虫能孤雌生殖，但产卵量较少。初孵化幼虫爬出母袋，吐丝下垂，围绕中、后胸缀成丝环，继之咬取叶屑粘于丝上形成圆圈，经不断吐丝加固，形成圆锥形袋囊。随虫体增长，袋囊也不断加大。幼虫完成袋囊后开始取食叶片表皮、叶肉，形成透明斑或不规则白色斑块，二龄后造成叶片缺刻、孔洞。幼虫自身负袋爬行传播，但扩散距离不远。

5. 防治方法

（1）人工摘除袋囊　在冬季和早春，采摘幼虫护囊或平时结合莲藕管理，随时顺手摘除护囊，并注意保护寄生蜂等天敌。

（2）药剂防控　掌握在幼虫孵化期或幼虫初龄期喷药，可选喷90%敌百虫晶体800倍液、80%敌敌畏乳油1 000～1 500倍液或50%辛硫磷乳油1 500倍液，也可用青虫菌或Bt 1 000倍液喷治。

（六）小蓑蛾

小蓑蛾（*Clania minuscule* Butler），属鳞翅目蓑蛾科。又名茶蓑蛾、小窠蓑蛾。

1. 寄主 莲、茶、柑橘、桃、梨、石榴、葡萄、桑等植物。

2. 为害特点 参见大蓑蛾。

3. 形态特征

（1）成虫　雌成虫无翅，蛆形，体长12～16mm，头小腹大，第四至七腹节周围有黄色绒毛，体乳白色，雄成虫有翅，体长11～15mm，前翅外缘有长方形透明斑2个，体翅暗褐色，触角双栉状，胸、腹部具鳞毛。

（2）卵　椭圆形，0.8mm×0.6mm，浅黄色。

（3）幼虫　体长16～28mm，头黄褐色，胸部背面灰白色，背侧具褐色纵纹2条，胸侧背面各具浅褐色斑1个，有长形斑相连而成的4条褐色纵带，腹部背面各节有黑色突起4个，排列成八字形。

（4）蛹　雌蛹纺锤形，长14～18mm，深褐色；雄蛹深褐色，长约13mm。

（5）蓑囊　纺锤形枯枝色。成长幼虫的护囊，雌长约30mm，雄长约25mm。囊系以丝缀结叶片、枝条碎片，整齐地纵裂于囊的最外层。

4. 生活习性 广西、福建、台湾1年发生3代，以三至四龄幼虫在蓑囊内越冬。翌春3月越冬幼虫开始取食。幼虫共6～7龄，成虫习性与大蓑蛾相似。天敌有蓑蛾疣姬蜂、松毛虫疣姬蜂、桑蟥疣姬蜂、大腿蜂、小蜂等。

5. 防治方法 除大蓑蛾所用药物外，还可采用5%氟啶脲乳油（抑太保）1 000倍液或25%灭幼脲悬浮剂2 000～2 500倍液喷治。其他参见大蓑蛾。

（七）舞毒蛾

舞毒蛾（*Lymantria dispar* Linnaeus），属鳞翅目毒蛾科。又名柿毛虫、夜毛虫。

1. 寄主 莲、苹果、梨、柿、梅、核桃、柳、桑等多种植物。

2. 为害特点 杂食性害虫，幼虫取食叶片成孔洞，严重时仅留叶柄。

3. 形态特征

（1）成虫 雌成虫体长约 25mm，翅展 55～75mm，污白色，触角双栉齿状，前翅上有褐色斑；雄虫体长约 20mm，翅展 40～55mm，褐色，触角羽毛状，前翅浅黄色，内横线、中横线、外横线和亚缘线为深褐色。

（2）卵 直径为 0.9mm，扁圆形，初产时为灰白色，后渐变紫褐色，卵块上覆盖黄褐色毛。

（3）幼虫 体长 50～70mm。低龄幼虫黄褐色，老龄幼虫暗褐色，头部黄褐色，正面有八字形黑纹，体背有 2 列毛瘤，第一至五节毛瘤为蓝色，第六至十一节毛瘤为橘红色。每个毛瘤上均有棕黑色毛，身体两侧的毛较长。

（4）蛹 体长 21～26mm，黄褐色或红褐色，纺锤形，腹节背面有黄色毛，腹部末端有钩状突起。

4. 生活习性 1 年发生 1 代，以卵块越冬，翌年 4 月下旬开始孵化。初孵幼虫有群集性，日间潜伏于芽、嫩叶基部或叶背不动，受惊后会吐丝下垂，随风移动。5 月幼虫为害最重。6 月陆续羽化为成虫。成虫有较强趋光性。雄成虫活泼，善飞翔，白天常在低空旋转飞舞，故称“舞毒蛾”，寄生天敌有舞毒蛾黑瘤姬蜂、卷叶蛾瘤姬蜂、舞毒蛾平腹小蜂等。

5. 防治方法

（1）人工捕杀 摘除卵块，捕杀群集叶上的幼虫。

（2）灯光诱杀 成虫羽化盛期可用黑光灯诱杀。

（3）施药防控 幼虫二龄前可选用 2.5%高效氟氯氰菊酯乳油 2 000 倍液、90%敌百虫晶体 1 000 倍液、5%氟啶脲乳油 1 000～1 500 倍液或 50%敌敌畏乳油 800～1 000 倍液喷治。

（4）保护利用天敌 摘取卵块放养虫笼内，翌年将卵块放碗中，将碗置于盛水盆中，以防未寄生幼虫爬出。每 667m^2 地放多个天敌养虫笼，让孵出寄生蜂再寄生新卵块。取舞毒蛾 1 个单位重病死虫尸体捣碎，加 3 000～5 000 倍水，用 3～4 层纱布过滤，该滤液可防治三龄以前幼虫。有条件地区可利用舞毒蛾核多角体病毒或性信息素防治。

（八）豆毒蛾（肾毒蛾）

豆毒蛾（*Cifuna locuples* Walker），属鳞翅目毒蛾科。

1. 寄主 莲、大豆、苜蓿、芦苇、柳树、柿树等。

2. 为害特点 以幼虫取食叶片，将叶食成缺刻、孔洞，大发生时将叶肉食光，仅留叶脉，影响植株生长。

3. 形态特征

(1) 成虫 黄褐色，体长17～19mm，翅展30～40mm，前翅有2条黄褐色线纹，两纹中有1个肾状斑。

(2) 卵 扁圆形，初产时直径约0.8mm，淡青绿色，有光泽，孵化前为黑褐色。

(3) 幼虫 共6～8龄，体黑色，体长40～45mm，身体两端有成束黑色长毛，在腹前2节的毛束向两侧平伸，在腹部第六、七节背面各有一黄褐色圆形背线。

(4) 蛹 长10～19mm，宽6～8mm，红褐色至深褐色，背生许多淡褐色短毛，腹部前4节有灰色瘤状突起。

4. 生活习性 黄淮地区1年发生2～3代，福建福州、邵武一带1年发生3代，以老熟幼虫在落叶中越冬。卵产叶背或叶面，每块50～200粒，每雌产卵量450～650粒，初孵幼虫有群集性，稍大后分散为害，三龄后食量大增。幼虫善爬行，反应灵敏，有假死性，遇惊即卷曲身体，并可坠地。老熟幼虫在叶背结茧化蛹。

5. 防治方法

(1) 人工捕杀 结合田间管理捕杀在叶背为害的低龄幼虫。

(2) 黑光灯诱杀成虫。

(3) 施药防控 幼虫发生期可选用杀螟杆菌（每克粉剂100亿活芽孢）800～1 000倍液、25%灭幼脲悬浮液2 000倍液、20%除虫脲悬浮剂2 000～3 000倍液、80%敌百虫可溶性粉剂1 000倍液、90%敌百虫晶体800倍液或50%辛硫磷乳油1 000～1 500倍液喷治。

(九) 蓟马类

1. 茶黄蓟马 茶黄蓟马（*Scirtothrips dorsalis* Hood.），属缨翅目蓟马科。

(1) 寄主 为害茶、莲、香蕉、龙眼等多种植物。

(2) 为害特点 以成、若虫锉吸叶汁液，使叶失绿，影响叶正常生长。

(3) 形态特征

①成虫：橙黄色，体小，长约1mm，头部复眼稍突出，有3只鲜红色单眼，呈三角形排列，触角8节，约为头长的3倍。翅2对，透明细长，翅缘密生长毛。

②卵：肾形，淡黄色。

③若虫：体长与成虫相似，初孵时乳白色，后变浅黄色。

④蛹：姜黄色，触角不游离。

（4）生活习性　1年发生多代，南方无明显越冬现象。一般10～15d完成1代。成虫能短期飞动，卵产在叶背叶肉内，阴凉天或早晚在叶面活动，1年中以气温较高的干旱季节为害较重。

2. 花蓟马　花蓟马［*Frankliniella intonsa*（Trybom）］属缨翅目蓟马科。

（1）寄主　葫芦科、茄科植物主要害虫，还可为害莲、菊花、草莓等。

（2）为害特点　成虫、若虫多在花内发生为害，锉吸花器汁液，影响花器发育，减少结实量。

（3）形态特点

①成虫：雌虫体长1.2～1.8mm，浅褐色至褐色，触角8节，第三、四节有Y形感觉器。前胸背板前缘和后缘分别有长鬃4根与6根。

②卵：肾形，长约0.26mm，孵化前有两个红色眼点。

③若虫：初孵若虫体长约0.4mm，乳白色至淡黄色。

④预蛹：三龄为预蛹，淡黄色，翅芽明显，触角分向头两边。伪蛹实为四龄若虫，体长0.8～1.2mm，淡黄色，翅芽伸长达腹部节第五至七节。

（4）生活习性　1年发生10多代，世代重叠，14～30d繁殖1代，成虫有趋光性、趋花性。卵大多产在花内的组织中，每雌产卵数十粒至百余粒。梅雨期间温度高，雨少，发生较重。

3. 蓟马类综合防治

（1）清园　铲除田间杂草及枯枝落叶，以减少虫源。

（2）保护利用天敌　充分发挥小花蝽、草蛉、猎蝽等自然天敌的控害作用，需要喷药时，应选用选择性农药，不使用广谱性农药。

（3）施药防控　对被害株可选用5%吡虫啉乳油1 500～2 000倍液、2.5%溴氰菊酯乳油2 000～3 000倍液或50%辛硫磷乳油1 500倍液喷治，也可选喷3%除虫菊乳油800～1 200倍液、2%烟碱水乳剂800～1 200倍液或2.5%多杀霉素悬浮剂（菜喜）1 000～1 500倍液。

（十）铜绿丽金龟（铜绿异丽金龟）

铜绿丽金龟（*Anomala corpulenta* Motschulsky），属鞘翅目丽金龟科。

1. 寄主　梨、桃、李、葡萄、草莓、莲等。

2. 为害特点　成虫喜食芽、花器和嫩叶，幼虫为害莲藕地下部分。

3. 形态特征

（1）成虫　体长19～20mm，头与前胸背板、小盾片和鞘翅呈铜绿色，有闪光，头、前胸背板呈红褐色，前胸背板两侧、鞘翅的侧缘、胸及腹部腹面和3对足的基、转、腿节均为褐色和黄褐色，前胸背板前缘较直，两前角前伸，呈斜直角状，鞘翅每侧具4条纵肋，肩部具疣突。

（2）卵　椭圆形至圆形，长1.7～1.9mm，乳白色。

（3）幼虫　体长 30～33mm，头宽 4.9～5.3mm，头黄褐色，体乳白色，弯曲呈 C 形，肛腹片的刺毛两列近平行，每列由 11～20 根刺毛组成，胸足发达，体背有横皱隆起。

（4）蛹　长椭圆形，长 18～22mm，宽 9.6～10.3mm，浅褐色。

4. 生活习性　1 年发生 1 代，以幼虫在土中越冬。5 月化蛹，成虫发生期一般在 5～8 月，成虫多在夜间活动，具趋光性、趋化性和假死性。

5. 防治方法　成虫防治参见女贞白星花金龟，幼虫防治参见本书地下害虫蛴螬部分。

第六节　益智/益智仁

益智（*Alpinia oxyphylla* Miq.）为姜科山姜属多年生植物。其干燥成熟果实入药，为中药材益智、益智仁。

一、病害

（一）益智轮纹褐斑病

该病产区发生普遍。

1. 症状　叶片初呈椭圆形或长椭圆形病斑，后扩展成不规则形，中央浅褐色，边缘褐色，有同心轮，上生黑色小点（病菌子囊壳）。病斑常纵横扩展长达全叶的 1/2，致叶早枯。

2. 病原　有性阶段：*Pestalosphaeria alpiniae* P. K. Chi et S. Q. Chen，为子囊菌亚门真菌。无性阶段：拟盘多孢（*Pestalotiopsis* sp.），为半知菌亚门拟盘多毛孢属真菌。

3. 传播途径和发病条件　病菌在病残体上越冬，成为翌年初侵染源。翌春条件适宜，产生分生孢子，借风雨传播，引起初侵染和再侵染。高温、多雨有利发病，常年阴湿、排水不良的田块发病较重，管理粗放，日晒严重，植株长势衰弱，也易发生。全年均可发生。在海南岛发生严重，以 8～11 月发生为盛，常引起大量落叶。

4. 防治方法

（1）加强田间管理　雨季及时排水，旱季及时灌水，增施有机肥，促进植株长壮。

（2）选地种植　宜选在经济林、果林等林下间作，有利满足益智生长过程喜漫射光的环境要求，但不能过于荫蔽。冬季注意保湿防霜，荫蔽度大些，花果期荫蔽度小些。

（3）冬季清园　及时清除病残株，集中烧毁，减少翌年初侵染源。

（4）适期施药防控　发病初期用药参见益智尾孢叶尖干枯病。

（二）益智尾孢叶尖干枯病

1. 症状　常发生于叶尖部，叶上病斑两面生，椭圆形，边缘褐色，中央淡褐色，有波状褐色线纹，两面均可生灰黑色霉状物（病原菌的子实体）。发生多时，叶片局部早枯。

2. 病原　*Cercospora alpinicola* S. Q. Chen et P. K. Chi，为半知菌亚门尾孢属真菌。

3. 传播途径和发病条件　病菌以菌丝体或分生孢子在病叶或病落叶上越冬，翌春条件适宜，病菌借气流和风雨传播，进行初侵染和再侵染，辗转为害，高温、多湿有利发病。

4. 防治方法

（1）冬季清园　结合修剪，剪除病枝叶，集中烧毁。

（2）加强田间管理　增施有机肥，促进树体长壮。雨季及时排水，降湿防病。

（3）适时施药防控　发病初期选用50%代森锰锌可湿性粉剂500～600倍液、75%百菌清可湿性粉剂500～600倍液或50%咪鲜·氯化锰可湿性粉剂1 000～1 500倍液喷治，视病情酌治次数。

（三）益智球腔菌叶尖干枯病

1. 症状　叶上初为椭圆形病斑，边缘褐色，叶尖淡褐色，后扩展成不规则病斑，上有灰褐色波状线纹，常发生在叶尖，致叶尖向下渐枯。后期病部长出成行小黑点（病菌假囊壳）。

2. 病原　*Mycosphaerella alpinicola* S. Q. Chen et P. K. Chi，为子囊菌亚门球腔菌属真菌。

3. 传播途径和发病条件　以子囊壳在病部上越冬，成为翌年初侵染源。环境条件适宜，子囊孢子借风雨传播，辗转为害。本病全年可发生，以5～7月发生较多。栽培管理粗放，树势衰弱的发病较多，引起叶枯。

4. 防治方法　参见益智尾孢叶尖干枯病。

（四）益智炭疽病

症状、病原、传播途径和发病条件及防治方法，参见由辣椒炭疽菌（*Colletotrichum capsici*）引起的砂仁炭疽病。

（五）益智褐斑病

1. 症状　叶上呈椭圆形至不规则形病斑，中央浅褐色，边缘暗褐色，病斑正面生灰褐色的霉状物（病菌子实体）。

2. 病原 *Cercospora alpini-katsumadae* S. Q. Chen et P. K. Chi，为半知菌亚门尾孢属真菌。

3. 传播途径和发病条件 以菌丝体或分生孢子在病残体上越冬，翌春条件适宜，产生分生孢子，借气流、风雨传播，辗转为害。

4. 防治方法 参见益智尾孢叶尖干枯病。

（六）益智立枯病（纹枯病）

该病是益智苗期的一种毁灭性病害。

1. 症状 叶上呈现不规则形褐色病斑，多个病斑融合成云纹状，病斑背面呈灰绿色，严重时引起叶枯。后期枯死部产生褐色颗粒状物（病原菌菌核）。

2. 病原 无性阶段：立枯丝核菌（*Rhizoctonia solani* Kuehn），为半知菌亚门丝核菌属真菌。有性阶段：瓜亡革菌［*Thanatephorus cueumeris*（Frank）Donk］，为子囊菌亚门亡革菌属真菌。

3. 传播途径和发病条件 以菌丝体或菌核在土壤或病残体上越冬。翌春条件适宜，菌核萌发成菌丝，从幼苗基部或根部的伤口或直接穿透寄主表皮侵入。也可通过雨水、流水、病土、农具、病残体及带菌堆肥等传播。湿度是病害发生以至流行的主要条件，高温、高湿发病重，苗床管理不善，湿度大，通风透光差，发病亦重，组织幼嫩易发病。

4. 防治方法

（1）选择新地育苗 选前作水浇地作为苗地，在经过精细整地后，进行苗床药剂消毒，可用15%噁霉灵水剂50～60倍液混适量细土，撒施苗床，也可试用20%甲基立枯磷乳油1 000倍液加细土100kg制成毒土，撒施苗床防病。

（2）实行轮作 常发区避免连作，有条件地方可与水稻等作物实行2～3年轮作。

（3）优化田间管理 疏沟排水，避免串灌，防止流水传病。

（4）适期施药防控 发病初期选用5%井冈霉素水剂1 000～1 500倍液、木霉菌剂（每克含1.5亿活孢子）1 500～2 000倍液淋灌植株基部。50%腐霉利可湿性粉剂（速克灵）1 000～2 000倍液、15%噁霉灵水剂450倍液淋灌植株基部。也可任选70%噁霉灵可湿性粉剂300～400倍液、47%春雷·王铜可湿性粉剂（加瑞农）600～800倍液、50%乙烯菌核利可湿性粉剂（农利灵）1 000～1 500倍液、50%异菌脲可湿性粉剂（扑海因）1 000～1 500倍液，在拔除病株后进行灌穴或喷周围植株防治。

（七）益智根结线虫病

1. 症状 苗圃主要病害之一。罹病植株因病原线虫侵入根部后形成形状不一、大小不等的瘤状“虫瘿”，初为白色后变浅褐色，单生或连接成念珠状。剖开虫瘿肉眼可见乳白色小颗粒，即病原线虫雌虫。初期地上部症状不明显，病重时植株矮小，叶色褪绿，叶缘卷曲，无光泽，终至死亡。

2. 病原 *Meloidogyne* sp.，根结线虫种类待定。

3. 传播途径和发病条件 本病以病原线虫卵随病根在土中越冬。翌年条件适宜，孵出幼虫侵入寄主，根部形成虫瘿。幼虫在根瘤内经多次蜕皮而发育成成虫，雌虫成熟后产卵。卵集聚于胶质的卵囊内，蜕皮一次后成二龄幼虫，侵入寄主。幼虫借工具、人畜、地面流水为介体作近距离传播，也可借助病苗、病土作远程传播。连作发病重，轮作或水旱轮作发病轻；沙性大、肥力差、保水力弱、通气良好的沙壤土发病较重，而在通气不良的黏重土上发病较轻。

4. 防治方法 参见本书栝楼根结线虫病。

（八）益智烂叶病

1. 症状 发生在嫩叶，病斑淡绿色、烫伤状，后转为棕褐色枯萎。

2. 病因 主要由土壤湿度大或连续雨天所致，田间积水也会引发此病。

3. 发病条件 苗期易发生，环境湿度大，尤其长期潮湿，有利病害发生，且会迅速蔓延。田间排水差，会加重发病。

4. 防治方法

（1）加强田间管理 清沟排水，尤其雨季及时排水，防止积水。

（2）重视田间降湿防病 阴天和早晚揭开荫棚，增加通风透光，加速水分蒸发，有利防控烂叶病发生。此外，选种小粒种子，控制播种密度，以行距 15cm、株距 4～5cm 为宜。

（3）清园 清除病叶，净化环境。

（4）喷药防病 为防该病发生后植株抗病力下降而引发的其他病害，可在发病初期喷 1∶1∶100 波尔多液或 0.2～0.5 波美度石硫合剂，7～10d 喷 1 次，连喷 2～3 次。

（九）益智根腐病

1. 症状 主要为害幼苗根茎基部，受害后根茎基部出现腐烂。

2. 病因 与上述烂叶病相似，主要是因田间积水湿度过大引起。

3. 发病条件 高温多湿有利病害发生。

4. 防治方法 改善通风透光条件，降湿防病；发现病株及时拔除，用 1%硫酸铜灌病穴，并用 1∶1∶100 波尔多液喷洒，以防其他侵染性病害并发，其他参见益智烂叶病防治。

（十）益智日灼病

1. 症状 叶受日晒后出现脱水萎蔫，幼嫩心芽枯焦，严重时植株枯死。

2. 病因 由高温强光直射而引发的生理病害。

3. 发病条件 首先是荫蔽差，如平原地区种植前没有种好荫蔽树，尤其人工种植益智缺少遮阴；其次山坡种植益智，把原来树木砍的过多甚至全砍；最后，阴雨天后种植未淋水或干旱没有淋足定根水或栽后、降雨后遇上烈日暴晒，又未及时淋水，日灼病便会严重发生。

4. 防治方法

(1) *种植荫蔽树* 四周种上速生植物如木豆、山毛豆、玫瑰茄、木薯等，作为短期荫蔽。可在益智植株的东、西两面30cm处种两株木豆，林地种植时注意保持一定量幼林，最好是间作，确保有足够的环境荫蔽度，适其生长。若缺荫蔽树，可补种苦楝等。

(2) *搞好排灌设施* 在干旱季节引水或抽水灌溉，使土壤保持湿润，减少发病。

(3) *种植绿肥作物* 植株周围种植飞机草，遮去东、西方面强光照射，该草还可翻埋作绿肥。

二、害虫

(一) 益智弄蝶

益智弄蝶属鳞翅目弄蝶科。俗名苞叶虫。

1. 为害特点 幼虫为害叶片，叶成卷筒状叶苞，后在其中取食，致叶成缺刻或孔洞。

2. 形态特征

(1) *成虫* 体长16～18mm，体及翅均黑褐色，胸部具黄褐色绒毛，触角末端钩状，前翅有4个乳黄斑，后翅有并列的乳黄斑。

(2) *幼虫* 初孵时淡黄色，头大，黑色，成熟后呈黄绿色。

3. 生活习性 1年发生多代，以幼虫在叶苞内越冬，成虫白天活动，取食花蜜，卵产叶上，幼虫早晚和阴天取食叶片。

4. 防治方法

(1) *清园* 结合修剪清除虫苞，杀死苞内虫蛹。

(2) *保护天敌* 在越冬虫量较大时，杀死部分害虫，并将剩余的虫蛹置于干燥的细口瓶（如酒瓶）中，待翌春害虫内的天敌羽化出来，即置田间继续寄生该虫。

(3) *施药防控* 在低龄幼虫盛发期喷5%氟啶脲乳油（抑太保）1 000倍液、20%抑食肼可湿性粉剂1.0～1.5kg/hm^{2}或1 000～2 000倍液、3.2%苏云金杆菌可湿性粉剂1 000倍液或青虫菌每克100亿活芽孢1 000倍液等药剂。还可任选50%辛硫磷乳油1 000倍液（或800～1 000mL/hm^2）、80%敌敌畏乳油1 500～

2 000倍液、90%敌百虫晶体1 000倍液或2.5%溴氰菊酯乳油、10%氯氰菊酯乳油400～600mL/hm²。

（二）益智秆蝇

益智秆蝇又称蛀心虫。

1. 为害特点 初孵幼虫从叶鞘侵入取食，将心叶吸吮成烂伤状，受害株形成枯心，定植2～3年的植株，受害重。

2. 防治方法 幼虫发生期可喷90%敌百虫晶体800～1 000倍液，其他参见本书砂仁黄潜蝇。

（三）地下害虫

常见有小地老虎、大蟋蟀等，可参见地下害虫部分。

（四）卵形短须螨

卵形短须螨是为害益智的主要害螨。

1. 为害特点 以成螨、若螨为害叶背、叶梢和果实，受害部呈褐色斑，严重时引起落叶、落果，对产量和品质影响大。

2. 形态特征、生活习性和防治方法 参见本书罗汉果朱砂叶螨。

第七节 佛手、柑（蕉柑、大红柑）、化州橘红、枸橘、酸橙/佛手果、陈皮、橘红、绿衣枳壳、枳壳

佛手［*Citrus medica* L. var. *sarcodactylis*（Noot.）Swingle］，其果实为药材佛手果，异名佛手、佛手香橼、佛手柑、五指柑和福寿柑等。蕉柑（*C. tankan* Hort.）与大红柑（*C. chachiensis* Hort.）系中药陈皮的果皮来源。化州橘红［*C. grandis*（L.）Osbeck var. *tomentosa* Hort.］又名化州柚，药材名橘红。枸橘［*Poncirus trifoliate*（L.）Rofin］和酸橙（*Citrus aurantium* L.），两者的未成熟果实分别称为中药材绿衣枳壳和枳壳。以上植物同为芸香科柑橘属药用植物，病虫害相同或相似，可以互为参考借鉴。

一、病害

（一）佛手炭疽病

1. 症状 主要为害果实，还可为害叶片和枝梢。果上病斑开始出现在蒂部附近，呈褐色至暗褐色水渍状，有时边缘色深，最后呈黑褐色，稍凹陷，上生小黑点（病原菌分生孢子盘），呈轮状排列。严重时果上病斑密布，病果迅速腐烂，

为害幼果，引起早期落果。叶呈近圆形、中央淡褐色、边缘棕褐色病斑，上生黑点（分生孢子盘）呈轮状排列。为害枝条，梢上有褐斑，引起枝梢回枯，叶片萎凋枯死。

2. 病原 *Colletotrichum capsici*（Syd.）Butler&Bisby 和 *C. gloeosporioides* Penz.，均为半知菌亚门炭疽菌属真菌。

3. 传播途径和发病条件 以菌丝体或分生孢子在病部越冬。翌年条件适宜，产生分生孢子，借风雨或昆虫传播。病菌经气孔、皮孔、伤口或直接侵入寄主，新产生分生孢子，不断进行再侵染。本病要求高湿、高温（24～30℃），主要是湿度。多雨重雾，常严重发病，早春低温、潮湿，可助长病害发生。本病始发于4月下旬，6～8月盛发。寄主生长衰弱，田间管理粗放，冬季受冻，偏施氮肥、排水不良等发病较重。

4. 防治方法

（1）冬季清园 结合冬季修剪，清除病枝落叶，集中烧毁，减少翌年初侵染源。

（2）加强栽培管理 通过增施磷、钾肥和及时排、灌水，促进树体长壮。此外，苗期及时去覆盖物，增加光照，有利提高苗木抗病力。

（3）培育无病苗木 首先从远离病区的地方选址建立苗圃。其次是从健树上取穗，并经1∶1∶300波尔多液浸泡接穗片刻，晾后扦插。最后，加强苗木管理，出现病叶及时喷药（见后）防治。

（4）施药防控 冬季清园后喷1次1∶1∶150波尔多液或0.8～1波美度石硫合剂，以减少越冬菌源。嫩叶期可任选0.3波美度石硫合剂（加1%洗衣粉）、0.5%等量波尔多液、80%代森锰锌可湿性粉剂600倍液或50%甲基硫菌灵可湿性粉剂800～1 000倍液喷治。

（二）佛手疮痂病

1. 症状 为害叶、枝梢和果实。叶上初现水渍状黄白色斑点，随后病斑扩大，逐渐木栓化，病组织隆起外突，表面粗糙呈疮痂状。嫩叶染病后常扭曲、畸形，潮湿条件下，病斑上有灰白色霉状物（病原菌分生孢子盘）。病果出现瘤状木栓化褐色小斑。为害枝梢的呈疮痂状突起，病果变小，粗糙，品质低劣。受害重时引起早期落果。

2. 病原 柑橘痂圆孢（*Sphaceloma fawcettii* Jenk.），为半知菌亚门痂圆孢属真菌。

3. 传播途径和发病条件 病菌以菌丝体在病组织内越冬。翌年阴雨高湿，气温上升至15℃以上时，病菌产生分生孢子，借风雨和昆虫传播，直接侵入新梢、嫩茎和幼叶、幼果。随后又多次产生分生孢子进行再侵染。病菌发育最适温度为16～23℃。各梢抽生期，如遇阴雨连绵或晨雾重露天气，本病可发生以至流行。翌年2～4月，病菌开始侵染春梢、新叶，并一直延至10月中旬。

4. 防治方法 参见佛手炭疽病。

（三）佛手白粉病

1. 症状 主要为害新梢、嫩叶和幼果，造成大量落叶、落果。常在叶片主脉附近开始发生，叶正面和幼果表面布满一层白色粉状物（菌丝层和分生孢子），病叶色暗无光泽，后变为黄色。有的叶片畸形，落叶。病部由叶柄扩展到枝梢。受害枝梢，扩展迅速，大部分新梢嫩叶被白色粉状物覆盖，叶丁缩变黑，严重时枝梢枯死，削弱树势。

2. 病原 *Oidium tingitaninum*，为半知菌亚门粉孢属真菌。

3. 传播途径和发病条件 以菌丝体在病部越冬，翌春条件适宜，产分生孢子，依靠风雨传播。福建多在5月上旬至6月下旬和10月发生。发病适温为18～23℃。雨天、高温条件有利发病，树冠中部和近地面枝梢、叶片，发病较多。

4. 防治方法

（1）加强栽培管理 增施有机肥和磷、钾肥，增强树势，提高抗病力；结合修剪，除去病枝、过密枝和徒长枝，集中烧毁。完善排灌设施，改善通风条件，降湿防病。

（2）施药防控 发病初期任选0.2波美度石硫合剂（加1%洗衣粉）、15%三唑酮可湿性粉剂（粉锈宁）500～800倍液、77%氢氧化铜可湿性粉剂（可杀得）800倍液或50%甲酸铜600～800倍液喷治。

（四）佛手煤烟病

该病主要为害果实，也能侵染叶和枝梢。

1. 症状 果实初呈黑褐色2～3mm小霉点，后扩大呈辐射状黑色霉层，严重时霉斑成片，降低商品价值。该菌丝产生吸胞，能紧附受害器官表面，使霉层不易剥离。叶和枝梢也会产生上述霉斑，霉层遮盖叶面，影响光合作用，严重时幼果腐败。

2. 病原 巴特勒小煤炱（*Meliola butleri* Syd.），为子囊菌亚门煤炱属真菌。

3. 传播途径和发病条件 以菌丝体和子实体在病部越冬，翌春病菌以子囊孢子作为初侵染接种体，借风雨、昆虫等传播，落到寄主表面，进行繁殖、蔓延，形成霉点或霉斑。该菌属寄主表面的寄生菌，以吸胞形式从气孔伸入寄主表皮组织内建立寄生关系。药园疏于管理，荫蔽潮湿，有利发病。刺吸式害虫发生多易诱发煤烟病。

4. 防治方法

（1）加强栽培管理 科学整枝修剪，改善通风透光条件，搞好排灌设施和冬季防冻清园工作，恶化病菌的营养条件，增强树势，提高抗病力。

（2）*治虫控病* 蚜虫、介壳虫、粉虱等发生期，可选喷10%吡虫啉可湿性粉剂1 000～1 500倍液、3%啶虫脒乳油1 500～2 000倍液等药剂，也可试用70%吡虫啉水分散粒剂8 000倍液喷洒。

（3）*施药防控* 发病初期可用清水冲洗，喷1∶0.5∶150～200波尔多液、40%三唑酮·硫悬浮剂800～1 000倍液或50%咪鲜·氯化锰可湿性粉剂1 000～1 500倍液，视病情酌治次数。

（五）佛手黑斑病

1. 症状 叶初现小斑点，后扩大为近圆形或不规则形病斑，严重时病斑中间坏死、穿孔。潮湿时斑面呈现绿色霉层。

2. 病原 柑橘链格孢（*Alternaria citri* Ell. et Pierce），为半知菌亚门链格孢属真菌。

3. 传播途径和发病条件 不详。

4. 防治方法 参见本书滇重楼白霉病、褐斑病综合防治。

（六）佛手树脂病

该病又称沙皮病，为害叶、枝干和果实。

1. 症状 常发生于主干分杈处或主干部。病部皮层组织松软，坏死，呈灰褐色或红褐色，流出褐色的胶液，具恶臭。高温干旱，病部干枯下陷，有的皮层不剥落，但病健交界处有明显隆起的界限，病部生出许多小黑点。叶与未成熟的果实染病后，病部表面生有紫黑色胶质小粒点，略隆起，表面粗糙状似沙粒，故称沙皮病。储运期间受害果实，常自蒂部开始发病，初呈水渍状、黄褐色，革质，并向蒂部扩展，边缘呈波纹状、褐色，果心腐烂较果皮快，病果味苦，病菌可穿透种皮，种子变褐色。

2. 病原 有性阶段：柑橘间座壳（*Diaporthe medusaea* Nitschke.），为子囊菌亚门间座壳属真菌。无性阶段：*Phomopsis cytosporella* Penz. et Sacc.，为半知菌亚门拟茎点霉属真菌。

3. 传播途径和发病条件 以菌丝体和分生孢子器在病枯枝和病干组织内越冬，成为初侵染主要来源。分生孢子器终年可产生分生孢子，借风雨、昆虫及鸟类传播。各种伤口是病菌侵入的主要途径。春、秋两季，适合本病发生与流行。冬季受冻是引起本病流行的主要因素。红蜘蛛和介壳虫为害重的植株易发病，遇冻害、涝害，肥料不足，树势衰弱的发病重。

4. 防治方法

（1）*加强栽培管理* 做好防冻、防涝、防旱工作，增强树势，此为防病主要措施。采收前后，要施足农家肥，也可在根部培土。冬季清园减少初侵染源。对枝干稀疏大树及幼树苗木，在盛夏高温时要涂白（涂白剂：生石灰 5kg，食盐 250g，水 20～25L）。此外，要及时防治害虫，减少虫伤。

（2）病枝刮治　春季彻底刮除病组织，后选用 1%硫酸铜或 1%乙蒜素（抗菌剂 401）消毒后，用涂白剂刷白，也可用刀纵刈病部，深达木质部，且其范围应超过病组织约 1cm，刈条间隔约 0.5cm，涂药时间可在 4～5 月和 8～9 月进行。连续涂 2～3 次，间隔 7d，可选用 50%多菌灵可湿性粉剂 100～200 倍液或乙蒜素 50～100 倍液。

（3）喷药保护　参见佛手炭疽病。

（七）柑橘裙腐病（脚腐病）

该病是为害根颈和根部的一种重要病害。

1. 症状　主要为害土表上、下 10cm 左右的根颈部。受害部初现水渍状不规则病斑，黄褐色至黑褐色，树皮随即腐烂，具酒糟味。潮湿时，病部渗出胶液（也有不流胶），初乳白，后转成污色，干燥时，凝结成块。病斑扩展到形成层至木质部时病部树皮干缩，病健部界限明显，树皮翘裂剥落，木质部裸露。病斑沿主干向上扩展，可长至 20cm 左右，向下蔓延至根系，引起主根、侧根，甚至须根大量腐烂。病斑向四周扩展，致根颈皮层全部腐烂，造成环刈，终至全株枯死。发病过程，与病根颈相对应的树冠出现叶小、变黄、易脱落，形成秃枝。病树死亡前一年开花结果极多，且果小、味酸，病树根系变色腐烂，遇强台风易倒树。

2. 病原　*Phytophthora citrophthora* Leon. 和 *P. parasitica* Dastur，为鞭毛菌亚门疫霉属真菌。

3. 传播途径和发病条件　以菌丝体在病部组织中越冬，也可以菌丝体或卵孢子随病残体遗留土中越冬。生长季节通过雨水传播，从根颈部侵入，高温、高湿有利发病，土壤黏重、排水不良和地下水位高的药园发病重，主干茎部虫伤或机械伤多，有利病菌侵入，也可加剧发病。一般以甜橙类受害最重，宽皮橘次之，柚类较轻，而枳和酸橙最抗病。幼树发病较轻，老龄树发病较重。

4. 防治方法

（1）选用较抗病砧木，提高嫁接部位　枳、酸橙、枸头橙等用作砧木较抗病。病重产区，除选用上述较抗病砧木外，可适当提高嫁接部位，这是当前防控该病最为经济有效的方法。

（2）加强栽培管理　低洼地、土壤黏重地，要完善排灌系统，雨后不积水，园地不板结，并注意浅栽和及时防治蛀干害虫。

（3）病树治疗　发病时应及时将根颈部表土扒开，刮除腐烂部分及附近少许健康组织，刮口涂抹 1∶1∶10 波尔多浆或 2%硫酸铜液，待伤口愈合后，再堆上河沙或新土。重病树采用抗病砧木 3～4 株靠接主干茎部，结合重度修剪，挖除腐烂根部后进行根外追肥等综合措施，促进其康复。

（4）药物防控　选用内吸杀菌剂瑞毒霉 100～200mg/kg 或 40%乙膦铝 200～400 倍液灌根，可有效防控该病。

（八）佛手焦腐病

1. 症状　为害成熟果实。初在果蒂周围出现褐色水渍状病斑，通常病健部无明显界限，不久病斑不断扩大，失去光泽，呈黑褐色，指压果实易破裂，迅速腐烂。后期病部密生小黑点（病原菌分生孢子器）。

2. 病原　无性阶段：可可球二孢（*Botryodiplodia theobromae* Pat. =*Diplodia natalensis* Pole-Evans），为半知菌亚门球二孢属真菌。有性阶段：柑橘囊孢壳（柑橘蒂腐病菌，*Physalospora rhodina* Berk. et Curt.），为子囊菌亚门囊孢壳属真菌。

3. 传播途径和发病条件　以分生孢子器在病部越冬。翌年条件适宜，病部产生分生孢子，借风雨传播。主要发生于采后储藏的果实，较少见。除为害佛手、柚子、柑橘外，还可为害橄榄、番木瓜等。

4. 防治方法

（1）剔除病果　采收后储存前剔除病果并烧毁。

（2）药液浸种处理　果实采后可试用 45%噻菌灵悬浮剂 450～900 倍液处理 5min、45%咪鲜胺乳油 500～1 000 倍液浸果 2min、50%抑霉唑乳油 1 500～2 000倍液浸果 1～2min，捞起洗净后储藏。其他参见佛手菌核病。

（九）佛手菌核病

1. 症状　为害埋在沙土中的果实。病果先出现在伤口处，初呈水渍状、淡褐色病斑，后迅速扩展成软腐，终至烂成稀泥，病部上生大量黑色颗粒（病原菌菌核）。

2. 病原　核盘菌［*Sclerotinia sclerotiorum*（Lib.）de Bary］，为子囊菌亚门核盘菌属真菌。

3. 传播途径和发病条件　以菌核在病部或土中越冬，翌春条件适宜，菌核萌发产生子囊盘，灰褐色，释放出子囊孢子，随风雨传播，一般通过伤口侵入，也可直接侵入为害。气温 20℃左右、相对湿度 85%有利病菌侵入，高温干旱对菌核萌发有抑制作用。地势低、排水差，或未进行修剪，通风差，偏施氮肥等有利发病。一般在 10～12 月为害较重。

4. 防治方法

（1）清园　秋末冬初采后或结合修剪，剪除病枝梢，将落叶、落果、病果清除干净，集中烧毁或深埋，减少初侵染源。

（2）加强栽培管理　细心采收，减少伤口，合理密植，适当修剪，有利通风透光，控制湿度，结合中耕培土、除草或清沟，以破坏菌核萌发抽生子囊盘的生态条件，抑制菌核的萌发。

(3) 喷药保护　采收储前喷一次药，保护和杀灭附着在果面病菌。在10～12月发生期可任选1∶1∶300波尔多液、50%腐霉利可湿性粉剂1 000～2 000倍液、40%菌核净可湿性粉剂1 000倍液或50%异菌脲可湿性粉剂（扑海因）1 000～2 000倍液喷治，注意喷花和果实部位，7～10d喷1次，视病情酌治次数。

（十）佛手溃疡病

1. 症状　主要为害幼叶、新梢和果实。叶部先出现针头状大小的黄色、油渍状、圆形病斑。随后叶正反两面隆起、破裂，呈海绵状、灰白色。病斑扩大后病部木栓化，表皮粗糙，呈灰褐色、火山状开裂。病斑多近圆形，常呈轮纹或螺纹状，周围有暗褐色油腻状外圈和黄色晕环。果实和枝梢上斑病与叶上症状相似，但火山口状开裂更显著，木栓化程度更高，坚硬粗糙，一般有油腻状外圈，但无黄色晕环。

2. 病原　地毯草黄单胞杆菌柑橘致病变种［*Xanthomonas axonopodis* pv. *citri*（Hasse）Vauterin et al.］，为普罗特斯细菌门黄单胞杆菌属细菌。

3. 传播途径和发病条件　病菌潜伏在病组织内越冬，翌春雨季细菌从病斑溢出，借风雨、昆虫和枝叶的相互接触作近距离传播，远程主要通过带病的繁殖材料（种苗、接穗和果实）传播，也可以通过带菌土壤传病。病菌可从气孔、水孔、皮孔和伤口侵入，潜育期一般4～6d，高温多雨季其重复侵染不断发生，加重病情。

4. 防治方法

(1) 实行检疫　严禁从病区输入繁殖材料。

(2) 培育和种植无病苗木　应从无病区或无病药园选择健壮无病接穗，砧木，经55～56℃温汤浸泡50min。苗木出圃时要严格检查，且须经600～700 mg/kg链霉素浸苗（成束苗入药浸1h，浸前加1%酒精或白酒，增强渗透作用）。

(3) 优化田间管理　可通过合理施肥，适当修剪，抹芽和治虫等措施控制夏秋梢生长，促其抽梢整齐，减少虫口数量和虫害引起的伤口。

(4) 施药防控　春梢萌发前后，在4～5月及秋梢抽发期（8月）喷药防治。可任选1∶1∶100～150波尔多液、15%络氨铜水剂（消病灵）500倍液、77%氢氧化铜可湿性粉剂500倍液、3%金核霉素水剂200～300倍液、50%春雷·王铜可湿性粉剂（加瑞农）500～800倍液，20%噻菌铜悬浮剂（龙克菌）500～700倍液、72%农用链霉素4 000倍液、52%王铜·代森锌可湿性粉剂（克菌宝）500～600倍液喷治。

（十一）佛手细菌性果腐病（细菌性炭疽病）

佛手细菌性果腐病是近期报道的新病害。

1. 症状 染病后果实变褐腐烂、枯萎、木质化。

2. 病原 炭疽芽孢杆菌（*Bacillus anthracis*），为芽孢杆菌属细菌。

3. 传播途径和发病条件 不详。

4. 防治方法 参见佛手溃疡病。

（十二）柑橘黄龙病（黄梢病）

柑橘黄龙病是危害性很大的一种病害，各生育阶段均可发生，幼树容易受害。

1. 症状 以夏秋梢发病多，其次是春梢。枝叶上受害，先在当年新抽春梢叶片主侧脉近基部黄化，叶肉褪绿变黄，呈现黄绿相间的斑驳，硬化，常在树冠顶部或中下部呈现少量或成片黄梢。夏秋梢叶片叶肉均匀黄化，变硬，有的在转绿后变黄，呈现斑驳；秋末，黄梢上落叶。翌春，新枝梢短且细弱，叶小狭长，失去光泽，呈现缺锌、缺锰症状。有的叶脉木栓化，肿大，开裂，类似缺硼，新梢下部叶常呈现斑驳。发病后可从一枝梢扩展至多枝梢以至全树。斑驳是确诊本病的特异性症状，秋末是辨认斑驳的最好季节。病树一般花量多，早开，早落，多数细小、畸形、色淡。病树结小果，渣多，汁少，种子多数不健全。发病初期根系部分变褐，至黄梢落叶后，毛细根开始腐烂，后期大根变黑腐烂。

2. 病原 *Candidatus Liberibacter asiaticus*，属普罗特斯细菌门候选韧皮部杆菌属（*Candidatus Liberibacter*），是一种难培养的革兰氏阴性细菌。根据其专化性，可分为亚洲种、美洲种和非洲种。传毒介体主要是柑橘木虱，少部分是非洲木虱。

3. 传播途径和发病条件 田间病株、带菌苗木和带菌木虱是本病主要侵染源。嫁接能传病，自然传病介体为柑橘木虱，土壤和汁液摩擦不会传病，调运带菌苗木和接穗是本病远距离传播主要途径，田间近距离传播依靠带菌的柑橘木虱。木虱成虫和高龄（四至五龄）若虫，均能传病，若虫还能将病菌传给羽化的成虫，循回期短的为1～3d，长的达26～27d。潜育期一般为3～12个月。在实验条件下通过草地菟丝子（*Cuscuta campestris*）接种，能侵染长春花（*Catharanthus roseus*），潜育期为3～6个月。

本病的发生、流行和传染源（病株和带菌木虱）及木虱发生量、树龄、气候等因素关系密切。药园病株率超过10%，木虱发生量大，病害将严重发生，气候干燥，抽梢不整齐，有利木虱发生，同样有利发病。幼苗和十多年生树发病少，4～6年生幼树发病较多。

4. 防治方法

（1）实行检疫　严禁病苗、病穗传入新区或无病区。

（2）采用隔离、消毒、防疫三环节培育良种无病壮苗　在隔离区建立无病母本园；砧木种子要经50～52℃预热5min后采用55～56℃浸50min，接穗可用湿热空气49℃处理50min，盐酸四环素1 000～2 000mg/kg浸2h（取出用清水冲洗后嫁接）脱除病原；育苗过程要做好防疫和无病苗再检测。

（3）及时挖除病株和防治木虱　新药园一发现病株先喷药杀死木虱后连根拔除。补种健苗，老药园发现少量病株，也须先喷药治木虱后挖除，结合控梢和防治木虱，尤其要注意3～4月防治木虱若虫。老药园若较普遍发病，可采取剪除病梢、控梢和各梢期防治木虱等措施，以控制病害蔓延，待全园失去经济价值时，全部挖除，重建新园。

（4）优化栽培管理　采用控梢措施，促进抽梢整齐，结合冬季清园，恶化木虱产卵和生长条件。

（5）治虫防病　参见木虱防治。

（十三）柑橘衰退病

该病是发生较普遍、为害较突出的一种病毒病。

1. 症状　主要表现衰退症状。老树受害初期，开花结果少，随后几年叶先失去光泽，并逐渐失去结果能力，从顶部向下枯死，常历经几年后枯死；也有病树、病叶突然发生萎蔫，干挂树上整株枯死，称速衰病；此外，也有出现茎陷点症状，即在枝梢木质部出现陷点，发生严重时木质部组织破裂。

2. 病原　柑橘衰退病毒［*Citrus tristeza virus*（CTV）］，属长线形病毒科长线形病毒属。该病毒存在多个株系，在田间可单独或复合感染，还存在具有交互免疫反应的强、弱株系。

3. 传病途径和发病条件　本病可通过调运带毒苗木和接穗进行远距离传播，多种蚜虫（橘蚜、棉蚜、橘二叉蚜等）为其传毒介体，其中以橘蚜传毒力最强。田间病毒的扩展蔓延主要依靠蚜虫传播。土壤和种子不会传毒。病害的发生、流行与传毒介体种群和数量关系很大，田间毒源多，又存在传毒率高、数量大的蚜虫，容易引发病害流行。以红橘、枸头橙、酸橘作砧木，一般耐病，表现隐症带毒。老树发病往往需经历几年的衰退过程。在天气特别干旱或浸水条件下，幼树常突发叶凋落、卷曲，全株枯死。

4. 防治方法

（1）培育和种植良种无病壮苗　可在远离病区培育无毒苗（方法见柑橘黄龙病），防止本病通过带毒苗木或繁殖材料进入无病区或新植药园。

（2）选用抗（耐）病砧木　以减轻本病的发生与为害。

（3）治虫防病　及时防治传毒蚜虫，避免或减少蚜虫传病。可任选50%抗蚜威可湿性粉剂（辟蚜雾）1 000～2 000倍液、0.4%杀蚜素乳油200～400倍液、10%吡虫啉可湿性粉剂2 000倍液、3%啶虫脒乳油（莫比朗）2 500～3 000倍液、2.5%鱼藤酮乳油400～500倍液或20%丁硫克百威乳油（好年冬）2 000～3 000倍液喷治。

（4）应用弱毒株系　在病区接种弱毒株系，可减轻强毒株系的侵染为害。

（十四）枳壳立枯病

1. 症状　染病幼茎基部腐烂，缢缩，根部皮层腐烂，植株枯萎死亡。

2. 病原　立枯丝核菌（*Rhizoctonia solani* Kuhn.），为半知菌亚门丝核菌属真菌。

3. 传播途径和发病条件及防治方法　参见本书益智立枯病。

二、害虫

（一）柑橘全爪螨

柑橘全爪螨［*Panonychus citri*（McGregor）］，属蛛形纲真螨目叶螨科。又名红蜘蛛、瘤皮红蜘蛛。

1. 寄主　佛手、橘、橙、柚子等。

2. 为害特点　以幼螨、若螨和成螨的口器刺破叶片、嫩绿枝梢及果皮，吸取汁液，被害叶呈现灰白色细碎条斑，严重时全叶灰白，大量落叶，尤其苗圃及幼龄树受害重。

3. 形态特征

（1）成螨　雌成螨体长0.3～0.4mm，椭圆形，暗红色；背面有瘤状突起，上生白色刚毛；足4对。雄成螨较雌成螨略小，鲜红色，后端较狭，呈楔形。

（2）卵　卵球形，略扁，红色，有光泽，上有一柄，柄端有10～12条细丝，附着叶面上。

（3）幼螨　体长0.2mm，体色淡，足3对。

（4）若螨　形似成螨，个体较小，体长0.25～0.3mm，足4对。

4. 生活习性　浙江、福建1年发生12～17代，世代重叠，多以卵或成螨和幼螨在叶背或枝条裂缝内越冬，以春秋两季为害春梢和秋梢最为严重，7～8月高温季节，虫量很少，9～10月气温下降，虫口又复上升，为害秋梢。相对湿度大于90%或低于60%时，均不利其生长发育。一般行两性生殖，一雌螨一生平均产卵30～60粒，以春季世代产卵量最多。卵产叶、果和嫩枝上，以叶背主脉两侧居多。气温25℃、相对湿度85%时，卵期约5.5d，幼螨期2.5d，若螨期5.5d，成螨产卵前期1.5d，一世代约16d。该虫天敌种类较多，有食螨瓢虫、捕食螨、捕食性蓟马、食螨隐翅虫、草蛉、花蝽、蜘蛛等，其中食螨瓢虫和捕食螨抑制作用明显，已在生长上应用。

5. 防治方法

（1）优化田间管理　适时合理修剪，氮肥不宜过多。冬季清园，保持株间一定湿度，此外注意改善灌溉条件，调节小气候，合理间套矮秆植物，如花生、豆类等作为覆盖物，既可改善土质又有利益虫、益菌增殖。

（2）生物防治　有效天敌如尾氏钝绥螨、草间小黑蛛、中华草蛉、六点蓟马、食螨瓢虫及虫生藻菌、芽枝霉等，应重视保护、利用或助迁释放，尤其要注意不喷施广谱性农药，如确需喷药，宜采用选择性农药，发挥天敌的控螨作用。

（3）施药防控　可依据叶上虫数（春季每叶有虫3～4只，夏秋每叶有虫5～7只）和当时的气候条件酌情喷治。花前任选20%哒螨灵可湿性粉剂（哒螨酮、牵牛星）3 000～4 000倍液、5%噻螨酮乳油（尼索朗）1 500～2 500倍液、20%四螨嗪悬浮剂（螨死净、阿波罗）1 600～2 000倍液、固体石硫合剂1 000倍液或95%机油乳剂100～200倍液喷治，嫩梢幼果期以哒螨灵系列为主；花后，任选速效和对天敌影响小的农药，如5%唑螨酯悬浮剂（霸螨灵）1 000～2 000倍液（持效期可达30d）、73%炔螨特乳油（克螨特）3 000倍液、25%苯丁锡可湿性粉剂1 000～1 200倍液、50%溴螨酯乳油（螨代治）1 500～2 000倍液或99.1%机油乳剂200倍液喷治。花前用的农药花后仍可用。上述药剂宜轮换使用。早期还可使用2.5%华光霉素可湿性粉剂400～600倍液或10%浏阳霉素乳油1 000～2 000倍液喷治。

（二）橘蚜

橘蚜［*Toxoptera citricidus*（Kirkaldy）］，属同翅目蚜科。异名：*Aphis citricidus* Kirkaldy。

1. 为害特点　佛手、蕉柑、大红柑、化州橘红等新梢主要害虫之一，若虫和成虫群集新梢的嫩叶和嫩茎上吮吸汁液，使嫩叶卷缩，严重时嫩梢枯萎引起幼果脱落，还可诱发煤烟病，也是柑橘衰退病的传毒介体。

2. 形态特征

（1）成虫　无翅胎生雌蚜体长约1.3mm，全体漆黑色，触角灰褐色；腹管呈管状，尾片上生丛毛。有翅胎生雌虫与无翅胎生雌虫相似，但触角第三节有感觉圈12～15个，呈分散排列，翅白色透明，前翅中脉分三叉。

（2）若虫　体褐色，有翅蚜的若虫三至四龄时翅芽显现。

3. 生活习性　南方产区1年发生20多代。越冬习性因地而异。江西、浙江和四川以卵在枝条上越冬，广东、福建全年可在树上行孤雌繁殖。繁殖适温为24～27℃。以晚春和早秋繁殖最盛。春秋两季抽梢期为害较重。已发现天敌有食蚜瓢虫、草蛉、食蚜蝇、蚜茧蜂等多种，其自然控蚜作用较为明显。

4. 防治方法

（1）加强管理　冬春剪除虫害枝，对不能剪除的主干和大枝，可刮除虫卵，减少虫源，生长季节中应抹除零星生长新梢。

（2）保护和利用天敌　上述提及的多种天敌，若园中很少，可从其他有此类天敌的园中收集助迁。

（3）黄板诱杀。

（4）药剂防控　新梢无翅蚜出现时即可喷治，可任选10%或20%吡虫啉可湿性粉剂2 000～3 000倍液、20%丁硫克百威乳油（好年冬）2 000～3 000倍液、0.4%杀蚜素乳油300倍液、10%烟碱乳油500～600倍液、2.5%鱼藤酮乳油400～500倍液、50%抗蚜威可湿性粉剂（辟蚜雾）1 000～2 000倍液或5%啶虫脒可湿性粉剂4 000倍液喷治。当新梢叶片转为绿色或有翅蚜显著增加时，可不用药，表明此时的食料不足，会抑制种群自身繁殖。

（三）星天牛

为害佛手类的天牛有星天牛［*Anoplophora chinensis*（Forster）］、褐天牛［*Nadezhdiella cantori*（Hope）］、光盾绿天牛［*Chelidonium argentatum*（Dalman）］等，均属鞘翅目天牛科，以星天牛为害突出。

1. 为害特点　幼虫在近地面的树干及主根皮下蛀害，造成大块皮层死亡，破坏树体水分和养分的输送，引起树冠大片叶子枯黄脱落。成虫啃食嫩枝，食叶成缺刻。严重受害树会造成围头现象，整株枯死。

2. 形态特征

（1）成虫　体长19～39mm，黑色，有光泽，触角甚长，雌虫稍长于体，雄虫超过体长1倍；前胸背板中瘤明显，侧刺突粗状；鞘翅基部密布颗粒，表面散布许多白色斑点。

（2）卵　长椭圆形，乳白色，长5～6mm。

（3）幼虫　末龄幼虫体长45～67mm，淡黄白色，前胸背板前方左右各有黄褐色飞鸟形斑纹，后方有1块黄褐色凸形大斑纹，略隆起，胸足退化，中胸腹面、后胸及腿部第一至七节背、腹两面，均具有移动器。

（4）蛹　长30mm，乳白色，触角细长卷曲。

3. 生活习性　1年发生1代，以幼虫在树干基部或主根内越冬。翌春化蛹，5～6月成虫羽化，继而为产卵盛期。成虫出洞后啃树皮或食叶。产卵于树干基部离地土面3～6cm树皮下，产卵处有成虫预先咬成T形或半T形裂口，皮层稍隆起，表面较湿润。每雌产卵70余粒。卵期9～14d，成虫寿命1～2个月，幼虫孵化后在树干皮下向下约离地15cm蛀食。如遇主根可沿根蛀食。常有2～3头环饶树干基部皮下蛀食成圈。造成围头，取食3～4个月后蛀入木质部，转而向上形成隧道。隧道一般与树干平行，上端出口为羽化孔，幼虫咬碎的木屑和粪便部分推出，积聚在树干基部周围。幼虫于11～12月开始越冬，幼虫期10个月，蛹期短的为18～20d，长达1个多月。

4. 防治方法

（1）捕杀成虫和刮除虫卵　成虫发生期和产卵期，多在晴天中午栖息枝端，黄昏前后在树干基部产卵，据此组织捕杀成虫。依据产卵情况，可用刀刮除卵和初孵幼虫。

（2）钩杀幼虫　寻找新鲜排粪孔，用细铁丝刺入虫道端部钩杀幼虫。

（3）药物防治　用棉球蘸80%敌敌畏乳油塞洞，再用湿泥封堵，毒杀幼虫，也可注入80%敌敌畏乳油500～600倍液，施药后用湿泥封口。

（四）潜叶甲

潜叶甲（*Podagricomela nigricollis* Chen），属鞘翅目叶甲科。又称橘潜斧。

1. 为害特点　成虫在叶背取食叶肉，仅留表皮，呈透明斑块。幼虫潜入表皮下蛀食叶肉成长形弯曲隧道，致叶片萎黄、脱落。

2. 形态特征

（1）成虫　体长3～3.7mm，卵圆形，头、前胸、足均为黑色。触角基部3节黄褐色，其余黑色；鞘翅橘黄色，每鞘翅上有纵列刻点11行。

（2）卵　椭圆形，长径0.7～0.8mm，米黄色。

（3）幼虫　老熟幼虫体长4.7～7mm，深黄色，腹部各节前窄后宽呈梯形。

（4）蛹　体长3～3.5mm，黄色，腹末有1对叉状突起。

3. 生活习性　南方1年发生1代，以成虫在树干的翘皮裂缝、地衣、苔藓下和树干基部松土中越夏、越冬。越冬成虫于翌年3月下旬开始活动、产卵，4月为产卵盛期。3月下旬至4月是越冬成虫为害期，4～5月为新一代幼虫为害期，4月下旬至5月下旬化蛹，5～6月上旬是当年羽化成虫为害期。此后成虫蛰伏越夏、越冬。成虫喜群居，能飞善跳。越冬成虫恢复活动后取食嫩叶、叶柄和花蕾。卵散产于嫩叶背面或边缘，一生产卵300余粒，卵期4～11d，成虫寿命200d以上。初孵幼虫潜入叶片表皮下，蛀食叶肉成不规则隧道，虫数多、缺乏食料或叶枯时，可钻出旧隧道，新蛀隧道。

4. 防治方法

（1）清园　除去药园树上的地衣苔藓和可能越冬潜存的处所，并及时扫除烧毁被害叶。

（2）施药防控　越冬成虫出蛰活动、产卵高峰期、一龄幼虫期，可在树冠下的土面和树上喷药，可选用48%毒死蜱乳油1 000～1 500倍液、2.5%溴氰菊酯乳油2 500～3 000倍液或80%敌敌畏乳油1 000倍液喷洒，视虫情酌定喷药次数。成虫越冬、越夏期还可喷洒松脂合剂（春季发芽前用10倍液，秋季用18～20倍液），杀死地衣和苔藓，破坏其越冬、越夏场所。清园同时，在树冠下土面喷洒5%甲萘威粉剂，毒杀准备入土化蛹的幼虫。

（五）柑橘潜叶蛾

柑橘潜叶蛾（*Phyllocnistis citrella* Stainton），属鳞翅目潜叶蛾科。又名橘

潜蛾、鬼画符。

1. 寄主 佛手、柑、柚子、酸橙等。

2. 为害特点 新梢期的重要害虫。幼虫潜入寄主嫩茎、新梢、嫩叶表皮下钻蛀为害，形成白色的蜿蜒隧道，受害叶卷曲，硬化，早落，影响枝梢生长和产量。有时可为害果实表皮。一般春梢不为害，夏梢受害轻，秋梢受害特别重。被咬食伤口常诱致溃疡病的发生，其为害造成的卷叶，常成为红蜘蛛等螨类越冬和聚居的场所。

3. 形态特征

（1）成虫 体长2mm，翅展5mm，全体银白色，触角丝状。前翅为披针形，翅基部有2条黑褐色纵纹，翅中部有黑Y形纹，末端缘毛上有一黑色圆斑，后翅针叶形，缘毛长。

（2）卵 椭圆形，长0.3～0.6mm，白色透明。

（3）幼虫 共4龄，体黄绿色，扁平，无足，尾端尖细，老熟幼虫约4mm，腹部末端有1对细长尾状物。

（4）蛹 体长2.8mm，纺锤形，黄褐色，腹部第一至六节两侧各有一瘤状突，其上各有一根长刚毛，末节后缘两侧各有一肉质刺。头顶有倒Y形破茧器，蛹体外有黄褐色薄茧。

4. 生活习性 浙江1年发生9～10代，四川10代左右，福建11～14代，广东、广西约15代，世代重叠。以幼虫和蛹越冬。平均温度26～28℃时，完成一代需13～15d，卵期2d，幼虫期5～6d，蛹期5～8d，成虫寿命5～10d，卵产于嫩叶背面的主脉附近，每雌产卵20～81粒。初孵幼虫直接从卵底钻入叶表皮为害，蛀食叶肉，幼虫三龄为暴食期，四龄幼虫不取食，口器转化为吐丝器，老熟幼虫将叶缘卷起，吐丝结茧、化蛹。5～9月夏秋梢为发生盛期，以8～9月虫口密度最大，秋梢受害最重。苗木和幼树，因梢期不整齐而常受害重；高温多雨有利幼虫的发生和生存。已发现该虫天敌有多种寄生蜂和草蛉。其中以橘潜蛾姬小蜂［*Citrostichus phyllocnistoides*（Narayanan）］为优势种，寄生幼虫，有明显的自然控制作用。

5. 防治方法

（1）抹芽控梢切断虫源 夏秋梢期及时抹芽控制夏梢和早发秋梢，摘除过早或过晚抽发不齐的嫩梢，可掌握在虫卵低落期，统一放梢。通过加强肥水管理，促使夏秋梢抽发整齐健壮。以选留早秋梢和晚秋梢为好，缩短新梢嫩叶期，避过该虫产卵高峰期，也有助减少害虫食料。

（2）冬季清园 结合修剪，除去虫害枝叶、落叶，集中烧毁。

（3）保护利用天敌 该虫天敌资源丰富，且寄生蜂多在上午羽化活动，要注意采用低毒低残留农药，安排在下午或傍晚喷药，减少喷药对天敌的伤害。

（4）适期喷药 掌握放梢后7～10d起和幼虫孵化高峰期进行喷药，可任选

1.8%阿维菌素乳油 2 000～3 000 倍液、5%氟啶脲乳油（抑太保）1 000～2 000 倍液、25%灭幼脲悬浮剂 1 000 倍液、20%甲氰菊酯乳油（灭扫利）3 000～4 000倍液、10%吡虫啉可湿性粉剂 2 000～2 500 倍液、5%氟虫脲乳油（卡死克）1 500～2 000 倍液、5%氟苯脲乳油（农梦特）1 000～2 000 倍液或 99.1%机油乳油（敌死虫）200～400 倍液喷治，上述药剂宜轮换使用。

（六）柑橘爆皮虫

柑橘爆皮虫（*Agrilus auriventris* Saunders），属鞘翅目吉丁虫科。别名柑橘锈皮虫、橘长吉丁虫。

1. 寄主 佛手、蕉柑、化州橘红、柚子等植物。

2. 为害特点 成虫咬食叶片（尤其嫩叶）成缺刻，主要以幼虫在枝干皮层内蛀食，受害处皮层突起裂口，流出褐色透明胶状液滴，形成弯曲的不规则虫道，其内充满虫粪，致树皮和木质分离，树皮干枯爆裂，严重时会引起受害枝条上部枯干。

3. 形态特征

（1）成虫 体长 6.5～9.1mm，宽 1.8～2.7mm，古铜色，有金属光泽，复眼黑色，触角 11 节，锯齿状。前胸背板近方形，前缘弧形，后缘波浪形，近末端的花纹为新月形，翅顶端有 1 个明显细小的齿状突起，腹部背面青蓝色，腹面青银色。雄虫头部、腹面中央及下唇到后胸密布长的银白色绒毛。雌虫在这一带绒毛短而稀。

（2）卵 扁平，椭圆形，长 0.7～0.9mm，宽 0.5～0.6mm，初产时乳白色，近孵化时淡褐色。

（3）幼虫 共 4 龄，老熟幼虫体长 11～16mm，淡黄色，体扁平，细长，头部褐色，甚小，胴部乳白色，前胸特别大，背、腹面中央各有明显褐色纵线条。中后胸很小，胸足退化。腹部 8 节，前 8 节各有气孔 1 对，末节尾端有一黑褐色坚硬的钳状突。

（4）蛹 扁圆锥形，体长 7.4～9mm，初化蛹时乳白色，后变成蓝黑色，具金属光泽。

4. 生活习性 福建 1 年发生 1 代，以幼虫在树干木质内越冬，福州 3 月中旬开始化蛹，4 月上旬为化蛹盛期，4 月中旬开始羽化，4 月下旬为羽化盛期。5 月上旬为成虫出洞盛期。广东 3 月下旬有成虫出现，在浙江衢州，4 月下旬为化蛹盛期，5 月上旬为羽化盛期，6 月下旬为产卵盛期，7 月上中旬为孵化盛期。越冬幼虫于翌年 3～4 月在隧道内化蛹，4 月上中旬为化蛹盛期，4 月中旬后成虫开始羽化，5 月上中旬为产卵盛期。成虫雨后晴天出洞最多，阴雨天多栖息树冠下部叶上或枯树周围杂草中或间作物上，不食不动。成虫有假死性，遇惊即隧地逃逸。成虫多产卵于树干或树枝细小的裂缝处，常散产或几粒产一起，卵期约

10d。幼虫孵化后在树皮内啃食，老熟后侵入木质部5mm处做蛹室越冬。田间失管，树势衰弱，树龄老，肥水不足，荫蔽不透光，树皮粗糙裂缝或伤口多的药园发生重。

5. 防治方法

(1) 农业生态防控　冬、春结合修剪清除枯死枝，在成虫出洞前烧毁，减少虫源，也可用稻草扎捆受害树，并涂刷泥浆，不留空隙，阻止成虫出洞，也有助树体伤口愈合。

(2) 加强管理　做好抗旱、防冻、施肥及其他防治病虫害工作，使树体光滑，减少成虫产卵机会。

(3) 适期施药防控　掌握害虫将近羽化盛期尚未出洞前，刮除受害皮层，用80%敌敌畏乳油加10～20倍黏土，掺适量水调成糊状，涂在被害处。成虫出洞盛期选用80%敌敌畏乳油1 000～1 500倍液或90%敌百虫晶体1 000～1 500倍液喷洒树冠。幼虫初孵时可用80%敌敌畏乳油3倍液涂干小油点或流胶处，可毒杀皮层下初孵幼虫。

（七）吹绵蚧

为害佛手、蕉柑的介壳虫有多种，如吹绵蚧（*Icerya purchasi* Maskell，属同翅目硕蚧科）、龟蜡蚧（*Ceroplaste floridensis* Comstok，属同翅目蜡蚧科）、糠片蚧（*Parlatoria pergandii* Comstock，属同翅目盾蚧科）、褐圆蚧［*Chrysomphalus aonidum*（*ficus*）Ashmead，属同翅目盾蚧科］。以吹绵蚧发生为害较重，现重点介绍如下。

1. 为害特点　若虫、成虫常群集在佛手等植物的叶芽、嫩枝、枝干或果上为害，吸食汁液，引起叶黄枝枯，以至落叶、落果和枝条死亡。严重时致使全株枯死。其排泄蜜露可诱发煤烟病，影响光合作用。

2. 形态特征

(1) 成虫　雌成虫体长5～7mm，椭圆形，橘红色或暗红色，背脊隆起，背面着生黑色短毛，被白色蜡粉，腹部气门2对。雌成虫发育到产卵期，在腹部后方分泌出白色卵囊，卵囊上有隆脊14～16条。雄成虫体长约3cm，橘红色，触角黑色，1对前翅，紫黑色，后翅退化为平衡棒；腹端两突起上各有长毛3条。

(2) 卵　长椭圆形，长0.65mm，橘红色，密集于雌虫卵囊内。

(3) 若虫　椭圆形，橘红色，或红褐色，背面覆盖淡黄色蜡粉。

(4) 蛹　雄蛹长约3.5mm，椭圆形，橘红色。

(5) 茧　椭圆形，质地疏松，覆盖白色蜡粉。

3. 生活习性　长江流域至东南、西南地区1年发生2～4代，福建1年发生3代，世代重叠，以若蚧和雌成虫越冬。福建第一代发生于4～6月，第二代7～9月，9月以后为第三代。初孵若虫分散活动，多寄生于嫩枝和叶背的主脉两侧。

二龄以后迁移到枝干和果梗等处聚集寄生。该虫具发达足，营半固定生活。雌若蚧经三龄后变成虫，雄若蚧经二龄后变为“前蛹”，再经蛹变成虫。该虫有群集性，成虫定居后不再移动，体后分泌卵囊，产卵其中，每雌可产卵数百粒，在自然条件下雄虫数量甚少，多行孤雌生殖。气温在25～26℃最适宜该虫繁殖。天敌有澳洲瓢虫、大红瓢虫、小红瓢虫、克氏金小蜂、橙额跳小蜂、寄生菌和两种草蛉。

4. 防治方法 以生物防治为主，结合农业措施和药剂防治。

(1) 保护利用天敌 上述天敌中以瓢虫消灭该虫效果最好，5月是助迁移殖澳洲瓢虫、大红瓢虫和小红瓢虫的有利时期，并注意在释放天敌期间不喷药。

(2) 人工除蚧 可用草把或刷子及时刷除枝干的越冬成虫和若虫。

(3) 药物防控 一、二龄若蚧发生盛期，可任选10%吡虫啉可湿性粉剂2 000倍液、48%毒死蜱乳油1 000倍液、99.1%机油乳油（敌死虫）200～400倍液、松脂合剂10～15倍液、40%速蚧克乳油1 000～2 000倍液或普通洗衣粉400～600倍液。发生龟蜡蚧、褐圆蚧、糠片蚧等介壳虫为害，防治该虫时可兼治。

(八) 黑点蚧

黑点蚧［*Parlatoria zizyphus* (Lucas)］，属同翅目盾蚧科。异名：*Chermes aurantii* Boisduval，*Mytilaspis flavescens* Milazzo。

1. 寄主 柑橘类、枣、槟榔、油棕、月季、茶树等。

2. 为害特点 成虫和若虫群集于果、叶和枝条上吸食为害，被害处周围组织发黄，严重时致枝、叶枯死，影响树势和品质。

3. 形态特征 雌介壳长椭圆形，长1.5～2mm，首次蜕皮壳小，椭圆形，漆黑色，位于介壳最前端；第二次蜕皮壳甚大，长方形，黑色，两者均有背脊；介壳末端附有成虫分泌的灰褐色或灰白色蜡质物；介壳边缘呈灰白色。雌成虫倒卵形，淡紫红色；雄介壳狭长，较小，灰白色；首次蜕皮壳椭圆形，漆黑色，位于介壳最前端。

4. 生活习性 福建、浙江1年发生3代，四川4代，世代重叠。以雌成虫和卵越冬。4～5月第一代若虫陆续出现，第二代初龄若虫7月盛发，第三代若虫于10～11月发生，雌成虫寿命长，不断产卵、孵化，且能孤雌生殖。各代发生不整齐，陆续在叶、果上繁殖为害。阴暗环境对该虫生长发育有利，田间发生数量受天敌制约。天敌主要有整胸寡节瓢虫、红点唇瓢虫、日本方头甲及多种小蜂。其中以长缨恩蚜小蜂［*Encarsia citrina* (Craw)］为优势种，寄生于未成熟的雌成虫上。此蜂可寄生多种盾蚧，且寄生率高，有保护、利用价值。

5. 防治方法 参见吹绵蚧。

（九）柑橘凤蝶

柑橘凤蝶（*Papilio xuthus* Linnaeus），属鳞翅目凤蝶科。

1. 寄主 佛手、柑、柚子、酸橙、黄柏、花椒、茱萸等。

2. 为害特点 幼虫取食幼芽、嫩叶。初龄时将叶食成缺刻或孔洞，稍大时可将叶食光，仅残留叶柄，严重时可将幼枝上叶食尽而成秃枝。

3. 形态特征

（1）成虫 有春型和夏型两种，春型体长21～24mm，夏型27～30mm，两型雌虫较雄虫略大。虫体淡黄色、绿色至暗黄色，体背中央有黑色纵带，两侧黄白色，头大，复眼球形，为褐色至暗紫色。触角棒状，黑褐色，近棒端背面黄色。翅黑色，前翅近三角形，近外缘有8个月牙形黄斑；中室基半部有4条黄色辐射状纵纹，端半部有两个黄色横斑。略呈弧形相对。后翅略呈长圆形，近外缘有6个月形黄斑，中心为一黑点；外缘黄斑与各翅室基部黄斑之间的黑色区内，有蓝色条纹。

（2）卵 球形，略扁，初为黄色后成深黄色，孵化前为紫灰色至黑色。

（3）幼虫 共5龄，老熟时体长40～48mm，黄绿色至绿色，体表光滑；头小，前胸有橙黄色翻缩线1对，受惊扰时伸出；后胸两侧各有1个眼状斑，中心为黑色，周围为黄色，体两侧有白色至黄白色斜纹，下衬黑线。三龄以前幼虫头部黑色，体暗褐色，有肉状突起和淡色斑纹，形似鸟粪。

（4）蛹 体长25～30mm，多为淡绿色略带暗褐色，常随化蛹环境不同而变化，头顶两侧和胸背各有1个突起。

4. 生活习性 该虫在四川、浙江和湖北1年发生3～4代，广东、福建和台湾1年发生5～6代，世代重叠。各地均以蛹在枝干上，叶背和其他较为隐蔽的场所越冬。蛹于4～5月羽化，成虫白天活动，在花间采蜜交尾，产卵。卵产于嫩叶和叶背上。孵出幼虫先食卵壳后啃芽和嫩叶，随着虫龄增长，渐向下取食成长叶。老熟幼虫多在隐蔽处吐丝做茧，一般苗圃、幼龄果园或山区果园发生较多，但苗圃和幼树受害最重。已发现该虫天敌：卵期有螟黄赤眼蜂、松毛虫赤眼蜂，幼虫有青虫菌寄生，蛹期有凤蝶金小蜂、广大腿小蜂等和寄生蝇，以螟黄赤眼蜂和凤蝶金小蜂寄生率最高，抑制作用最大。

5. 防治方法

（1）保护利用天敌 寄生该虫的赤眼蜂和凤蝶金小蜂等天敌，有显著控虫作用，注意保护利用。

（2）人工捕杀 该虫在晨露未干时常静置枝叶上，白天在药园、菜地飞舞，可用捕虫网捕捉。也可在新梢期捕杀卵、幼虫和蛹。

（3）冬季清园 结合修剪，清除残枝落叶，去除部分越冬蛹。

（4）适期喷药防控 采用挑治方法，并与其他害虫发生期统筹兼治，以尽量减少农药对天敌的杀伤。幼虫发生严重时，任选 Bt 制剂（每克 100 亿活孢子）200～300 倍液、10%吡虫啉可湿性粉剂 3 000 倍液、25%除虫脲可湿性粉剂 1 500～2 000 倍液、20%氰戊菊酯乳油 5 000 倍液、0.3%苦参碱水剂 200 倍液或 50%敌百虫乳油 1 000 倍液喷治。

（十）柑橘木虱

柑橘木虱（*Diaphorina citri* Kuwayama)，属同翅目木虱科。

1. 为害特点 嫩梢期重要害虫。成虫在叶和嫩芽上取食。若虫群集于嫩梢、幼叶和新叶上吸食为害，被害嫩梢幼芽出现干枯萎缩，新叶畸形，扭曲，若虫排泄物可诱发煤烟病，影响光合作用，更为重要的是该虫系柑橘黄龙病的传病介体，其危害性远大于本身造成的损失。

2. 形态特征

(1) 成虫 体长（至翅端）2.8～3.0mm，体色青灰色并有褐色斑纹，被白粉；头部前方有 2 个颊锥突出，触角末端具 2 条不等长的硬毛；前翅半翅明，散布褐色斑纹，近外边缘上有 5 个透明斑。

(2) 卵 芒果形，橙黄色，有一短柄插于嫩芽组织中，无规则聚生。

(3) 若虫 共 5 龄，扁圆形、椭圆形，背面稍隆起，体鲜黄色，复眼红色，三龄起各龄后期体色黄褐色相间，各龄若虫腹部周缘分泌有短蜡丝，自头部至腹部第四节背中线为黄白色或黄绿色，第五龄若虫体长约 1.59mm。

3. 生活习性 浙江南部 1 年发生 6～7 代，台湾、广东、四川 1 年发生 8～14 代，福建 8 代，世代重叠，以成虫群集叶背越冬。秋梢期虫量最多，为害最重，秋梢常被害枯死，次为春梢和夏梢。成虫分散，在叶背叶脉上和秋芽上栖息吸食，能飞善跳。卵散产于嫩芽的缝隙里，一个芽有卵多达 200 余粒。卵期 3～4d（26～28℃），若虫期 12～34d（19～28℃，春夏间 22～28℃），一世代历期 23～24d。秋末冬初（19.6℃）一世代历时 53d。温暖季节成虫历期约 1 个半月多，越冬代成虫寿命长达半年。苗圃和幼树抽发新嫩芽梢，容易受害。成虫喜空旷透光处活动，果园暴露，树冠稀疏，虫害常较重。已发现天敌有六斑月瓢虫、双带盘瓢虫、八斑和瓢虫、异色瓢虫、龟纹瓢虫、草蛉和寄生蜂等。

4. 防治方法

(1) 实行检疫 严禁从疫区引进苗木、接穗等繁殖材料，以防夹带有木虱进入无病区或新区。

(2) 加强管理 同一药园应种同一品种便于管理，以防抽芽不齐；合理施肥，适时修剪，使抽梢整齐，及时除去零星抽发的新梢和衰老病枝，抑制害虫繁殖。

(3) 施药防控 新梢抽发期，如虫口密度大要喷药防治，可任选 10%吡虫啉可湿性粉剂 3 000 倍液、20%甲氰菊酯乳油（灭扫利）1 000～2 000 倍液、

40%硫酸烟精 500 倍液（加 0.3%浓度的皂液）、99.1%机油乳油（敌死虫）200～400 倍液或松脂乳剂 15～20 倍液喷治。此外，0.5 波美度石硫合剂有很好的杀卵作用。另要注意在寄生蜂发生高峰期（广东 8～9 月系跳小蜂发生高峰期）应尽量不喷药。

（十一）黑刺粉虱

黑刺粉虱（*Aleurocanthus spiniferus* Quaintance），属同翅目粉虱科。又名橘刺粉虱、刺粉虱。

1. 为害特点 若虫聚集在叶背，吮吸汁液，叶被害处黄化，还可诱发煤烟病，引起枝叶发黑、落叶，削弱树势。

2. 形态特征

（1）成虫 体长 0.9～1.3mm，橙黄色，薄敷白粉；前翅紫褐色，有 6～7 个白纹；后翅小，淡紫褐色。

（2）卵 芒果形，长约 0.25mm，黄褐色，有一小柄，直立附着在叶上。

（3）若虫 共 3 龄，体被刺毛，黑色，有光泽，体躯周围分泌一圈白色蜡质物。

（4）蛹 蛹壳近椭圆形，长 0.7～1.1mm，漆黑色，周围有较宽白色蜡边，背面显著隆起，胸部有 9 对刺毛，腹部有 10 对刺毛，边缘雌蛹有 11 对刺毛，雄蛹 10 对。

3. 生活习性 福建、湖南、四川 1 年发生 4～5 代，以若虫在叶背越冬。越冬若虫 3 月间化蛹，4 月羽化为成虫。常在树冠内枝叶上活动。卵产叶背，散生或密集呈圆弧形，数粒至数十粒一起。初孵若虫多在卵壳附近爬动取食，二、三龄固定寄生。各代若虫发生期：第一代 4 月下旬至 6 月，第二代 6 月下旬至 7 月中旬；第三代 7 月中旬至 9 月上旬；第四代 10 月至翌年 2 月。卵期 9～16d（23～29℃），若虫期 18～23d（21～28℃），蛹期 13～22d（19～24℃），成虫寿命6～7d（21～24℃）。天敌有多种：刺粉虱黑蜂（*Amitus hesperidum* Silvestri），田间自然寄生率平均高达 71.1%。黄盾恩蚜小蜂［*Encarsia smithi*（Silverstri）］，分布广，寄生率高；捕食性天敌有刀角瓢虫、黑缘红瓢虫、草蛉和芽枝霉菌。

（十二）柑橘粉虱

柑橘粉虱［*Dialeurodes citri*（Ashmead.）］，属同翅目粉虱科。又名橘黄粉虱。

1. 为害特点 成虫、若虫群集固定在新叶背面吸汁。成虫为害时会分泌薄层蜡粉在叶背，同时交尾产卵。幼虫排泄蜜露可诱发煤烟病，影响光合作用。严重时会引起叶片畸形、落叶，也可引起枯梢、落果。

2. 形态特征

(1) 成虫　体淡黄绿色，雌虫体长1.29mm，翅两对，半透明。虫体和翅上均覆盖白蜡粉。复眼红褐色。触角第三节等于第四、五节之和，第七、第八节的上部有多个呈膜状的感觉器官，雄成虫体长0.96mm，阳具与性刺长度相近，前端向上弯。

(2) 卵　淡黄色，椭圆形，长0.2mm，卵壳表面光滑，以卵柄着生于叶上。

(3) 若虫　共4龄，体扁平椭圆形，初龄若虫体长约0.3mm，宽约0.2mm，边缘有小突起17对，老龄若虫体长0.9～1.5mm，体宽0.7～1.1mm。

(4) 蛹　长1.3mm，近椭圆形，胸气道口有两瓣，气道较显著，呈黄绿色，半透明，虫体隐约可见。蛹壳前端及后端各有1对小刺毛，背上有3对疣状短突，两对在头部，一对在腹部前端。管状孔基部腹面附近有1对小刚毛。

3. 生活习性　浙江黄岩1年发生2～3代。江西南昌和福建1年发生4代，以四龄若虫及少数蛹固定在叶背越冬。各代成虫盛发期分别出现在6月中下旬、8月中下旬、10月上中旬和翌年4月中下旬，台湾和广东1年发生可达5~6代，羽化成虫当日即可交尾、产卵，未经交尾的可行孤雌生殖。初孵幼虫在原叶上固定为害。已发现的天敌有座壳孢菌、扑虱蚜小茧蜂、刺粉虱黑蜂、刀角瓢虫、具瘤长须螨和草蛉等，其中以座壳孢菌最有效，其次为寄生蜂。

（十三）粉虱类综合防治

(1) 生物防治　刺粉虱黑蜂和黄盾恩蚜小蜂，均为黑刺粉虱一、二龄体内寄生蜂，是黑刺粉虱的有效天敌，经人为引移释放，可控制到不造成显著为害的水平。座壳孢菌，是柑橘粉虱的主要天敌，可将有该菌寄生虫体的枝叶，散放到发生柑橘粉虱的树上，起到控虫作用，也可采用喷洒座壳孢菌孢子悬浮液进行防治。

(2) 喷药防控　各代初龄若虫盛发期（叶背若虫率达50%时）喷药防治，可选用松碱合剂8～10倍液、95%机油乳油60～100倍液（春梢发芽前）、10%吡虫啉可湿性粉剂2 000倍液、25%噻嗪酮可湿性粉剂（扑虱灵）1 000～1 500倍液、48%毒死蜱乳剂1 000～1 500倍液喷治。三至四龄若虫是寄生蜂、寄生菌主要发生期，掌握在初龄期用药，对天敌影响小。蛹期可用90%敌百虫晶体500～1 000倍液喷治，对寄生蜂影响小。

第八节　梅/乌梅

梅［*Armeniaca mume* Sieb.（*Prunus mume* Sieb. et Zucc.）］系蔷薇科李属植物，其近成熟果实经熏焙加工成中药材乌梅，别名炭梅、熏梅、黑梅等。

一、病害

（一）梅炭疽病

1. 症状 主要为害苗木及幼树，造成苗木全株枯死，幼树枝梢干枯，成龄树早期落叶。叶片受害，叶上呈现圆形或近圆形病斑，直径1～3mm，褐色或紫褐色，后期病斑中央灰色至灰白色，边缘紫红色，上生许多小黑点（分生孢子盘）。枝梢受害，呈椭圆形病斑，初为褐色、紫褐色，后期病斑中央变灰白色，上生许多小黑点，严重时造成大量早期落叶，幼苗或幼树枝梢枯死。

2. 病原 有性阶段：围小丛壳［*Glomerella cingulata*（Stonem.）Spauld et Schrenk］，为子囊菌亚门小丛壳属真菌。无性阶段：胶孢炭疽菌（*Colletotrichum gloeosporioides* Penz.），为半知菌亚门炭疽菌属真菌。

3. 传播途径和发病条件 主要以菌丝体或分生孢子潜伏在寄主枝梢、叶片上和病残组织中越冬。果实储藏期间的菌源，来自田间病果。翌年春季产生分生孢子，借风雨及昆虫传播，辗转为害。本病发生流行要求高温（24～32℃）、高湿，特别是嫩梢与开花期，遇多雨重雾，常严重发生。

4. 防治方法

（1）清园　冬季扫除地面病残枝叶和生长季节结合修剪除去病枝梢、病叶，集中烧毁。

（2）施药防控　开花期自盛花（花开2/3左右）开始，喷射70%甲基硫菌灵可湿性粉剂800倍和84.1%王铜可湿性粉剂800倍的混合液，每次间隔10～14d，连喷2～3次，但应控制铜制剂使用浓度，以避免铜离子对梅的药害。

（二）梅疮痂病

1. 症状 主要为害叶片和果实。受害叶呈圆形、暗色病斑，叶背生黑色霉状子实体。受害果呈现圆形、淡褐色病斑，大小2～4mm，常多个病斑互相融合，其上密生黑色霉状物（子实体）。为害轻时，霉状物可抹掉，严重为害时，则果小，病部开裂，早期落果。

2. 病原 嗜果枝孢（*Cladosporium carpophilum* Thum.），为半知菌亚门芽枝霉属真菌。有性阶段：*Venturia carpophila* Fischer.，为子囊菌亚门黑星菌属真菌。

3. 传播途径和发病条件 以菌丝体在枝梢病部越冬，翌年4～5月，产生分生孢子，经风雨传播，辗转为害。5～6月发病最盛。幼果期因果面茸毛稠密，不易受病菌侵染，一般在花谢后6周的果实才开始被害。病菌在果实上的潜育期为40～70d；在新梢及叶片上的潜育期为25～45d。当年生的枝梢被害后，夏末才显现症状，至秋季始产生分生孢子，是翌年初侵染的主要来源。本病菌除为害梅外，尚可侵害桃、李、柰。孢子萌发以27℃最为适宜。多雨、潮湿天气有利于分生孢子的传播。春季和初夏降雨多是影响本病发生的重要条件。药园地势低洼，排水不良，树冠郁闭，通风透光不良，均能促进发病。

4. 防治方法

(1) 加强药园栽培管理　冬季采果后清除地面的病残枝叶、落果和生长季节结合修剪除去的病枝梢、病叶，均应集中烧毁。适度整形修剪，使树冠通风透光良好，降湿防病。

(2) 喷药保护　春季萌芽前，喷射5波美度石硫合剂1次。落花后半个月至6月间，每隔10～15d，喷1次65%代森锌可湿性粉剂500倍液、0.3波美度石硫合剂或75%百菌清可湿性粉剂800～1 200倍液。

（三）梅干腐病

1. 症状　一般多发生于主枝和侧枝的交叉处。病部逐渐干枯，稍凹陷，病健交界处常开裂，干枯处病皮逐渐翘裂、剥离，流出胶液。后期病部表面生出许多小黑粒（子囊座和分生孢子器）。冬季遭受冻害，药园栽培管理不善，树势衰弱，病部可深达木质部，但通常只限于皮层受害。

2. 病原　*Botryosphaeria berengiriana* de Not. [= *B. ribis* (Tode.) Gross. et Dugg.]，为子囊菌亚门葡萄座腔菌属真菌。

3. 传播途径和发病条件　以分生孢子器、假囊壳在病部越冬。翌年春、夏病菌由伤口侵入，如锯口、枯芽处病中心引起的伤痕及枝干增粗过程中树皮生理裂口等。春末夏初，症状明显，有的药园发病较多。群众称“流胶病”。

4. 防治方法

(1) 加强肥水管理，冬季刷白，防霜害、冻害。

(2) 春末夏初刮除病部，及时用杀菌剂涂抹伤口。可选用1%乙蒜素（抗菌剂401）50倍液或50%多菌灵可湿性粉剂消毒刮口，后再外涂波尔多浆（1∶1∶20）或石硫合剂残渣保护。

(3) 喷药保护　发病较重梅园，在春季萌芽前全面喷70%代森锰锌可湿性粉剂500倍液，生长季节结合炭疽病等防治，也可兼治本病。

（四）梅白粉病

1. 症状　夏季果表于5月始现白色粉状，后扩大至果面一半，后期果皮组织干枯，成浅褐色，凹陷，硬化龟裂。

2. 病原　三指叉丝单囊壳 [*Podosphaera tridactyla* (Wallr.) de Bary.]，为子囊菌亚门叉丝单囊壳属真菌。

3. 传播途径和发病条件　参见本书十大功劳白粉病。

4. 防治方法

（1）发病期喷 0.3 波美度石硫合剂、25%三唑酮可湿性粉剂 3 000 倍液，或 70%甲基硫菌灵可湿性粉剂 1 500 倍液 1～2 次。

（2）秋季落叶后清园。

（五）梅溃疡病

1. 症状 主要为害二年生枝条和果实。叶展后新叶呈现水渍状、初紫红色后变黑褐色的不规则形病斑，大部分穿孔，早期不脱落。花在开花过程中均可被害，多发生在病斑较多的枝条上，花呈褐色水渍状腐烂。果表初生针头大小病斑，扩大后呈黄型病斑黑色水渍状，直径 2～10mm，周围生紫红色晕圈。枝条染病初为紫红色后期为长形褐色病斑，上有小裂缝，潮湿时病斑溢出菌脓，病斑龟裂，周围形成隆起的愈伤组织，易被风折断，轻者小枝枯死，严重者大树死亡。

2. 病原 丁香假单胞杆菌［*Pseudomonas syringae* pv. *morsprunorum* (Wormald) Young, Dye et Wilkie］，为假单胞杆菌属细菌。

3. 传播途径和发病条件 病菌在病枝落叶中越冬，翌年 3～4 月在老病斑上扩展，病斑开裂，春雨后溢出菌脓，借风雨传播，从伤口或自然孔口侵入，落花后 1 个月内为叶及果实发病盛期。

4. 防治方法

（1）选用无病苗木 注意果园通风，种植防风林。

（2）药剂防治 落花后发病盛期选喷 100～200mg/kg 农用链霉素、75%二噻农可湿性粉剂 700～800 倍液或 95%敌磺钠可溶性粉剂 500 倍液。

（3）冬季清园，生长季节剪除病枝并烧毁。

（六）梅膏药病

1. 病状 为害枝干。枝干上生圆形或不规则形的圆膜，像贴膏药状，初呈灰白色或暗灰色，表面比较光滑，最终由灰白色变为紫褐色或黑色。

2. 病原 茂物隔担耳［*Septobasidium bogoriense* (Schw.) Pat.］，为担子菌亚门隔担耳属真菌。

3. 传播途径和发病条件 病菌以菌膜在被害枝干上越冬，6～7 月，产生担孢子，通过风雨或昆虫传播，生长期病菌以介壳虫的分泌物为养料，故介壳虫重的果园，此病也重。

4. 防治方法

（1）冬季清园 结合冬季修剪，剪除病枝叶，扫除落叶落果，集中烧毁。

（2）及时防治介壳虫。

（3）刮除枝干上的菌膜，集中烧毁，在病部涂抹 5 波美度石硫合剂，或 1∶1∶20 波尔多浆或 1∶20 石灰乳。

（七）梅灰霉病

1. 症状 为害花果。开花末期幼果在花瓣脱落后，雄蕊和萼片为茶褐色或赤褐色，并在其上长出灰色霉层（分生孢子梗和分生孢子）。侵染幼果严重时，大量落果；发病轻时成僵果。果实受害初生黑色小斑，随果增大成淡褐色凹陷病斑，呈同心轮纹状，降低商品价值。

2. 病原 灰葡萄孢（*Botrytis cinerea* Pers.），为半知菌亚门葡萄孢属真菌。

3. 传播途径和发病条件 寄主范围广，寄生作物种类多，药园外蔬菜、花卉、杂草均为侵染源，受侵染花器为果实初侵染源。2～31℃均可发生，最适温度为23℃。花瓣脱落时至幼果期，降雨多、昼夜温差大，发病重。结果多的树和幼树，发病也重。品种不同，抗病性存在差异。

4. 防治方法

（1）加强栽培管理 注意果园通风透光，清除病残体，搞好肥水管理，增强树势，提高抗病性。

（2）药剂防治 开花期和幼果期喷药保护幼果，可任选70%甲基硫菌灵超微可湿性粉剂1 000～2 000倍液、50%腐霉利可湿性粉剂（速克灵）1 000～2 000倍液或50%乙烯菌核利可湿性粉剂（农利灵）1 500倍液喷治。

（八）梅锈病

1. 症状 春季萌芽期开始发生，叶及花芽异常，叶变厚而狭细，呈丛生状，叶面有圆形、椭圆形等多种形状的膨胀突点，后变为橙黄色，破裂散出橙黄色粉状物。

2. 病原 *Blastospora smilacis* Dietel.，为担子菌亚门囊孢锈菌属真菌。

3. 防治方法 及时剪除病枝叶烧毁或深埋。其他参见本书女贞锈病防治。

（九）梅白霉病

1. 症状 病斑不明显，叶面呈黄色斑驳状，受叶脉限制，叶背生白色霉状物（病原菌的子实体），通常叶片不枯死。

2. 病原 *Miuraea degenerans*（H. &P. Syd.）Hara.，为半知菌亚门三浦菌属真菌（= *Clasterosporium degenerans* Syd.，为半知菌亚门刀孢霉属真菌）。

3. 传播途径和发病条件 一般在10月、11月发生，分生孢子在病部越冬，翌年秋，分生孢子经风雨传播，自气孔口侵入。

4. 防治方法 为害较轻，防治梅炭疽病时可兼治。

（十）梅轮斑病

1. 症状 主要为害叶片。病斑圆形，近圆形，灰白色，有2～3圈轮纹，边缘红褐色，大小3～8mm，后期病斑上生黑色小粒点（分生孢子盘）。

2. 病原 茶褐斑拟盘多毛孢［*Pestalotiopsis adusta*（Ell. et Ev.）Stey.］，为半知菌亚门拟盘多毛孢属真菌。

3. 传播途径和发病条件 病菌以分生孢子在病叶上越冬，翌年环境条件适宜，分生孢子借风雨传播，为害较轻。

4. 防治方法 防治梅炭疽病时可兼治。

（十一）梅穿孔病

1. 症状 主要为害成叶。病斑圆形，直径1～3mm，中央灰色，边缘红褐色，主要在叶背面生黑色霉状物（病原菌子实体），病斑最终穿孔。

2. 病原 核果尾孢［*Pseudocercospora circumscissa*（Sacc.）Y. L. Guo et X. J. Lia=*Cercospora circumscissa* Sacc.］，为半知菌亚门假尾孢属真菌。

3. 传播途径和发病条件 本病以子座在病叶上越冬，翌年9～11月发生，一般不重，个别年份遇低温多雨，发生较重。

4. 防治方法

（1）加强管理 搞好药园排灌系统，增施有机肥，合理修剪，增强通透性。

（2）施药防控 采果后喷70%代森锰锌可湿性粉剂500倍液、70%甲基硫菌灵超微可湿性粉剂1 000倍液或75%百菌清可湿性粉剂700～800倍液。

（十二）梅斑点病

1. 症状 为害成叶。病斑圆形、近圆形，病斑中央灰白色，边缘褐紫色，后期病斑上生黑色小点（病原菌子实体）。

2. 病原 *Phyllosticta bejeirinakii* Vuill.，为半知菌亚门叶点霉属真菌。

3. 传播途径和发病条件 病菌以分生孢子器在病部越冬，翌年环境适宜，分生孢子通过风雨传播，辗转为害。

4. 防治方法 防治梅炭疽病时可兼治。

（十三）梅叶斑病

1. 症状 主要为害叶。受害叶初生褐色小点，后扩展为圆形或近圆形病斑，中央灰白色，边缘红褐色，大小2～4mm，后期病斑上生小黑点（病原菌假囊壳）。

2. 病原 *Mycosphaerella* sp.，为子囊菌亚门球腔菌属真菌。

3. 传播途径和发病条件 病菌在病叶上越冬。一般年份10～11月发生，发病较轻。

4. 防治方法 防治梅炭疽病时可兼治。

(十四) 梅膨叶病

1. 症状 早春的茎、叶发红，随叶片逐渐开展，叶肉增厚，多肉，颜色变绛红色或绛黄色，上生白粉状物（子囊层），受害枝梢肥大，短缩，叶片丛生、畸形，病叶终至脱落。

2. 病原 梅外囊菌（梅膨叶病菌，*Taphrina mume* Nish.），为子囊菌亚门外囊菌属真菌。

3. 传播途径和发病条件 该病发生于早春2～5月，最适气温为10～16℃，天气转暖后不再为害，以子囊孢子或芽孢在病部越冬。子囊孢子可在子囊中芽殖，产生芽孢子，翌年条件适宜，萌发芽管，直接穿透叶表皮或经气孔侵入嫩芽。低温多雨有利发病。

4. 防治方法

（1）清园　清除枯枝落叶、落果，集中烧毁，尤其要在病叶产生灰白色粉状物（子囊层）前摘除，烧毁，减少侵染源。

（2）加强栽培管理　合理修剪，注意排水，降湿防病，增施有机肥，促进树体强壮，提高抗病力。

（3）施药防控　参见梅炭疽病。

二、害虫

(一) 桃红颈天牛

桃红颈天牛（*Aromia bungii* Fald.），属鞘翅目天牛科。

1. 寄主 桃、李、杏、梅、樱桃等。

2. 为害特点 以幼虫在树干蛀食皮层和木质部，引起树干中空，皮层脱离，树势衰弱。为害严重时，常致死树。

3. 形态特征

（1）成虫　体长28～37mm，黑色，前胸大部分棕红色或全部黑色。

（2）幼虫　长约50mm，黄白色，前胸背面横列4个黄褐色硬皮板，中部2个的前缘中央向内凹入。

4. 生活习性 一个世代历时两年，以幼虫在树干蛀道内越冬。南方成虫于5～6月出现。卵产主干、主枝的树皮裂缝或伤口处。卵孵化后幼虫蛀食韧皮部，随后幼虫在皮层和木质部蛀食成不规则隧道，并向蛀孔外排出大量红褐色虫粪和碎屑，堆积在树干基部地面。

5. 防治方法

（1）人工捕杀　用刀刮卵及皮下幼虫，钩杀蛀入木质部内的幼虫。

（2）毒杀幼虫　用80%敌敌畏乳油5～10倍液，蘸棉球塞入虫孔，并用湿泥封堵，毒杀幼虫。

（二）光肩星天牛

光肩星天牛［*Anoplophora glabripennis*（Motschulsky）］，属鞘翅目天牛科。

1. 寄主 苹果、梨、李、樱桃、梅等。

2. 为害特点 成虫取食叶和嫩皮，幼虫蛀食树干或枝条，由皮层逐渐深入木质部，形成隧道，并向树皮咬通气孔，排出白色木屑。被害树枝条枯死，树势衰弱。

3. 形态特点

（1）成虫 体长30～40mm，黑色，有光泽，鞘翅基部光滑，无颗粒突起，翅面有不规则白色毛斑。前胸侧刺尖锐。触角很长，黑白相间。

（2）幼虫 体长50～60mm，黄白色，疏生褐色细毛。前胸背板具褐色凸形斑。胸足退化。

4. 生活习性和防治方法 参见本书佛手星天牛。

（三）梅木蛾

梅木蛾（*Odites issikii* Takahashi），属鳞翅目木蛾科。又名五点梅木蛾、樱桃堆砂蛀蛾。

1. 寄主 苹果、梨、梅、樱桃、葡萄、李等。

2. 为害特点 初孵幼虫在叶上构成一字形隧道，在其中咬食叶组织，稍大（二至三龄）后则在叶缘卷边，取食两端叶肉，老熟幼虫切刈叶缘附近叶片，卷成筒状，一端与叶相连，潜在其中化蛹。

3. 形态特征

（1）成虫 体长6～7mm，翅展16～20mm，体黄白色，下唇须长，上弯，复眼黑色，触角丝状。头部具白鳞毛，前胸背板覆盖灰白色鳞毛，端部具黑斑1个。前翅灰白色，近翅基1/3处具1个圆形黑斑，与胸部黑斑组成5个黑点。前翅外缘具小黑点1列。后翅灰白色。

（2）卵 长圆形，长0.5mm，米黄色至淡黄色，卵面具细密、突起花纹。

（3）幼虫 体长约15mm，头、前胸背板赤褐色，头壳隆起，具光泽，前胸足黑色，中、后足淡褐色。

（4）蛹 长约8mm，赤褐色。

4. 生活习性 南方1年发生代数不详。陕西一带1年3代，以初龄幼虫在翘皮下、裂缝中结茧越冬。翌年寄主萌动后出蛰为害。5月中旬化蛹，越冬代成虫于5月下旬始见，6月下旬结束。一代幼虫为害期在6月上旬至7月中旬，一代成虫发生期在7月上旬至8月上旬。二代幼虫发生期在7月中旬至9月中旬，二代成虫发生期在9月上旬至10月上旬。二代成虫产卵、孵化为害一段时间后，于10月下旬至11月上旬越冬。卵散产在叶背主脉两侧，每雌产卵70多粒，卵期10d左右，幼虫喜在夜间取食活动。成虫寿命4～5d。

5. 防治方法

(1) 冬季刮除树皮、翘皮，消灭越冬幼虫。

(2) 黑光灯或高压汞灯诱杀成虫。

(3) 药剂防治　结合防治枇杷舟蛾兼治该虫。

(四) 枇杷舟蛾（苹掌舟蛾）

枇杷舟蛾（*Phalera flavescens* Bremer et Grey），属鳞翅目舟蛾科。

1. 寄主　枇杷、板栗、梅、苹果等。

2. 为害特点　一种暴食性害虫。幼虫为害叶子，严重时常将全株树叶食光，削弱树势，影响翌年开花结果。

3. 形态特征

(1) 成虫　体长35～60mm，大部黄白色，前翅近基部有一黑色的椭圆形眼斑，近外缘有眼斑1列。

(2) 卵　近球形，初产时淡绿色，近孵化时灰色。

(3) 幼虫　初龄幼虫紫红色，老熟幼虫紫褐色，头黑，有光泽，体长约50mm，具黄白色长毛，静止时头尾两端翘起似舟形。

(4) 蛹　红褐色，长20～30mm，臀棘为2枚二分叉的刺。

4. 生活习性　1年发生1～2代，以蛹在土中越冬。福州8月出现成虫，产卵于叶背，常数十粒单层密集成块。三龄前群集叶背取食，沿叶缘整齐排列，9月为害严重，老熟幼虫入土化蛹。浙江黄岩1年发生2代，4月下旬见成虫，5月上旬见卵，6月下旬化蛹，6月下旬至7月中旬成虫羽化，7月下旬至8月上旬为卵期。8月中旬至9月下旬为幼虫期，以9月中下旬为害最烈，有的幼虫可延至10月下旬后入土化蛹。成虫昼伏夜出，有趋光性。

5. 防治方法

(1) 人工捕杀幼虫　利用低龄幼虫群集为害和受惊时吐丝下垂的习性，震落幼虫踩死。

(2) 灯光诱杀　成虫发生期进行黑光灯诱杀。

(3) 施药防控　发生严重时可任选20%氰戊菊酯乳油3 000～4 000倍液、2.5%溴氰菊酯乳油3 000倍液、5%氟虫脲乳油（卡死克）1 000～1 500倍液或50%杀螟硫磷乳油800～1 000倍液喷治。

(五) 桑白蚧

介壳虫类常见有桑白蚧、红圆蚧、龟蜡蚧、糠片蚧等，重点介绍桑白蚧，其他介壳虫防治参见桑白蚧。

桑白蚧［*Pseudaulacaspis pentagona*（Targioni-Tozzotti）］，属同翅目盾蚧科。别名桑盾蚧、桃白蚧、桑拟轮蚧。

1. 寄主 桃、李、柰、梅、枇杷、柑橘、桑等。

2. 为害特点 若虫和雌虫群集枝干上刺吸汁液，使枝条生长不良，严重为害时引起枯枝。

3. 形态特征

（1）成虫 雌体无翅，椭圆形，长约1.3mm，体扁，橙黄色，介壳近圆形，白色或灰白色，直径1.7～2.8mm。壳点黄褐色，偏生一方。雄成虫橙黄或橘黄色，长0.65mm，前翅膜质，白色透明，超体长，后翅退化成人形平衡棒。胸部发达，口器退化。介壳长椭圆形，白色海绵状，背面有3条纵脊，前端有橙黄色壳点。

（2）卵 椭圆形，白色或淡红色。

（3）若虫 椭圆形，橙黄色，一龄若虫足3对，腹部有2根较长刚毛，二龄若虫的足、触角及刚毛均退化消失。雌雄分化，雌虫橘红色，雄虫淡黄色，体稍长。

（4）蛹 长椭圆形，橙黄色。

4. 生活习性 海南、广东1年发生5代。以受精雌虫在枝干上越冬。翌年4月下旬开始产卵，多数产于母体介壳下面。每雌产卵25～160粒。初孵若虫活跃喜爬，5～11h后固定吸食。不久即分泌蜡质盖于体背，逐渐形成介壳。雌若虫经3次蜕皮成无翅成虫，雄虫第二次蜕皮后变成蛹，在枝干上密集成片，6月中旬成虫开始羽化，6月下旬开始产卵。第二代雌成虫发生在9月，交配受精后越冬。高温干旱不利该虫发生。密植、郁闭多湿的环境有利其增殖，果园管理粗放或枝条徒长的发生也多。该虫天敌有扑虱蚜小蜂、黄金蚜小蜂、日本方头甲、闪蓝红点瓢虫和红点唇瓢虫等。

5. 防治方法

（1）加强果园管理 及时修剪，疏沟排水，降低地下水位和株间湿度，不利其发生为害。

（2）施药防控 掌握卵盛孵期及介壳未形成前喷药，容易杀死。可选用25％噻嗪酮可湿性粉剂1 000倍液、50％马拉硫磷乳油1 000倍液或50％辛硫磷乳油1 000倍液喷治，介壳形成期（即成虫期）可选用松碱合剂20倍液、95％机油乳剂200倍液或灭蚧60～80倍液喷治。

（3）保护天敌 瓢虫孵化盛期和幼虫期，避免施用广谱性农药，特别是菊酯类和有机磷类农药，以免杀伤天敌。还可从瓢虫多的树上助迁瓢虫到桑白蚧多的树上捕食。

（六）桃粉蚜（桃粉大尾蚜）

桃粉蚜（*Hyalopterus arundinis* Fabricius），属同翅目蚜科。

1. 为害特点 成虫、若虫群集新梢和嫩叶叶背，刺吸汁液，引起被害叶加厚、失绿，并向叶背面对合纵卷，叶内被有白粉。严重时叶片早落，嫩梢干枯。排泄蜜露可诱发煤烟病。

2. 形态特征

（1）*成虫* 有翅胎生雌蚜体长 2～2.1mm，翅展 6.6mm 左右，头胸部暗黄至黑色，腹部黄绿色，体被白蜡粉，触角丝状，6 节，腹管短小，黑色，尾片长大，有 6 根长毛。无翅胎生雌蚜体长 2.3～2.5mm，体绿色，被白蜡粉，腹管短小，黑色，尾片长于腹管，黑色，圆锥形，有曲毛 5～6 根。

（2）*卵* 椭圆形，长 0.6mm，初黄绿色，后变黑色。

（3）*若蚜* 体小，绿色，与无翅胎生雌蚜相似，被白粉。有翅若虫有翅芽。

3. 生活习性 南方 1 年发生 20 代以上，世代重叠。以卵在冬寄主的芽腋、裂缝及短枝杈处越冬，以枝梢部最多。翌春越冬卵孵化，产生无翅胎生雌蚜，群集嫩梢叶背为害。5～6 月繁殖最盛，为害较重。6 月以后大多迁飞到禾本科夏寄主上侨居为害。10 月又产生有翅雌蚜，迁回梅、李、桃等树上，并产生有性蚜，交尾产卵越冬。

4. 防治方法

（1）*施药防控* 休眠期喷治，发芽后喷 95%蚧螨灵乳油（机油乳剂）50～100 倍液，杀灭越冬卵效果较好。生长季节，掌握越冬大部分卵孵化期（发芽至开花前）喷 10%氯氰菊酯乳油 3 000 倍液、2.5%溴氰菊酯乳油 2 500～3 000 倍液或 50%抗蚜威可湿性粉剂 1 500 倍液，还可试用涂干法（20%氰戊菊酯乳油 50mL，加水 50kg，加消抗液 50mL 拌匀，用毛笔涂刷树干上部或主枝基部约 6cm 宽药环，涂后用塑料薄膜包扎）或注干法防治。

（2）*保护天敌* 该虫捕食性、寄生性天敌很多，要注意在天敌大量发生时，不喷药或避免用广谱性农药。

第九节 罗汉果/罗汉果

罗汉果［*Siraitia grosvenorii*（Swingie）C. Jeffrey ex A. M. Lu et Z. Y. Zhang］为葫芦科罗汉果属植物。其干燥果实为中药材罗汉果。

一、病害

（一）罗汉果褐斑病

1. 症状 一种常见病。叶上呈现直径 10～15mm 的圆形黄褐色病斑，有的病斑有明显轮纹，边缘明显，后期病斑上散生黑色小粒（病原菌分生孢子器）。

2. 病原 *Ascochyta siraitiae* F. X. Chao et P. K. Chi，为半知菌亚门壳二孢

属真菌。

3. 传播途径和发病条件 病菌在病部越冬，翌年春末夏初条件适宜，产生分生孢子，借风雨传播。在温暖地区，分生孢子可终年不断产生，引起重复侵染。药园土质瘠薄，排水不良，管理粗放的发生较多，7～8月发生较重。

4. 防治方法

（1）加强田间管理 增施有机肥，雨季及时排水，以减轻发病。

（2）清园 冬季清除病残体集中烧毁，减少侵染源。生长期间结合修剪，除去病枝败叶、过密枝叶，以利通风透光，既可防病，又有利于开花和授粉。

（3）适期施药防控 发病初期，重视防控发病中心，可选用1∶1∶200波尔多液喷治。发生较多时全面施药，可任选80%代森锌可湿性粉剂600倍液、50%多菌灵可湿性粉剂500倍液、50%异菌脲可湿性粉剂（扑海因）800～1 000倍液或50%硫菌灵可湿性粉剂500倍液喷治。

（二）罗汉果炭疽病

1. 症状 常见病。茎、叶、果均可被侵染。病叶呈现圆形至不规则形褐色病斑，边缘暗褐色；茎、蔓上病斑为椭圆形至不规则形，果上病斑近圆形，褐色，边缘色深，病部上生细小黑点（病原菌分生孢子盘）。天气潮湿时病部出现橙红色小粒状的黏分生孢子团。严重发生时，叶片局部枯死，采收后果实产生病斑，进而腐烂。

2. 病原 无性阶段：*Colletotrichum orbiculare*（Berk. et Mont.）V. Arx，为半知菌亚门炭疽菌属真菌。有性阶段：*Glomerella lagenaria*（Pass.）Watanabe et Tamura，为子囊菌亚门小丛壳属真菌。

3. 传播途径和发病条件 以菌丝体或分生孢子在病部越冬，翌春条件适宜，病部产生分生孢子，借风雨和昆虫传播，侵染新长的嫩枝梢、嫩叶。分生孢子不断产生，进行重复侵染，引起病害扩展蔓延。树势衰弱，受冻枝蔓或有伤口的果实，均易染病。

4. 防治方法 参见罗汉果褐斑病。

（三）罗汉果白粉病

1. 症状 初始叶出现灰白色小霉点，后逐渐扩大，形成较大霉斑，严重时病斑布满全叶，影响植株光合作用。

2. 病原 待定。

3. 传播途径和发病条件及防治方法 参见本书薏苡白粉病。

（四）罗汉果细菌性青枯病

罗汉果细菌性青枯病是近年发现为害罗汉果的新病害。

1. 症状 发病初期，顶叶呈现暂时性失水萎蔫，白天凋萎，夜晚和早晨恢复。随病情发展，萎蔫不再恢复，病株的叶子自上而下逐渐萎蔫，叶色暗淡，仍呈绿色，终至茎蔓枯萎，纵剖其茎蔓和块茎，可见维管束变褐色，挤压病茎，切口有污白色菌浓渗出。

2. 病原 青枯劳尔氏菌［*Ralstonia solanacearum*（Smith）Yabunchi（=*Pseudomonas solanacearum*）］，一种细菌，属何小种和生物型，有待进一步研究确定。

3. 传播途径和发病条件 病菌主要以病残体遗留土中越冬，可在土中存活一年以上。主要通过雨水、灌溉水及农具、家畜等传播。该病 7 月开始发生，8～9 月发病严重，甚至大片枯死。高温多湿，久雨转晴，气温急剧上升，病害会严重发生。气温 30℃以上，染病 5d 后，植株开始枯死。高畦、轮作发病轻，低畦、连作发病重。

4. 防治方法

（1）培育和选用无病苗 参见本书广藿香细菌性青枯病。

（2）实行轮作 一般病田进行 2～3 年轮作，重病地块进行 4～5 年轮作，有条件地区与水稻等进行水旱轮作，但不能与茄科尤其茄子、辣椒等进行间、套、轮作，避免交互感染。

（3）加强田间管理 冬季清除病残体，集中烧毁；高畦深沟种植，干湿灌溉，少用水淋，防止漫灌和田间积水，雨后及时排水。

（4）田间防疫 发现病株及时拔除，园外烧毁，病穴用石灰或药物消毒，周围植株喷药保护，防止病害扩展蔓延。

（5）施药防控 发病初期可选用 72%农用链霉素可湿性粉剂 4 000 倍液、77%氢氧化铜可湿性粉剂 400～500 倍液或 25%络氨铜水剂 500 倍液淋灌，每株灌 0.3～0.5L，间隔 8～10d，淋灌 1 次，连续 2～3 次。

（五）罗汉果疱叶丛枝病

罗汉果疱叶丛枝病是为害罗汉果的一种重要系统性病害。

1. 症状 初期嫩叶呈现脉间褪绿，新长叶呈畸形，缺刻或鸡爪线状，叶肉隆起成疱状，叶呈现斑驳，变厚、粗硬，终至黄化。叶出现症状时，休眠腋芽早发，形成丛枝，叶序混乱。经摩擦和嫁接传病的植株，新长叶初期出现疱叶和畸形，老叶黄化，叶脉仍保持绿色，通常嫩枝受害后病株生长迟慢，严重时植株萎缩，不结果或少结果。

2. 病原 据报道，由两种病原复合侵染引起：一是植原体（phytoplasma），二是罗汉果花叶病毒［*Luohanguo mosaic virus*（LuoMV）］。

3. 传播途径和发病条件 4～10 月均可发病，为害盛期为 5～8 月。种子不带毒，嫁接能传病，机械摩擦可传染，尤其叶摩擦极易传毒。潜育期一般为 7～10d，传毒个体为棉蚜，带毒蚜吸食 15min 便可传病，但不能终身带毒，持毒期为

12～18h。棉蚜是否为植原体传播介体？是否存在其他传毒介体？尚待进一步研究。

4. 防治方法

(1) 培育和种植无毒苗　可选在远离病区的地方建立无病苗圃，从无病田块精选无病种子，通过种子繁育或茎尖脱毒方法培育无毒苗，供生产上应用。

(2) 清除田间杂草　包括本病野生寄主和棉蚜的主要寄主，这对控制传毒介体棉蚜的为害和繁殖十分重要。

(3) 治蚜防病　发现蚜虫及时防治。可选用50%抗蚜威可湿性粉剂（辟蚜雾）2 500倍液或40%克蚜星乳油600倍液；也可利用黄板（涂上黄色黏胶）诱杀。

(4) 拔除病株　发现病株及时拔除，拔前先用上述药喷杀植株上蚜虫，以避免人为促其扩散传毒。病株应小心携出园外深埋或烧毁。

(六) 罗汉果根结线虫病

该病对生产威胁很大，一般减产15%～30%。

1. 症状　病株生长迟缓，分枝少，叶片失绿或产生黄绿色斑，自下而上逐渐枯黄而脱落；植株推迟开花结果或不开花结果，落花落果严重。线虫从根尖侵入，受害处出现球状或棒状膨大，形成虫瘿，薯块表面呈大小不一瘤状凸起。地上植株呈现缺水、缺肥状态，干旱时尤为明显，也会因线虫侵染并发其他病害，严重时根和块茎腐烂，造成减产或失收。

2. 病原　常见有南方根结线虫［*Meloidogyne incognita*（Kofoi & White）Chitwood.］，*M. javanica*（Treub）Chitwood，*Aphelenchoides* sp. 等，以第一种即南方根结线虫为主。

3. 传播途径和发病条件　该线虫1年发生6～7代，世代重叠，以卵及雌虫越冬。环境条件适宜（温度20～30℃）开始发育，孵化和活动最盛。病苗、带病土壤和病根是本病传播的主要途径。水流是近距离传播的重要媒介。此外，该病也可由带病肥料、农具及人畜活动传播。平均气温26.7℃和28℃时，完成一代分别为41d和30d。以pH 5～7最适宜。南方根结线虫耐水性较强，在浸泡60d后仍具侵染性，沙质土受害较轻，黏重土受害较重，土壤过于潮湿有利线虫繁殖。寄主范围广，除罗汉果外，还可侵染仙草、山药、麦冬、益智、栝楼、牡丹等多种药用植物。药用植物中尚未找到抗线虫品种。

4. 防治方法　从长远看，选育抗线虫品种是防病基本措施。实行轮作，播前种薯处理（47～48℃温水浸泡20min），定植前每株施福气多5g，也可施线虫清（每克5亿活孢子淡紫拟青霉颗粒剂）于根部周围，后覆盖细土等措施，均有较好防控效果，其他参见本书栝楼根结线虫病防治。

(七) 罗汉果白绢病

1. 症状　初期地上部植株无明显症状。被害根茎表皮呈现褐色病斑，后病部逐渐长出丝绢状白色菌丝体，受害严重时，根茎腐烂，植株萎蔫，叶片变黄，终至全株枯死。

2. 病原 齐整小核菌（*Sclerotium rolfsii* Sacc.），为半知菌亚门小核菌属真菌。

3. 传播途径和发病条件 以菌核或菌丝体在病部或土中越冬。翌春条件适宜，病菌进行侵染为害。近距离依靠菌核随灌溉水、雨水的移动传播，也可通过菌丝蔓延而传开，带菌的土壤、肥料与种苗也能传播。5～6月高温高湿为发病高峰期。久雨转晴、排水不良、土壤板结易发病。

4. 防治方法

（1）选地建园 选排灌设施好、未种过易感植物、土质疏松的地块种植。

（2）实行轮作 重病田与非寄主作物轮作，最好进行水旱轮作。

（3）加强管理 实行干湿灌溉，有条件地区采用喷灌。增施有机肥，提高抗病力。

（4）防疫 发现病苗立即剔除，并对其苗木进行消毒。可试用50%多菌灵可湿性粉剂1 000倍液浸苗5～10min。

（5）施药防控 田间发现病株，及时拔除，集中烧毁，病穴用生石灰消毒，也可选用50%腐霉利可湿性粉剂（速克灵）1 500倍液、50%多菌灵可湿性粉剂600倍液或木霉菌（每克1亿活孢子）水分散粒剂1 500～2 000倍液灌注穴部。附近植株喷药保护，可选用木霉制剂600～800倍液或50%腐霉利可湿性粉剂1 500倍液喷治。

（八）罗汉果芽枯病

1. 症状 染病后植株嫩叶黄化，顶芽枯死。枯死前顶芽多呈棕红色，质脆，易折断。枯死后顶芽呈褐色至黑褐色，直立或下弯。发病后腋芽很快长出，但长出的新芽，不久也枯死。这一现象，在同一植株上可反复发生。严重时引起罗汉果苗自下而上枯死。剖开病茎，可见内部组织发生褐变。

2. 病因 至今未找到侵染性病原物。在缺硼条件下，则能诱发典型的芽枯病状。据报告大田施硼与石灰，可促进罗汉果植株生长，减轻发病，并显著提高结果数和植株含硼量，初步认为缺硼可能是引起罗汉果芽枯的一个因素。也有报道称，系气温过高，日久干旱引起的罗汉果生理产生障碍而出现芽枯现象，其病因尚待进一步研究。

3. 防治方法

（1）种薯浸硼 采用硼砂或硼酸溶液（0.1%～0.2%）浸泡5～6h后种植。

（2）喷施硼肥 生长期间每半月喷施1次硼砂或硼酸（0.1%～0.2%）。

（3）基肥拌硼肥 按每公顷7.5～15kg用量，将硼砂或硼酸混入其他肥料，拌匀后一同施入基肥穴或基肥沟内。施入时注意适量和均匀，以免出现肥害。适当施用石灰可减轻有效硼含量过多或由施硼肥不当引起的肥害。

（九）裂果

土壤水分供给失调、气温变化急剧常引起罗汉果出现裂果。果实膨大期如遇高温，生理性缺钙、偏施氮肥或施用过重、病毒一类病害侵染及果实受害虫为害重的果园，出现严重裂果。可采取加强水肥管理，保持田间水分供应平衡，适量施用氮肥、石灰或硅钙肥，及时做好疱叶丛枝病、蚜虫、果实蝇等病虫害的防控工作，便可有效减少裂果造成的损失。

二、害虫

（一）南瓜实蝇

南瓜实蝇［*Dacus*（*Zeugodacus*）*tau*（Walker）］，属双翅目实蝇科。

1. 为害特点 以幼虫蛀入罗汉果内为害，引起果实发黄、腐烂，后期果柄处产生离层，提前脱落。

2. 形态特征

（1）成虫 体长7～10mm，翅展16～18mm，体黄褐至褐色。头部上额鬃1对，下侧额鬃2～3对，颜斑近椭圆形。胸部被黄白绒毛，黄色条3条，肩胛与横缝间及缝后色条之间有明显的黑色斑纹，小盾鬃两对；翅透明，烟褐色前缘带，其宽超出R_{2+3}脉，在翅端扩大成大型褐斑，腹部第一、二节背板中央两侧有黑纵带，第三节背板前缘黑横带显著，第三到第五节背板中央有一纵行黑带，第四、第五两节各在侧前缘有一黑斑。

（2）卵 长约1mm，梭形，乳白色，一端稍尖，另一端圆钝。

（3）幼虫 长约10mm，圆锥形，黄白色，前端小而尖，后端大而圆，口钩黑色。前气门呈环状，乳突约16个，后气门片新月形。

（4）蛹 长约5mm，宽约2.5mm，椭圆形，淡黄色。

3. 生活习性 每年发生3～5代，世代重叠，全年各虫态并存，无严格越冬过程。冬季气温10℃以上便可见到该虫活动。卵期1～3d，冬季3～7d；幼虫期一般为8～18d，蛹期9～20d，冬季长达1个月以上。10～11月罗汉果收后，该虫潜存在园边山林植物或枯枝落叶中，翌春为害罗汉果棚下的间作作物，特别是早春的瓜类。罗汉果挂果后，转害其果。白天活动，中午高温静伏棚上或叶背，对糖、酒、醋及芳香物有趋性。成虫交配后在果内产卵。每雌产卵量100～400粒，每果内有虫几只至120只，取食果瓤。受害果易烂，脱落，幼虫随果落地，后老熟幼虫爬出果皮，入土约3cm化蛹，少数在果内化蛹。

4. 防治方法

(1) 实行检疫　严防带虫果实或苗木传入新区。

(2) 严禁在棚下种瓜，杜绝中间寄主。

(3) 人工除虫　在虫果出现时及时摘除，3～5d 拾毁落果 1 次，集中处理，消灭其中部分虫蛹。此外，结合冬季清园，摘除、拾净被害果，集中烧毁。

(4) 毒饵、毒土及性诱杀　利用该成虫的趋化性，可采用香蕉皮或菠萝皮 40 份、90%敌百虫晶体 0.5 份（或其他农药）、香精 1 份，加水调成糊状即成毒饵，直接涂在棚上或装入容器挂于棚下，每 667m^2 20 点，每点 25g，以诱杀成虫。毒土诱杀：结合冬季清园耕翻时按 5～6g/m^2 甲萘威加 5kg 细土拌匀撒施，消灭土中越冬虫蛹，还可采用诱蝇酮性诱剂诱杀雄虫。

(5) 适期施药防控　掌握成虫盛发期，于中午或傍晚施药，可选用 2.5%溴氰菊酯乳油 3 000 倍液喷治，果期可选用 90%敌百虫晶体 1 000～2 000 倍液或 80%敌敌畏乳油 800 倍液加 3%红糖喷治。

(二) 黄足黄守瓜

黄足黄守瓜（*Aulacophora femoralis chinensis* Weise），属鞘翅目叶甲科。为害罗汉果的一种重要害虫，俗称黄萤。

1. 为害特点　幼虫孵化后即可为害罗汉果根部。成虫在叶背或叶面取食，将叶咬成圆弧状斑，对新梢影响大，严重时导致全株枯死。

2. 形态特征、生活习性和防治方法　参见本书栝楼黄足黄守瓜。

(三) 朱砂叶螨

朱砂叶螨（*Tetranychus cinnabarinus* Boisduval），属蛛形纲真螨目叶螨科。罗汉果上的重要害虫。

1. 为害特点　以若虫和成虫为害罗汉果嫩枝、果、叶，叶和果皮被吸食后呈现许多小白点，严重时引起落叶、落果，树势衰弱，产量下降。

2. 形态特征

(1) 成虫　雌成螨体长 0.5mm（包括喙长），宽 0.33mm，椭圆形，锈红色，或深红色，体两侧有黑褐色长斑两块。雄成虫体长 0.36mm，宽 0.2mm，红色或橙红色，阳具端锤较小，背缘突起，两角皆尖，长度大致相等。

(2) 卵　圆球形，初产时无色透明，后变微红色。

(3) 幼螨　近圆形，暗绿色。

(4) 若螨　体色微红，体侧出现明显的块状斑，足 4 对。

3. 生活习性　1 年发生 20 多代，以各种虫态在田间杂草、枯枝落叶及土缝中越冬。翌春气温回升后，雌成虫大量繁殖，两性生殖为主。最适温度为 25～30℃，超过 30℃和相对湿度超过 70%时，不利其繁殖，暴雨有抑制作用，天敌多种。

4. 防治方法

（1）清园　铲除田间杂草，清除枯枝败叶，以恶化害螨栖息与增殖的生态条件。

（2）保护利用天敌　发挥天敌的自然控制作用。

（3）施药防控　发生初期任选20%螨克乳油1 000～1 500倍液、15%哒螨酮乳油3 000倍液、5%唑螨酯悬浮剂（霸螨灵）3 000倍液、5%氟虫脲乳油（卡死虫）1 000～1 500倍液、10%浏阳霉素乳油1 000～1 500倍液、2.5%华光霉素可湿性粉剂400～600倍液、10%联苯菊酯乳油（天王星）5 000～6 000倍液或20%甲氰菊酯乳油（灭扫利）1 500～2 000倍液喷治，药剂宜轮换使用。

（四）棉蚜

棉蚜（*Aphis gossypii* Glover），属同翅目蚜科。

1. 为害特点　以成虫和若虫群集在嫩叶上吸食汁液，引起叶卷缩变黄，作为传毒介体，危害性比直接为害损失大得多。

2. 形态特征

（1）成虫　有翅胎生雌蚜1.2～1.9mm，头胸部和腹管为黑色，体黄色，浅绿色或深绿色，腹背两侧具黑斑3～4个，触角丝状，6节，比体短。第三节上有成排的感觉圈5～8个，翅膜质透明，翅痣灰黄色，前翅中脉分3叉，腹管圆筒形，黑或青色，有覆瓦状纹，尾片乳头状。无翅胎生雌蚜体长1.5～1.9mm，夏季多为黄绿色，春秋多为深绿色或棕色，体表有蜡粉，腹管和尾片特征同胎生有翅蚜，但触角第三节无感觉圈。

（2）卵　椭圆形，长0.5～0.7mm，初橙色后变成深褐色，漆黑。

（3）若虫　与无翅胎生雌蚜相似，体较小，尾片不如成虫突出，有翅若蚜胸部发达，具翅芽。

3. 生活习性　以两性繁殖和孤雌繁殖交替进行。广西1年发生25～30代，以卵在寄主植物枝叶上越冬，翌年3月孵化，4～5月产生有翅胎生雌蚜，迁飞扩散到田园活动。气温16～25℃和干旱条件下发生猖獗，其发生量和发生期与罗汉果疱叶丛枝病和花叶病发生、流行关系密切。天敌有瓢虫、草蛉、食蚜蝇、蚜茧蜂等多种。

4. 防治方法

（1）清园　清除田间残株杂草，减少虫源。

（2）黄板诱杀或用银灰色膜条驱蚜。黄板诱杀，每公顷90～105块，与植株等高，隔10～15d重涂一层黏油。

（3）保护利用天敌　可通过放养瓢虫、草蛉、食蚜蝇、蚜茧蜂等天敌，以减轻蚜害。

（4）施药防控　越冬卵孵化后与发生初期任选50%抗蚜威可湿性粉剂（辟蚜雾）2 000～3 000倍液、10%吡虫啉可湿性粉剂3 000倍液、10%烟碱乳油50～100g对水1 100～1 300倍、0.4%杀蚜素乳油300倍液、EB-82灭蚜菌水剂200～300倍液、块状耳霉菌（每毫升200万活孢子）7.5～10mL加15L水喷治，发生普遍时可选喷21%增效氰马乳油（灭杀毙）6 000倍液或每667m^2 5.7%氟氯氰菊酯乳油（百树得）8.8～17.5mL对水40～50kg。

（五）大青叶蝉

大青叶蝉［*Cicadella*（*Tettigella*）*viridis*（Linnaeus）］，属同翅目叶蝉科。俗称大浮尘子。

1. 寄主　多种果林、药用植物。

2. 为害特点　成虫、若虫刺吸罗汉果的叶片汁液，产生白色小点，斑点密集使叶变黄，影响光合作用，植株生长衰弱。成虫用产卵器刺破枝条表皮产卵，产卵处呈月牙状翘起，枝条失水枯死。

3. 形态特征

（1）成虫　体长7.5～10mm，头黄褐色，头顶有2个黑点，触角刚毛状。前胸前缘黄绿色，其余部分深绿色。前翅绿色，革质，尖端透明；后翅黑色，折叠于前翅下面。身体腹面和足黄色。

（2）卵　长卵形，稍弯曲，长约1.6mm，乳白色。

（3）若虫　幼龄若虫体灰白色，三龄以后变为黄绿色，呈现翅芽。老龄若虫似成虫，但无翅，体长7mm左右。

4. 生活习性　1年发生3代，以卵在枝条表皮下的组织内越冬，翌年4月孵化为若虫，并即转移到农作物和杂草上为害，果树、药用植物间作白菜、甘薯、萝卜等多汁作物时，其受害尤为严重，管理差、杂草丛生的受害也重。

（六）小绿叶蝉

小绿叶蝉［*Empoasca flavescens*（Feb.）］，属同翅目叶蝉科。

1. 为害特点　与大青叶蝉相同。

2. 形态特征

（1）成虫　体长3.3～3.7mm，淡绿色至绿色，复眼灰褐色至深褐色，无单眼。触角刚毛状，末端黑色。前胸背板及小盾片鲜绿色，二者及头部常具有白色斑点。前翅近于透明，略呈革质，带淡黄绿色，周缘具淡绿色细边。后翅膜质透明，各足胫节端部以下淡青绿色。爪褐色，跗节3节，后足为跳跃足。

（2）卵　乳白色，长椭圆形，略弯曲，长径0.6mm，短径0.15mm，孵化前出现红色眼点。

（3）若虫　体长2.5～3.5mm，与成虫相似，具翅芽，初孵若虫透明，复眼红色。

3. 生活习性 1年发生9～11代，福建1年发生多达12代，世代重叠。以成虫在落叶、枯草、树皮缝及低矮的绿色植物上越冬。翌年3月下旬越冬成虫开始产卵、繁殖。卵产在新梢或叶片主脉内。成虫、若虫白天活动为害。旬平均气温15～25℃，适其生长发育。连续降雨、雨量大或久晴不雨，均不利其繁殖。7～8月数量最多，为害最大。

（七）大青叶蝉和小绿叶蝉防治方法

（1）冬季清园 冬季清除田间杂草、枯枝落叶及其虫害枝，集中烧毁，可消灭部分越冬虫态。

（2）注意作物布局 不在罗汉果园内间作大白菜、萝卜、甘薯等作物。间作作物应在6月底前收，园内最好不种秋菜。

（3）加强田间管理 及时搭人字架和清除杂草保苗，重视肥水供应，均有利植物长壮，减少该虫发生为害。

（4）灯光诱杀 利用成虫趋光性强特点，在成虫发生期设置黑光灯、白炽灯或双色灯进行诱杀。

（5）保护利用天敌 保护越冬卵寄生蜂，发挥天敌的自然调控作用。

（6）适期施药防控 成虫产卵前、产卵初期或田间虫口密度大及各代若虫孵化盛期及时喷药防治。可任选20%异丙威乳油（灭扑威）800倍液、10%吡虫啉可湿性粉剂6 000倍液、2.5%氯氟氰菊酯乳油（功夫）2 000倍液、10%氰戊菊酯乳油2 000～3 000倍液、25%噻嗪酮可湿性粉剂（扑虱灵）1 000～1 500倍液、20%氰戊菊酯乳油或40%速扑杀乳油1 500倍液喷治，药剂宜轮换使用。

（八）瓜藤天牛

为害罗汉果的天牛，常见有瓜藤天牛和愈斑天牛（*Apomecyna saltator nivospara* Fairmaire），后者也是瓜藤天牛的一种。

瓜藤天牛［*Apomecyna saltator* Fabricius（=*A. neglecta* Pascoe）］，属鞘翅目天牛科。

1. 寄主 罗汉果、栝楼、南瓜、丝瓜等植物。

2. 为害特点 幼虫蛀食茎蔓，致全株枯死，越冬代成虫为害可致苗木死亡。

3. 形态特征

（1）成虫 体长8～12mm，宽2.3～3.3mm，体圆筒形，红褐至黑褐色，密生棕黄色短绒毛；头、足及腹板上杂有不规则的豹纹状白色小斑点；触角11节，长度仅及体长一半；前胸背板中区有一块由白色小点组成的不明显横行斑纹；鞘翅前部有2个大白斑，末端有4个白点和若干小点排成一条白色曲线横列。

（2）幼虫　老熟幼虫 13～17mm，扁长筒形，头小，前胸黄褐色，背板坚硬，足退化，腹部末端平截。

4. 生活习性　安徽地区 1 年发生 1～2 代，江西 1 年 2～3 代，海南地区无越冬现象，成虫昼伏夜出，活动力弱，具假死性，弱趋光性。卵多产在蔓围14～20mm 的藤蔓上，散生。幼虫蛀食藤茎成不规则隧道。蛀孔处有组织液外流，并有粪便排出，无转枝现象，也可取食枯蔓。成虫主要取食叶、叶柄、活蔓和嫩梢，在蔓上仅食表皮，受害处呈现不规则下陷斑块。

5. 防治方法

（1）人工捕杀成虫，刮卵涂药。

（2）药杀蛀道幼虫　可用 80%敌敌畏乳油 200 倍液或 50%杀螟硫磷乳油 150～300 倍液，与黏土 2 份拌成泥团堵塞虫孔，熏杀幼虫。

（3）清园　冬季清园和结合生长期修剪，拾净剪下虫害枝，消灭部分幼虫。

（九）大蟋蟀

参见本书地下害虫蟋蟀部分。

第十节　橄榄/青果

橄榄（*Canarium album* Raeusch.）为橄榄科橄榄属植物。其干燥成熟果实为中药材青果。

一、病害

（一）橄榄叶斑病类

为害橄榄的常见真菌性叶斑病有多种。侵染叶片后会引起叶早衰，以至落叶。

1. 症状

（1）橄榄灰斑病　主要为害叶片。病斑两面生，圆形或多角形，灰白色，边缘暗褐色隆起，直径 1～4mm，后期多个病斑联合成不规则形的大斑。

（2）橄榄褐斑病　主要为害叶片，病斑两面生，圆形，淡褐色至褐色，大小 3～4mm。

（3）橄榄叶斑病　染病后叶呈现圆形、近圆形或不规则形病斑，初期褐色，后变为灰褐色，边缘褐色至红褐色，上生小黑点。

（4）橄榄枯斑病　圆形或不规则形，中央褐色、淡褐色或灰白色，边缘深褐色或紫红色，斑面上生小黑点。

（5）橄榄叶枯病　从上部叶缘开始发病，病斑灰褐色，边缘有深褐色浅条纹，病斑上生黑色小粒点。

（6）橄榄黑斑病 可发生于叶尖、叶缘、叶面，呈现圆形或不规则形，边缘有暗褐色或暗紫色轮纹，外围有淡黄色晕圈，叶背着生黑色霉层，严重时引起叶片大面积枯死。

2. 病原 橄榄灰斑病的病原为 *Pseudocercospora canarii* C. F. Zhang et P. K. Chi，为半知菌亚门假尾孢属真菌。橄榄叶斑病的病原有两种：山楂生叶点霉（*Phyllosticta crataegicola* Sacc.）和齐墩果叶点霉（*P. oleae* Patri）。橄榄褐斑病的病原为 *Coniothyrium canarii* C. F. Zhang et P. K. Chi，为半知菌亚门盾壳霉属真菌。橄榄枯斑病的病原为丝梗壳孢（*Harknessia* sp.）。橄榄叶枯病的病原为栗生垫壳孢［*Coniella castaneicola*（Ell. et Er.）Sutton］。橄榄黑斑病的病原为细链格孢（*Alternaria tenuis* Ness）。

3. 传播途径和发病条件 病菌以菌丝体或分生孢子器在病叶上越冬，翌年条件适宜，产生分生孢子，借风雨传播，辗转为害。一般降雨早，雨日多，雨量大，有利分生孢子的产生和侵入，发病早而重，反之亦然。

4. 防治方法

（1）清园 冬季结合修剪，扫除枯枝落叶，集中烧毁，减少初侵染源。

（2）喷药保护 应在雨季来临前喷药。可任选 1∶3∶300～600 波尔多液、65%代森锌可湿性粉剂 500～600 倍液或 70%甲基硫菌灵可湿性粉剂 1 000 倍液喷治，10～15d 喷 1 次，连喷 2～3 次。也可试用 24%腈苯唑悬浮剂（应得）1 000倍液或 25%溴菌腈可湿性粉剂 500～800 倍液喷治。

（二）橄榄炭疽病

1. 症状 为害叶与果实。叶受害常自叶尖、叶缘始现褐色腐烂，病斑边缘深褐色，潮湿时其上生橙红色黏孢团。果实受害初生圆形、褐色病斑，中央稍凹，后期其上轮生小褐点。

2. 病原 有性阶段：围小丛壳［*Glomerella cingulata*（Stonem.）Spauld. et Schrenk］，为子囊菌亚门围小丛壳属真菌。无性阶段：胶孢炭疽菌（*Colletotrichum gloeosporioides* Penz.），为半知菌亚门炭疽菌属真菌。

3. 传播途径和发病条件及防治方法 参见橄榄叶斑病类。

（三）橄榄煤烟病

1. 症状 橄榄的叶、枝、果均会受害。病部表面产生黑色粉状物，易脱落，严重时叶上布满霉层，影响光合作用，果面受害影响果实外观，降低商品价值。

2. 病原 煤炱（*Capnodium* sp.），为子囊菌亚门煤炱属真菌。

3. 传播途径和发病条件 本病全年均可发生。蚧类、蚜虫等发生为害可诱发煤烟病。蚧类、蚜虫为害重的果园发病也重，管理粗放、植株荫蔽，有利本病发生。

4. 防治方法 参见本书栀子煤病。

（四）橄榄污斑病

1. 症状 为害叶片。叶面初呈污褐色近圆形或不规则形霉点，后扩大成煤烟状物，严重时布满叶片，影响光合作用。

2. 病原 大孢枝孢（*Cladosporium macrocarpum* Preuss），为半知菌亚门枝孢属真菌。

3. 传播途径和发病条件 以菌丝体或分生孢子在病叶或土中越冬。翌春条件适宜，分生孢子借风雨及蚜虫、介壳虫、粉虱等传播，植株荫蔽湿度大，或梅雨季节易发病。

4. 防治方法 参见本书栀子煤病。

（五）橄榄盘单毛孢叶枯病（灰斑病）

1. 症状 可侵染叶、果。叶上病斑近圆形或不规划形，灰白色，后变暗褐色，病重时可连成大斑，引起叶枯。后期斑面上生黑色小粒点（病原菌分生孢子盘）。果上病斑圆形或不规则形，暗灰色，可引起落果和果实腐烂。潮湿时斑面上生黑色黏粒。

2. 病原 卡氏（卡斯担）盘单毛孢［*Monochaetia karstenii*（Sacc. et Syd.）Sutton］，为半知菌亚门盘单毛孢属真菌；枇杷拟盘多毛孢［*Pestalotiopsis eriobotryfolia*（Guba）Chen et Chao］，为半知菌亚门拟盘多毛孢属真菌。

3. 传播途径和发病条件及防治方法 参见本书莲斑枯病、栀子灰斑病。

（六）橄榄树皮溃疡病

1. 症状 主要为害主枝和侧枝。受害枝呈现梭形或不规则形病斑，暗褐色，引起树皮开裂，严重时枝枯，削弱树势。

2. 病原 茶藨子葡萄座腔菌或称多主葡萄座腔菌［*Botryosphaeria ribis*（Tode）Grossenb et Dugg.］，为子囊菌亚门葡萄座腔菌属真菌。无性阶段：*Dothiorella ribis*，为半知菌亚门小穴壳属真菌。

3. 传播途径和发病条件及防治方法 参见本书梅干腐病。

（七）橄榄根腐病

1. 症状 染病后根皮层腐烂，着生白色菌丝和菌索。菌索初为白色，后转为淡褐色。根出现腐烂后，地上部枝叶逐渐枯黄，生长缓慢，严重时全株死亡。

2. 病原 灰卷担菌（*Helicobasidium albicans* Saw.），为担子菌亚门卷担菌

属真菌。

3. 传播途径和发病条件 病菌以菌丝体、根状菌索或菌核在病根部或随病残体遗留在土壤中越冬。环境条件适宜，由菌核或根状菌索长出菌丝，遇到寄主根系即侵入为害。带病苗木是远距离传病的重要途径。本菌寄主范围较广，如刺槐、甘薯等是该病的重要寄主，管理粗放、潮湿、荫蔽或排水不良等有利发病。

4. 防治方法 参见本书罗汉果白绢病。

(八) 橄榄流胶病

1. 症状 近期在福建福州地区橄榄老树主干上发现的一种病害，病部流出初期为白色后期为琥珀色树胶，病部以上枝梢生长衰弱，叶片逐渐褪绿变褐，影响树势。

2. 病原 病原性质未定。

3. 防治方法

(1) 加强栽培管理 增施有机肥，增强树体抗病力。

(2) 刮除病斑 初见病斑时，应即将病部刮除至健康组织为止，后用波尔多浆（1∶2∶3）即硫酸铜、生石灰和新鲜牛粪混合成软膏，或70%甲基硫菌灵可湿性粉剂200倍液涂抹伤口；病枝下部20～30cm处剪除，剪口处用上述药剂涂抹。

(3) 冬季清园 结合修剪整形，清除病枝梢，集中烧毁。

(4) 其他 及时防治天牛等钻蛀性害虫，田间细心操作，减少伤口或机械伤。

(九) 橄榄干枯病

1. 症状 为害枝条，引起枝枯。初始在树皮上形成水渍状褐色长椭圆形病斑，随后在表皮下形成小黑点，病斑扩大，表皮破裂，小黑点突起、粗糙，病斑融合形成大病斑。

2. 病原 桑生黑团壳（*Massaria moricola* Miyake），为子囊菌亚门黑团壳属真菌。

3. 传播途径和发病条件 不详。

4. 防治方法 参见橄榄流胶病。

(十) 橄榄花叶病

1. 病状 近期发现为害橄榄的新病害。被害叶变小，叶片扭曲，叶面粗糙，主脉呈现紫褐色，主、侧脉附近叶肉淡黄，有的叶脉正常，但叶脉周围叶色淡黄，呈现花叶症状。

2. 病原 尚未明确。

3. 传播途径和发病条件 初步观察，幼树和成龄树均可发生，目前仅是零星发生。

4. 防治方法

(1) 严禁从病树取穗嫁接。

(2) 远离橄榄区建立苗圃，培育无病苗木。

(3) 发现病枝梢，立即截枝烧毁，伤口可用1∶3∶10波尔多浆涂抹保护。

(十一) 橄榄根线虫病

1. 症状与病原 据报道为害福建橄榄根的线虫种类有7属9种，即嗜菌茎线虫（*Ditylenchus myceliophagus*）、光端矮化线虫（*Tylenchorhynchus leviterminalis*）、咖啡根腐线虫（*Pratylenchus coffeae*）、塞氏纽带线虫（*Hoplolaimus seinhorsti*）、双宫螺旋线虫（*Helicotylenchus dihystera*）、芒果拟鞘线虫（*Hemicrionemoides mangiferae*）、弯曲针线虫（*Paratylenchus curvitatus*）、突出针线虫（*Paratylenchus projectus*）、巴基斯坦毛刺线虫（*Trichodorus pakistanensis*）。其中7个种是我国橄榄上首次报道，以光端矮化线虫、巴基斯坦毛刺线虫、弯曲针线虫在橄榄根际种群密度较大。这3种均为外寄生线虫，受害后破坏根的维管束组织，根系生长受到抑制，发育不良，引起根腐和地上部植株停止生长，叶黄化、凋萎，植株矮化，严重时致树枯死。

2. 传播途径和发病条件及防治方法 参见本书罗汉果根结线虫病。

(十二) 橄榄上的地衣与苔藓

橄榄枝干上常见地衣（真菌和藻类的共生体）和苔藓（一类无维管束的绿色孢子植物）附生为害，影响枝梢抽长，严重时可使枝条枯死，也有利于其他病虫的滋生和繁殖。

形态与症状、传播途径和发病条件及防治方法，参见本书槟榔地衣。

苔藓是一类无维管束的绿色孢子植物，呈黄绿苔状（苔）和簇生丝状体（藓），具有假根、假茎和假叶，以假根附生枝干上，吸取其水分和养分，影响枝干生长，严重时可使枝条枯死。防治地衣时可兼治苔藓。

二、害虫

(一) 橄榄星室木虱

橄榄星室木虱（*Pseudophacopteron canarium* Yang et Li），属同翅目木虱科。

1. 寄主 橄榄。

2. 为害特点 主要以若虫寄生于橄榄的嫩叶及嫩梢上吸食汁液。严重为害时导致大量落叶、落果，不仅当年严重减产，且数年不易恢复生机。

3. 形态特征

（1）成虫 体红褐色，长 1. 5～1.7mm（至翅端）。触角黄色，长 0.5mm，足黄色。前翅长 1～1.3mm，宽 0.5mm，透明，翅上的星室狭长。

（2）卵 淡黄色，梨形，长约 0.22mm，端有小柄。

（3）若虫 共 5 龄，淡黄色，体扁平，长椭圆形，末龄若虫长约 1.2mm，宽 0.7mm，体缘有缘棘，触角短小，长三角形。

4. 生活习性 福州地区 1 年发生 8 代，世代重叠，以 4 月中下旬为全年发生最高峰，8 月中下旬次之。主要以若虫越冬。由于橄榄是常绿果树，冬季无明显的滞育，翌年 3 月陆续羽化为成虫，开始新一年的活动为害。成虫喜集聚于新梢、嫩叶上。初孵若虫喜寄生于嫩梢、新叶上吸食汁液，幼叶被害处常呈凹陷，叶片失绿，严重时引起落叶直至枯死。若虫排泄液黏附叶上，仿如一层白粉，诱发煤烟病。受惊扰则常迁徙他处。五龄后直接羽化为成虫。雌虫喜产卵于嫩芽、嫩梢上，故产卵高峰期基本与抽梢期相一致。每雌产卵 212～340 粒，卵期约 5d，初孵若虫寄生于嫩叶上为害。

5. 防治方法

（1）清园 生产过程和采后及时清除残枝落叶，减少虫源。

（2）保护利用天敌 红基盘瓢虫［*Lemnia circumusta*（Mulsant）］、红星盘瓢虫［*Phrynocaria congener*（Billbery）］等在福州等地都是重要的天敌，应加以保护利用。

（3）施药防控 在橄榄抽梢期注意施药保护，特别要注意保护秋梢。可任选 20%甲氰菊酯乳油 3 000 倍液、10%吡虫啉可湿性粉剂 1 500 倍液、2.5%氯氟氰菊酯乳油 2 000 倍液、25%噻虫嗪水分散粒剂 800 倍液、5%啶虫脒乳油 2 000 倍液，或 70%吡虫啉水分散粒剂 1 000 倍液喷治，也可选用 25%噻嗪酮可湿性粉剂 1 500～2 000 倍液、90%灭多威可湿性粉剂 2 500 倍液喷治。

（二）橄榄粉虱

橄榄粉虱（*Pealius chinensis* Takahashi），属同翅目粉虱科。

1. 寄主 橄榄、龙眼、荔枝。

2. 为害特点 成虫、若虫刺吸植物汁液，使叶枯黄，分泌蜜露诱发煤烟病，严重影响光合作用，还可传播病毒病。

3. 形态特征

（1）成虫 体黄色，翅白色，体长约 0.9mm。

（2）卵 长梨形，有一小柄。卵初产时淡黄绿色，有光泽，孵化前为深褐色。

（3）若虫　一至三龄若虫淡绿色至黄色。一龄若虫有足和触角，二、三龄时足和触角退化。

（4）蛹（四龄若虫）　蛹壳黄白色，椭圆形，长约0.8mm，宽约0.5mm。

4. 生活习性　1年发生11～15代，世代重叠。日均温25℃时，完成一世代仅18～30d。成虫寿命10～20d，每雌可产卵30～300粒。卵多散产于叶背。在福州地区，5月下旬至6月上旬为害最为严重，虫口密度高时常使橄榄树叶成片出现黄斑，致叶及幼果大量脱落。

5. 防治方法

（1）保护利用天敌　粉虱有多种寄生蜂及捕食性天敌，对粉虱具有相当的抑制能力，应注意保护利用。

（2）药剂防控　在大发生初期，喷洒1.8%阿维菌素乳油2 000～3 000倍液、25%噻嗪酮可湿性粉剂1 000～1 500倍液，或10%吡虫啉可湿性粉剂2 000倍液防治。

（三）黑刺粉虱

参见本书佛手黑刺粉虱。

（四）脊胸天牛

脊胸天牛（*Rhytidodera bowringii* White），属鞘翅目天牛科。

1. 寄主　芒果、橄榄、腰果等。

2. 为害特点　为害橄榄枝干的主要害虫。以成虫咬食树干表皮，幼虫钻蛀根颈和树干枝条，使树势衰弱，严重时引起叶黄枝枯，甚至全株枯死。

3. 形态特征

（1）成虫　体长23～36mm，栗至栗黑色，前胸脊前后缘均具横脊，中央部分具有19纵脊。

（2）卵　长椭圆形，淡黄色至黄色，一端稍尖细。

（3）幼虫　体长70mm，黄至黄褐色，前胸背板前缘具淡褐色的凹凸花纹，后缘具纵脊，纵脊具横沟，并与短侧沟相连呈凹字形。

（4）蛹　长25～34mm，乳白至乳黄色。

4. 生活习性　福建福州2年发生1代，以幼虫、成虫在枝干内或根颈中越冬。12月初至翌年4月下旬为越冬期。8月下旬至9月初，幼虫化蛹；11～12月上旬羽化；成虫在树洞越冬，翌年4月底至6月间出洞活动，大都在5月出洞交尾、产卵。卵多产在茎粗8cm以上树干，以近地面3～10cm处产卵最多。初孵幼虫先咬食树皮，后蛀入木质部为害。

5. 防治方法　参见本书佛手星天牛。

其他天牛：星天牛［*Anoplophora chinensis*（Forster）］、褐锤腿瘦天牛

(*Melegena fulva*)、黑寡点瘦天牛(*Nericonia nigra* Gahan)和红胸瘦天牛(*Noemia semirufa* Villiers),其为害特点、生活习性和防治方法,参见本书佛手星天牛。

(五)橄榄皮细蛾

橄榄皮细蛾(*Spulerina* sp.),属鳞翅目细蛾科。

1. 寄主 为害橄榄等植物。

2. 为害特点 我国发现的橄榄新害虫。以幼虫潜食橄榄果实和茎皮,为害后表皮组织破裂,外观如"破棉袄",影响产量和品质。该虫为害长营橄榄品种最重,其次是惠园橄榄。

3. 形态特征

(1)成虫 细小蛾类。雌虫头和前胸银白,触角淡灰褐色;复眼黑色。中后胸黄褐色,前翅黄褐色,有光泽;翅面有4道斜行白斑,白斑的前后缘均镶有黑条纹;翅端有1个大黑斑。后翅灰褐色。腹部腹面具黑白相间横纹。足及唇须有黑纹。

(2)卵 扁平,椭圆形,乳白色。

(3)幼虫 一至二龄幼虫营潜食性,头部和胸部明显宽大,腹部小,淡色。三至四龄幼虫营蛀食性,体为圆柱形。老熟幼虫在虫道中吐丝结茧,体色转为金黄,随即化蛹。

4. 生活习性 福建福州1年发生4代,第一代约经45d,第二代31d,第三代46.5d,越冬代近8个月,卵期7d,幼虫期19.5d,蛹期3.5d,孵化时幼虫直接从卵底潜入橄榄皮层组织内为害。老熟幼虫在橄榄秋梢嫩茎和复叶叶轴上吐丝结茧越冬。越冬代成虫于5月初羽化,第一代幼虫为害春梢;第二代主要为害果实;第三代为害夏梢;第四代(越冬代)为害秋梢。以第二代蛀食果实为害最重。幼虫期有姬小蜂寄生。

5. 防治方法 适期喷药保梢。于5月中旬第二代盛卵和盛孵期采用粉孢防治(1株1粒)效果良好,也可用80%敌敌畏乳油1 000倍液喷治。

(六)大蓑蛾

大蓑蛾(*Clania variegata* Snellen),属鳞翅目蓑蛾科。

1. 为害特点 以幼虫咬食叶片、嫩梢皮层及幼芽成缺刻或孔洞,食尽叶片,可环状剥食枝皮,引起枝梢枯死。

2. 形态特征、生活习性 参见本书莲大蓑蛾。

3. 防治方法

(1)人工摘除袋囊 在冬季和早春,采摘幼虫护囊或平时结合果园管理,随时顺手摘除护囊,并注意保护寄生蜂等天敌。

（2）药剂防治　在幼虫孵化期或幼虫初龄期，选用90%敌百虫晶体800倍液或Bt 1 000倍液喷治。

（七）缀叶丛螟

缀叶丛螟（*Locastra muscosalis*），属鳞翅目螟蛾科。

1. 寄主　橄榄。

2. 为害特点　幼虫在新梢枝叶上吐丝拉网，缀叶为巢，在其中取食叶片，有时食尽整株叶片，严重削弱树势。

3. 形态特征

（1）成虫　体长14～16mm，翅展30～32mm。头浅褐色，触角细长，微毛状，下唇须褐色，向上伸。胸、腹、背面灰褐色。前翅银灰色，基部密被暗褐色鳞片，内横线黑褐色，前缘有数丛大小不一的黑褐色竖鳞，广布许多小黑点，外横线黑褐色，斜向外缘，外缘暗黑褐色，缘毛褐色，基部有1排黑点。

（2）卵　扁球形，鱼鳞状排列成块。

（3）幼虫　老熟幼虫体长16～18mm，头棕灰色，明显大于前胸背板，有光泽。前胸背板淡棕色，有斑纹，腹、背棕灰色，背线褐红色，背线、气门上线及气门线浅黄色，并有纵列白斑。腹部腹面棕黄色，腹侧疏生刚毛。气门及足褐色，臀板棕褐色。

（4）蛹　体长10～12mm，红褐色，外裸有白色薄茧。

4. 生活习性　福州地区1年约发生2代，以老熟幼虫结茧越冬。翌年3～4月开始化蛹，5月上中旬出现成虫，5月中旬至6月上旬为第一代成虫产卵盛期。卵多产于新梢叶片的主脉两侧，初孵幼虫常群集为害，并吐丝结成网幕，取食叶表皮和叶肉，呈网状，二龄后吐丝拉网，缀小枝叶为巢，取食其中。随虫龄增大，食量大增，食尽叶后能迁移重新缀食为害。福州地区6～7月及9～10月为害最为严重，11～12月老熟幼虫陆续入地面枯叶或杂草中结茧越冬。

5. 防治方法

（1）清园　冬季及生产季剪除的被害虫巢枝叶，清除干净，集中烧毁。

（2）施药防控　选喷90%敌百虫晶体800～1 000倍液或50%辛硫磷乳油1 000～1 500倍液。

（八）橄榄锄须丛螟

橄榄锄须丛螟（*Macalla* sp.），属鳞翅目螟蛾科。

1. 为害特点　以幼虫取食嫩梢、叶片。幼虫吐丝缀叶，匿居其中取食，叶卷缩成枯萎状，严重时，食去整株大半叶片，引起枯梢，甚至全株枯死。

2. 形态特征

（1）成虫　翅展22～28mm，头黑色，下唇须黑色，触角黑褐色，纤毛状；

腹部黄褐色，足黑褐色，前翅长三角形，基域黑色，内横线黑色，向内倾斜，中域赭褐色，散布有黑色鳞片，后翅基部灰白色，半透明，顶角及外缘赭褐色，双翅缘毛黑、白色相间。

（2）卵　椭圆形，稍扁平，长0.7～0.9mm，乳白色。

（3）幼虫　体长26～30mm，刚蜕皮时呈黄绿色，逐渐变黄褐色；化蛹前虫体变短，体色深红色，体背有一条黄色宽带，两侧各有2条浅黄色线。幼虫体两侧沿气门各有一条黑褐色纵带；每节背面有细毛6根。

（4）蛹　体长11～13mm，深红褐色，腹末有8根钩刺。

3. 生活习性　广东揭阳1年发生4代，世代重叠。老熟幼虫3月上旬至4月中旬在树冠下表土层1～3cm处或枯枝落叶层结茧化蛹越冬。蛹期11～15d，3月下旬至4月下旬成虫羽化、交配、产卵，散产卵，成虫期4～7d，卵期4～6d，4月上旬第一代幼虫出现为害，第二、三、四代幼虫分别在6月上旬至7月下旬、9月中旬、10月下旬至12月中旬出现，幼虫期30～37d。

4. 防治方法

（1）冬耕除蛹　利用该虫下地入土化蛹习性，冬耕除草，将表土层翻动、杀死虫蛹。

（2）灯光诱杀　成虫发生期设置黑光灯或频振式杀虫灯诱杀成虫。

（3）保护利用天敌　该虫天敌有茧蜂、草蛉、螨、蜘蛛等，应加以保护利用。

（4）适期施药防控　低龄幼虫期可选用2.5%氯氟氰菊酯乳油5 000～6 000倍液、50%辛硫磷乳油1 000～1 500倍液或90%敌百虫晶体800～1 000倍液等喷治。

（九）橄榄野螟

橄榄野螟（*Algctlonia coltzclcsalis*），属为鳞翅目螟蛾科。

1. 为害特点　以幼虫取食叶片。初龄幼虫吐丝将3～5叶结成薄茧，匿居其中取食叶肉，留下表皮，虫龄大的可单独结茧食叶。食光叶后可转移为害，使叶失绿、枯黄，以至脱落。

2. 形态特征　幼虫体较小黄卷叶蛾大，老熟幼虫体长25～30mm，背两侧各有一条棕黄色纵线。

3. 生活习性　广东高州1年发生1～2代，初龄幼虫有群集性，以幼虫在薄茧内越冬。该虫遇惊会退回薄茧内藏身或吐丝下垂。

4. 防治方法　发生期可选用2.5%氯氟氰菊酯乳油2 500～3 000倍液、2.5%溴氰菊酯乳油3 000倍液、90%敌百虫晶体800倍液喷治。其他参见橄榄锄须丛螟。

（十）扁喙叶蝉

扁喙叶蝉（*Idiocerus* sp.），属同翅目叶蝉科。

1. 寄主 为害橄榄等多种植物。

2. 为害特点 以成虫和若虫吸食嫩梢、嫩叶、花穗和幼果汁液，引起枝梢枯萎，嫩叶扭曲，叶片失绿，严重发生时引起落花落果。成虫分泌的蜜露可诱发煤烟病，影响光合作用。

3. 形态特征

（1）成虫 体长4～5mm，头土赭色，头顶中央有1个暗褐色斑点，中线色淡，两侧的斑纹粗大，栗褐色。前胸背板淡灰绿色，有深色斑点。小盾片土赭色，基部有3个黑斑，中间的一个大型，其后方两侧稍后处，还有2个小黑点，前翅青铜色，半透明，前缘区中部土黄色，且后方和翅端各有一个长形的黑斑，翅基还有1条由斑点连成淡灰色的横带。

（2）卵 长椭圆形，乳黄色，半透明，产于花梗及嫩梢上。

（3）若虫 末龄若虫长约4mm，头胸土黄色，有黑褐色斑，腹部黑色，背面前方有1个大黄斑。

4. 生活习性 1年发生多代，世代重叠，以成虫、若虫群集为害。该虫吸食汁液，所分泌的蜜露有利于煤菌繁殖。

5. 防治方法 以药剂防治为主，若虫盛发期选喷50%异丙威乳油1 000倍液或48%毒死蜱乳油1 500倍液。

（十一）黄绿叶蝉

黄绿叶蝉（*Amrasca* sp.），属同翅目叶蝉科。

为害特点、生活习性和防治方法，参见橄榄扁喙叶蝉。

（十二）白蛾蜡蝉

参见本书黄柏白蛾蜡蝉。

（十三）橄榄裂柄瘿螨

橄榄裂柄瘿螨（*Dichopelmus canarii* Kuang，Xu et Zeng），属真螨亚纲瘿螨科。

1. 寄主 橄榄。

2. 为害特点 新近报道为害橄榄的一种新害螨。主要分布在嫩叶背面吸食汁液，使叶扭曲，为害果会引起果面变黑，影响外观，降低品质。

3. 形态特征 雌螨，体纺锤形，长165～170μm，宽50～60μm，厚50μm。缘长22μm，斜下伸。背盾板长45μm，宽55μm。盾板有前叶突，盾板布有短条饰纹，背瘤位于盾后缘，斜上指。足基节间具腹板线，基节有刚毛，基节光滑。胫节刚毛生于背基部1/3处；羽状爪分叉，每侧3～4支，爪具端球。大体背环呈弓形，背环15～17个，光滑；腹环56～67个，具圆形微瘤。

4. 防治方法

(1) 保护和利用天敌。

(2) 叶、果上发现瘿螨为害时选喷20%四螨嗪悬浮剂2 000～2 500倍液、10%浏阳霉素乳油1 000～2 000倍液或胶体硫400倍液。

(十四) 橄榄枯叶蛾

橄榄枯叶蛾（*Metanastria terminalis*），属鳞翅目枯叶蛾科。

1. 寄主 橄榄。

2. 为害特点 橄榄重要害虫。以幼虫咬食叶片成缺刻，严重时可将叶片食光，枝干成光秃状，削弱树势。

3. 形态特征

(1) 成虫 雌体长33～37mm，棕褐色，触角羽状。全翅有3条横带，亚外缘部有约7个黑色斑点组成的点列，后翅外半部暗褐色。雄体长21～26mm，赤褐色，前翅色深暗，中部有1个广三角形深咖啡色斑，色斑被银灰色的内外横线所包围，各以白线纹为边，三角斑内有1个黄褐色新月形小斑纹；亚边缘斑点列黑褐色。后翅外半部有污褐色斜横带。

(2) 卵 灰白色，近圆球形，有褐色的大小圆斑各2个。

(3) 幼虫 初龄为灰褐色至黑色，从前胸到第七腹节的各节间白色，有许多由毒毛组成的毛丛，前胸两侧瘤突上的黑毛丛特长。老熟幼虫体长60～75mm，灰褐色，头部背面黑色，由白线分隔成三部分；胸、腹背线和亚背线灰色，其间有黄白和红色斑点，以及浅蓝色眼斑2列，背毛黑色，体侧毛丛灰白色。

(4) 蛹 暗红色，长30mm以上。

4. 生活习性 两年发生3代，以老熟幼虫群集在树干上越冬，翌年3月开始活动为害。5月初在叶间结丝茧化蛹，5月下旬至6月中下旬成虫羽化，以花蜜为食，卵产于细枝干上。初龄幼虫白天成群栖息于叶上，并可成群迁移，五龄幼虫开始分散活动。

5. 防治方法

(1) 人工捕杀 白天捕杀群集于树干的幼虫。

(2) 施药防控 可选用80%敌敌畏乳油1 000倍液、50%杀螟硫磷乳油1 000倍液或25%灭幼脲悬浮剂1 000～1 500倍液喷治。

(3) 生物防治 湿度大时喷白僵菌或苏云金杆菌。

(十五) 绿尾大蚕蛾

绿尾大蚕蛾（*Actias selene ningpoana* Felder），属鳞翅目大蚕蛾科。

1. 寄主 枇杷、苹果、梨、枣、梨、葡萄。

2. 为害特点 幼虫蚕食叶片，严重时可将叶片食光。

3. 形态特征

（1）成虫 体长32～38mm，体豆绿色，密布白色鳞毛。翅粉绿色，前翅前缘紫褐色，前后翅中央各有一椭圆形斑纹，外侧有1条黄褐色波纹，后翅尾状特长。

（2）卵 扁圆形，初产绿色，后变为褐色，直径约2mm。

（3）幼虫 体长80～100mm。黄绿色，粗壮，体节有4～8个毛瘤，上生黑色短刺。

（4）蛹 长约40mm，紫褐色，外包有黄褐色茧。

4. 生活习性 福州地区1年发生2～3代，以蛹越冬，翌年3～5月成虫开始羽化、产卵，有趋光性。卵散产，多产在叶片上，每雌可产卵几十粒至数百粒。幼虫蚕食叶片，9～10月为害重。

5. 防治方法

（1）人工捕杀幼虫和摘除冬季的蚕茧。

（2）发生严重药园，可喷射90%敌百虫晶体800倍液或10%高效灭百可3 000倍液。

（十六）乌桕黄毒蛾

乌桕黄毒蛾［*Euproctis bipunctapex*（Hampson）］，属鳞翅目毒蛾科。别名枇杷毒蛾、乌桕毒蛾、油桐叶毒蛾。

1. 寄主 橄榄、枇杷、乌桕、油桐、杨、桑等。

2. 为害特点 低龄幼虫常群集叶背为害，取食叶肉，三龄后也常聚集叶背食叶成缺刻。

3. 形态特征

（1）成虫 翅展雄虫23～38mm，雌虫32～42mm。体黄棕色，前翅底色黄色，除顶角、臀角外密布红棕色鳞和黑褐色鳞，形成1个红棕色大斑，斑外缘中部外突，成一尖角，顶角有2个黑棕色圆点；后翅黄色，基半红棕色。

（2）卵 扁圆形，黄白色。常排列成块，卵块外被黄褐色绒毛。

（3）幼虫 体长25～30mm，头橘红色，体黄褐色，背部和体侧毛瘤黑色带白点，第三胸节背面和翻缩腺橘红色。

（4）蛹 棕褐色，茧灰褐色。

4. 生活习性 福建1年发生3～4代，以幼龄幼虫在树干或树杈处做网，成群越冬。翌年3月中下旬开始为害橄榄嫩叶及幼芽，4月下旬老熟幼虫在叶上及杂草丛中结茧化蛹，5月中旬出现第一代成虫，卵产于叶背面，卵块被黄褐色绒毛，5月下旬至6月上旬卵孵化，11月下旬进入越冬。

5. 防治方法 参见珊毒蛾。

（十七）珊毒蛾

珊毒蛾（*Lymantria viola* Swinhoe），属鳞翅目毒蛾科。

1. 寄主 为害橄榄等多种植物。

2. 为害特点 橄榄的重要害虫，以幼虫取食叶片和新梢。

3. 形态特征

（1）成虫 雌虫体长24～25mm，翅展80～100mm，粉白至乳白色。体躯各部大都有珊瑚红色彩。前翅粉白色，基部有2个珊瑚红色斑和2个黑色斑；亚端线和端线各由1列明显的棕褐斑组成。后翅乳黄色，亚端线棕褐色，触角双栉状，黑色。雄虫体长15～17mm，翅展34～44mm，前翅黄白，密集许多棕黑斑组成的横线带，中室中央有1个棕黑色圆斑。后翅亚端线黑褐色。触角双栉状，棕黄，节齿较雌虫长。

（2）卵 扁圆形，乳白色，密集成块，上盖黄色绒毛。

（3）幼虫 5～7龄，体长48～52mm，腹部第六、第七节背中央各有1个翻缩腺。各体节背侧有6～8个棕红色毛瘤。第一胸节和腹末各着生1对和2对黑色长毛束。腹足趾钩单序中带。

（4）蛹 长19～21mm，黄褐色，匿居于薄丝茧中。

4. 生活习性 福建1年发生3代，以卵块在树干基部裂缝和凹陷处越冬。福建闽清县3月下旬越冬卵开始孵化，正值橄榄春梢抽发期。另两代幼虫发生期分别在6～7月和9月间，与橄榄抽梢期吻合。以3～4月和6～7月幼虫食害为主。

5. 防治方法

（1）刮除越冬卵块深埋。

（2）施药防控 低龄幼虫高峰期选喷20%氰戊菊酯乳油2 000～3 000倍液、90%敌百虫晶体1 000倍液或80%敌敌畏乳油1 000倍液。

（十八）黄刺蛾

黄刺蛾（*Cnidocampa flavescens* Walker），属鳞翅目刺蛾科。较常见。

1. 为害特点 以幼虫为害叶片。幼虫取食时，低龄幼虫只食叶肉，高龄幼虫食量大增，严重发生时，大部分被蚕食殆尽，仅剩叶柄、叶脉，削弱树势。

2. 形态特征

（1）成虫 体长13～16mm，翅展30～34mm，头和胸部黄色，腹背黄褐色，前翅内半部黄色，外半部为褐色，有两条暗褐色斜纹，在翅尖上汇合于一点，呈倒V形，内面一条伸到中间下角，为黄色与褐色分界线。

（2）卵 扁平，椭圆形，黄绿色。

（3）幼虫 老熟幼虫体长16～25mm，头小，胸腹部肥大，呈长方形，黄绿色。体背有一条两端粗中间细的哑铃形黄褐色大斑和许多突起枝刺，以腹部第一节最大，依次为腹部第七节、胸部第三节、腹部第八节。腹部第二至六节的突起枝刺小。

（4）蛹　椭圆形，体长12mm，黄褐色。

（5）茧　灰白色，质地坚硬，表面光滑，茧壳上有几道长短不一的褐色纵纹，形似雀蛋。

3. 生活习性　广东、广西、福建、江西等地1年发生2～3代，黄淮地区1年发生2代。以老熟幼虫在小枝杈处、主侧枝以及树干的粗皮上结茧越冬。翌年5月上旬开始化蛹，5月中下旬至6月上旬羽化。卵产叶背上，数十粒连成一片，也有单粒散产，卵期7～10d，成虫趋光性强。初孵幼虫群集叶背，第一代幼虫盛期出现在6～7月，第二代为8月中下旬，9月上旬老熟幼虫在枝杈等处结茧越冬。

（十九）褐边绿刺蛾

褐边绿刺蛾［*Latoia*（*Parasa*）*consocia* Walker］，又名青刺蛾。

1. 为害特点　参见黄刺蛾。

2. 形态特征

（1）成虫　体长15～16mm，翅展36mm，绿色，前翅基部和外缘灰黄色，外缘部呈浅褐色曲线。

（2）卵　扁平，椭圆形，黄白色，直径约1.5mm。

（3）幼虫　老熟时体长约25mm，略呈长方形，浅黄绿色，背具天蓝色带黑点的纵带，背侧瘤绿色，瘤点上有黄色刺毛丛，腹部末端有四球状蓝黑色刺毛。

（4）蛹　椭圆形，黄褐色，长约13mm，蛹外包丝茧，茧长约15mm，椭圆形，暗褐色。

3. 生活习性　广东、广西、福建1年发生2～3代，以老熟幼虫结茧越冬。第一代成虫于5月上中旬出现，5月下旬至6月中旬第一代幼虫盛发。第二代成虫于8月上中旬出现，第二代幼虫于8月下旬至9月下旬盛发，10月中下旬下树入土结茧越冬。该成虫具有较强趋光性。夜间交尾产卵，卵产叶背，数十粒集聚成块。初孵幼虫有群集性，二至三龄后分散为害。幼虫有毒毛，触及皮肤会发生红肿，痛辣异常。天敌有紫姬蜂和寄生蝇。

（二十）刺蛾类综合防治

（1）保护利用天敌　秋冬季摘除虫茧，放入细纱笼内，翌年放入药园，利于保护、释放寄生蜂。

（2）捕杀幼虫　利用低龄幼虫群集特点，进行人工捕杀，注意不触幼虫毒毛。

（3）施药防控　发生量较大时于低龄期喷药防治，可任选 90%敌百虫晶体 800～1 000 倍液、80%敌敌畏乳油 1 000 倍液、苏云金杆菌每克 100 亿活芽孢可湿性粉剂 1 000 倍液、杀螟杆菌或青虫菌每克 1 亿活芽孢可湿性粉剂 1 000 倍液、2.5%溴氰菊酯乳油 2 000 倍液或 10%顺式氯氰菊酯乳油 3 000 倍液喷治，也可试喷刺蛾核型多角体病毒（10^9PIB/g）制剂 1.5～3.5kg/hm^2。

（二十一）红圆蚧

为害橄榄的介壳虫，常见有红圆蚧、褐圆蚧、银毛吹绵蚧、龟蜡蚧、红蜡蚧、矢尖蚧等，其中以红圆蚧、褐圆蚧、红蜡蚧为害最为严重。现着重介绍红圆蚧和褐圆蚧，红蜡蚧和矢尖蚧分别参见本书栀子红蜡蚧和槟榔矢尖蚧。

红圆蚧［*Aonidiella aurantii*（Maskell）］，属同翅目盾蚧科。

1. 寄主　橄榄、柑橘、桃、梅、柿等。

2. 为害特点　寄生于枝、叶、果上，被害处呈黄色斑状，后扩大至整叶和果实，严重时引起落叶、落果，以至枝叶枯死。

3. 形态特征　雌介壳圆形，扁薄，直径约 1.8mm，橙红色至红褐色，边缘淡橙黄色，中央稍隆起。第一龄蜕皮壳近黑褐色。雌成虫淡橙黄色至淡橙红色，肾形。雄介壳较小，卵形，长约 1.2mm，色较雌介壳淡。

4. 生活习性　福州地区 1 年发生 4～5 代，以受精的雌成虫越冬。雌成虫卵胎生，直接产下若虫。爬动若虫爬动约 30min 后在寄主适当场所固定取食。5 月上中旬为盛发期，每雌平均产卵 160 多头，多达 350 头。天敌有多种瓢虫和多种小蜂。

（二十二）褐圆蚧

褐圆蚧［*Chrysomphalus aonidum*（*ficus*）Linnaeus］，属同翅目盾蚧科。

1. 为害特点　参见红圆蚧。

2. 形态特征

（1）成虫　雌介壳圆形，直径约 2mm，暗紫褐色，边缘灰褐色，中央隆起较高，第一龄和第二龄蜕皮壳黄褐色，壳点红褐色。雌成虫体长约 1.1mm，淡橙黄色，倒卵形。雄介壳较小，颜色与雌介壳相似，边缘一侧扩展，灰白色，第一龄蜕皮壳黄褐色，较暗淡。雄成虫较长，0.75mm，淡橙黄色，触角细长，翅 1 对，腹末具淡色交尾器。

（2）卵　淡黄色，椭圆形。

（3）若虫　淡橙黄色，雄若虫第二龄后期出现黑色眼斑。

（4）前蛹和蛹　有触角、眼和足芽，并出现交尾器。

3. 生活习性　广东 1 年发生 5～6 代，福建 4 代，台湾 4～6 代。以若虫越冬。福建福州一龄若虫盛发期，第一至四代分别为 5 月中旬、7 月中旬、9 月上旬、11月下旬，1年中以5月上中旬为盛发期，为害较重。该虫两性生殖，产卵于介壳下，每雌产卵量80～145粒。初孵若虫（爬动若虫）爬离介壳，不久后固定吸食为害。体背随即分泌绵状蜡质物（绵壳期），第一次蜕皮后为二龄若虫，足和触角均消失。继续分泌蜡质物，又一次蜕皮，变成雌成虫，并继续分泌大量蜡质物，使介壳增大完整。雄若虫蜕第二次皮变为前蛹，后变为蛹，最后羽化为雄成虫。天敌有小蜂多种，以黄蚜小蜂（*Aphytis holoxanthus* Debach）最为普遍，此外还有红点唇瓢虫、细缘唇瓢虫、整胸寡节瓢虫、草蛉、红霉菌等。

4. 防治方法

（1）苗木检疫　防止苗木带虫传播。

（2）清园　冬季剪除严重蚧害枝叶并烧毁。

（3）保护利用天敌　如寄生蜂、瓢虫等。

（4）适期施药防控　若虫孵化高峰期至低龄期间，选用25%噻嗪酮可湿性粉剂（扑虱灵）1 500～2 000倍液、48%毒死蜱乳油1 000倍液或50%辛硫磷乳油800～1 000倍液，也可用柴油乳剂或机油乳剂（含油量2%～5%）喷治。

（二十三）漆蓝卷象

漆蓝卷象［*Involvulus haradai*（Kono.）］，属鞘翅目卷象科。为新近发现的重要害虫。

1. 寄主　橄榄、盐肤木。

2. 为害特点　以成虫吸取橄榄嫩梢、果实汁液。受害枝梢1～3d内枯萎，容易剥离；花穗受害，致花朵干枯；受害果变小，畸形，严重的会干枯脱落，影响果实品质和产量。

3. 形态特征

（1）成虫　体长（不包括头、喙）3.2～4.0mm，前胸鞘翅具青蓝色光泽，触角，足黑色。喙细长，略向下弯曲。触角11节，着生于喙基部1/4处，鞘翅两侧基部近平行，中间以后向外略凸，基部向中间小盾片方向略倾斜。臀板部分外露，具明显刻点和细小刚毛。前足基节大，紧靠一起，后足基节与后胸前侧片相连，腿节棒状，胫节细长。爪离生，有附爪。

（2）卵　长椭圆形，长0.8～1.0mm，宽0.5～0.7mm，光滑略透明，初产时乳白色，近孵时为黄白色。

（3）幼虫　老熟幼虫体长4.0～5.3mm，体宽1.7～2.2mm，淡黄色，体弯曲，被稀疏白色刚毛。身体除前胸背板靠近头部浅褐色外，其余为乳白色至浅黄色，略透明。

（4）蛹　体长3.7～4.3mm，宽1.9～2.4mm，乳白色，腹末、喙端部有刚毛。

4. 生活习性　福建平和1年发生2代，主要以老熟幼虫在土壤中筑土室越冬，也有少数幼虫直接在橄榄枯梢中越冬。各代虫态发生不整齐。4月上旬幼虫开始化蛹的，4月中旬羽化，4月下旬成虫开始为害春梢，5月中旬至6月中旬为越冬代成虫盛发期。5月中旬开始产卵的，5月下旬第一代幼虫孵出，6月下旬化蛹，7月下旬第一代成虫羽化，8月上旬开始产卵，8月中旬幼虫孵化，9月下旬开始入土越冬，11月仍有少数幼虫在枯梢中取食。雌虫卵产梢内的蛹室，每雌一生产卵30粒以上。幼虫耐饥力强，成虫有假死性。已发现幼虫期天敌有蚂蚁类、白僵菌。

5. 防治方法

（1）除卵灭虫　新梢抽发期，发现枯梢即行人工摘除。

（2）松土灭蛹　冬季浅翻（约10cm）橄榄园，便可破坏其土室，让蛹受到伤害死亡。

（3）选择适宜品种　宜选春梢抽发早和枝梢粗壮的良种，以错过越冬代成虫为害期；选枝梢纤维多、木质化快的品种，不利该虫钻孔取食和产卵。

（4）生物防治　白僵菌可用产品菌或浸出液过滤后喷在橄榄树冠的投影地面，病原线虫以小卷蛾线虫（*Steinernema carpocapsae*）的Bejing品系和格氏线虫（*S. feltiae*）4两个品系防效较好，可按每平方米土40万条的线虫悬浮液，在小雨天或雨后均匀喷施在树冠的投影地面，以上均可防治地中的幼虫。

（二十四）恶性橘啮跳甲（恶性叶甲）

恶性橘啮跳甲（*Clitea metallica* Chen），属鞘翅目叶甲科。

1. 为害特点　幼虫啃食叶肉，留下叶脉，或将叶食成缺刻，以至全部食光。成虫为害嫩叶、嫩梢。

2. 形态特征

（1）成虫　体长2.8～3.8mm，长椭圆形，蓝黑色，有光泽，触角基部至复眼后缘具一倒八字形沟纹，触角丝状，黄褐色，前胸背板密布小刻点，鞘翅上有纵刻点列10行，胸部腹面黑色，足黄褐色，后足腿节特别发达，腹部腿面黄褐色。

（2）卵　长椭圆形，长0.6mm，初产时白色，后变黄白色，外有一层黄褐色网状黏膜。

（3）幼虫　共3龄。体长6mm，头红色，体草黄色，前胸盾半月形，中央具一纵线，分为左右两块，中、后胸两侧各生一黑色突起，胸足3对，黑色，体背分泌黏液，将粪便黏附背上。

（4）蛹　长约2.7mm，椭圆形，黄白色，腹末具1对叉状突起。

3. 生活习性　江西、福建1年发生3～4代，多以成虫在树干部裂缝、地衣、苔藓下及卷叶、枯叶和松土中越冬。春梢抽发期越冬成虫开始活动。广东高州市1年4代，各代幼虫发生期依次为3月上旬至4月上旬、6月上旬至下旬、

8月中旬至9月上旬、10月中旬至11月上旬。越冬成虫于2月下旬开始活动产卵，卵多产于叶尖、叶面和叶缘。幼虫喜群居，成虫喜跳跃，有假死性。已发现天敌有猎蝽、蠼螋、蚂蚁、瓢虫和白色霉菌等，以寄生幼虫和蛹上的白色霉菌为优势种，湿度高的地区成为抑制该虫的重要因素。

4. 防治方法

（1）清园　春季发芽前可用松碱合剂10倍液、秋季用18～20倍液喷树干，结合人工清除枯枝叶、地衣、苔藓等，修剪鲜枝时应剪至基部刹平剪口，涂伤口保护剂或涂蜡；树洞可用石灰抹平。上述措施可恶化其越冬环境和化蛹场所。

（2）诱杀　老熟幼虫开始下树化蛹时，可用带有泥土的稻草放在树杈处，也可用涂上泥土的稻草，诱集化蛹，在成虫羽化前取下烧毁。

（3）适期施药防控　卵孵化盛期施药防治，可任选2.5%溴氰菊酯乳油（敌杀死）5 000～6 000倍液、2.5%氯氟氰菊酯乳油5 000～6 000倍液、20%氰戊菊酯乳油3 000～5 000倍液、烟草水20倍液加0.3%纯碱或鱼藤酮（鱼藤粉）160～320倍液喷治，药剂宜轮换使用。

（二十五）小直缘跳甲

小直缘跳甲（*Ophride parua* Chen et Zia），属鞘翅目叶甲科。

1. 为害特点　以成虫、幼虫取食橄榄小叶，受害枝梢呈枯萎状，致大量枯枝，严重为害时引起整株枯死。

2. 形态特征

（1）成虫　体长5～6mm，宽3～4mm，体褐色，翅上具白色斑点，后足腿节显著膨大。

（2）卵　圆形，米黄色，长1mm左右。

（3）幼虫　形态较小，表皮柔软，胸足4节，不发达，头部发达，较坚硬，肛门向上开口，粪便排于体背，并把幼虫盖住。老熟幼虫体形狭长，长近10mm。

（4）蛹　离蛹，淡黄色，长约7mm，触角、翅、足的芽体露在外面。一般在树木表土1cm处做蛹室化蛹，蛹期21d左右。

3. 生活习性　广东揭阳1年发生2代，以成虫在叶背越冬。卵产在橄榄树梢先端叶芽处。4月上旬出现第一代幼虫，4月底化蛹，5月底出现成虫，为害叶片。成虫善跳跃，有假死性。

4. 防治方法

（1）人工摘除卵块　第一代卵孵化率高，为害大，摘去卵块，可减轻受害。

（2）适期喷药防控　春梢、秋梢期是该虫为害高峰期，也是喷药适期，用药参见恶性叶甲。

（二十六）橄榄小黄卷叶蛾

橄榄小黄卷叶蛾（*Adoxophes orana* Fischer von Rosterstamm），属鳞翅目卷蛾科。

1. 为害特点 以幼虫为害新梢叶片、嫩梢、幼果，引起大量落花落果，严重时将叶食尽，引起植株枯死，橄榄减产。

2. 形态特征

（1）成虫 雌蛾体长6～8mm，翅展18～20mm，雄蛾体长5～7mm，翅展16～18mm，体棕黄色，中带上半部狭窄，下半部向外侧突然增宽。两翅合并覆盖身体背面呈钟状，翅面中部偏外侧有倾斜的h形斑纹，后翅及腹部淡黄色。雄蛾前翅前沿基部有一缘褶。

（2）卵 椭圆形，扁平，浅黄色。

（3）幼虫 共5龄，成长幼虫体长17～18mm，体色浅绿色至翠绿色，头部浅绿色，前胸背板淡黄褐色，胸足黄褐色。

（4）蛹 体长9～10mm，黄褐色，细长，腹部第二至七节背面各有二横列刺突。

3. 生活习性 福建福州1年发生6代，世代重叠，以老熟幼虫在树皮裂缝和枯枝落叶中结茧越冬，越冬蛹3月开始羽化，产卵于新抽的春梢嫩叶背面，卵块呈鱼鳞状排列，每雌产卵1～3块，每块27～84粒。第一代幼虫4月中旬孵化，为害春梢叶片，第二代幼虫5月下旬孵化，为害春梢叶片和幼果，第三、四代幼虫分别于6月下旬和7月下旬孵化，为害夏梢叶片，第五、六代幼虫分别于8月中旬和9月上旬孵化，为害秋梢叶片。幼虫孵化后先啃食卵壳，后分散取食，在新梢上卷叶为害，并吐丝将邻叶缀合成苞，潜居其中取食。

4. 防治方法 关键防好第一代。

（1）冬季清园 剪去卷叶除茧，减少翌年虫源。

（2）诱杀成虫 成虫发生盛期设置黑光灯诱杀，也可在早春利用糖、酒、醋（红糖1份，黄酒1份，醋1份，水4份）诱杀。

（3）生物防治 将采集卵块、卷叶团置天敌保护器内，让寄生蜂（卵期：赤眼蜂；幼虫期：绒茧蜂、姬蜂、小蜂等）飞出再寄生该虫。用每克50亿活芽孢蜡螟亚种苏云金杆菌＋1.8mg/g阿维菌素，每克100亿活芽孢蜡螟亚种苏云金杆菌＋1mg/g阿维菌素配制成浓度依次为0.067％、0.04％的溶液喷施。

（4）施药防控 成虫发生期喷2.5％氯氟氰菊酯乳油3 000倍液、20％氰戊菊酯乳油3 000倍液或90％敌百虫晶体800～1 000倍液。

（二十七）橄榄拟小黄卷叶蛾

橄榄拟小黄卷叶蛾（*Adoxophes cyrtosema* Meyrick），属鳞翅目卷叶蛾科。

为害特点、生活习性和防治方法，参见橄榄小黄卷蛾。

（二十八）其他食叶害虫

常见有霜天蛾、女贞尺蠖、白星花金龟等，为害特点、形态特征、生活习性和防治方法，分别参见本书栀子、女贞相关害虫。

（二十九）白蚁

常见有家白蚁、黑翅土白蚁、黄翅土白等，参见本书地下害虫白蚁部分。

第十一节　余甘子/余甘子

余甘子（*Phyllanthus emblica* L.）为大戟科叶下珠属落叶小乔木。其干燥果实为中药材余甘子，又名油柑、油甘子、滇橄榄等。

一、病害

（一）余甘子锈病

1. 症状　初期叶和果上出现褐色小疱点，后期变为暗褐色疱斑。

2. 病原　*Ravenelia emblica*，为担子菌亚门伞锈菌属真菌，该菌单主寄生，主要寄生豆科植物。

3. 传病途径和发病条件　不详。

4. 防治方法　参见本书女贞锈病。

（二）余甘子青霉病

1. 症状　为害果实。初期在成熟果面出现水渍状褐色斑点，后期变成蓝绿色小疱点，引起果实腐烂。

2. 病原　柑橘毒霉菌（*Penicillium italicum* Wehmer），为半知菌亚门青霉属真菌。

3. 传播途径和发病条件　该菌分布甚广，常腐生在各种有机物上，产生大量分生孢子，扩散空气中，借气流传播，萌发后从伤口侵入并能重复侵染。储运期中，遇高温、高湿条件，发病严重。采收时遇雨、重雾或晨露未干时采果，果皮含水量高，容易擦伤致病。

4. 防治方法

（1）适期采收　发现病果及时剪除，装入密闭袋内烧毁，避免雨后、重雾或露水未干时采收。采果时轻剪、轻放，搬运包装时尽量减少机械损伤。

（2）储运期间控制好储藏库内的温度（5～9℃）和湿度，定时做好剔除病果工作。

(3) 适时施药防控　可选喷50%多菌灵可湿性粉剂1 000倍液、70%甲基硫菌灵可湿性粉剂1 000倍液或50%异菌脲可湿性粉剂1 000～1 500倍液。

(三) 余甘子枝干瘤肿病

1. 症状　受害枝干表面红褐色，常在分枝交界处呈黑褐色，受害部膨大瘤状，皮层龟裂，黑褐色，常出现丛枝，病部以上（连丛枝）迅速枯死。黑褐色部位长出黑色颗粒状子实体。

2. 病原　橄榄丝腔菌（*Splanchnonema phyllathus* C.C. Zhao，Sheng & Wu)，为子囊菌亚门真菌。

3. 传播途径和发病条件　不详。

4. 防治方法

(1) 加强管理　增施有机质肥，增强树势。细心操作，避免枝干表皮创伤，减少被侵染机会。

(2) 康复处理　发病初期及时将主干、枝条上的瘤状突起和翘起树皮，用小刀刮除干净就地烧毁，较重时应从病部以下3～5cm锯除，切口涂上波尔多浆（1∶3∶10）或用50%多菌灵可湿性粉剂200倍液喷病部，防病扩展。

(3) 施药防控　在发病初期实施截枝处理的同时，应对病株周围植株喷施50%多菌灵可湿性粉剂800～1 000倍液、70%甲基硫菌灵可湿性粉剂1 000倍液，或77%氢氧化铜可湿性粉剂500～800倍液，也可试用40%氟硅唑乳油（福星）8 000～10 000倍液或25%嘧菌酯悬浮剂（安灭达）100～200mg/L喷治。

二、害虫

(一) 蚜虫

蚜虫（*Aphis* sp.），属同翅目蚜科。为害余甘子的主要害虫。

1. 为害特点　以成虫、若虫群集在嫩叶和嫩茎上吮刺汁液，引起叶片卷缩，影响生长。严重时会造成余甘子大幅减产。

2. 形态特征、生活习性和防治方法　参见本书罗汉果棉蚜。

(二) 木蠹蛾

木蠹蛾（*Thymiatris* sp.），属鳞翅目木蠹蛾科。

1. 为害特点　幼虫蛀茎，取食树皮和树叶，引起茎干折断或干枯。

2. 形态特征　参见本书金银花柳乌蠹蛾。

3. 生活习性　不详。

4. 防治方法

(1) 剪除被害枝并烧毁。

(2) 注药杀虫　对已蛀入茎干的幼虫可从蛀孔注入80%敌敌畏乳油100～500倍液，也可试用白僵菌黏膏涂在蛀道口，让幼虫出洞取食时，将菌带回虫道，或用注射器将每毫升5×10^8的白僵菌水溶液对准排粪孔喷注，均可致虫染菌而死。

(3) 施药防控　未蛀入茎干的低龄幼虫可喷2.5%溴氰菊酯乳油3 000倍液。

(三) 异胫小卷蛾

异胫小卷蛾［*Thaumatotibia encarpa*（Meyrick）］，属鳞翅目卷蛾科。新近发现的重要害虫。

1. 寄主　余甘子、可可等。

2. 为害特点　以幼虫钻蛀余甘子果实，造成余甘子烂果、落果，严重影响余甘子产量和品质。

3. 形态特征　成虫，全身黑褐色，体长约3mm，翅展12～16mm，前翅翅面没有明显斑纹，后翅颜色与前翅基本相同。雄外生殖器的抱器瓣狭长，端部生鬃的部分相对较短，雌外生殖器的囊导管细长，囊突2枚，很大，牛角状。

4. 生活习性　1年发生多代，世代重叠。幼虫于5月上旬为害余甘子幼果。成虫善飞，有弱趋光性。卵产果上，孵化后不久开始蛀果。

5. 防治方法

(1) 清园　清除残枝落叶和杂草；及时剪除被害枝叶，集中深埋（50cm以上）或烧毁，减少转果为害。

(2) 冬春刮除老树皮，集中烧毁，清除越冬虫态。

(3) 绑草诱杀　越冬幼虫离果前，可在余甘子枝干上绑草或麻袋片诱集越冬幼虫，翌春出蛰前取下草把或麻袋片烧毁。

(4) 性诱　应用梨小食心虫性诱剂可诱捕雄蛾。

(5) 保护利用天敌　据报道卵期和蛹期各有2种寄生蜂，对该虫有较好的自然控制作用，应注意保护。

(6) 施药防控　5月上旬幼果期喷药，可选喷1.8%阿维菌素乳油3 000倍液、40%毒死蜱乳油1 500～2 000倍液或2.5%溴氰菊酯乳油（敌杀死）3 000倍液，7d喷1次，视虫情酌治次数。

(四) 斜线网蛾

斜线网蛾（*Striglina scitaria* Walker），属鳞翅目网蛾科。

1. 寄主　杨梅、余甘子、梅、茶、栗树等植物。

2. 为害特点　以幼虫卷叶为害。初孵幼虫先在嫩叶叶背边缘开始咬食一段时间，便可卷成虫苞，潜居其中为害。

3. 形态特征

（1）成虫　雌虫体长7.5～11.2mm，翅展18.1～27mm，雄虫体长7.1～9.2mm，翅展16.9～25.1mm，体翅褐橙色。翅面布满细密网状斑纹。前、后翅各有一条暗褐色斜线，后翅前缘自翅基至顶角黄白色；翅反面色微深，翅中部有两个棕褐色斑。后翅后缘色浅黄；腹部第三节背面近后缘暗褐色，两前翅合拢时，此暗褐色横带连接两前翅线呈V形。前足腿节鳞毛红、黑相间，胫节黑色，跗节黑色夹有白色。雄性外生殖器顶部爪形突端膨大，近圆形，腹面观略似饭勺；在颈部凹陷处具一对骨化的颚状突，其端部具齿，齿间生有细毛；抱器背基突骨化横带状，上布有小齿。阳茎正面观圆筒形，阳茎针2枚。

（2）卵　淡黄色，塔形，有10～11个棱角，长径0.89～1.21mm，短径0.41～0.52mm。

（3）幼虫　共4龄，老熟幼虫体长13～19.8mm，体黄绿色，体壁薄而透明。头部赤褐色，单眼5对。胸腹部各节毛瘤黑褐色；气门椭圆形，缘片黑色，气门筛棕褐色。前胸盾黄色，近后缘具一对向斜侧伸的角状黑斑；前胸气门前瘤2毛。腹足趾钩双序环式，臀足为双序缺环。臀板具刚毛8根。

（4）蛹　赤褐色，长7.8～10.2mm，宽3.1～3.8mm，气门外露7对，椭圆形，褐色，稍突出；气门下方各有1根小刚毛；第九腹节中部有一圈明显的刻点纹。腹末有钩刺6根。

4. 生活习性　福州地区1年发生5代，以老熟幼虫在杨梅、余甘子等树头的枯枝落叶、杂草的卷叶以及土缝、石缝内吐丝做室越冬。越冬幼虫于3月化蛹，3月底至4月中旬羽化，以后各代成虫羽化分别出现在5月中旬至6月上旬、6月下旬至7月中旬、8月上旬至9月上旬及9月下旬至10月下旬。在日均温23.2～25.8℃室内条件下一世代平均历期为35～39.3d。成虫有趋光性，昼伏夜出。每雌平均产卵15粒，卵产幼嫩芽叶上，一叶1～2粒。一龄期2～3只集中一叶取食，二龄后转叶为害，三龄期和四龄的前期食量大，幼虫转出后，虫苞仍留树上。老熟幼虫食量减少，色转深绿。也不转叶，并把虫苞卷向叶缘，最后咬断虫苞与叶片连接点掉落地上。化蛹部位多在树头及附近的卷叶和土缝、石缝内。虫苞落地后，或直接在虫苞内做薄茧化蛹，也可咬破虫苞爬到枯叶、卷叶和石、土缝内吐丝做室化蛹。据在福州观察，该虫可在余甘子上完成一代（第三代）后再迁回杨梅树上为害夏梢，这两种树均是该虫的良好寄主。

5. 防治方法

（1）消灭越冬虫源　冬季清理烧毁枯枝落叶和杂草，整除土、石缝隙，可杀死部分越冬虫蛹。

（2）清除虫苞　可在5月上中旬、6月、7月中旬至8月上旬及9月4个时期，剪断虫苞致大量落地，可结合田间管理，清除虫苞、落叶和杂草，可有效减少虫量。

（3）点灯诱杀　成虫羽化高峰期点灯诱杀。

（4）合理布局　不在杨梅树附近建余甘子园。余甘子园内种植同一品种，避免因抽梢不齐而为该虫提供充足食料。

（5）施药防控　在幼虫孵化高峰期喷药，可试用敌百虫、敌敌畏和菊酯类农药，可参见余甘子异胫小卷蛾的药剂防治。

第十二节　八角茴香/八角茴香

八角茴香（*Illicium verum* Hook. f.）为木兰科常绿乔木。其干燥成熟果实即为中药材八角茴香，又名八角、大料、五香八角、大茴香等。

一、病害

（一）八角茴香煤烟病

1. 症状　为害叶和枝条，病部表面覆盖一层黑色烟煤状物，初为小圆点辐射状，后向四周扩展，成为一层灰黑色薄纸状，四周有时翘起，受害叶片影响光合作用，轻者不抽芽，花果减少，重则不结果。

2. 病原　*Capnodium theae* Hara，为子囊菌亚门煤炱属真菌。

3. 传播途径和发病条件　以菌丝体和子囊孢子在病部越冬。湿度大、介壳虫多的发病重。云南富宁县该病主要由链壶蚧的为害引起。

4. 防治方法

（1）治虫防病　及时采用48%毒死蜱1 000倍液或速灭抗1 000～1 500倍液治虫。

（2）加强田间管理　过密林分进行间伐，结合修剪，除过密枝、病虫害枝，保持树冠通风透光。

（3）施药防控　参见本书栀子煤病。

（二）八角茴香炭疽病

1. 症状　各龄期各部位均可被侵染，叶受害尤重。叶多从叶尖、叶缘开始发病，逐渐蔓延到叶中部，初为暗褐色水渍状小斑点，逐渐扩大为不规则的褐色大斑；后期病斑中部变灰褐色，其上密生小点，病斑随之出现轮纹状，为害严重时，叶几乎落光，严重影响八角产量。

2. 病原　无性阶段：*Colletotrichum coccdes*（Wall.）Hughes，为半知菌亚门炭疽菌属真菌。有性阶段：小丛壳菌（*Glomerella illicium* Wei），为子囊菌亚门小丛壳属真菌。

3. 传播途径和发病条件 以菌丝和分生孢子在病叶、病枝上越冬。2～12月均可发生，高温、多湿有利发病，7～8月为发病高峰期。

4. 防治方法

（1）清园 及时剪除病枝梢，清除杂草，收集病残体烧毁。

（2）病前防护 清园后选用1∶2∶100波尔多液喷树干和地面；发病前喷43%人生富500倍液保护。

（3）适期施药防控 常发病园在每次梢刚萌动，新梢抽生7～10d和10～11月各喷1次，幼树或大树用60%福·福锌可湿性粉剂或25%溴菌腈可湿性粉剂1 000倍液喷1次，苗木用60%福·福锌可湿性粉剂1 500倍液喷治，也可用75%百菌清可湿性粉剂1 000倍液+70%甲基硫菌灵可湿性粉剂1 000倍液，或50%咪鲜·氯化锰可湿性粉剂1 000倍液喷治。

（三）八角茴香枯萎病

1. 症状 叶片发黄，植株瘦弱矮小，有时在花期出现烂根现象，中午呈萎蔫状，顶部叶片萎垂，后期叶变黄、干枯。根部发黑，侧根少。

2. 病原 *Fusarium* sp.，为半知菌亚门镰孢属真菌。

3. 传播途径和发病条件 病菌随病残体在土中或种子上越夏或越冬。未腐熟的粪肥也可带菌。翌年条件适宜，病部产生分生孢子随雨水、灌溉水传播，从根部伤口或根尖直接侵入。高温、多湿有利发病。土温25～30℃，土壤潮湿，有机肥未充分腐熟，地下害虫为害造成伤口多的均易发病。此外，采种株也易发病。

4. 防治方法

（1）实行轮作 可与百合科、禾本科作物轮作3～5年。

（2）加强田间管理 增施充分腐熟的有机肥，实行配方施肥，雨后及时排水，干湿灌溉，发现病株及时拔除烧毁，并对周围植株喷药保护。

（3）施药防控 参见八角茴香立枯病的药剂防治。

（四）八角茴香立枯病

1. 症状 为害苗期茎叶。茎部初呈暗褐色，后绕茎基或根茎发展，引起皮层腐烂，地上部叶片变黄，后期病部表面常形成黑褐色菌核。

2. 病原 立枯丝核菌（*Rhizoctonia solani* Kuhn.），为半知菌亚门丝核菌属真菌。

3. 传播途径和发病条件 病菌随病残体在土中越冬，可在土中腐生2～3年，翌春条件适宜，病菌萌发产生的菌丝可通过水流、带菌土肥和农具传播，直接侵入寄主为害。

4. 防治方法

（1）选用良种，控制育苗畦高和土壤湿度。

（2）加强苗期管理　喷洒植宝素7 500～9 000倍液或0.1%～0.2%磷酸二氢钾，增强植株抗病力。

（3）苗床、种子消毒　播种前，每平方米苗床用精制噁霉灵对水3 000倍液喷洒床土，也可用上述用药量拌细土10～20kg，拌匀后取1/3撒床面，2/3播后盖在种子上面。种子预措方法：每50kg种子拌用40%福美双100g。

（4）苗期防疫　发现病株及时拔除并烧毁。对周围植株喷药保护，可选用70%百德富可湿性粉剂600倍液、70%丙森锌可湿性粉剂500～700倍液、69%安克·锰锌600～800倍液或58%甲霜·锰锌可湿性粉剂500倍液喷治，视病情酌治次数。

（五）八角茴香白粉病

1. 症状　较成熟部位先发病。初期叶表呈现白粉状斑，后逐渐扩大，相互融合，在茎、叶表面形成一层厚的白粉层，严重时叶褪色枯萎。

2. 病原　*Oidium* sp.，为半知菌亚门粉孢属真菌。

3. 传播途径和发病条件　参见本书佛手白粉病。

4. 防治方法　发病初期喷15%三唑酮可湿性粉剂1 500～2 000倍液、25%敌力透乳油3 000倍液或70%甲基硫菌灵可湿性粉剂1 000倍液加75%百菌清（或70%代森锌）可湿性粉剂1 000倍液，10～15d喷1次，连喷2～3次。其他参见本书佛手白粉病。

（六）八角茴香藻斑病

症状、病原（*Cephaleuros virescens* Kunze）、传播途径和发病条件及防治方法，参见本书槟榔藻斑病。

（七）八角茴香花腐病

1. 症状　侵染花器。初期呈现褐色小斑，后逐渐扩大，致花器腐烂，不能结实，造成减产。

2. 病原　匐枝根霉（黑根霉）[*Rhizopus stolonifer*（Ehrenb. ex Fr.）Vuill.]，为半知菌亚门根霉属真菌。

3. 传播途径和发病条件　不详。

4. 防治方法　参见本书梅灰霉病。

（八）八角茴香病毒病

1. 症状　叶出现畸形皱缩，扭曲呈球状或出现花叶斑驳，早发病株生长受阻，植株矮缩不抽薹，结果少而小。迟受害的开花结果受影响。

2. 病原 病毒种类有待鉴定。

3. 传播途径和发病条件 蚜虫为传毒介体，蚜虫发生量与病毒病的发生与为害关系密切。

4. 防治方法

（1）苗期和生长期防疫 及时拔除病株（拔前先喷药灭蚜，防止人为促其扩散传毒），并烧毁。

（2）治蚜防病 发现蚜虫可用50%抗蚜威可湿性粉剂3 000倍液、10%蚜虱净可湿性粉剂3 000倍液、2.5%联苯菊酯乳油3 000倍液或48%毒死蜱乳油2 000倍液喷治。同时可进行叶面喷洒增产灵50～100mg/kg、1%过磷酸钙液，促进植株长壮，提高抗病力。

（九）八角茴香无根藤寄生

1. 症状 吸根深入八角茴香树干，吸取水分和养分，往往拔除后经2～3个月后又重生，受害轻者叶片变小，新梢细弱，生长缓慢，严重者被寄生枝条引起落叶、落花、落果，结果少。

2. 病原 *Cassytha filiformis* Linn.，樟科一种无根藤。

3. 防治方法

（1）清除干净受寄生的无根藤，集中烧毁。

（2）加强管理，发现少量无根藤，即应挖除干净，挖除后立即补施八角茴香专用复合肥0.5～1kg/株，提高其抗逆能力。

（十）八角茴香日灼病

1. 病状 病树出现树皮龟裂，木质部腐朽，由下至上逐渐枯死。

2. 病因 受强烈日光照射引起。

3. 防治方法

（1）选用已木质化的二年生苗木种植。

（2）种树荫蔽 若是空地种植，宜间种高秆作物或速生树种作荫蔽，待林地进入成林期后，逐渐将部分荫蔽树间伐。

（3）病部康复处理 将受害树皮部刮除，修好树皮边缘，刮面涂上桐油、松香、蜡等胶状物，促其愈合。也可全树干涂刷石灰浆，以反射强光，每年7～8月涂刷较适宜。

二、害虫

（一）八角茴香尺蠖

八角茴香尺蠖（*Dilophodes elegans sinica* Prout），属鳞翅目尺蠖科。

1. 为害特点 幼虫取食叶片，大发生时将树叶食光，造成严重减产。

2. 生活习性 1年发生3代，以蛹在土中越冬，9～10月遇旱易成灾，林下地物少时发生较重，反之则较轻，其他参见本书女贞尺蠖。

3. 防治方法

（1）树上涂胶环（用桐油1份、松香1份混合成涂胶） 离地30～60cm处涂上黏胶环约10cm，阻止幼虫上树为害。

（2）人工捕杀 为害期摇动树枝，受惊幼虫落地后集中捕杀。

（3）松土灭蛹 冬季或5月、8月，松土6～10cm，露出地面蛹或则捡出杀灭，或让鸟吃。

（4）施药防控 三龄前施用90%敌百虫晶体1 000倍液、4.5%高效氯氰菊酯乳油800～1 000倍液或2.5%安杀宝1 000～1 500倍液喷治，也可用2.5%溴氰菊酯乳油1 500倍液，或48%毒死蜱乳油1 000倍液喷治。

（二）链壶蚧

链壶蚧（*Asterococcus yunnanensis* Borchsenius），属同翅目壶蚧科。为害八角茴香的新害虫，为害重、损失大。

1. 为害特点 以成虫、若虫吸食枝条组织汁液，致使受害枝干逐渐干枯、其分泌物诱发煤烟病，引起大量落花、落果。

2. 形态特征 成虫体外的蜡质壳似壶状，壳顶部稍收缩。管状突开口向上如壶嘴，壳面粗糙有纵行脊纹，脊纹从壳顶呈辐射状排列。颜色为浅白色，整个蜡壳为黄褐色。

3. 生活习性 据云南富宁县初步观察，当地1年发生1代，营固定或半固定生活，调查发现10月至翌年1月是云南链壶蚧一至二龄若虫涌散时期，也是防治适期。

（三）介壳虫类

常见有吹绵蚧、矢尖蚧、褐圆蚧等，其为害特点、形态特征、生活习性，分别参见本书佛手、橄榄介壳虫。

介壳虫类综合防治：重点抓一至二龄若蚧期防治。链壶蚧为主的可喷1 200倍石硫合剂或碳酸氢铵115kg+洗衣粉10g液；链壶蚧与其他介壳虫并发，可选喷40%扑杀磷乳油1 000倍液、40%速克蚧乳油1 000（萌芽前）～1 500（萌芽后）倍液或10%吡虫啉可湿性粉剂1 000倍液。其他参见本书佛手、橄榄介壳虫。

（四）八角茴香象虫

八角茴香象虫（*Hypomeces* sp.），属鞘翅目象虫科。

1. 为害特点　幼虫钻蛀八角茴香嫩梢，沿主梢髓部向上取食，引起嫩梢萎蔫、干枯，当年生枝叶生长受阻，果实减收或完全失收。

2. 形态特征　一种小型象鼻虫，参见橄榄漆蓝卷象。

3. 生活习性　1 年发生 2 代，以成虫在土中越冬。第一代幼虫为害期为 4～6 月，第二代幼虫为害期为 7～8 月，成虫有假死性。

4. 防治方法

（1）剪除被害虫枝　发生初期即剪除出现的枯黄枝梢，集中烧毁。

（2）震落捕杀成虫　利用成虫具假死性特点，猛摇树干，震落成虫后捕杀。

（3）施药防控　成虫、幼虫发生期选用 80%敌敌畏乳油 800 倍液+25%福田宝乳油 800 倍液混合液喷治，也可任选 90%敌百虫晶体 800～1 000 倍液、50%杀螟硫磷乳油 800 倍液、50%稻丰散乳油 1 000 倍液或 25%喹硫磷乳油（爱卡士）1 000～2 000 倍液喷治。

（五）八角茴香瓢萤叶甲

八角茴香瓢萤叶甲（*Oidesleu comelaena* Weise.），属鞘翅目叶甲科。又名金花虫、八角金花虫、八角虫。

1. 为害特点　幼虫蛀食幼芽和嫩叶，严重时还可蛀食主干和硬枝，成虫也可为害嫩梢幼叶。

2. 形态特征　小型甲虫，幼虫蛆状，参见本书绞股蓝三星黄叶甲。

3. 生活习性　1 年发生 1 代，卵产在当年小枝丫间并在其上越冬。3～4 月与 5～8 月分别为幼虫和成虫为害期。幼虫化蛹在树冠投影处土表层。成虫喜光，具假死性。4 月下旬至 5 月中旬幼虫大多下地化蛹。

4. 防治方法

（1）冬、春铲草刮地表，使蛹暴露，让天敌啄食或冻死。

（2）冬季结合修剪，摘除卵块，减少翌年虫源。

（3）适期施药防控　幼虫孵化期（2 月下旬即幼虫开始孵化前 10d 左右），选清晨或雨后湿度大时喷白僵菌粉剂，三龄前用药同尺蠖。

（六）橘二叉蚜

橘二叉蚜（*Toxoptera aurantii* B. et F.），属同翅目蚜科。

为害特点、形态特征、生活习性和防治方法参见本书佛手橘蚜。

（七）八角茴香冠网蝽

八角茴香冠网蝽（*Stephanitis illicuim* Jing），属同翅目网蝽科。

为害特点、形态特征、生活习性和防治方法，参见本书满山白梨冠网蝽。

（八）小地老虎

参见本书地下害虫小地老虎部分。

（九）李枯叶蛾

李枯叶蛾（*Gastropocha quercifolia* Linn.），属鳞翅目枯叶蛾科。

1. 为害特点、形态特征、生活习性 参见本书橄榄枯叶蛾。

2. 防治方法 药剂防治可试用30%灭蛾净乳油1 000倍液或35%硫丹乳油2 000倍液。其他参见本书橄榄枯叶蛾。

（十）花蓟马

花蓟马［*Frankliniella intonsa*（Trybom）］，参见本书莲花蓟马。

（十一）中华简管蓟马

中华简管蓟马（*Haplothrips chinensis* Priesner），属缨翅目管蓟马科。

1. 形态特征

（1）成虫　体黑褐至黑色，雌虫体长约1.9mm，头宽、长各为0.18mm。前翅长1mm；雄虫较小，体长约1.4mm，触角8节，第三节至第六节黄色，其余为褐色。复眼后长鬃、前胸各长鬃及翅基鬃尖端扁钝。复眼后鬃、前胸及翅基鳞瓣鬃尖端钝，前足胫节黄褐色，前翅端部后缘间插缨6～10根。

（2）卵　长约0.3mm，长圆形，近透明，玉白色，近孵化时淡乳黄色。

（3）若虫　无翅，初孵浅黄色，后变橙红色，触角、尾管黑色。

2. 生活习性 参见本书薏苡稻管蓟马。

（十二）蓟马类综合防治

（1）喷粉防治　盛花期可用2.5%溴氰菊酯乳油1份加一级滑石粉（飘移性能好）100份，采用大马力喷粉机于早、晚气流较小时喷粉。喷后30min大量成、若虫落地死亡，但此药对卵无作用。花期长的过3d重喷1次。

（2）打孔施药　可用皮带打孔钉在直径12～14cm离地1m左右的树干处，打1～3个孔，深2～2.5cm，用蘸有内吸农药（如吡虫啉、噻虫嗪等）的棉球填塞，每株视农药种类、冠幅大小施药液2～6mL，孔口外用纸箱封口胶封严或用凡士林涂封。花期过长，一个月后加药补充。此法保果率可达90%以上。

（3）涂干施药　花蕾膨大时于树干1.3m以下部位，将上述药每株按18mL用量施药。先将树干上过厚过老的硬皮、青苔、杂质刮去一圈，宽5～10cm，后将药液涂上，外包地膜，上下扎实。此法防效好。上述方法可避免因虫害而出现的疮痂果。其他参见本书莲花蓟马。

(十三) 相思拟木蠹蛾

相思拟木蠹蛾(*Arbela bailbarana* Mataumura),属鞘翅目木蠹蛾科。蛀干常见害虫。

为害特点、生活习性和防治方法,参见本书金银花豹纹木蠹蛾。

第十三节 山鸡椒/山苍子

山鸡椒[*Litsea cubeba* (Lour.) Pers.]为樟科木姜子属植物,别名木姜子、山鸡椒、山姜子、臭樟子、赛梓树等。药材名称山苍子。

(一) 天牛

主要有光肩星天牛、黄斑星天牛,参见本书佛手星天牛。

(二) 杨扇舟蛾

杨扇舟蛾(*Clostera anachoreta* Fabricius),属鳞翅目舟蛾科。又名白杨社蛾。

1. 寄主 多种杨、柳、山苍子等。

2. 为害特点 以幼虫食叶为主。初孵幼虫群集为害,只食叶下表皮叶肉,残留上表皮及叶脉,二龄后吐丝缀叶形成大虫苞。食料不足时转叶为害,三龄后分散为害,食量剧增,五龄食量最大,占总食量的70%。严重时将叶食光,削弱树势,影响产量。

3. 形态特征

(1) 成虫 雌虫体长15~20mm,翅展38~42mm;雄虫体长13~17mm,翅展23~37mm,体灰褐色,翅面有4条白色波状横纹,顶角有一暗褐色扇形斑;外横线通过扇形斑一段,呈斜伸的双齿形;外衬2~3个黄褐色带锈红色斑点;扇形斑下方有1个较大的黑点,后翅灰褐色。

(2) 卵 扁圆形,初为橙红色,近孵化时为暗灰色。

(3) 幼虫 老熟幼虫体长32~39mm,头部黑褐色,胸部灰白色,侧面黑绿色,身体有白色细毛。腹部背面灰黄绿色,两侧有灰褐色宽带;腹面灰绿色,每节着生有环形排列的橙红色瘤8个,其上具有长毛;两侧各有1个较大的黑瘤,其上着生白色细毛一束,向外放射。腹部第二节和第八节背中央有红黑色较大瘤。臀板赭色,胸足棕褐色,端部褐色。

(4) 蛹 体长13~18mm,褐色,尾端具分叉的臀棘。

(5) 茧 椭圆形,灰白色。

4. 生活习性 湖南、江西1年发生5~6代,海南1年8~9代,海南地区全年为害，无越冬现象。福建南平地区11月上旬还可见其为害，12月上旬方结茧化蛹越冬。成虫昼伏夜出，有趋光性。卵主要产叶背，单层排列呈块状，每卵块百粒左右，每雌可产卵100～600粒。老熟幼虫在卷叶苞内吐丝结茧化蛹，最后一代幼虫老熟后多沿着树干爬到地面，在枯叶、墙缝、树干旁粗树皮下和屋角下结茧化蛹过冬。在海南，一个世代历期30～40d，其中卵期4～5d，幼虫期17～20d，蛹期5～7d，成虫寿命4～7d。该虫天敌：幼虫期有毛虫追寄蝇、绒茧蜂、颗粒体病毒（GV）和灰椋鸟，蛹期有广大腿蜂，卵期有黑卵蜂、舟蛾赤眼蜂。

5. 防治方法

（1）该虫多发生苗圃、幼树，及时摘除虫苞，可降低后期为害。

（2）保护利用天敌。

（3）施药防控　幼虫为害期可喷90%敌百虫晶体800～1 000倍液，也可使用生物农药如白僵菌、青虫菌、Bt等防治。

（三）红蜘蛛

红蜘蛛（*Tetranychus* sp.），属真螨目叶螨科。

1. 为害特点　4～5月为害叶片，呈现灰白色斑点，严重时引起叶早落。7～8月为害猖獗。

2. 形态特征、生活习性　参见本书罗汉果朱砂叶螨。

3. 防治方法　发芽前或展叶期选用治螨药剂喷治1～2次；开花前后各喷1次，其他防治方法和用药，参见本书罗汉果朱砂叶螨。

（四）蚜虫

蚜虫（*Aphis* sp.），属同翅目蚜虫科。

1. 为害特点、形态特征、生活习性　参见本书栀子蚜虫。

2. 防治方法

（1）驱避蚜措施　覆盖银灰色地膜，或田间挂银灰色胶膜条，可驱避蚜虫。

（2）清园　冬季清除田间杂草和临近田块蚜虫侵害的残老作物，减少越冬虫源。

（3）施药防控　可任选25%蚜虱绝乳油2 000～3 000倍液、10%吡虫啉可湿性粉剂3 000～4 000倍液、3%啶虫脒乳油3 000倍液、19%克蚜宝乳油2 000～2 500倍液或50%抗蚜威可湿性粉剂（辟蚜雾）1 500倍液喷治，药剂宜轮流使用。

（五）卷叶螟

为害特点、生活习性和防治方法，参见本书栀子棉大卷叶螟。

（六）波纹杂毛虫

1. 为害特点、形态特征、生活习性 参见本书厚朴波纹杂毛虫。

2. 防治方法 幼虫发生期，采用10%吡虫啉可湿性粉剂2 000～2 500倍液、90%敌百虫晶体800倍液或80%敌敌畏乳油800倍液喷治，其他参见本书厚朴波纹杂毛虫。

（七）泡盾盲蝽和樟叶瘤丛螟（蛾）

泡盾盲蝽为害特点、形态特征、生活习性和防治方法，参见本书栀子绿盲蝽。樟叶瘤丛螟（蛾）防治方法参见本书橄榄锄须丛螟。

第十四节 金樱子/金樱子

金樱子（*Rosa laevigata* Michx. f. *laevigata*）为蔷薇科蔷薇属植物。其干燥成熟果实即为中药材金樱子，别名刺榆子、刺梨子、金罂子、山石榴、藤勾子等。

一、病害

金樱子白粉病

1. 症状 初期叶上出现近圆形白粉状霉斑，后渐扩大为大病斑，发生严重时，叶布满白粉状物，引起叶片焦枯。

2. 病原 （*Oidium* sp.），为半知菌亚门粉孢属真菌。

3. 传播途径和发病条件 参见十大功劳白粉病。

4. 防治方法

（1）选用无病苗木 扩繁时剪除病部，防止病苗传入新区。

（2）清园 冬季彻底清除枯枝落叶，杜绝菌源。

（3）实行轮作 病重田块可与非寄主植物轮作2～3年。

（4）施药防控 秋苗发病重的田块，可实行药剂拌种，春季和秋季田间病株率3%～5%，每667m^{2}用20%三唑酮乳油20～30mL或15%三唑酮可湿性粉剂50g对水50～60kg喷洒，也可用25%病虫灵乳油每667m^2 50mL加水50kg喷治。

二、害虫

蔷薇白轮蚧

蔷薇白轮蚧（*Aulacaspis rosarum* Barchs.），属同翅目盾蚧科。别名蔷薇白轮盾蚧、玫瑰白轮蚧。

1. 为害特点、形态特征和生活习性 参见本书槟榔透明盾蚧。

2. 防治方法

（1）剪除受害枝，集中处理。

（2）适期施药防控 若虫孵化盛期后7d内（未形成蜡质或刚开始形成蜡质时）施药防治，可选用40%速蚧杀乳油1 500～2 000倍液、6%吡虫啉可湿性粉剂2 000倍液或菊酯类农药2 500倍液喷治。

第十五章 槟榔/槟榔或槟榔子

槟榔（*Areca catechu* L.）为棕榈科槟榔属常绿乔木，又名槟榔玉、榔玉、白槟榔、橄榄子、仁频等，其种子称为槟榔。四大南药之一。

一、病害

（一）槟榔轮纹叶枯病

1. 症状 叶上病斑近圆形或不规则形，灰褐色，具轮纹，后期病斑融合，常致叶尖、叶缘干枯，叶面密生小黑点（病原菌分生孢子器）。

2. 病原 （*Phomopsis palmicola* Sacc. f. *arecae* Sacc.），为半知菌亚门拟茎点霉属真菌。

3. 传播途径和发病条件 以分生孢子器或菌丝体在病部越冬。翌春条件适宜，分生孢子借风雨传播，辗转为害。全年均可发生，在成树老叶和苗木嫩叶上发生居多，严重发生时引起叶枯和死苗。

（二）槟榔灰斑病

1. 症状 叶上呈现圆形或近圆形病斑，中央灰白色，边缘有明显的暗褐色至黑色的坏死带。病斑上密生许多小黑点（病原菌的子囊座）。

2. 病原 槟榔球座菌（*Guignardia arecae* Sacc.），为子囊菌亚门球座菌属真菌。

3. 传播途径和发病条件 以子囊壳在病部越冬，翌春条件适宜，散出子囊孢子，借风雨或昆虫传播。病菌孢子可不断产生，重复侵染。高温多雨有利发病，药园管理粗放、土质差、树势衰弱的发病较重。

（三）槟榔褐斑病

1. 症状 叶出现圆形或近圆形病斑，边缘明显，有暗褐色坏死线，外有黄晕，通常病斑穿透叶片两面，正背两面颜色相近。

2. 病原 *Corynespora elaeidicola* M. B. Ellis.，为半知菌亚门棒孢属真菌。

3. 传播途径和发病条件 以菌丝体或分生孢子在病部或随病残体落在土中越冬。翌年条件适宜，分生孢子借气流传播，进行初侵染和再侵染。1～5月发生，个别地方颇重。

（四）槟榔叶斑病

1. 症状 叶上初现褐色小点，后期扩展为不规则形或长条形的褐斑，边缘有暗褐色坏死线，但病斑不呈轮纹状，无黄晕，通常在叶面上生许多小黑点（病菌分生孢子盘）。

2. 病原 掌状拟盘多毛孢［*Pestalotiopsis palmarum*（Cke.）］，为半知菌亚门拟盘多毛孢属真菌。

3. 传播途径和发病条件 以分生孢子在病叶上越冬，翌年条件适宜，分生孢子借风雨传播，辗转侵染。苗期发生特重。

（五）槟榔斑点病

1. 症状 主要为害幼苗叶片。初现褐色小圆斑，后扩展为中央灰白色、边缘暗褐色的圆形或椭圆形病斑，直径长达10mm以上，病斑融合形成大枯斑，终至叶片破碎。病斑上密生小黑点（分生孢子器）。

2. 病原 *Phyllosticta arecae* Died.，为半知菌亚门叶点霉属真菌。

3. 传播途径和发病条件 病菌以分生孢子器在病部越冬，翌年条件适宜，产生分生孢子，借风雨传播，辗转为害。一年四季均可发生。

（六）槟榔叶斑病类（轮纹叶枯病、灰斑病、褐斑病、叶斑病、斑点病）综合防治

（1）清园 生长期间结合田间管理，及时清除病残株，净化环境，减少侵染源。

（2）优化栽培管理 搞好排灌设施，适当修剪，改善通风透光条件，降湿防病。

（3）防控发病中心 重点抓苗期的防控工作，发病初期及时施药控病。可任选10%苯醚甲环唑水分散粒剂2 000倍液、77%氢氧化铜可湿性粉剂800～1 000倍液、20%噻菌铜悬浮剂500～600倍液、75%百菌清可湿性粉剂1 000倍液、65%代森锌可湿性粉剂500～600倍液、50%多菌灵可湿性粉剂800～1 000倍液或70%甲基硫菌灵可湿性粉剂800～1 000倍液喷治。也可选用生物农药0.05%绿泰宝水剂600～800倍液、3%多抗霉素水剂600～900倍液或3%中生霉素可湿性粉剂（克菌康）1 000～1 200倍液喷治。

（七）槟榔黑煤病

1. 症状 小叶和叶柄表面附生大量的黑色煤污物，叶背面呈现浅黄色不规

则形的褪绿病斑。

2. 病原　槟榔短蠕孢［*Acroconidiellina arecae*（Berk. et Br.）M. B. Ellis. ＝*Brachysporium arecae*（B. et Br.）Sacc.］，为半知菌亚门短蠕孢属真菌。

3. 传播途径和发病条件　6～12月发生，常与蚜虫同时发生为害。

4. 防治方法　参见槟榔煤烟病。

（八）槟榔炭疽病

常见病，全年均可发生。

1. 症状　主要为害叶片、花序、果实，还可引起芽腐及死苗。叶上初为水渍状绿色小点，后期变褐，成为圆形、椭圆形或不规则形病斑，中央灰白色，边缘暗褐色，略具同心轮纹，病部常稍凹陷，上生小黑点（分生孢子盘）。老叶上多为圆形至多角形病斑，其上也长分生孢子盘，但多为子囊壳。为害花序，引起回枯，严重时引起落花、落果。高湿条件下，病部上生橙红色的黏质小点（病原菌的分生孢子团）。果上病斑圆形，褐色至暗褐色，有时具同心轮纹，潮湿时也长黏质的橙红色小点。幼苗受害，重者引起死亡。芽部受害，引起芽腐，心叶卷曲，病斑处破裂，有腐烂臭味。

2. 病原　有性阶段：围小丛壳［*Glomerella cingulata*（Stonem）Spaulld et Schrenk］，为子囊菌亚门小丛壳属真菌。无性阶段：胶孢炭疽菌［*Colletotrichum gloeosporioides* Penz.（＝*C. catechu* Died＝*C. arecae* Syd.）］，为半知菌亚门炭疽菌属真菌。

3. 传播途径和发病条件及防治方法　参见本书佛手炭疽病。

（九）槟榔果腐病

1. 症状　病菌侵染生长点及树冠部，引起相应部位坏死，表现为果实腐烂和青果大量脱落。

2. 病原　密色疫霉（*Phytophthora meadii* McRae.），为鞭毛菌亚门疫霉属真菌。

3. 传播途径和发病条件及防治方法　参见本书绞股蓝疫病。

（十）槟榔褐根病

该病是为害槟榔的主要病害。

1. 症状　发病后期地上部叶褪绿或变黄，树干干缩呈暗灰色，地下病根表面凹凸不平，黏着泥沙，夹杂铁锈色毛毡状菌丝层和薄而脆的黑色菌膜，木质部有明显的蜂窝状褐纹，皮层与木质部之间有黄白色绒状菌丝体。

2. 病原　*Phellinus noxius*（Corner）C. H. Cunning Ham.，为担子菌亚门

木层孔菌属真菌。

3. 传播途径和发病条件 不详。

4. 防治方法

（1）实行轮作 病重田实行水旱轮作。

（2）清园 生长期和冬季均应清洁药园，清除病残体特别是病树根茎的残留部分，减少翌年初侵染源。

（3）及时施药防控 先刮除患病根茎，后施药防控，可试用25%三唑酮乳油2 500～3 000倍液、40%氟硅唑乳油（福星）8 000～10 000倍液、20%灭锈胺400mL对水40～60L、12%腈菌唑乳油2 000～2 500倍液或12.5%烯唑醇可湿性粉剂（速保利）3 500～4 000倍液喷治。

（十一）槟榔黑纹根病

1. 症状 地上部出现症状与褐根病不易区别，但地下部根表面不沾泥沙，无菌丝膜，树皮与木质部之间为灰白色的菌丝体，被害木质部穿透双重黑线纹，终至病树死亡。

2. 病原 *Ustulina deusta*（Hoffm. et Fr.）Lind.，为子囊菌亚门焦菌属真菌。

3. 传播途径和发病条件 不详。

4. 防治方法 参见槟榔褐根病。

（十二）槟榔煤烟病

发生普遍。

1. 症状 初在叶上出现褐色圆形煤斑，后相互连接形成绒状霉层（病菌菌丝体和分生孢子），容易剥离。严重时叶布满黑色霉层，阻碍光合作用，植株长势衰弱。

2. 病原 *Capnodium* sp.，为子囊菌亚门刺壳炱属真菌；也有报道 *Alternaria* sp.（链格孢属真菌）能引起煤烟病。

3. 传播途径和发病条件 该病发生与蚜虫、粉虱、介壳虫关系密切，其他参见本书栀子煤病。

4. 防治方法

（1）治虫防病 虫量少时局部施药防治，可选喷20%吡虫啉可湿性粉剂3 000倍液。

（2）加强田间管理 合理密植，注意通风，科学施肥，及时清除病残体，减少侵染源。

（3）施药防控 发病初期选喷1%波尔多液或一定浓度石硫合剂，其他参见本书栀子煤病防治。

（十三）槟榔藻斑病

有时发生较多。

1. 症状 为害树干、叶柄、叶鞘和叶子。叶上呈现近圆形、椭圆形病斑，上生锈褐色的霉状物。破坏叶和茎部表皮。

2. 病原 *Cephaleuros virescens* Kunze.，为黏菌门的一种寄生性绿藻。毛毯状物系由病原绿藻的藻丝体（营养体）、孢囊梗和孢子囊组成。

3. 传播途径和发病条件 以丝状体和孢子囊在寄主的病叶和落叶上越冬，翌年春季，在越冬部位产生孢子囊和游动孢子，借雨水传播。以芽管从气孔侵入，吸收寄主营养而形成丝状营养体。该菌营养体可在叶片角质和表皮之间繁殖，穿过角质层，在叶片表面由一中心点作辐射状蔓延。病斑又产生孢子囊和游动孢子，继续传播为害。药园荫蔽潮湿、通风透光差、长势弱、土质瘠瘦和树冠下的老叶发病较重。该菌寄主范围较广，可为害多种果林。

4. 防治方法 重点是加强管理，合理密植，注意槟榔园通风透光，清除田间杂草和病残体，合理施肥，促进植株长壮。发病初期选喷1%波尔多液、代森锰锌或苯醚甲环唑等药剂。

（十四）槟榔根腐病

1. 症状 病树树冠呈失水状态，剖开病株木质部可见维管束变褐坏死，根皮外有白色絮状菌丝层，病根黄褐色腐烂。

2. 病原 *Fusarium* sp.，为半知菌亚门镰孢属真菌。

3. 传播途径和发病条件 常见于苗期发病。5～8月高温高湿季节发生。其他参见本书厚朴根腐病。

4. 防治方法 参见本书厚朴根腐病。

（十五）槟榔红根病

1. 症状 病菌从根部侵入为害，致根茎坏死，地上部从老叶开始发黄枯死，继而扩展至新叶，树冠逐渐缩小，发病数月后全株枯死。死株茎基部长出子实体（担子果），病株根部海绵状湿腐，根表不沾泥沙。

2. 病原 灵芝［*Ganoderma lucidum*（Leyss. ex Fr.）Larst.］，为担子菌亚门灵芝属真菌。

3. 传播途径和发病条件 失管的槟榔园发病较重。

4. 防治方法 参见槟榔茎腐病。

（十六）槟榔茎腐病

1. 症状 发生于离地1～1.5m高的茎干上，受害部呈现褐色干腐。也可为害叶柄，病部可长出子实体（担子果），染病后槟榔长势衰弱。

2. 病原 裂褶菌（*Schizophyllum commune* Fr.），为担子菌亚门裂褶菌属真菌，一种弱寄生木腐菌类。

3. 传播途径和发病条件 槟榔各生育阶段均可发生，以5～10年槟榔最易感染，成龄槟榔发病较轻。主要靠土壤传播，也可通过孢子、灌溉水、农事操作和空气传播。该病发病潜育期较长，早期诊断，尤为重要。通常槟榔茎干受到严重人为烧伤或阳光灼伤时，易受害。

4. 防治方法

（1）加强管理 彻底清除病株，消除侵染源。

（2）采用生物防治 如施绿色木霉、哈茨木霉、芽孢杆菌等。

（3）施药防控 如施放线酮、克菌丹、福美双等。注意土壤保持合适湿度，才能充分发挥药效。

（十七）槟榔茎泻血病

1. 症状 病茎初为褪色的凹陷小斑，随后病斑扩展，在茎上出现裂缝，流出暗褐色汁液。随着病情发展，病部纤维层解体，终至受害部出现深度不等的空穴。受害成龄植株树冠较小，引起减产，且易受虫蛀，遇风易折。

2. 病原 奇异长喙壳菌［*Ceratocystis paradoxa*（Dade）Mor.］，为子囊菌亚门长喙菌属真菌。有报道称半知菌亚门根串珠霉属奇异根串珠霉［*Thielaviopsis paradoxa*（de Seyn.）Hohn］，也能引起茎泻血病。

3. 传播途径和发病条件 潮湿季节、茎部灼伤或机械伤害易发生，虫害重的发病也多。

4. 防治方法 参见槟榔茎腐病。

（十八）槟榔鞘腐病

1. 症状 为害槟榔叶鞘和茎干。叶鞘枯死后紧贴槟榔树干，不会脱落，撕开病叶后可见白色菌丝，受害茎部表皮变粗糙，多雨潮湿季节病部可长出子实体（担子果），通常受害后对植株生长有影响，但不会造成整株枯死。

2. 病原 白微皮伞菌［*Marasmiellus cadidus*（Bolt.）Sing.］，为半知菌亚门微皮伞属真菌。

3. 传播途径和发病条件 不详。

4. 防治方法 采用人工剥除病死枯叶，便可有效防治本病。

（十九）槟榔细菌性条斑病

该病是为害槟榔的重要病害。

1. 症状 主要侵染叶片，也能为害叶柄和叶鞘。叶片：发病初期，叶上出现暗绿色至淡褐色、水渍状的椭圆形小斑点，或形成1～4mm、宽5～10mm长的短条斑，中期病斑变褐色，黄晕明显，并穿透病叶两面，沿叶脉间扩展，扩展部位呈半透明状。病情发展时，条斑可扩大至1cm或更宽，长达10cm以上，甚至等于整张小叶的长度。一张小叶可出现多个条斑密集排成栅栏状或汇集成不规则形大斑。一张复叶的所有子叶均可被侵染。后期病斑深褐色。在较长时间的潮湿条件下，病斑背面会出现蜡黄色的黏胶状液滴（菌浓），干燥后成蜡黄色粒状物。病重时，病叶破裂枯死。叶柄：病斑棕褐色，无黄晕，长椭圆形或不规则形，病斑深达至叶柄的2～5mm处，维管束变褐。叶鞘：病斑褐色至深褐色，无黄晕，微凸起，单个病斑近圆形，后期病斑汇合成不规则形大斑，病斑穿透叶鞘两面，并深达里层的第二、三片叶鞘。病重时，病斑累累，整个复叶枯死。

2. 病原 野油菜黄单胞菌槟榔致病变种［*Xanthomonas campestris* pv. *arecae*（Rao & Mohan）Dye］，为黄单胞杆菌属细菌。

3. 传播途径和发病条件 带病种苗和田间病株、病残体是主要侵染源。调运带菌种苗是远程传播的主要途径。田间主要依靠雨水、灌溉水和露水传播，昆虫、染菌的农具和人事操作也能传病。病菌从伤口和自然孔口侵入。海南周年均可发生。雨量大、雨日多、湿度大有利发病。台风是本病流行的主导因素。台风过程除大量降雨更有利病菌传播侵染外，还因台风引起叶片的相互摩擦或撕裂，造成大量伤口，为细菌加速侵染创造条件。温度对该病也有明显影响，最适温度为18～26℃，因此病害流行期常出现在8～12月。高温干旱，病害基本受到压抑或发展缓慢。在正常天气条件下，幼苗和结果树发病较轻，幼树发病较重，尤其2～6龄幼树发病重。凡低洼积水处、近水边的槟榔，发病较重，反之亦然。

4. 防治方法

（1）实行检疫　杜绝带菌病苗通过调运传至新区或无病区。这是从源头上防控病害传播的主要措施。

（2）加强栽培管理　雨后及时排水，防止园内积水。细心操作，避免机械损伤，减少病菌侵入机会。

（3）早期防控发病中心　本病在田间常形成发病中心。尤其要重视对幼果树的田间检查。发现病株除摘除病叶带出园外烧毁外应对病株及周围植株喷药保护，可任选72%农用硫酸链霉素可湿性粉剂2 000～3 000倍液、20%噻菌铜悬浮剂（龙克菌）400～500倍液、90%新植霉素可湿性粉剂2 000倍液、6%春雷霉素可湿性粉剂500倍液、72.2%霜霉威盐酸水剂600～800倍液、77%氢氧化铜可湿性粉剂800～1 000倍液喷治。药剂宜轮换使用。

（4）施药防控　常发区发病前，选用上述1种农药喷治1次。田间已有一定菌源量，天气预报将有台风过境，应采取全面喷药防控，用药同上，7d喷1次，连用2～3次。

（二十）槟榔细菌性叶斑病

近期我国发现的槟榔新病害。

1. 症状　主要为害叶片。苗期和成株期均可发生。初期叶上出现深绿色至淡褐色水渍状不规则形的小斑点，密集排列成栅栏状，随后病斑逐渐扩大，沿叶脉输导组织形成暗绿色条斑，周围黄晕明显，随着病情发展，病斑可汇合形成不规则大斑。重病株叶片破裂，叶变褐枯死。幼苗受害可引起树冠枯死以致整株死亡。上述症状与细菌性条斑病很相似，不易区分。

2. 病原　须芒草伯克霍尔德氏菌（*Burkhoderia andropogenis*），为细菌门细菌。槟榔细菌性条斑病和细菌性叶斑病可通过菌落颜色初步区分：在肉汁培养基上，细菌性条斑病呈淡黄色，细菌性叶斑病呈白色。

3. 传播途径和发病条件及防治方法　参见槟榔细菌性条斑病。

（二十一）槟榔黄化病

20 世纪 80 年代初在海南发现，是一种毁灭性病害，严重时减产 70%～80%，甚至绝收。

1. 症状　两种类型。黄化型：发病初期植株中下部叶片发黄，逐渐发展到全株叶片黄化，心叶变小，花穗枯萎。束顶型：顶叶缩小，节间缩短，呈束顶状。

2. 病原　为植原体，属硬壁菌门柔膜菌纲植原体暂定属（*Candidatus* phytoplasma），最新研究认为属翠竹黄化植原体中的新亚组，即 G 亚组。

3. 传播途径和发病条件　苗木和接穗可带菌，病株是初侵染源。印度曾报道棕榈长翅蜡蝉可传播槟榔黄化病，但迄今国内未发现或证实该虫的传病性。

4. 防治方法

（1）实行检疫　不从疫区调苗，发现病苗，立即销毁。

（2）培育和种植无病健苗。

（3）除虫防病　在拔除病株前或抽生心叶期喷 20%氰戊菊酯乳油 3 000～4 000倍液，或 2.5%溴氰菊酯乳油 1 500～2 000 倍液，以杀死可能存在的传病昆虫介体。

（4）加强管理　及时拔除烧毁；增施有机肥，提高抗病力。

（二十二）地衣与蕨类

1. 地衣

（1）症状　附生槟榔上的地衣叶状体形态可分成 3 种：①壳状地衣。叶状体大小不一、形同膏药的小圆斑，青灰色或灰绿色。②枝状地衣。淡绿色，直立或下垂，呈树枝状或丝状，并可分枝，黏附枝干上。③叶状地衣。叶状体扁平，形状不规则，有时边缘反卷，表面灰绿色，底面黑色或淡黄色，以褐色假根黏附于枝干上，多个叶状体连接成不规则形如鳞片的薄片，极易脱落。上述3种地衣有时同时附生槟榔上，严重时密布树干，影响抽梢，削弱树势，降低产量。

（2）病原　地衣系藻类与真菌（子囊菌）的共生体，上述壳状地衣、枝状地衣和叶状地衣的病原，分别为 *Crustose lichens*、*Fruticose lichens* 和 *Foliose lichens*。

（3）传播途径和发病条件　地衣以营养体在枝干上越冬。并以其自身分裂成碎片的营养繁殖为主，也能以粉芽或针芽繁殖。粉芽形如花粉，借风雨传至新的场所，发芽长成新的叶状体。针芽是叶状体上的突起物，由2个原生体组成，能自行折断，并借风雨传播繁殖。地衣内的真菌亦能由孢子或菌丝体进行繁殖，遇到适当的藻类即行共生。

2. 蕨类　附生于槟榔树干上的蕨类常见有贴生石苇、羽裂星蕨类和狭基巢蕨。

3. 防治方法

（1）加强田间管理，剪除过密枝，以利通风透光，及时排水，降湿防病，科学施肥，增强树势。

（2）刮除病斑，结合施药　先可用竹片、刷子或刀片刮除树上的地衣，而后喷0.5%石灰等量波尔多液或30%王铜悬浮剂500～600倍液，也可用10%～15%石灰乳涂抹病部。收集刮下的地衣，就地烧毁或深埋，冬季可用10%～15%石灰乳或5波美度石硫合剂涂刷树干。

（3）拔除蕨类植株并烧毁。

（二十三）槟榔生理性黄化病

1. 症状　发病初期下层老叶变黄，后依次向上发展，黄化脱落。叶初为枯黄色，后坏死呈灰褐色大斑，叶呈现黄化时无明显发病中心，有时可以同时发现多株黄色叶斑，个别植株全株黄化，产量锐减，损失很大。

2. 病因　缺钾引起的生理性黄化症。

3. 防治方法

（1）增施钾肥，配合施用氮、磷肥，另加适量镁肥（每株增施硫酸镁5～10g）。

（2）酸性土施少量石灰中和土壤酸性。

（3）做好水土保持工作，减少水土流失。

二、害虫

（一）槟榔透明盾蚧

槟榔透明盾蚧（*Aspidiotus destructor* Signoret），属同翅目盾蚧科。又名椰

圆蚧，是重要害虫之一。

1. 寄主 槟榔、椰子、芒果、番木瓜等植物。

2. 为害特点 若虫和雌虫为害叶片、枝条或果实，吸食汁液，被害部失绿发黄，削弱树势，严重时被害部布满该虫，甚至引起枝叶枯死，果实受害后出现不规则黄斑，品质变劣，其分泌物会诱发煤烟病。

3. 形态特征

（1）介壳 雌介壳淡黄色，盾壳薄而透明，中央有黄色壳点 2 个，外观可见壳内虫体，直径约 1.5mm。雄介壳椭圆形，黄色，中央只有一个黄色壳点。

（2）成虫 雌成虫长卵圆形或卵形，稍扁形，黄色，前端较圆，后端较尖，平均直径 1.5mm；雄成虫体橙黄色，具半透明翅一对，体长 0.7mm，复眼黑褐色，腹末有针状交尾器。

（3）卵 椭圆形，浅黄色，很小。

（4）若虫 初孵若虫浅黄色，后变黄色，椭圆形。

（5）蛹 长椭圆形，黄绿色。

4. 生活习性 长江以南各地 1 年发生 2～3 代，均以受精雌成虫越冬。海南 1 年发生 10 代以上。世代重叠，各虫态同时存在，无越冬越夏现象，一代需 30～45d，雌虫产卵数十粒至 100 多粒。主要靠爬行期若虫的爬行传播，距离较短，约在 20cm 以内。若虫固定在叶背和果表，呈心形分布。风传是另一重要传播方式，虽量小但传播距离较远，且该虫有繁殖速度快和孤雌生殖特点，故这一传播方式成为大面积传播为害的主要途径。一龄若虫又称爬行若虫，此时身上蜡质介壳尚未形成，抗药力最差，是施药防治的最佳时期。雄成虫羽化后即与雌成虫交尾，交尾后死亡。该虫主要天敌为细缘唇瓢虫（*Chilocorus circumdatus*）。

5. 防治方法

（1）清园 在少量发生时，剪除被害叶，减少其发生量。

（2）保护利用天敌 除重点保护细缘唇瓢虫外，对草蛉、寄生蜂等也应加以保护利用。

（3）适期施药防控 卵盛孵期（即爬行期）及时选用 2.5%溴氰菊酯乳油 3 000～4 000 倍液、2.5%氯氟氰菊酯乳油 3 000～4 000 倍液或 50%马拉硫磷乳油800～1 000倍液喷治。其他参见本书佛手蚧类防治。

（二）吹绵蚧

参见本书佛手吹绵蚧。

（三）矢尖蚧

参见本书石斛矢尖蚧。

（四）红脉穗螟

红脉穗螟（*Tirathaba rufivena* Walker），属鳞翅目螟蛾科。槟榔的重要害虫。

1. 寄主 槟榔、椰子等植物。

2. 为害特点 以幼虫为害槟榔树花穗和幼果，引起落花、落果。

3. 形态特征

（1）成虫 体长23～35mm，前翅绿中带灰，前翅中脉、肘翅及第一臀脉和后缘均被有红鳞片，使脉纹成红色，翅的外缘有1列黑点，分布于各脉端之间，后翅及腹部橙黄色。雄蛾较为细小，体色浅但很鲜艳，停止活动时，翅的外缘可见两条银白色花斑。下唇须短。雌蛾较粗大，腹部特别显著，体色较深，停止活动时，翅外缘两条银白色花斑不明显，下唇须长，从背面可明显看见。

（2）卵 初产时乳白色，孵化前为橘黄色，椭圆形，具网状花纹，长径0.55～0.64mm，短径0.4mm。

（3）幼虫 初孵时体白色透明，老熟时变成淡褐色。体长约22mm，圆筒形，体背着生许多散生刚毛。前胸侧气门特别大，中胸背板有5个不规则的褐色斑点。第三至第六腹节，各具1对腹足，腹足趾钩双序环状，臀足趾钩双序缺环状。

（4）蛹 长10～13mm，赤棕色，背面有一条明显的颜色较深的纵脊，翅芽末端达第四腹节后缘，雄性生殖孔在腹部第九节，孔的两侧有两个乳状突起，雌蛹生殖孔在腹部第七节，孔的两侧无突起。蛹外包裹着长椭圆形、由幼虫缀结周围碎屑而成的茧，茧的一端有一开口为羽化孔。

4. 生活习性 1年发生10代，1代需27～74d，卵期3～4d，幼虫期12～32d，蛹期8～33d，成虫期2～7d。成虫羽化、交尾后产卵于雌花穗上。雌虫一生产卵5～127粒。成虫具弱趋光性。白天成虫躲于叶背或较为隐蔽场所。幼虫一年中以4～5月和8～9月为发生高峰。幼虫还会悬丝下落转移为害。

5. 防治方法

（1）及时钩除花穗，减少其滋生场所。

（2）幼虫发生高峰期可喷2.5%溴氰菊酯乳油2 000倍液或90%敌百虫晶体1 000倍液。

（五）椰心甲

椰心甲［*Brontispa longissima*（Gestro.）］，属鞘翅目叶甲科。我国禁止进境的二类检疫性危险害虫，为害槟榔的重要害虫。

1. 寄主 椰子、槟榔、棕榈等植物。

2. 为害特点 主要为害槟榔新叶，受害株出现新叶枯萎、干枯和落花等现象。

3. 形态特征

（1）成虫 体狭长扁平，长8～10mm，宽1.9～2.8mm，触角鞭状，11节，棕褐色，柄节长2倍于宽。头部比前胸背板显著窄，头顶前方具角间突，头顶有浅褐色纵沟，前胸背板红黄色，刻点粗而排列不规则，鞘翅狭长，前缘1/4部分为棕红色，后面3/4部分蓝黑上的刻点呈纵列，足粗短，棕褐色，跗节4节，第四、五节完全愈合，爪全开式。

（2）幼虫 三龄期成熟幼虫乳白色，长约9mm，宽约2.2mm，体扁平，头部隆起；两侧有1对刺状侧突，腹可见8节，腹末有1对内弯的钳状尾突。

（3）蛹 长约10.0mm，头部具一个突起，腹部第二至七节背面具8个小刺突，分别排成两横列，第八腹节刺突仅2个，靠近基缘，腹末仍保留1对钳状尾突。

4. 生活习性 近距离靠成虫飞行扩大为害，远程主要依靠调运带虫苗木传播。

5. 防治方法

（1）实行检疫 防止调运有虫的种苗或幼树向外扩展蔓延。

（2）生物防治 田间释放该虫天敌——椰心甲啮小蜂，防治效果较好。

（3）施药防控 植株较高的槟榔树可采用椰甲清粉剂挂包法防治，是目前防治椰心甲的一种防效较好，对环境影响较小的方法。还可轮换使用4.5%高效氯氰菊酯乳油、2.5%高效氟氰菊酯乳油、25%丁硫克百威乳油和2.5%溴氰菊酯乳油等药剂进行防治。

（六）黑刺粉虱

参见本书佛手黑刺粉虱。

（七）螺旋粉虱

螺旋粉虱（*Aleurodicus dispersus* Russell），属同翅目粉虱科。一种危险性入侵害虫。

1. 寄主 鸡蛋花、木薯、桑叶、可可、椰子等。

2. 为害特点 以成虫、若虫群集寄主叶背刺吸植株汁液，引起植株生长衰弱，叶片枯黄，严重时还为害果实、茎干和花。该虫分泌大量蜜露，诱发煤烟病，取食过程还可传播可可、椰子致死黄化病。

3. 形态特征

（1）成虫 雌虫体长1.97mm，雄虫体长2.097mm，翅展为3.50～

4.65mm，初羽化时为黄色半透明，成熟时转成不透明；头部呈三角形，腹部两侧有蜡粉分泌器，初羽化时，不分泌蜡粉，随虫体发育，分泌量渐多。触角为丝状，共7节，第二节上有2根长刚毛，第三、五、七节上有疣状突起感觉器，每个感觉器上嵌有一支短刚毛。单眼1对，位于复眼上方，前翅略大于后翅，足跗节2节，具前跗节。腹部共8节，雌虫于第二至四节腹面各具蜡板1对，共3对，雄虫则于第二至五节腹面各具1对，共4对。

(2) 卵　长0.3mm，长椭圆形，表面光滑，初产时白色透明，随后逐渐成黄褐色，卵散列成螺旋状或不规则形，上覆盖或旁堆叠白色蜡粉。卵一端有一丝柄与叶面相连。

(3) 若虫　共3龄，一龄体长0.275mm，体宽0.121mm，初孵时虫体透明，随后渐成淡黄色或黄色，背面隆起，体背分泌少量蜡粉，前端两侧具红色眼点，触角2节，足分3节，通常多固定在叶脉处。二龄体椭圆形，稍薄。前端两侧眼点成褐色，触角和足退化，分节不明显，体背、体侧及边缘分泌少量蜡粉。三龄若虫体与二龄若虫相似，体背有少量絮状蜡粉，体周缘长有放射状细蜡丝，触角与足退化，因而分节不清。蛹体长为1.061mm，体宽为0.880mm，体形呈盾状，初蜕皮时透明，后渐成淡黄色或黄色，触角、复眼和足完全退化，随虫体发育，体上分泌蜡粉增多，蜡丝加长，边缘齿状也较明显，体背有5对复合孔。

4. 生活习性　海南1年发生8～9代，25～28℃为生长适温，产卵量最大。在20～39℃室温条件下，该虫世代发育历期为26.63～57.16d，卵期9～11d，一龄、二龄、三龄若虫历期分别为6～7d、4～5d和5～7d，蛹期为10～11d，成虫最长可存活39d，螺旋粉虱虫体小，可随寄主植株、其他动物或交通工具携带作远距离传播，如该虫携带病毒，危害性更大。

5. 防治方法

(1) 诱杀　采用黄色粘板垂直悬挂树冠中层，诱杀效果最好。

(2) 保护天敌　黑缘方头甲（*Cybocephalus fibbulus* Erichson）、双带盘瓢虫（*Lemnia biplagiata* Swrrtz）和六斑月瓢虫对该虫有捕食功能，还发现若虫一种寄生蜂——歌德恩蚜小蜂（*Encarsia guadelopupoe* Viggiani），应重视保护利用。

(3) 施药防控　采用2.5%溴氰菊酯乳油和2.5%氯氟氰菊酯乳油480g/L、10%顺式氯氰菊酯乳油2 000倍液、48%毒死蜱乳油1 000倍液，噻嗪酮有机硅乳油500～1 000倍液等均有良好防效，田间天敌数量大时可用辛硫磷防治，对天敌杀伤力较小。此外还可选用植物性杀虫剂如烟碱、苦参碱等，也可试用一些内吸性药剂（如护树宝）通过树干注射方法进行防治，以减少农药对周围环境的影响。

（八）槟榔腹钩蓟马

槟榔腹钩蓟马（*Rhipiphorothrips cruentatus* Hood），属缨翅目蓟马科。

1. 为害特点 以成虫、若虫聚叶为害，初呈银白色细斑，后呈褐色斑痕。严重时还会为害果实和茎干，引起叶片锈化，叶干卷曲，甚至整株枯死。

2. 形态特征、生活习性和防治方法 参见本书薏苡稻管蓟马。

第十六节 女贞/女贞子

女贞（*Ligustrum lucidum* Ait.）为木犀科女贞属常绿乔木。其干燥成熟果实即为中药材女贞子，又名女贞实、冬青子、白蜡树子等。

一、病害

（一）女贞褐斑病

1. 症状 叶上呈圆形褐色病斑，边缘色淡，较大，上生黑色霉状物（病原菌子实体）。

2. 病原 （*Cercospora adusta* Heald et Wolf），为半知菌亚门尾孢属真菌。

3. 传播途径和发病条件 病菌在病叶上越冬，翌春条件适宜，产生分生孢子，借气流和雨水传播，辗转为害。

4. 防治方法 参见本书黄柏叶斑病类综合防治。

（二）女贞叶斑病

1. 症状 主要为害叶片及嫩梢。病叶呈现近椭圆形的褐色病斑，常具轮纹，边缘外围黄色，初期病斑较小，扩展后直径1cm以上，有时病斑融合成不规则形。嫩梢受害后嫩叶变黄褐色枯萎，枝条受害后产生近菱形病斑，病健交界明显。

2. 病原 尚待鉴定。

3. 传播途径和发病条件 不详。

4. 防治方法 参见本书黄柏叶斑病类综合防治。

（三）女贞炭疽病

1. 症状 叶呈现圆形紫红色病斑，中央色淡，上生许多小黑点（病原菌分生孢子盘）。

2. 病原 胶孢炭疽菌（*Colletotrichum gloeosporioides* Penz.），为半知菌亚门炭疽菌属真菌。有性阶段：围小丛壳［*Glomerella cingulata* （Stonem.）

Spauld. et Schrenk]。

3. 传播途径和发病条件 始见于5月，后期发生较多。参见本书佛手炭疽病。

4. 防治方法 参见本书红豆杉炭疽病。

(四) 女贞锈病

1. 症状 叶上病斑近圆形，红褐色。

2. 病原 女贞锈孢锈菌（*Aecidium klugkistianum* Diet.），为担子菌亚门锈孢锈菌属真菌。

3. 传播途径和发病条件 不详。

4. 防治方法

(1) 清园 冬季清除病残体，集中处理。

(2) 防控发病中心 出现发病中心应及时用25%三唑酮可湿性粉剂1 000～1 500倍液、50%萎锈宁可湿性粉剂1 000倍液或80%代森锌可湿性粉剂500倍液喷治，也可试喷25%丙环唑乳油1 500～2 000倍液，其他参见本书车前锈病。

二、害虫

(一) 女贞尺蠖

女贞尺蠖（*Naxa seriaria* Motschulsky），属鳞翅目尺蛾科。

1. 寄主 女贞、桂花、油橄榄、卵叶小蜡等。

2. 为害特点 主要为害叶片，也可取食嫩梢。幼虫群居网内，一、二龄只吃叶背，留下表皮呈膜状，三、四龄可食叶片，五龄后暴食，也吃嫩梢，虫口多时结成大织网，罩于全株，食尽树叶形成枯枝、枯顶，以至全株枯死，状若火烧。

3. 形态特征

(1) 成虫 体长12～15mm，翅展31～40mm，体翅白色，具绢丝光泽，前翅在中室上端有一个较大的黑斑，翅基在脉上有3个黑点。

(2) 卵 卵圆形，长0.5mm，初产淡黄色，渐变为锈红色，具珍珠光泽。

(3) 幼虫 共6龄，体长20mm左右，头黑色，蜕裂线淡黄褐色，体土黄色，具许多不规则黑斑。

(4) 蛹 体长18mm，浅黄色。

4. 生活习性 福建三明、南平等地1年发生2代。以第二代四龄、少数三龄或五龄幼虫曲体竖挂枝条上越冬。3月上中旬开始活动取食，5月中下旬化蛹，5月下旬至6月上旬成虫羽化，6月上旬至10月下旬为第一代幼虫，8月中旬至10月中旬为蛹期，9月上旬至10月中旬为第一代成虫，9月中旬为第二代幼虫，直至翌年2月为越冬期。据室内观察第一代卵期为5～11d，多数10d，幼虫期77～133d，蛹期6～15d，成虫期6～10d。卵一般呈串珠状成块挂于丝网上，产卵量60～240粒，幼虫老熟后经2～3d预蛹期后化蛹，蛹以臀棘倒挂丝上。该虫天敌有螳螂、蜘蛛、寄生蜂和一些鸟类。

5. 防治方法

（1）人工捕杀　震落或搜杀幼虫；摘除丝网，杀灭蛹、卵。

（2）避免女贞与卵叶小蜡树混栽，因同地区内卵叶小蜡先发生该虫且为害严重。

（3）施药防控　幼虫期摘除丝网后喷80%敌敌畏乳油或90%敌百虫晶体1 000～1 500倍液，或用敌敌畏烟剂熏杀。

（二）女贞黑叶蜂

女贞黑叶蜂（*Macrophya* sp.），属膜翅目叶蜂科。为害女贞的新害虫。

1. 寄主　女贞、白蜡树、桂花树等。

2. 为害特点　幼虫在新梢抽发时，将初展开的嫩叶吃成孔洞、缺刻，仅留叶脉，看似网状，严重时将叶食尽，致全部嫩梢、幼叶和芽成污褐色萎蔫死亡，也能取食定居其上的初龄白蜡虫，给女贞和白蜡虫生产带来很大损失。

3. 形态特征

（1）成虫　雌虫体长8.5～10mm，翅展20～22mm，全体基色黑色，有光泽，具细而均匀的刻点。头黑色，触角9节，黑色，较腹部短；下唇须、下颚须灰白，前胸背板侧叶、中胸小盾片及后胸背板鲜黄色，翅淡褐色，具彩虹闪光，翅脉黑褐至褐色；前足除基节、腿节背面中部，胫节端部内侧及附节为黑色外，其他均灰白色，中足、后足与前足颜色类似。产卵器由许多大小锯齿组成。雄虫体长7～7.5mm，翅展15～17mm，全体黑色，具细而均匀的刻点；复眼黄绿色，前胸背板侧叶淡灰褐色，中胸、后胸及腹部背面黑色，仅小盾后片及其两侧黄色，形成3个小黄色点；各足颜色与雌虫相同。

（2）卵　长卵圆形，长径1.5mm，宽径0.8mm，淡绿色至暗绿色。

（3）幼虫　共5龄，老熟幼虫体长约22mm，淡灰褐色，单眼及眼板漆黑，头顶具黑色三角形斑，触角5节。胴部气门上线以上至亚背线间呈暗灰略带绿色宽带，亚背线以上灰白色，背中线绿色，气门上线白色，气门上线以下淡灰褐色，腹部每节由7个小环组成；腹足7对，尾足1对。

（4）蛹　体长5mm，宽1.4mm，全体淡绿色，眼黑色，触角达后足腿节中部，前翅芽伸达后足基节，超出触角端部，后足伸达生殖节基部。

4. 生活习性　在重庆北碚1年发生1代，以幼虫在土壤中做土室越冬。成虫具趋嫩特性，产卵于芽叶上，修剪后新抽的嫩叶、嫩芽受害重。各龄幼虫均有假死性，稍受触动即落地，早晚气温不高或阴雨天，成虫不活动，常隐蔽于叶荫下或地面落叶、草丛和土隙中。幼虫不活动时卷曲成环，隐栖叶背或紧附于枝叶荫蔽处。成虫产卵盛期在4月中下旬，一般一芽叶产1粒，少数2粒，产卵处叶缘向内陷入，叶面呈水疱状隆起。气温较高，雨量适度有利化蛹、羽化和出土。幼虫末龄有滞育特点。幼虫生活期20～30d，滞育期304d，全幼虫期约326d。雄、雌成虫寿命分别平均为15～22d，蛹期一般为22d。

5. 防治方法

（1）人工捕杀。

（2）适期施药防控　成虫初盛期（约在4月上旬）可选用20%氰戊菊酯乳油（速灭杀丁）5 000～6 000倍液或80%敌敌畏乳油1 000倍液喷治；幼虫低龄期（约5月上旬）除上述药剂外，还可选用90%敌百虫晶体1 000倍液、50%马拉硫磷乳油1 000～1 500倍液或2.5%联苯菊酯乳油1 000～2 000倍液喷治，有生产蜡虫地区，应在蜡虫挂放前一周左右进行，且宜选用短残效期农药（如敌敌畏等）进行防治。

（三）康氏粉蚧

康氏粉蚧（*Pseudococcus comstocki* Kuw.），属同翅目粉蚧科。

1. 寄主　栝楼、女贞、栀子、柑橘、石榴、铁线莲等。

2. 为害特点　成虫和若虫在金叶女贞枝干、叶片上，吸食寄主汁液，致使枝、叶失水、萎蔫、枯萎，以至死亡，还可诱发煤污病。

3. 形态特征

（1）成虫　雌成虫体扁平，椭圆形，体长约5mm，虫体柔软，体外被白色蜡质分泌物，体缘有17对白色蜡刺，尾端1对明显伸长。触角8节，足细长。肛环具二孔裂，肛环刺6根；臀瓣发达，具突出。多孔腺在头胸部腹面，稀少或成小群。刺孔群17对。

（2）卵　淡黄色，长椭圆形。

4. 生活习性　在平顶山地区1年发生3代，以老熟幼虫在土层中越冬。幼龄若虫活动力强，多聚集幼嫩叶脉及花蕾处吸食汁液，形成蜡粉后固定为害。该虫喜在隐蔽、潮湿处栖息，常在叶背阴暗部位。因会分泌大量蜜露，故诱发煤污病严重发生。第二代若虫孵化盛期为7月上旬。8月下旬以后可在果穗及茎基部与土壤交界处见到棉团状卵袋，每袋内有卵300～500粒，有的地区以卵袋越冬。

5. 防治方法

（1）检疫　严格检查苗木，防止该虫随苗木调运而传开。

（2）加强田间管理　合理密植，结合修剪，除去虫害枝，清除园内和周围杂草，改善通风透光条件，不利害虫繁殖。结合整地，清除白色卵袋，减少虫源。

（3）适期施药防控　第一代卵孵化盛期即在若虫分散转移分泌蜡粉形成介壳之前用药，防治效果好。可任选2.5%溴氰菊酯乳油、80%敌敌畏乳油1 000倍液、95%蚧螨灵乳油1 000倍液、48%毒死蜱乳油1 000倍液、1.8%阿维菌素乳油2 000倍液、20%甲氰菊酯乳油3 000～4 000倍液或10%氯氰菊酯乳油1 000～2 000倍液喷洒。

（四）椰圆蚧

椰圆蚧（*Aspidiotus destructor* Signoret），属同翅目盾蚧科。

1. 寄主 棕榈、槟榔、番木瓜、女贞、月桂等多种植物。

2. 为害特点、形态特征、生活习性和防治方法 参见本书槟榔透明盾蚧（椰圆蚧）。

（五）常春藤圆盾蚧

常春藤圆盾蚧［*Aspidiotus hederae*（Valiot）］，属同翅目盾蚧科。

1. 寄主 柑橘、菠萝、桑、棕榈、女贞、槟榔等。

2. 为害特点、形态特征、生活习性和防治方法 参见本书槟榔透明盾蚧。

（六）女贞白蜡蚧

女贞白蜡蚧［*Ericerus pela*（Chavacnnes）］，属同翅目蜡蚧科。

1. 为害特点 以成虫、若虫刺吸枝条汁液，致使树势衰弱，生长缓慢，严重时引起枝条枯死。

2. 形态特征

（1）*成虫* 雌成虫背部隆起，蚌壳状，受精后扩大成半球状，长约10mm，高约7mm。黄褐色，浅红至红褐色，散生，浅黑色斑点，腹部黄绿色。雄成虫体长约2mm，黄褐色，翅透明，有虹彩光泽，尾部有2根白色蜡丝。

（2）*卵* 雌卵红褐色，雄卵浅黄色。

（3）*若虫* 黄褐色，卵圆形。

3. 生活习性 1年发生1代，以受精雌成虫在枝上越冬，4月上旬开始产卵，卵期7d，初孵若虫在母体附近叶上寄生，二龄后转枝为害，严重时整个枝条呈白色棒状。10月上旬雄成虫羽化，交配后死亡。受精雌成虫逐渐长大，随气温下降陆续越冬。

4. 防治方法

（1）*施药防控* 白蜡蚧雌虫处于孕体膨大期，约在4月下旬若虫孵化，此时为防治适期，可选用45%灭蚧可湿性粉剂100倍液。越冬蚧可在早春树液流动时，使用3～5波美度石硫合剂、95%机油乳剂80倍液或10%联苯菊酯400倍液喷治，其他参见康氏粉蚧防治。

（2）*保护利用天敌* 黑缘红瓢虫可取食定秆期的雄若虫，中华跳小蜂幼虫可捕食白蜡蚧的卵粒，应重视保护利用。

（七）女贞卷叶绵蚜

女贞卷叶绵蚜（*Prociphilus ligustrifoliae*），属为同翅目绵蚜科。

1. 寄主 女贞、桑、栾树等。

2. 为害特点 干母在叶背面沿叶脉为害，造成叶畸形卷曲。

3. 形态特征

（1）干母 体卵圆形，体长 4.1mm，灰褐色，被白色蜡粉和蜡丝。触角 5 节，短粗，尾片半圆形。

（2）有翅孤雌蚜 体椭圆形，长 3.4mm，头胸黑褐至黑色，腹部蓝灰黑色。触角粗大，光滑，蜡片由上百个蜡孔组成。

4. 生活习性 一般每年 10～11 月，具翅性母成蚜由夏寄主飞往女贞等寄主上，产下性蚜，再由雌成蚜产下的卵越冬，翌年 3 月中旬孵化出干母若蚜，3 月底至 4 月初干母开始胎生，后代全为有翅干雌。每年在女贞上只发生 2 代，5 月中下旬有翅干雌全部迁走。干母经四龄，若蚜历期 17～18d，末次蜕皮后变为成蚜，每虫胎生 301～600 头。干母后代全为有翅干雌，有翅成蚜 4 月中旬出现，5 月下旬全部迁走。

5. 防治方法

（1）冬季清园 冬季剪除卵枝、叶，或刮除枝干上的越冬卵集中烧毁。

（2）适期施药防控 在成蚜发生期可选用机油乳剂 300 倍液、20%氰戊菊酯乳油 3 000 倍液或 25%灭幼脲悬浮剂 2 000 倍液喷治。

（八）女贞瓢跳甲

女贞瓢跳甲（*Argopistes tsekooni* Chen.），属鞘翅目叶甲总科。俗称潜叶跳甲。

1. 为害特点 成虫取食叶片呈现不规则小斑点，幼虫潜入叶皮下为害，表皮下形成弯曲虫道，影响光合作用，以致大量叶片枯焦。

2. 形态特征

（1）成虫 椭圆形，黑色，背面有金属光泽，翅鞘中央有一椭圆形红色斑块。

（2）幼虫 淡黄色，体粗短略扁，腹部第一至八节两侧有疣状突起。

3. 生活习性 平顶山地区 1 年发生 3 代，以老熟幼虫在土中越冬。翌年 4 月下旬成虫羽化，3 代幼虫为害分别出现在 5 月至 6 月中旬、6 月下旬至 7 月下旬及 8 月下旬至 9 月，密度大的金叶女贞受害重。

4. 防治方法

（1）灌水灭虫 初冬漫灌杀死越冬幼虫，减少虫源。

（2）加强管理 人工捕杀成虫，生长期摘除虫叶烧毁。冬季清除树干上的地衣、苔藓、蕨类，堵塞树干缝隙，减少或恶化越冬场所。

(3) 施药防控　为害期可选用48%毒死蜱乳油1 000倍液、10%吡虫啉可湿性粉剂2 000倍液或1.8%阿维菌素乳油2 000倍液。该虫防治可与康氏粉蚧防治结合进行。

(九) 卵形短须螨

卵形短须螨（*Brevipalpus obovatus* Donnadieu），属真螨目细须螨科。

为害特点、生活习性和防治方法，参见本书罗汉果朱砂叶螨。

(十) 云斑天牛

云斑天牛［*Batocera horsfieldi*（Hope)］，属鞘翅目天牛科。别名白条天牛、核桃天牛。

1. 寄主　女贞、枇杷、无花果、桑、核桃、栗等。

2. 为害特点　以幼虫为害树干。低龄幼虫在树皮内蛀食为害，大龄幼虫蛀入木质部，并向孔外排出木屑和虫粪。

3. 形态特征

(1) 成虫　体长32～97mm，黑褐色，密被灰黄色绒毛，前胸背面有1对白毛斑，鞘翅上有不规则云状白斑，基部有许多黑色颗粒突起。小盾片舌状，覆盖白色绒毛。

(2) 卵　长7～9mm，长椭圆形，略弯曲，白至土褐色。

(3) 幼虫　体长74～100mm，稍扁，乳白色至黄白色，头稍扁平，深褐色，长方形，1/2缩入前胸，外露部分近黑色，唇基黄褐色。前胸背板近方形，橙黄色，中、后部两侧各具纵凹1条，前部布有细密刻点，中、后部具暗褐色颗粒状突起，背板两侧白色，上具橙黄色半月形斑1个。后胸和第一至七腹节背、腹面具步泡突。

(4) 蛹　长40～90mm，初乳白色，后变黄褐色。

4. 生活习性　2～3年1代，以成虫或幼虫在蛀道内越冬。越冬成虫于5～6月咬破羽化孔钻出树干，经一段取食后，交配、产卵。卵多产在树干或斜枝下面，尤以离地面2m内树干着卵多。产卵时先在树干上咬一椭圆形豆粒大小的产卵刻槽，产一粒卵后将四周树皮咬成细木屑堵住产卵口。成虫寿命30d左右，每雌产卵20～40粒。卵期10～15d，6月中旬进入孵化盛期，初孵幼虫将皮层蛀成三角形蛀道，木屑和虫粪排出蛀口，树皮外胀纵裂，这是识别该虫为害的重要特征。随后蛀入木质部，在粗大枝干内多斜向上方钻蛀，细小的枝干则横向蛀至髓部再向下钻，隔一定距离蛀一通气孔。深秋，蛀一休眠室休眠越冬。翌年4月继续活动，8～9月在肾状蛹室化蛹，蛹期20～30d，羽化后在蛹室越冬。第三年5～6月才出树。

5. 防治方法

（1）减少虫源　在园内及四周不种桑树等该虫喜食树种，结合修剪除去虫害枝，集中处理。

（2）捕杀成虫　成虫发生期及时捕杀、减少产卵量。

（3）施药防控　幼虫、成虫、卵期，可用50%辛硫磷乳油、50%杀螟硫磷乳油或80%敌敌畏乳油40倍液，用兽用注射器蛀入新鲜虫道毒杀，可兼治其他蛀干害虫和介壳虫、蚜虫等。幼虫期尚可用铁丝钩杀幼虫，产卵盛期用药涂抹卵槽或人工挖卵和幼虫。

（十一）天蛾类

常见有女贞天蛾（*Kentrochrysalis streckeri* Taudinger）和霜天蛾，其为害特点与防治方法参见本书栀子霜天蛾和咖啡透翅天蛾。

（十二）白星花金龟

白星花金龟［*Potosia brevitarsis*（Lewis)］，属鞘翅目花金龟科。

1. 形态特征　成虫体长17～24mm、宽9～12mm，古铜或青铜色，体表光亮或微有光泽，鞘翅上散布不规则白斑。

2. 为害特点、生活习性　参见本书莲铜绿丽金龟。

3. 防治方法

（1）人工捕杀　成虫群集害果时，进行人工捕杀。

（2）诱杀　将果醋或烂果装在广口瓶内，并加入少量90%敌百虫晶体300～500倍液，挂树上诱杀。

（3）施药防控　成虫发生期选用残效短杀虫剂如90%敌百虫晶体1 000倍液、50%辛硫磷乳油1 000倍液、2.5%氯氟氰菊酯乳油或2.5%溴氰菊酯乳油2 000倍液、25%喹硫磷乳油1 000倍液等喷治，其幼虫防治参见本书地下害虫蛴螬部分。

第十七节　蔓荆/蔓荆子

单叶蔓荆（*Vitex trifolia* L. var. *simplicifolia* Cham.）或蔓荆（*Vites simplicifolia* L.）为马鞭草科牡荆属植物。其干燥成熟果实为中药材蔓荆子，又称蔓荆实、荆子、万荆子、蔓青子等。

一、病害

（一）蔓荆炭疽病

1. 症状　初期叶上出现许多细小的圆形淡黄褐色斑，边缘明显，直径3～

6mm，病重时引起大量落叶。病斑上的分生孢子盘，肉眼不易看清。

2. 病原　*Colletotrichum capsici*（Syd.）Butler et Bisby 和胶孢炭疽菌（*C. gloeosporioides* Penz.），均为半知菌亚门炭疽菌属真菌。

3. 传播途径和发病条件　5～11 月发生，个别地方发生较重，其他参见本书砂仁炭疽病。

4. 防治方法　参见蔓荆褐斑病。

（二）蔓荆褐斑病

1. 症状　初期叶上出现黑褐色小斑，后扩大为圆形或不规则形大斑，边缘黑色或黑褐色，中央褐色，有的具不太清晰轮纹，上生黑灰色霉层（病原菌子实体）。

2. 病原　*Pseudocercospora agarwalii*（Chupp）P. K. Chi，为半知菌亚门假尾孢属真菌。

3. 传播途径和发病条件　以菌丝或子座在病部越冬，翌春条件适宜，分生孢子借气流、风雨传播。一般 8～10 月发生，发生较普遍且较重。

4. 防治方法

（1）清园　生长期和收后及时清除残枝落叶，集中烧毁，减少初侵染源。

（2）防控发病中心　初发病时对处于点片阶段的发病中心，及时喷药防控，可任选 70%甲基硫菌灵可湿性粉剂 1 000～1 500 倍液、80%福・福锌可湿性粉剂 800～1 000 倍液、80%代森锰锌可湿性粉剂 800 倍液或 75%百菌清可湿性粉剂 800～1 000 倍液等喷治，也可试用 10%苯醚甲环唑水分散剂（世高）1 500～2 000 倍液喷治，7～10d 喷 1 次，视病情酌治次数。

（三）蔓荆菟丝子寄生

1. 症状　以旋卷状的黄色丝状体，缠绕蔓荆，使其生长受阻，不久植株萎缩，以至全株枯死。

2. 病原　菟丝子种类待定。

3. 防治方法　参见本书仙草菟丝子寄生。

二、害虫

（一）吹绵蚧

参见本书佛手吹绵蚧。

（二）棉蚜

参见本书罗汉果棉蚜。

第十八节　胡颓子/胡颓子

胡颓子（*Elaeagnus pungens* Thunb.）为胡颓子科胡颓子属常绿植物。其干燥果实为药材胡颓子，又称牛奶子、羊奶奶、假灯笼、野枇杷、清明子、野枣子、羊头泡等。

一、病害

（一）长叶胡颓子锈病

1. 症状　叶面初现黄色小斑点，近圆形，大小为［0.4～2.4（1.24）］mm×［0.6～3.1（1.55）］mm，后渐扩大为圆形病斑，直径2～3mm，病斑中部橙黄色，边缘淡褐色，外围有水渍状深褐色晕圈，中部生有橙黄色针头大的小点（性子器），潮湿时其上溢出淡黄色黏液（性孢子），干燥时小黏液变黑色，病组织逐渐变厚，叶正面稍凹陷，叶背面呈淡黄绿色隆起，隆起部位长出数根淡黄褐色短柱状物（春孢子器）。成熟后，顶端破裂，散出黄褐色粉末（春孢子）。

2. 病原　长叶胡颓子春孢锈菌（*Aecidium elaeagni* Diet.），为担子菌亚门锈孢锈菌属真菌。

3. 传播途径和发病条件　长叶胡颓子春孢锈菌有一重寄生现象，初步鉴定重寄生菌为 *Tuberculina* sp.（半知菌亚门瘤座孢目锈生座孢属真菌），重生菌阻碍了春孢锈菌的循环，这一发现为进一步研究开发长叶胡颓子春孢锈菌的生防开辟了新途径。

4. 防治方法　参见本书女贞锈病。

（二）长叶胡颓子叶斑病类

参见本书橄榄叶斑病类。

（三）长叶胡颓子煤烟病

参见本书栀子煤病。

此外，有报道称，胡颓子可感染溃疡病，其发生与防治参见本书佛手溃疡病。

二、害虫

（一）胡颓子轮盾蚧

胡颓子轮盾蚧［*Aulacaspis difficilis*（Crii）］，属同翅目盾蚧科。

1. 寄主 胡颓子、沙棘等植物。

2. 为害特点 为害茎、枝条。从下部开始为害，渐向上扩展至整个枝干，不为害叶和根。严重时蚧虫覆盖整个枝干，引起植株生长不良以至整株、整片枯死。

3. 形态特征 雌成虫近似椭圆形、橘红色，前体部略宽于后体部，长1.1～1.4mm，宽约0.7mm，雌介壳，近圆形，白色，直径1.2～2mm。雄成虫黑褐色，体长1.3～1.6mm，翅展2.2mm，触角念珠状，梗节弯曲，鞭节11节，雄介壳长筒形，具三脊，白色，长约1.6mm，宽约1mm。

4. 生活习性 1年发生1代。初步观察甘肃平凉地区以成虫在树体上越冬，据资料记载，该虫为胎生，但在沙棘上观察到卵生。5月上旬开始产卵，卵产母体（蚧）下，雌成虫产后即死亡，每雌产卵47～140枚，多达180枚，6月中旬高温天气，卵开始大量孵化，卵期60d，一龄若虫固定后不久开始分泌蜡丝作底膜，此时虫体裸露易被天敌捕杀。二龄若虫7月中旬开始出现，逐渐形成介壳，8月中旬至9月上旬始见成虫，10月上旬至翌年5月为成虫越冬期。该虫天敌多种，有微食短缘跳小蜂（*Apterencrrtus microphagus*（Mayr）、方头甲（*Cybocephaeus* sp.）、二星瓢虫［*Adolia bipunctata*（Linaeus)］等。

5. 防治方法

（1）剪除被害枝 该虫仅寄生在枝干上，冬春彻底剪除被害枝，可有效减少越冬虫源。

（2）保护利用天敌 可有效抑制该虫种群数量。

（3）苗木检疫 细查、剔除虫害枝，防止该虫随调运苗木远传。

（4）施药防控 若虫期是防治适期，可在此时选喷50%杀螟硫磷乳油800倍液或机油乳剂100倍液，其他参见本书佛手介壳虫类防治。

（二）红蜘蛛

红蜘蛛（*Tetranychus* sp.），属真螨目叶螨科。

参见本书罗汉果朱砂叶螨。

（三）蚜虫

蚜虫（*Aphis* sp.）参见本书余甘子蚜虫。

第十九节 玫瑰茄/玫瑰茄或洛神花

玫瑰茄（*Hibiscus sabdariffa* L.）为锦葵科槿属植物。其干燥花萼为中药材玫瑰茄，又名山茄、洛神花、洛神葵等。

一、病害

（一）玫瑰茄根腐病

玫瑰茄的主要病害之一。

1. 症状 根部初出现水渍状褐斑，后软腐脱皮，木质部呈黑褐色，树皮逐渐呈灰白，进而扩大蔓延至整个皮层坏死，顶端嫩叶逐渐干枯，枝叶自上而下萎蔫，失水干枯，以至整株死亡。

2. 病原 *Fusarium* sp.，为半知菌亚门镰孢属真菌。

3. 传播途径和发病条件 以分生孢子在病部越冬，翌年条件适宜，分生孢子借风雨传播，辗转为害。

4. 防治方法

（1）轮作 病重田块实行水旱轮轮作2～3年，这是防病基本措施。

（2）加强管理 选用无病良种，合理密植，及时排水。一般以行距80cm、株距40～50cm较适宜，注意通风，增加光照，增施磷肥，提高抗病力。

（3）田间防疫 发现病株及时拔除，病穴施用石灰消毒，周围植株喷药保护。

（4）药剂防控 田间病情有发展趋势时应喷药防控，可用30%春雷霉素100mL对水45kg+75%保地宁15g对水45kg淋根，7d喷1次，连喷2次，预防感染。也可试用70%噁霉灵可湿性粉剂2 000～3 000倍液淋根或喷施基部。

（二）玫瑰茄白绢病

玫瑰茄主要病害之一。

1. 症状 6～9月始发。初期根变色腐烂，叶片褪绿、变黄，后期病菌向上侵染主茎，高温、高湿天气，茎基部可见到白色菌丝缠绕，皮层与木质部发黑、干腐，终至植株枯萎。

2. 病原 齐整小核菌（*Sclerotium rolfsii* Sacc.），为半知菌亚门小核菌属真菌。

3. 传播途径和发病条件及防治方法 参见本书太子参白绢病。

（三）玫瑰茄茎腐病

国内未见报道。

1. 症状 为害主茎基部。初期主茎基部（常在侧枝分枝处）呈现黑褐水渍状病斑，并逐渐向主茎上、下方侧枝和沿茎周围扩展，底层侧枝叶片发黄、枯萎，侧枝死亡。室内接种发病快，约15d整株死亡。

2. 病原 初步鉴定为寄生疫霉［*Phytophthora nicotianae* Breda de Haan

var. *parasitica*（Dastur）Waterhouse]，为鞭毛菌亚门疫霉属真菌。

3. 传播途径和发病条件 病菌随病残体遗落土中越冬。生长季节通过雨水传播，从根颈部自然孔口或伤口侵入。高温、高湿、低洼、积水有利发病，虫伤、机械伤多，有利病菌侵入。比较潮湿的环境，是疫霉繁殖、侵染的良好条件。

4. 防治方法

（1）选地种植 宜选地势高燥、排灌方便的地块种植。

（2）深沟高畦种植 放宽株行距，雨后及时排水，降湿防病。

（3）田间防疫 发现病株，拔除烧毁，周围植株用100～500mg/kg甲霜灵喷基部，田间发病期间可选用350～500mg/kg甲霜灵药液、有效成分0.3%的霉病净药液、70%噁霉灵可湿性粉剂2 000～3 000倍液、64%噁霜·锰锌可湿性粉剂1 000倍液或80%代森锰锌可湿性粉剂500倍液喷治，视病情确定喷药次数。

（四）玫瑰茄白粉病

1. 症状 为害叶片和嫩茎，也可为害花果。叶初期呈现近圆形白色绒状霉斑，后不断扩大，连接成片，叶或嫩梢布满白色霉层，严重时引起嫩梢枯死。

2. 病原 *Sphaerotheca* sp.，为子囊菌亚门单囊壳属真菌。

3. 传播途径和发病条件及防治方法 参见本书绞股蓝白粉病。

二、害虫

（一）菜青虫

菜青虫（*Pieris rapae* Linne.），属鳞翅目粉蝶科，为菜粉蝶的幼虫。

1. 为害特点 幼虫食叶，二龄前只啃食叶肉，留下一层透明表皮，三龄后可蚕食全叶，咬成孔洞或缺口，重则全叶食尽，造成减产，叶上虫粪也会降低玫瑰茄商品价值。

2. 形态特征

（1）成虫 体长12～20mm，翅展45～50mm，雄成蝶乳白色，雌成蝶淡黄白色。雌蝶前翅正面基部灰白黑色，约占翅面的1/2，前翅顶角有个三角形大黑斑，沿此黑斑下方有两个圆形小黑斑。雄虫前翅正面基部灰黑色部分较小，前翅仅有1个黑斑。

（2）卵 枪弹形，表面有规则的纵横隆起线。初产时淡黄色，孵化前为橘黄色。

（3）幼虫 体长28～35mm，虫体青绿色，圆筒形，中段稍肥粗，体表密布细小毛瘤，背中线黄色，并有横皱纹，有一条细的黄色气门线。

（4）蛹　体长15～20mm，纺锤形，两端尖细，体背有3条纵脊，常有一丝吊连在化蛹场所的物体上，化蛹初期青绿色，逐渐转为灰褐色。

3. 生活习性　1年发生代数因地而异。上海5～6代，杭州8代，长沙8～9代，以蛹越冬。翌春4月开始陆续羽化，边吸食花蜜边产卵，卵散产，多产叶背，平均每雌产卵120粒左右。该虫发育适温20～25℃，相对湿度76%左右，炎热天气多栖息叶背，秋霜后多栖息叶面。老熟幼虫吐一丝带将虫体缚在叶上化蛹。越冬蛹大多在药园附近的杂草残株处越冬。春、秋两季气候有利该虫发生，为害较重。夏季炎热，虫量很少。该虫天敌多，重要寄生性天敌卵期有广赤眼蜂（*Trichogramma evanecens* Westwood），幼虫期有微红绒茧蜂（*Apanteles rubecula* Marshall）、菜粉蝶绒茧蜂（黄绒茧蜂，*A. glomeratus*）及颗粒体病毒等，蛹期有凤蝶金小蜂（*Pteromalus puparum*）等。

4. 防治方法

（1）推行生物防治　每667m^{2}用每毫升100亿活芽孢苏云金杆菌悬浮剂100～150mL，稀释500～1 000倍液，也可用每克100亿活芽孢可湿性粉剂稀释500倍液喷雾。此外，可收集感染苏云金杆菌或杀螟杆菌死亡的发黑腐烂虫体，用纱布袋包好，在水中揉搓，每50～100g洗液对水50～100L喷雾，也有一定防治效果。

（2）生态防控　调整种植结构，避免与十字花科蔬菜连作、套种或间作，育苗地应远离虫害严重的菜地。冬季清园，将园内、外枯枝落叶、杂草清除干净，集中深埋或烧毁，兼有减少越冬虫源和菌源效果。

（3）适期施药防控　卵孵化盛期至低龄幼虫（一至二龄）盛发期施药防治，可任选5%氟虫脲乳油（卡死克）2 000～4 000倍液、20%除虫脲悬浮剂（敌灭灵）2 000～3 000倍液、2.5%溴氰菊酯乳油3 000倍液、2.5%氯氟氰菊酯乳油3 000～4 000倍液、1.8%阿维菌素乳油1 500～2 000倍液、2.5%多杀霉素悬浮剂（菜喜）1 000～1 500倍液、50%辛硫磷乳油1 000倍液或90%敌百虫晶体1 000倍液喷治，药剂宜轮流使用。

（二）菜蛾

菜蛾［*Plutella xylostella*（Linnaeus）］，属鳞翅目菜蛾科。又名小菜蛾。

1. 寄主　十字花科蔬菜、马铃薯、番茄，以及马蓝、葱、板蓝根、姜等药用植物。

2. 为害特点　幼虫食叶，幼龄幼虫啃食一面表皮和叶肉，残留另一面表皮，形成很多透明斑，像“小天窗”；大龄幼虫可将叶食成孔洞和缺刻，严重时成网状。

3. 形态特征

（1）成虫　体长6～7mm，翅展12～16mm，头部黄白色，体灰褐色，前后翅狭长，缘毛长。雄蛾色深，前翅灰褐色，后缘从基部至端部有黄白色三度曲波状的黄褐色带；腹部末端圆钳状，抱握器微张开。雌蛾色淡，灰褐色；前翅前缘淡黄或灰白色，后缘波纹色淡，呈灰黄色，腹部末端圆筒形，后翅均为银灰色。停息时两翅覆盖于体背成屋脊状，前翅缘毛翘起，两翅结合处有三度曲波纵带组成的3个连串的斜方块。

（2）卵　椭圆形，稍扁平，一端稍斜，大小为0.5mm×0.3mm，初产时乳白色，后变为黄绿色，具光泽。

（3）幼虫　共4龄，初为深褐色，后变为黄绿色至绿色。末龄幼虫体长约10mm。纺锤形，头部黄褐色，前胸背板上有由淡褐色无毛的小点组成的2个U形纹，体上有稀疏的长而黑的刚毛。臀足向后超过腹部末端。

（4）蛹　长5～8mm，颜色有绿、灰黑、粉红、黄白等。肛门周缘钩刺3对，腹末有小钩刺4对，近羽化时，复眼变黑，翅芽上有三度曲波状纹，蛹外被薄茧。

4. 生治习性　南方地区1年发生多代，世代重叠，终年可见各种虫态，无滞育现象。成虫昼伏夜出，对黑光灯趋性强。幼虫共4龄，老熟幼虫一般在被害叶背、叶柄、枯叶或杂草上吐丝做茧化蛹。卵散产在寄主叶背。该虫发育最适温度为20～26℃，故春秋适合该虫发育，田间虫口密度高，而夏季因气温高、降雨多，田间虫口密度低。

5. 防治方法　选地建园时要远离十字花科蔬菜或与其他蔬菜插花种植；采用小菜蛾性诱剂防治，诱芯每月换一次，水应及时添加。其他参见菜青虫防治。

（三）小造桥虫

小造桥虫（*Anomis flava* Fabricius），属鳞翅目夜蛾科。又名棉小造桥虫。

1. 寄主　玫瑰茄、秋葵、柑橘、番石榴等植物。

2. 为害特点　以幼虫为害叶片。低龄幼虫取食叶肉仅留叶脉，三至四龄幼虫取食叶片成缺刻，五至六龄也可为害嫩枝和花、果。成虫可吸食柑橘、番石榴等果汁液。

3. 形态特征

（1）成虫　体长10～12mm，翅展23～25mm，头部与胸部黄色，腹部灰黄色，前翅中横线内方黄色，密布红棕色细点，中横线外方褐黄色，基线、内横线与中横线红棕色，中横线二曲，环纹白色褐边，肾纹暗棕褐色，内有2个黑点，外横线深褐色，锯齿形，亚缘线暗褐色；后翅淡褐色。

（2）卵　扁圆形，长约0.6mm，青绿色；卵顶有一圆圈，四周有30～34条隆起纵线，纵线间有11～14个横隔，形成方格网纹；孵化前为紫褐色。

（3）幼虫　老熟幼虫体长约35mm，头部淡黄色，胸、腹部黄绿、灰绿和黄绿色，背线、亚背线、气门上线及气门下线灰褐色，中间有不连续的白斑，毛片褐色；第一对腹足退化，第二对腹足较小，趾钩 11～14 个；第三、四对腹足发达，趾钩 18～22 个；臀足趾钩 19～22 个，趾钩具亚端齿。

（4）蛹　长约 17mm，赤褐色，头顶中央有一乳状突起，后胸背面、腹部第一至八节背面布满细小刻点，背面与腹面有不规则皱纹，两侧延伸为尖细的角状突起，上有 3 对刺，腹面中央 1 对粗长，略弯曲，两侧的 2 对较细，黄色，尖端钩状。

4. 生活习性　长江流域 1 年发生 5～6 代，以蛹在枯枝落叶间结茧越冬，翌春 4 月开始羽化。湖北地区各代幼虫盛发期分别为 5 月中下旬、7 月中下旬、8 月中下旬、9 月中旬和 10 月下旬至 11 月上旬，以三、四代发生较重。成虫有趋光性。卵散产于植株中部叶片背面，每雌可产卵 800 多粒。一至四龄幼虫常吐丝下垂，借风扩散。低龄幼虫多在植株中、下部为害，五至六龄幼虫多在上部叶背为害，易被发现。老熟幼虫多在早晨吐丝缀叶做茧化蛹，6～8 月多雨年份发生较重。

5. 防治方法　防治菜青虫可兼治。

（四）蚜虫

参见本书莲益管蚜。

（五）叶蝉类

主要有小绿叶蝉和大青叶蝉，参见本书罗汉果大青叶蝉和小绿叶蝉。

（六）卷叶虫

生活习性和防治方法，参见本书仙草棉大卷叶螟。

（七）红蜘蛛

红蜘蛛（*Tetranychus* sp.），属真螨目叶螨科。
参见本书鱼腥草螨类。

（八）地下害虫

常见有小地老虎、蝼蛄、蟋蟀等，参见本书地下害虫部分。

第二章　根与根茎类

第一节　太子参/太子参

太子参［*Pseudostellaria heterophylla*（Miq.）Pax ex Pax et Hoffm.］为石竹科植物。其干燥块根为中药材太子参。

一、病害

（一）太子参叶斑病

太子参叶斑病（有的称斑点病）是太子参主要病害之一。

1. 症状　常在太子参生长后期发生。叶开始出现暗绿色、水渍状的不规则小点，随后叶斑扩大成灰白色或淡黄褐色圆形或近圆形枯斑，周围有黄晕，叶面长出黑色小点（病原菌分生孢子器）排列成轮纹状。后期病斑融合成不规则形大斑，老病斑中央穿孔，整叶枯死，严重时整株死亡。

2. 病原　*Phoma* sp.，为半知菌亚门茎点霉属真菌。也有报道称，其病原是半知菌亚门壳针孢属的一个种（*Septoria* sp.）。

3. 传播途径和发病条件　病菌以分生孢子器在病叶组织内越冬。一般每年4～5月始发，6～7月高温多雨季节盛发，9月以后病情加重。分生孢子借风雨传播，发生多次再侵染，使病害扩展蔓延。温度与发病关系密切，气温在15℃以下不发病，15～18℃始发，25℃为发病适温。在发病适温下，湿度大小则成为发病的主导因素，多雨季节有利形成分生孢子及分生孢子释放传播，高温干旱发病较重，主要是寄主抗病力下降所致。连作地、低洼积水地块发病较重。

4. 防治方法

（1）选种无病种苗　应在无病田选留种苗，种前用50%多菌灵可湿性粉剂500倍液浸苗30min，洗净晾干后种植。

（2）清园　冬季清除病残体，集中烧毁。

（3）实行轮作、间作　常年发生重的病田，最好实行水旱轮作或选用新植地种植。玉米/太子参间作组合，具有防病、增产效果。

（4）加强栽培管理　施足基肥，增施磷、钾肥，忌偏施氮肥，酸性土施石灰改良，尤其在后期控制施氮量；实施高畦种植、合理密植，干湿灌溉，改善土壤通透性，降湿防病。

(5) 适期施药防控　发病前（一般于3月下旬末至4月初）喷复方波尔多粉1 000倍液，1∶1∶150波尔多液或25%络氨铜水剂800倍液。发病初期可任选10%苯醚甲环唑水分散粒剂（世高）1 500～2 000倍液、25%丙环唑乳剂1 200倍液、50%多菌灵可湿性粉剂700～1 000倍液或70%甲基硫菌灵可湿性粉剂1 000倍液，间隔7～10d喷1次，一般喷2次。也可选用80%代森锰锌可湿性粉剂（大生M-45）600倍液、40%氟硅唑乳油（福星）8 000倍液或25%嘧菌酯悬浮剂800倍液喷治。

（二）太子参斑点病

1. 症状　主要为害太子参叶片。初期病斑褐色，圆形或不规则形，直径为0.3～2.0cm。后期病斑中央灰白色，上生颗粒状小黑点（即病原菌分生孢子器），小黑点排列呈轮纹状。潮湿时引起褐色腐烂，干燥时呈水渍状穿孔，严重时叶枯萎，植株死亡。

2. 病原　斑点叶点霉（*Phyllosticta commonsii* Ell. et Ev.），为半知菌亚门叶点霉属真菌，是斑点病主要致病菌；另一病原为*Alternaria* sp.，为半知菌亚门交链孢（链格孢）属真菌。

3. 传播途径和发病条件　以分生孢子器在病残体上越冬，翌年产生分生孢子，借风雨传播，进行初侵染，并可进行多次再侵染。

4. 防治方法　参见太子参叶斑病。

（三）太子参白绢病

1. 症状　发病初期，靠近太子参根茎出现水渍状褐色腐烂，地上部茎叶症状不明显，但在染病植株的周围地表有许多白色丝状菌丝体。当土壤湿度大时，菌丝能附着土壤，向表层蔓延，同时叶片从叶缘向内干枯，类似开水烫过。后期在菌丝中形成初为白色后转为黑褐色菌核，终至块根腐烂。

2. 病原　初步鉴定为白绢薄膜革菌［*Pellicularia rolfsii*（Sacc.）West.］，为担子菌亚门薄膜草菌属真菌。

3. 传播途径和发病条件　病菌以菌丝体或菌核在病部或土中越冬。翌年条件适宜，长出菌丝体侵入寄主。菌核可在土中存活多年。近距离该菌以菌核借助雨水、灌溉水的移动传播，也可通过菌丝体的蔓延传开，远程靠调运带病苗木传播。高温多雨是本病发生的主要因素。通常在雨后高温、排水不良的田块发生。

4. 防治方法

(1) 实施轮作　发病较多的太子参畦可改成太子参—大豆、太子参—花生或太子参—玉米组合。发病重的田块，可与水稻轮作，但不能与十字花科植物、马铃薯、烟草、甘薯等轮作，以免引起交叉感染。

（2）选用无病种苗　从无病田块选用健株作种参，外来种参可用50%多菌灵可湿性粉剂800倍液浸种3～5min，也可用80%代森锌可湿性粉剂500倍液浸种3～5min，洗净晾干后播种，以杜绝种苗带菌。

（3）加强参园管理　雨后清沟排水，推行拱畦、小畦耕作，采用干湿灌溉，酸性土施草木灰或石灰改良，增施磷、钾肥。

（4）田间防疫　发病初期，拔除病株，集中处理。可用木霉菌剂或50%腐霉利可湿性粉剂（速克灵）1 000～2 000倍液浇灌病穴，并对周围植株喷药保护。

（四）太子参紫纹羽病

1. 症状　初期太子参块根表面缠绕着白色根状菌索，逐渐变红褐色，形成羽状菌膜，当受害植株块根表面被菌丝缠满时，块根即自下而上，从外向内逐渐腐烂。发病初期地上部症状不明显，随病情发展，其枝叶生长不良。与块茎接口处维管束逐渐变成褐色，病部脱皮成纤维状，终至干枯。

2. 病原　初步鉴定为*Helicobasidium* sp.，为担子菌亚门卷担耳属真菌。

3. 传播途径和发病条件　参见本书巴戟天紫纹羽病。

4. 防治方法　可用5%菌毒清水剂200～300倍液灌根控制病害发展，其他参见太子参白绢病。

（五）太子参根腐病

1. 症状　主要在休眠期（6～10月）表现症状。如遇大雨，3～5d以后，留种地开始零星发病，初期一般先从太子参块根上开始出现水渍状褐色病变，并长出白色菌丝。随后逐渐向下蔓延，致使块根上部或全部变褐腐烂，表面布满菌丝。少数由于根部受虫伤或其他原因造成伤口的，则先从下部伤口向上腐烂，须根着生处先腐烂成眼点状，随后整个块根腐烂。

2. 病原　马特组腐皮镰孢［*Fusarium solani*（Mart.）Sacc. emend. Snyden & Hansen Propart］，为半知菌亚门镰孢属真菌。

3. 传播途径和发病条件　以菌丝体、孢子或菌核在土中或在病残体上越冬。成为翌年初侵染源。条件适宜，分生孢子借雨水、灌溉水、带菌肥料和土壤传播。从寄主根部伤口侵入，引起初次侵染。植株发病后新产生的分生孢子，又以上述载体传播，进行多次重复侵染，不断扩展蔓延。作为室内沙藏的参种，如带菌量很高，管理不善，储藏10d左右温度回升，约15d就有块根开始腐烂，症状与大田相同，但发病很快，腐烂彻底。若条件适宜，整堆沙藏参种，一个月内即烂光。高温、高湿有利发病，如遇高湿多雨、参园积水，低洼地、黏土地和连作发病重。

4. 防治方法

(1) 选地建园　选择地势高燥排灌沟系好的田块种植，对低洼地、易积水地推行高畦深沟种植，及时排水，防止漫灌。

(2) 实行轮作　病重田块实行水旱轮作两年以上。

(3) 田间防疫　发现病株，及时拔除烧毁，病穴消毒和周围植株喷药（见后）保护。

(4) 施药防控　发病初期可任选 30%噁霉灵水剂（康丹）1 500～2 000 倍液、20%噻菌铜悬浮剂（龙克菌）400～500 倍液、50%多菌灵可湿性粉剂 1 000 倍液、70%甲基硫菌灵 600～800 倍液、75%百菌清可湿性粉剂 600 倍液或 75%敌磺钠可湿性 800～1 000 倍液喷雾或灌根。

(六) 太子参立枯病

1. 症状　主要为害刚出土的幼苗、大苗。病茎基部出现褐色凹陷病斑，发病初期白天萎蔫，夜间恢复正常，经数日反复后，病株开始萎蔫死亡。在病部附近可见褐色菌丝，后期可见到菌核。

2. 病原　*Rhizoctonia* sp.，为半知菌亚门丝核菌属真菌。

3. 传播途径和发病条件　病菌以菌丝体或菌核在土中或病残体组织内越冬。腐生性较强，土中可存活 2～3 年。病菌从伤口或表皮直接侵入幼苗，分生孢子借雨水、流水或农具传播。该病菌喜温暖潮湿环境，多雨季节、排水不良、低洼积水发病较重。

4. 防治方法

(1) 培育壮苗　宜选地势高、排水良好的地块育苗，精选无病健康种苗，经过预措（方法见太子参白绢病）后播种。育苗期间，注意通风，控制好温湿度，尤其要防止积水。

(2) 及时防控发病中心　苗期或大田发现病株及时拔除，携出参园烧毁。病穴消毒，周围植株喷药防控，可任选 2.5%咯菌腈悬浮种衣剂（适乐时）1 000 倍液、30%噁霉灵水剂（康丹）1 500～2 000 倍液、50%乙烯菌核利可湿性粉剂（农利灵）1 000～1 500 倍液、50%异菌脲可湿性粉剂（扑海因）1 000～1 500 倍液、77%氢氧化铜可湿性粉剂（可杀得）600 倍液或 47%春雷・王铜可湿性粉剂（加瑞农）600～800 倍液浇灌或喷洒。

(七) 太子参锈病

1. 症状　主要为害叶片，夏孢子堆寄生叶背。

2. 病原　石竹状小栅锈菌（*Melampsorella caryophyllacearum* Schrot)，为担子菌亚门小栅锈菌属真菌。

3. 传播途径和发病条件 不详。

4. 防治方法 参见本书木槿、女贞锈病。

（八）太子参花叶病

太子参产区普遍发生，为害严重。

1. 症状 染病后太子参叶脉淡黄，出现花叶症状。病重时，叶呈皱缩斑纹，叶缘卷曲。苗期发病植株矮化，顶芽坏死，叶片不能扩展。地下部块根变小，根数减少，对产量影响很大，采用带毒种根种植发病重。

2. 病原 由芜菁花叶病毒（TuMV）、黄瓜花叶病毒（CMV）、蚕豆萎蔫病毒（BBWV）和烟草花叶病毒（TMV）等病原病毒侵染引起，其中，TuMV分布最广，为害最重，植株显著矮化，叶片皱缩，伴有严重花叶症状。桃蚜和豆蚜以非持久性方式传毒。其次是CMV和TMV，发生较为普遍。

3. 传播途径和发病条件 种根带毒是该病远程传播的主要途径，近距离（田间内植株）靠带毒昆虫（桃蚜、豆蚜等）传播。种子表面可带毒，但种子本身不带毒和传毒。

4. 防治方法

（1）培育无毒种苗 可通过热处理结合茎尖培养方法，获得无毒种苗，在远离种植区建立无毒种苗基地，培育供大田种植的无毒苗，这是从源头上防控病毒病的重要措施。另外，通过种子繁殖方法培育的实生苗，也是无毒苗（种子不传毒），但要结合种子预措（10% Na_3PO_4浸种10min）去除种子表面可能携带的病毒。由于种子成熟度不一致，故生产上较少采用种子繁殖法育苗。

（2）实行轮作套种 重发田块实行水旱轮作，切忌种植与上述病毒有交叉传染的作物。套种高秆作物，如玉米/太子参组合，不仅对蚜虫传播扩散起到阻隔作用，还具有防病、增产效果。

（3）覆盖反光薄膜 苗床推行银灰色反光薄膜覆盖，有驱避蚜虫效果。

（4）治蚜防病 参见本书罗汉果疱叶丛枝病蚜虫防治。

二、害虫

（一）蚜虫类

主要有桃蚜、豆蚜等，参见本书石斛蚜虫。

（二）红蜘蛛

参见本书罗汉果朱砂叶螨。

(三) 小地老虎

参见本书地下害虫小地老虎部分。

第二节 泽泻/泽泻

泽泻［*Alisma orientale*（Sam.）Juzep.］为泽泻科泽泻属水生草本植物。其干燥块茎为中药材泽泻。

一、病害

(一) 泽泻白斑病

发生普遍、为害重。

1. 症状 发病初始叶出现红褐色的小圆形病斑，后扩大，直径1.2～2.5mm，边缘红褐色，中央灰白色，病健交界处组织变黄，病重时，病斑密集，叶黄枯死。叶柄病斑菱形，黑褐色，中心微下陷，边缘红褐色。高温高湿时，病斑中央产生白霉状物（病原菌子实体），后期病叶和叶柄枯死，植株死亡。

2. 病原 泽泻柱隔孢（*Ramularia alismatis* Fautr.），为半知菌亚门柱隔孢属真菌。

3. 传播途径和发病条件 以菌丝体在被害部越冬。初侵染是黏附在种子上的分生孢子和黏附在病残株上的菌丝和分生孢子。翌春条件适宜，病部产生分生孢子，借风雨传播，进行初侵染和再侵染。病菌通过伤口和气孔侵入寄主。苗期和成株期均可发生，病菌发育适温为18～22℃，低于7℃或高于23℃发育迟缓。一般种子萌发后，当日气温达21℃，相对湿度60%，20d左右建泽泻苗圃可见到零星白斑病。春季和秋季均可发生，但以秋季雨量多时发病严重。种子带菌率高是病害大发生的重要因素。凡连作、管理差、栽培密度过大、通风透光差、冬季不清园、田间操作造成的伤口多，有利病害发生和蔓延。建泽泻生长后期气温低、温差大、连续降雨，可促进病害大流行。因此10月中下旬至11月发病严重。

4. 防治方法

(1) 选用抗（耐）病良种，培育无病壮苗 实行健株留种，育苗时种苗采用40%三氯异氰脲可湿性粉剂500倍液或30%氟菌唑可湿性粉剂（特富灵）浸种8～12h可杀死附在种苗的病菌。

(2) 清园 收获后及时清除病残枝叶和田间杂草，集中烧毁，净化田园，减少越冬菌源。

(3) 健身栽培，优化管理 定植时剔除病苗，施足底肥，氮、磷、钾合理搭配，增施钾肥。移栽返青后90d内多次喷施爱丰有机腐殖酸活性肥，增强抗性。注意合理密植，移栽时可按36cm×40cm规格种植，增加通风透光度，降湿防病。

（4）适时喷药防控　发病初期可先用70%代森锰锌可湿性粉剂600倍液、77%氢氧化铜可湿性粉剂（可杀得）500倍液或50%琥胶肥酸铜（DT）可湿性粉剂喷治，发生较多时可选喷40%氟硅唑乳油（福星）4 500～5 000倍液。生长后期（采收后1个月）可喷10%多氧霉素可湿性粉剂（宝丽安）500～700倍液或2%春雷霉素可湿性粉剂（加收米）500倍液。

（二）泽泻灰斑病

1. 症状　叶呈现圆形病斑，棕褐色，中央灰白色、直径2～5mm，上生灰色霉状物（病原菌子实体）。

2. 病原　*Cercospora alismaticola* Z. D. Jiang et P. K. Chi，为半知菌亚门尾孢属真菌。据报道，灰葡萄孢（*Botrytis cinerea* Pers. ex Fr.）也能侵染泽泻，引起灰斑病。

3. 传播途径和发病条件　以菌丝体在病叶上越冬，翌春条件适宜，病部产生分生孢子，借气流和雨水传到叶上，引起初侵染和再浸染。

4. 防治方法　参见泽泻白斑病。

（三）泽泻叶斑病

1. 症状、病原（*Ascochyta alsmatis* Trail）、**传播途径和发病条件**　参见本书罗汉果蔓枯病。

2. 防治方法　参见泽泻白斑病。

（四）泽泻叶黑粉病

1. 症状　为害叶片。叶出现近圆形黄褐色病斑，直径3～6mm，发生多时叶片局部枯黄。

2. 病原　泽泻实球黑粉菌［*Doassansia alismatis*（Nees）Cornu］，为担子菌亚门实球黑粉菌属真菌。

3. 传播途径和发病条件　不详。

4. 防治方法　参见泽泻白斑病。

（五）泽泻炭疽病

1. 症状　叶上病斑圆形，直径1～3mm，红褐色，中央色淡，上生许多小黑点（病原菌分生孢子盘）。

2. 病原　胶孢炭疽菌（*Colletotrichum gloeosporioides* Penz.），为半知菌亚

门炭疽菌属真菌。

3. 防治方法 发病初期选喷80%福·福锌可湿性粉剂1 000倍液，其他参见泽泻白斑病。

（六）泽泻白绢病

1. 症状 初期泽泻地上部生长衰弱，叶子逐渐枯萎。挖起病株，可见根变黑腐烂，有的已蔓延至基部；根部尤其茎基部叶柄丛中出现许多棕褐色小粒菌核和白色菌丝体。

2. 病原 齐整小核菌（*Sclerotium rolfsii* Sacc.），为半知菌亚门小核菌属真菌。

3. 传播途径和发病条件 参见太子参白绢病。

4. 防治方法 参见太子参白绢病。

（七）泽泻猝倒病

泽泻猝倒病是泽泻苗期发生的一种重要病害。

1. 症状 泽泻幼苗染病后茎基部出现腐烂，引起地上部猝倒，植株死亡。

2. 病原 德巴利腐霉（*Pythium debaryanum* Hesse），为鞭毛菌亚门腐霉属真菌。

3. 传播途径和发病条件 病菌以卵孢子在土中越冬，翌春条件适宜，萌发产生孢子囊和游动孢子，以游动孢子或直接长出芽管侵入寄主。此外，在土中营腐生生活的菌丝也可产生孢子囊，以游动孢子侵染寄主根茎部，引起幼苗猝倒。田间的再侵染主要是病菌产出孢子囊及游动孢子，借灌溉水或雨水溅到近地面的根茎上。苗期植株受害后出现腐烂，以至猝倒死亡。播种过密、灌水过深的易发病。

4. 防治方法

（1）选地育苗 选择远离病区、地势高、地下水位低、排水良好的新地，培育无病苗。首先，选用健壮无病植株种子，播前进行种子消毒。可用90%高锰酸钾250倍液浸种0.5h，清洗晾干后播；其次，苗床消毒，每平方米用25%甲霜灵可湿性粉剂9g+70%代森锰锌可湿性粉剂1g拌细土4～5kg。先把床苗底水打好，一次浇透，一般17～20cm深，水渗下后取药土1/3拌匀撒畦面，播种后再将2/3药土盖于种子上，防效期长达月余。

（2）加强苗床管理 播前一次浇足底水，出苗后尽量不浇水，必须浇水的应选晴天喷洒，不能漫灌。发现病苗立即拔除烧毁，病株及周围苗喷药保护。可用72.2%霜霉威水剂（普力克）400倍液，每平方米用药液2～3L。也可用15%噁霉灵可湿性粉剂（土菌消）2 000～3 000倍液或30%噁霉灵水剂450倍液，每平方米3L。

(3) 适期施药防控　掌握发病初期喷药防治，可选用上述霜霉威或噁霉灵淋灌控病。

(八) 泽泻褐斑病

1. 症状　为害泽泻叶片，呈现褐色斑点。

2. 病原　泽泻节壶菌（*Physoderma maculare* Wallr.），为鞭毛菌亚门壶菌纲壶菌属真菌。

3. 传播途径和发病条件　不详。

4. 防治方法　参见泽泻白斑病。

二、害虫

(一) 莲缢管蚜

1. 为害特点、形态特征和生活习性　参见本书莲害虫莲缢管蚜。

2. 防治方法　适期施药防控，重点抓成虫盛发期防治。泽泻生长中前期可选用20%吡虫啉可湿性粉剂（康福多）3 750倍液、3%啶虫脒可湿性粉剂（莫比朗）2 000倍液或25%噻虫嗪水分散粒剂1 500倍液喷治；中、后期虫量多时可选用2.5%多杀霉素悬浮剂（菜喜）1 500倍液、50%抗蚜威可湿性粉剂10～18g对水30～50L（667m^2）、2.5%苦参碱乳油2 000～2 500倍液或2.5%鱼藤酮乳油400～500倍液喷治，视虫情酌治次数。其他参见莲害虫莲缢管蚜。

(二) 银纹夜蛾

银纹夜蛾［*Plusia*（*Argyrogramma*）*agnata* Staudinger］，属鳞翅目夜蛾科。

1. 寄主　甘蓝、白菜、萝卜等十字花科蔬菜。

2. 为害特点　幼虫食叶，致叶成孔洞和缺刻，通过排泄粪便污染寄主。

3. 形态特征

(1) 成虫　体长12～17mm，翅展32mm，体灰褐色，前翅深褐色，具2条银色横纹，翅中有一显著的U形银纹和一个近三角形银斑；后翅暗褐色，有金属光泽。

(2) 卵　半球形，长约0.5mm，白色至淡黄绿色，表面具网纹。

(3) 幼虫　末龄幼虫体长约30mm，淡绿色，前端较细，后端较粗，头部绿色，两侧有黑斑，腹足2对，背线与亚背线白色，行走曲伸状。

(4) 蛹　长约18mm，初期背面褐色，腹面绿色，末期整体黑褐色，茧薄。

4. 生活习性　1年发生代数因地而异，广东6代，湖南6代，浙江杭州4代，以蛹越冬。成虫昼伏夜出，有趋光性。卵产叶背，单产，低龄幼虫在叶背取食叶肉，残留表皮，三龄后分散为害，大龄幼虫则取食全叶，有假死性。老熟幼虫多在叶背吐丝结茧化蛹。

5. 防治方法

（1）清园　冬季清洁田间，铲除杂草，可消灭大量越冬蛹，降低翌年虫口基数。

（2）诱杀成虫　利用成虫趋光性、趋化性可设置黑光灯和糖醋液进行诱捕。也可用甘薯、豆饼等发酵液加少量敌百虫诱杀。

（3）捕捉幼虫　三龄前多群集叶背为害，可进行人工捕杀。

（4）适期喷药防治　掌握一至三龄幼虫盛发期喷药效果好。可任选3%甲氨基阿维菌素苯甲酸盐微乳剂2 500～3 000倍液、20%氰戊菊酯乳油1 500～2 000倍液、2.5%溴氰菊酯乳油3 500～4 000倍液、5%氟啶脲乳油2 000～2 500倍液、25%灭幼脲悬浮剂1 000倍液、2.5%多杀霉素悬浮剂（菜喜）2 000～2 500倍液或90%敌百虫晶体1 000倍液喷治，喷叶背和下部叶。

第三节　七叶一枝花、滇重楼/重楼

七叶一枝花［*Paris polyphylla* Smith var. *chinensis*（Franch.）Hara.］和滇重楼［*Paris polyphylla* Smith var. *yunnanensis*（Franch.）Hand.-Mazz.］的干燥根茎统称为中药材重楼，均为百合科多年生草本植物。

一、病害

（一）滇重楼白霉病

1. 症状　主要侵染叶片。叶上初呈现水渍状灰褐色病斑，后变为褐色、近圆形或不规则形病斑。潮湿时病斑两面有灰色或白色霉层，后期病斑黑褐色，中心灰白色，病斑上覆盖白色霉层（病菌的子实体），有的病斑成溃疡孔洞，病斑边缘深褐色带明显。

2. 病原　重楼柱隔孢（*Ramularia paris*），为半知菌亚门柱隔孢属真菌。

3. 传播途径和发病条件　病菌以分生孢子在病残体上越冬，翌春条件适宜侵染叶片，病部产生的分生孢子借气流、雨水传播，进行再侵染。较高湿度有利于病菌生长萌发。病害一般于7月底8月初出现，苗期发病轻或无病，到9月中旬至10月下旬发病最重，直至倒苗。

（二）滇重楼褐斑病

1. 症状　主要为害叶片。一般从叶缘或叶尖开始发病，初期病部呈水渍状，逐渐失绿变黄，随即变浅褐色，病斑扩大，且可融合，叶缘枯卷。病斑不规则形，深、浅褐色相间，具轮纹。遇连续多日阴雨或高湿，病斑两侧中部可出现少量灰绿至黑色小霉点（病原菌子实体）。

2. 病原 细链格孢（*Alternaria tenuis* Nees.），为半知菌亚门链格孢属真菌。

3. 传播途径和发病条件 病菌以菌丝体和分生孢子随病残体在土中越冬，翌春条件适宜产生分生孢子，借风雨传到幼苗上，发病产孢后通过风、雨、灌溉水进行再侵染。该病在高湿条件下极易发生，苗期、成株期只要给足湿度均能发病，而过度密植，株间不透气，该病害也易发生。

（三）滇重楼红斑病

1. 症状 叶呈现斑点状、条状或不规则形病斑，锈红色，严重时病斑汇合成片，致叶枯死。

2. 病原 *Dendrodochium* sp.，为半知菌亚门多枝瘤座霉属真菌。

3. 传播途径和发病条件 不详。

（四）滇重楼炭疽病

1. 症状 叶上呈现点状、近圆形或不规则形病斑，病部中央浅褐或灰白色，高湿时产生黑点状子实体，严重时多个病斑相连，引起叶枯黄死亡。

2. 病原、传播途径和发病条件 参见本书山药炭疽病。

（五）滇重楼白霉病、褐斑病、红斑病、炭疽病综合防治

（1）清园　冬季彻底清除病残体，深埋或烧毁，可减少翌年侵染源。

（2）控湿防病　雾大、湿度大的山区，提倡稀植。搭荫棚种植的地块，雨季要及时揭棚除湿多次。

（3）间、套种或仿生境栽培　与玉米、果树、伴生林木等高秆作物间、套作，增加物种多样性指数，对隔离病菌、控制病害蔓延、改善生态环境有好处。

（4）土壤改良　重楼苗地或种植地上施用石灰氮（50%氰氨化钙颗粒剂 1 200kg/hm^2）、农家肥、植物油饼粕、腐殖土等，并覆盖稻草、秸秆、碎屑，翻耕、覆盖薄膜（最好在雨后覆膜）20d 以上，致膜下形成高温、高湿环境，既可改土又可杀死部分土中越冬病菌，然后育苗或移植。

（5）种苗处理　大田移栽前，种苗可任选 50%多菌灵可湿性粉剂 500 倍液、75%百菌清可湿性粉剂 500 倍液、30%氟菌唑可湿性粉剂（特富灵）500 倍液、10%苯醚甲环唑水分散粒剂（世高）500 倍液，或 40%氟硅唑水分散粒剂（福星）1 000 倍液浸泡种苗 10min 后再移栽。

（6）防控发病中心　对发病急、病程快的中心病株及田块进行喷药，可任选

75%百菌清可湿性粉剂800倍液、70%甲基硫菌灵可湿性粉剂800倍液、40%氟硅唑水分散粒剂3 000倍液、10%苯醚甲环唑水分散粒剂1 000倍液或30%氟菌唑可湿性粉剂1 000倍液喷雾，以控制病害不再扩展蔓延。

（六）七叶一枝花菌核病

1. 症状 为害茎部。先出现软腐病状，后可见白色丝状物，后期病部出现黑褐色颗粒菌核，终至全株倒伏枯死。

2. 病原 *Sclerotium* sp.，为半知菌亚门小核菌属真菌。

3. 传播途径和发病条件 以菌核或菌丝体在病部或土中越冬，翌春条件适宜，菌核长出菌丝进行侵染，近距离依靠菌核随灌溉水、雨水的移动传播，也可通过菌丝蔓延传播。远程通过带病苗木传播。土壤黏重、排水不良、管理粗放、生长衰弱的田块，发病较重。

4. 防治方法

（1）加强田间管理 完善排灌系统，雨后及时排水，降低田间湿度，以减轻发病。

（2）拔除病株 及时拔除病株并烧毁，同时施用石灰处理病穴，或用木霉菌（每克1.5亿活孢子）可湿性粉剂1 500～2 000倍液、50%乙烯菌核利可湿性粉剂800～1 000倍液淋灌病株、病穴。

（3）适期施药防控 发病初期选用50%乙烯菌核利可湿性粉剂1 000倍液、70%甲基硫菌灵可湿性粉剂1 000倍液或4%农抗120水剂600～800倍液喷治，连喷2～3次。发病较重时可选用75%百菌清可湿性粉剂800～1 000倍液或50%异菌脲可湿性粉剂1 000倍液喷治。

（七）滇重楼根茎腐烂病

1. 症状 多数根茎从尾部开始腐烂，根茎表皮黑褐色，腐烂部位变绵软，解剖根茎腐烂部位，现黄白色腐烂物，有恶臭。

2. 病因 据报道，引起根茎腐烂的有似小杆线虫（*Rhabditis* sp.），也有多种害虫出现在根茎腐烂处，主要有类符蚍、罗宾根螨、吸螨、卡氏白线蚓4种（在害虫部分介绍）。至于根茎腐烂病与害虫之间的关系，有待进一步研究确定。

（八）滇重楼茎腐病

近年在云南省丽江重楼苗地发现的一种新病害。

1. 症状 病株茎基部呈褐色水渍状腐烂。严重发生时，病苗率达10%。

2. 病原 *Pythium sylvaticum*，为鞭毛菌亚门腐霉属真菌。

3. 传病途径和发病条件 不详。

（九）七叶一枝花软腐病

1. 症状 主要为害茎、叶和花。茎部初现椭圆形、水渍状病斑，病健部界限明显。病部稍下陷，后期出现小黑点。叶先从叶柄处发病，病部布满白色霉状物，后期叶片软腐。花先从花梗和外花被处出现与叶部相似的症状。茎部和花梗发病严重时会引起病部弯曲。

2. 病原 匍枝根霉［*Rhizopus stolonifer*（Ehrenb. ex Fr.）Vuill.］，为接合菌亚门匍枝根霉属真菌。

3. 传播途径和发病条件 该病原菌分布广，腐生性强，可在多汁植物残体上以菌丝状态营腐生生活，翌春产生孢子囊，散出孢囊孢子，借气流传播，从伤口或生活力极弱的位置侵入。保护地栽植时，如浇水过多，水量过大，放风排湿不及时，发病则重，多雨季节植株有伤口或过熟未及时采收，易发病。

（十）重楼菌核病、根茎腐烂病、软腐病综合防治

（1）清园 收后清除病残体，带出田外深埋或烧毁，减少初侵染源。

（2）实行轮作 可与禾本科作物轮作，最好实行水旱轮作。

（3）加强栽培管理 合理密植，及时排水，切忌漫灌，增施有机肥，避免偏施氮肥。细心操作，减少伤口，及时整枝和放风排湿，改善通风透光条件。

（4）适期施药防控 苗地或大田，移栽前喷50%多菌灵可湿性粉剂1 000倍液。发现病株及时拔除，病穴灌药或施石灰消毒，周围植株喷药保护。发病初期施用50%多菌灵可湿性粉剂500倍液或70%甲基硫菌灵可湿性粉剂500倍液，7d喷1次，视病情酌治次数。线虫和根螨等引起的根茎腐烂病可任选1.8%阿维菌素乳油1 000～1 500倍液（兼治害螨）、5%淡紫拟青霉水剂（线虫清）200倍液或10%浏阳霉素乳剂1 000～1 500倍液灌根防治。

二、害虫

（一）类符蛛

类符蛛（*Folsomina onychiurina* Denis），属弹尾目类符蛛属。

体长0.7mm，白色，身体细长，触角与头长度大致相等，第四节有一大的亚顶端区，其上生2个大的圆感觉棒，无眼和角后器，第Ⅳ腹节至少是第Ⅲ腹节的2倍，腹部第Ⅳ至Ⅵ节完全愈合，无接缝，爪具龙骨状突起，无齿，小爪渐尖，无齿，无黏毛，背面光滑，弹器长，弹器基与齿节的长度比为4∶9，弹器基腹面无或有少量刚毛，端节镰刀状，所有的刚毛是短光滑刚毛。

（二）罗宾根螨

罗宾根螨（*Rhizoglyphus robini* Claparede），属真螨目根螨属。

体长 0.45～2.0mm，躯体背面具有横沟，分成前足体和后半体，体表光滑有光泽；背刚毛光滑或稀羽状；爪发达，足跗节Ⅰ、Ⅱ的 ba 毛为一圆锥形的刺，与 ω1 毛靠近；足Ⅰ跗节缺 ω1 毛；前足体 ve 毛通常微小，位于前足体板侧边前 1/3～1/2 处，一毛长于刺毛，有些种的刺毛微小或缺。雌螨具肛毛 2 对或更多对。

（三）吸螨

吸螨（*Bdella latreille*），属真螨目吸螨属。

体躯较大，长 0.5～4mm，体色多为红色、橘黄色；体表光滑，有细皮纹，颚体长，向前延伸成鼻状，基部为一长的口下板，螯肢基部不愈合，端部为一小型螯钳，螯肢背面或侧面有刚毛，须肢非常长，为 5 节，呈肘状弯曲，须跗节前端圆，末端有长鞭毛状刚毛 2 根。足由 8 节组成：基节、转节、基股节、端股节、膝节、胫节、跗节和前跗节。

（四）卡氏白线蚓

卡氏白线蚓（*Fridericia carmichaeli* Stephenson），属寡毛纲白线蚓属。

体长 6～7mm，体节数 40。刚毛呈棍棒状，每个体节上有 4 束，每束有数根刚毛，成对排成扇形，中间的最短，有时每束只有 2 根刚毛。头孔小，在口前叶和围口节之间。背孔在第Ⅴ节，环带在第Ⅴ至Ⅷ体节 1/2 处。雄孔 1 对在第Ⅶ节。有消化肾管，消化肾管呈棍棒状，无食道附属物及盲肠，肠管中尚有特化的乳糜细胞，该类细胞具有细胞腔和纤毛，位于环带部或其后若干体节，精漏斗很大（长 150μm），漏斗腔位于一侧，受精囊较小，近卵形，输出端无腺细胞。

类符蛛等 4 种害虫不必专门防治，防治地下害虫时可兼治。

（五）地下害虫

有蛴螬、白蚁、蝼蛄等，参见本书地下害虫相关部分。

第四节　黄精/黄精

黄精（*Polygonatum sibiricum* Red.）、滇黄精（*Polygonatum kingianum* Coll. et Hemsl.）与多花黄精（*Polygonatum cyrtonema* Hua）均为百合科黄精属植物，泛称为黄精，其干燥根茎统称为中药材黄精。

一、病害

（一）黄精叶斑病

1. 症状 初始由基部叶发生，叶面出现褪色斑点，后扩大成椭圆形或不规则形，大小 1cm^2 左右，中间淡白色，边缘褐色，有明显黄晕，病斑形似眼状。严重发生时，多个病斑愈合，致叶枯死，且可逐渐向上蔓延，终至全株叶枯脱落。

2. 病原 *Alternaria* sp.，为半知菌亚门链格孢属真菌。

3. 传播途径和发病条件 以病菌在病残体上越冬，翌春条件适宜，产生分生孢子，借风雨传播进行初侵染和再侵染。一般于 6 月初在冬季未死亡植株叶上出现新病斑，后于 7 月初转移到当年萌发出的新植株茎部叶上始发，并逐渐上移，7 月底发病较为严重，出现整株枯死现象。8～9 月发病达到高峰，另一发病高峰出现在 11 月上旬。一般土壤肥沃、长势好、发病轻，土壤黏重易积水地，发病较重。调查显示，间、套作条件下发病较轻，其机制有待研究。

（二）黄精黑斑病

1. 症状 叶初呈现圆形至椭圆形、紫褐色病斑，后变褐色，严重时病斑遍及全叶，病斑愈合连成枯斑，终至叶片发黑枯死，悬挂于茎秆上。果上病斑黑褐色，略凹陷，在幼果上呈褐色圆形病斑。

2. 病原 *Septoria* sp.，为半知菌亚门壳针孢属真菌。

3. 传播途径和发病条件 病菌在病叶或病果上越冬，成为翌年初侵染源。翌春条件适宜，产生分生孢子，借风雨传播，不断进行侵染为害。5 月底开始在老植株叶上出现病斑，7 月初新生植株出现病斑，一般从上向下蔓延。7～8 月发生较为严重。该病还可为害果实，秋发植株发病较轻。

（三）黄精炭疽病

1. 症状 主要为害叶片，也可侵染果实。染病后叶尖、叶缘先出现病斑，初为红褐色小斑点，后扩展成椭圆形或半圆形、黑褐色病斑，病部中央稍下陷，常穿孔脱落，边缘红褐色略隆起，外围有黄色晕圈，潮湿时病斑散生小黑点。

2. 病原 *Colletotrichum circinans*（Berk.）Vogl.，为半知菌亚门炭疽菌属真菌。

3. 传播途径和发病条件 病菌（以子座或分生孢子）在病残体上越冬，成为翌年初侵染源。发病适温 26℃左右。产生分生孢子需要高湿。4 月下旬始发，新产生的分生孢子借风雨传播，不断进行再侵染，8～9 月发病最重，有逐年加重趋势。高温多雨发病较重，低洼地、排水不良田块易发病。

（四）黄精叶斑病、黑斑病、炭疽病综合防治

（1）冬季清园　收后及时清除病残体，集中烧毁，减少初侵染。

（2）加强管理　搞好排灌设施，及时排水，降湿防病。

（3）适期喷药防控　发病初期可任选80%代森锰锌600～800倍液、70%甲基硫菌灵可湿性粉剂1 000～1 500倍液、80%福·福锌可湿性粉剂800～1 000倍液、10%苯醚甲环唑水分散粒剂（世高）1 000～1 200倍液或50%异菌脲可湿性粉剂（扑海因）800～1 000倍液喷治。

（五）黄精青绿霉病

1. 症状　苗期为害根茎部，有的年份发生严重，春季染病后根茎部出现青绿色霉层（分生孢子梗和分生孢子）。

2. 病原　*Penicillium* sp.，为半知菌亚门青霉属真菌。

3. 传播途径和发病条件　本病菌为有机物上的腐生菌，可产生大量分生孢子，扩散于空气中，借气流传播，从伤口侵入，适温（18～27℃）高湿（相对湿度95%～98%）发病较重。

4. 药剂防治　发病初期可选用70%甲基硫菌灵可湿性粉剂1 000倍液、50%多菌灵可湿性粉剂1 000倍液或50%咪鲜·氧化锰可湿性粉剂1 000～2 000倍液喷治。

（六）黄精灰霉病

1. 症状　苗期病害，主要为害根茎部。染病后出现淡褐色不规则形病斑，严重时病部以上枯死。病部产生灰色霉层（分子孢子梗和分生孢子）。

2. 病原　灰葡萄孢（*Botrytis cinerea* Pers.），为半知菌亚门葡萄孢属真菌。

3. 传播途径和发病条件　以菌核或菌丝体随病残体在土壤和有机肥中越冬，成为主要初侵染源。带菌土壤和病残体碎片，以及病菌随种子、灌溉水或农机具传播，适温高湿有利发病。

4. 防治方法

（1）加强管理　搞好排灌工作，降低田间湿度，减轻发病。

（2）适期施药保护　发病初期可选喷50%多菌灵可湿性粉剂1 000倍液或50%腐霉利可湿性粉剂1 000～1 500倍液，也可用65%甲霜灵可湿性粉剂800倍液、28%灰霉克可湿性粉剂600～800倍液或50%异菌脲可湿性粉剂1 000倍液喷治。

此外，据报道为害叶片的尚有枯萎病（病原为*Fusarium* sp.），为害根茎的尚有软腐病（病原为*Erwinia chrysanthemi*）目前仅零星发生，不必专门防治。

二、害虫

(一) 棉铃虫

为害特点、形态特征、生活习性和防治方法，参见本书薏苡棉铃虫。

(二) 金龟子

1. 为害特点 成虫为害叶子，幼虫（蛴螬）取食根茎。
2. 防治方法 成虫参见本书女贞白星花金龟，幼虫参见地下害虫蛴螬部分。

(三) 小地老虎

参见地下害虫小地老虎部分。

(四) 飞虱、叶蝉、蚜虫

为害特点、形态特征、生活习性和防治方法，参见本书黄柏木虱类和玫瑰茄叶蝉、蚜虫类。

第五节 巴戟/巴戟或巴戟天

巴戟天（*Morinda officinalis* How）又名鸡眼藤、三角藤，属茜草科多年生木质藤本植物。中药材名巴戟天，又名巴戟、鸡肠风、兔儿肠、戟天、巴戟肉等。

一、病害

(一) 巴戟天枯萎病

巴戟天枯萎病是分布最广、为害最重的一种毁灭性病害，也称巴戟天茎基腐病。

1. 症状 受害茎基部初表现皮层变褐色，多纵裂，常有树脂状物质缢出，茎叶自下而上逐渐变黄，剖开病株，可见根、茎和茎基部维管束变褐色，不久，部分枝条枯萎，落叶，后期地上部茎叶全部凋萎枯死，茎基部表皮和根部肉质层逐渐腐烂，且与木质部剥离，其根和茎基部维管束变黑。潮湿时，病根、茎基部可见白粉状霉层。发病较轻时，枝条枯萎后从枝条基部又能长出不定芽，重新萌发新枝条。

上述枯萎和烂根是同一病害在不同时期出现的不同症状。

2. 病原 尖镰孢芳香镰孢变种（*Fusarium oxysporum* Schl. f. sp. *morindae*

P. K. Chi et Shi)，为半知菌亚门镰孢属真菌。此病原具有严格的寄生专化性，只侵染巴戟天，是尖镰孢中一独立专化型。

3. 传播途径和发病条件 该菌可在病株、病残体或土中越冬，为翌年初侵染源。病菌借风、雨、灌溉水、农具、肥料和昆虫传播，从根部伤口侵入。本病于4月上旬至5月上旬进入普发阶段，5月上旬至10月下旬出现2个发病高峰。高温、阴雨、地势低洼、排水不良、氮肥过多、土质偏酸，均有利发病。多年连作是发病重的主要因素之一，从病区引种也是该病害迅速扩展蔓延的重要因素。

4. 防治方法

（1）择地建园 选择生态环境与野生巴戟天相似、地势高排灌方便的地块建园种植。

（2）加强田间管理 防止漫灌，多施用土杂肥，不偏施或过量施氮肥，病重株应拔除，园外烧毁。为防伤口多利于病菌侵入，不宜中耕松土。

（3）实施轮作 病重田块可与葱蒜类、禾本科植物实行轮作3～4年，有条件的地区可实行水旱轮作。

（4）种苗预措 选健株枝条作种，在种前采用50%多菌灵可湿性粉剂1 000倍液浸12～24h，可预防插条带菌。

（5）施药防控 发病初期可在病株根茎部用50%多菌灵可湿性粉剂500倍液，或70%噁霉灵可湿性粉剂2 000～3 000倍液，或1∶1∶100波尔多液淋灌，10～15d淋灌1次，连用2～3次。

（二）巴戟天毛发病

1. 症状 染病植株的茎叶枝蔓被许多很长的黑色毛发似的线状物（病原菌的菌索）缠绕，并逐渐蔓延到邻株，严重时叶片枯死。

2. 病原 巴毛小皮伞（*Marasmius equicrinis* F. Muell. ex Berk. ＝*M. crinisequi* F. Muell. ex Kalcn），为担子菌亚门小皮伞属真菌。

3. 传播途径和发病条件 病菌以菌索在病株或落地的病残组织上越冬，翌年条件适宜，菌索萌动生长，侵入新枝叶，子实体释放出担孢子成再侵染源。管理粗放，杂草丛生的药园常发生。

（三）巴戟天线疫病

两种菌可引起此病。

1. 症状与病原 由 *Marasmius pulcher*（Berk. et Br.）Petch（为担子菌亚门小皮伞属真菌）引起的线疫病，通常先发生于茎枝上，形成白色菌索，后逐渐攀附延伸至叶片，后期在被害部发生白色小帽状的小菌伞，即病菌担子果；由 *Marasmius scandens*（Massee）Dennis［＝*Marasmiellus scandens*（Massee）Dennis（为担子菌亚门小皮伞属真菌）］引起的线疫病，被害枝蔓及叶片有白色菌索攀附延伸，从一叶或一枝蔓伸展至另一叶或另一枝蔓，且在叶背形成网状菌丝层，受害叶先发黄，后枯死，但不脱落，植株生长减缓。该菌仅见菌索，并有吸器伸入寄主表皮细胞，未见担子果，看来有明显寄生性，使巴戟天植株生长较差，叶片枯死，菌丝上未见形成球形或卵圆形的细胞，这一点不同于 *M. pulcher*（B. et Br.）Petch。

2. 传播途径和发病条件 病菌以菌丝和菌索在病部或落地病残组织上越冬。翌春条件适宜，侵入茎部后形成菌索，并蔓延至叶片为害。病菌通过病、健株接触传播。担孢子借风吹可远传，田间农事操作也能传病。高温多湿、种植过密、株间郁闭、通透性差、管理粗放、杂草丛生的潮湿地块，巴戟天线疫病发生较重。

（四）巴戟天枯萎病、毛发病、线疫病综合防治

（1）培育和种植无病苗。

（2）加强田间管理 施足肥料，适当增施磷、钾肥，及时排水。适当修剪，操作细心，减少损伤，剪除过密枝、病枝，改善通透性，降湿防病。

（3）清园 冬季清除田间病残体和田间杂草，生长期及时挖除病重株和剪除病枝，并集中烧毁，以减少侵染源。

（4）施药防控 发病初期任选50%硫菌灵可湿性粉剂1 000倍液、50%多菌灵可湿性粉剂600倍液、50%克菌丹可湿性粉剂500倍液、0.8%波尔多液或65%代森锌可湿性粉剂800倍液喷洒或浇灌。

（五）巴戟天紫纹羽病

1. 症状 主要为害根与根茎部。病株根部初发黄，逐渐呈现黄褐色，病重时为紫色、紫褐色，皮层脱落、腐烂。地上部叶变黄，植株生长不良以至死亡。病根表面有紫色线状菌索和菌丝体攀附，并逐渐延至基部。后期产生紫色的颗粒状菌核。

2. 病原 *Helicobasidium* sp.，为担子菌亚门卷担菌属真菌。该菌可侵染多种药用植物。

3. 传播途径和发病条件 参见太子参紫纹羽病。

4. 防治方法 发病初期可任选70%噁霉灵可湿性粉剂2 000～3 000倍液或70%甲基硫菌灵可湿性粉剂500～1 000倍液等浇灌病穴，也可试用木霉菌（每克1亿活孢子）可湿性粉剂500倍液灌根。其他参见太子参紫纹羽病。

（六）巴戟天炭疽病

1. 症状 为害叶片与枝条。初期受害部出现褪绿小斑，随后中央产生针头状的褐色斑点，逐渐扩大成近圆形的暗褐色斑，直径5～10mm，有时具同心轮纹，发病多时引起落叶，病斑上生小黑点（分生孢子盘）。条件适合时可产生大

量子囊壳，子囊壳多在叶背。

2. 病原 有性阶段：围小丛壳［*Glomerella cingulata*（Stonem）Spauld. et Seherenk］，为子囊亚门小丛壳属真菌。无性阶段：胶孢炭疽菌（*Colletotrichum gloeosporioides* Penz.），为半知菌亚门炭疽菌属真菌。

3. 传播途径和发病条件 全年均可发生，以多雨的 5 月发生较重，栽培管理粗放、土质瘠薄、生长不良的地块发病较多。其余参见本书山药炭疽病。

4. 防治方法 参见本书山药炭疽病。

（七）巴戟天煤烟病

1. 症状 始发时叶上出现黑色污斑，严重时黑霉层较厚，覆盖全叶，影响光合作用，使植株长势衰退，整株枯萎。

2. 病原 柑橘煤炱（*Capnodium citri* Berk et Desm.），为子囊菌亚门刺壳炱属真菌。

3. 传播途径和发病条件 以菌丝体或子囊孢子在病部越冬。翌春条件适宜，子囊孢子借气流传播，散落在介壳虫、蚜虫分泌的蜜露上，萌发生长，侵入寄主，引起发病。蚧类和蚜虫发生严重、荫蔽潮湿的巴戟天药园发病较重。

4. 防治方法

（1）治虫防病 重点抓好蚧类、蚜虫、粉虱等刺吸式口器害虫的防治（参见栀子、佛手、半夏有关蚧类、蚜虫、粉虱等防治）。

（2）加强药园管理 适当修剪，改善通风透光条件，降湿防病。

（3）施药防控 发病初期可喷 1∶1∶100 波尔多液，或 65%代森锌可湿性粉剂 1 000 倍液，7～10d 喷 1 次，连喷 2～3 次。

（八）巴戟天叶斑病

1. 症状 叶初现褐色小点后扩大为圆形至近圆形病斑，中央灰白色，边缘褐色，直径 3～7mm，后期叶面长出小黑点（病原菌假囊壳）。

2. 病原 *Leptosphaeria morindae* G. M. Chang et P. K. Chi，为子囊菌亚门小球腔菌属真菌。

3. 传播途径和发病条件 病菌以假囊壳在病部越冬，翌年条件适宜，成熟的子囊孢子为初侵染源。子囊孢子借气流、风雨传播，生长季节可反复传病，密闭潮湿、通风透光差的植株发病较重，高温多雨有利发病。

4. 防治方法 参见本书山药炭疽病。

（九）巴戟天藻斑病

症状、病原（*Cephaleuros virescens* Kunze.）、传播途径和发病条件、防治方法，参见本书槟榔藻斑病。

(十) 巴戟天根结线虫病

症状、病原（南方根结线虫）、传播途径和发病条件、防治方法，参见本书山药根结线虫病。

二、害虫

(一) 红蜘蛛

红蜘蛛为真螨目叶螨科害螨。

1. 为害特点　以成虫和若虫群集叶上吸汁，轻则使植株生长受阻，重则引起落叶。

2. 防治方法　参见本书罗汉果朱砂叶螨。

(二) 蓟马

蓟马属缨翅目蓟马科害虫。

1. 为害特点　以成虫、若虫为害茎叶，吮吸嫩茎汁液，严重时引起被害茎叶萎缩干枯，老叶受害引起不规则卷曲，终至植株渐枯。

2. 形态特征、生活习性和防治方法　参见本书莲茶黄蓟马、花蓟马。

(三) 其他害虫

尚有介壳虫、蚜虫、粉虱、潜叶蛾及地下害虫（蛴螬、大蟋蟀等）发生为害，可参考见本书相关害虫的发生与防治。

第六节　半夏/半夏

半夏［*Pinellia ternata*（Thunb.）Breit.］属天南星科草本植物，又名三叶半夏。其干燥块茎为中药材半夏，异名水玉、地雷公、狗芋头、三步跳、地珠半夏等。

一、病害

(一) 半夏块茎腐烂病

半夏块茎腐烂病是最为常见的一种病害。

1. 症状　染病后引起半夏块茎腐烂，地上部叶出现枯黄，以至倒苗死亡。

2. 病原　齐整小核菌（*Sclerotium rolfsii* Sacc.），属半知菌亚门小核菌属真菌。

3. 传播途径和发病条件 以菌丝体和菌核在病部或土中越冬，成为翌年初侵染源。菌核在高温下易萌发，借水流和植株间接触引起再侵染，继续扩大传播和为害。多在高温多湿季节、低洼积水地块发生。

4. 防治方法

（1）选用无病种茎和种茎预措 从健株上选无病种茎，种前用5%草木灰、0.5%～2%石灰水或50%多菌灵可湿性粉剂1 000倍液浸种10min，尤其是5%草木灰水溶液浸种，有减轻发病、提高块茎重量的作用。

（2）高畦种植 雨后及时排水，防止积水和串灌。

（3）轮作 实行水旱轮作或与禾本科作物轮作。

（4）田间防疫 发现病株及时拔除，并用70%甲基硫菌灵可湿性粉剂1 000倍液灌根，7～10d灌1次，连灌2～3次，石灰水灌根也有一定效果。土壤和块茎同时消毒，可提高防治效果。11月整地时施50%敌磺钠可湿性粉剂（每667m^2 3～5kg）均匀撒入地下20cm左右处，播前15d完成。取出储藏种茎，用50%多菌灵可湿性粉剂1 200倍液浸种10min，有良好防效。

（5）施药防控 发病初期可用木霉菌（每克1.5亿活孢子）可湿性粉剂1 500～2 000倍，70%噁霉灵可湿性粉剂2 000～3 000倍液或50%腐霉利可湿性粉剂1 500倍液淋灌病穴及喷周围植株。还可试用健根宝（每克1亿单细胞菌落）可湿性粉剂100g对水45kg灌根，或根复特（根腐110、绿色植保素1号）灌根或喷雾，对此类病害有良好防效。施用木霉菌后要覆土。

（二）半夏根腐病

1. 症状 初期块茎周边出现不规则形黑色斑点，后向四周迅速扩展，3～4d后许多病斑相连，继续向块茎内部侵染，此时，半夏根系开始萎缩，叶片逐渐由绿变黄、枯萎。1周后半夏块茎呈圆水疱状，似熟透了的葡萄，块茎内充满黑水，全株死亡，仅剩下薄皮。蔓延的病菌会迅速侵染其他块茎，短期内致半夏全部感染而腐烂。有干腐和湿腐2种，在生长期和储藏期均可发生。

2. 病原 尖镰孢（*Fusarium oxysporum* Schlecht.），为半知菌亚门镰孢属真菌。

3. 传播途径和发病条件 病菌在病部或土中越冬，成为翌年初侵染源，分生孢子借雨水或土壤传播。通常8～10月为半夏块茎生长最快阶段，也是最易感病时期，此时如遇阴雨连绵，土壤湿度大或土壤板结，容易发病，一般侵染后较短时间内出现腐烂，轻者1周，腐烂率达80%，重则3～5d内全部腐烂，给生产带来巨大损失。

4. 防治方法 发病初期任选70%甲基硫菌灵可湿性粉剂500～1 000倍液、根腐速克（中国农业科学院生产）800～1 000倍液、75%百菌清可湿性粉剂1 000倍液、50%多菌灵可湿性粉剂1 500～2 000倍液和5%石灰水灌病穴，对根腐均有较好防控效果，其他参见半夏块茎腐烂病。

（三）半夏叶斑病

该病是为害半夏叶片的常见病。

1. 症状 叶呈现不规则形的紫褐色斑点，后期病斑上生许多小黑点，严重时叶布满病斑，引起叶片卷曲、焦枯，终至死亡。

2. 病原 尚待鉴定。

3. 传播途径和发病条件 不详。

4. 防治方法

（1）清园 生产季节结合修剪，剪除受害枝叶，冬季清除病残体，集中烧毁。

（2）施药防控 本病多在初夏发生，发病初期可任选1∶1∶120波尔多液、65%代森锌可湿性粉剂500倍液、50%多菌灵可湿性粉剂800～1 000倍液或50%硫菌灵可湿性粉剂1 000倍液，7～10d喷1次，视病情酌治次数。

（四）半夏疫病

疫病是为害半夏的主要病害，过去未见报道。

1. 症状 主要为害叶片和球茎。初期叶呈水渍状、暗绿色的不规则形病斑，严重时病斑布满全叶，后期茎秆腐烂，致植株倒折枯死。湿度大时茎秆和病叶上生小黑点（病原菌菌丝体或子实体）散出腥臭味，严重时成片死亡。

2. 病原 寄生疫霉（*Phytophthora parasitica* Dast.），为鞭毛菌亚门疫霉属真菌。菌丝生长最适温度为27.3℃，pH为6.8。

3. 传播途径和发病条件 卵孢子可在土中存活3～4年，为主要的初侵染源。病菌借风雨或结露方可侵入为害。病部产生孢子囊，萌发释放出游幼孢子，侵入叶片。病菌随雨水进入土壤，侵染球茎。大多是孢子囊产生侵入丝，由气孔多次侵入叶组织进行为害。病菌萌发需要水分。高温、多雨，地势低洼、排水不良、通风不畅、湿气滞留、土壤偏酸、肥料过多，均有利于该病发生。

4. 防治方法

（1）合理轮作 可与小麦、玉米、豆类作物实施1年以上轮作，避免与茄子、番茄、辣椒、马铃薯等连作。

（2）冬季清园、耕翻 冬季和生长季节及时清除病枝叶，并集中烧毁；冬季可耕翻2～3次，让其日晒，降低病菌生活力。

（3）运用覆盖膜或遮阳网防控病害。6月底后晚上盖膜早上揭开，可降低病菌侵染概率。

（4）施药防控 发病初期可选用58%甲霜·锰锌可湿性粉剂500倍液或70%甲基硫菌灵可湿性粉剂500倍液喷治。

（五）半夏灰霉病

1. 症状 为害叶片。初为水渍状褪色小斑，有的呈白色点状或灰条状，后扩大呈褐色的不规则形大病斑，多个病斑融合成更大病斑，引起叶扭曲，发病多时，病斑布满全叶，致叶早枯。

2. 病原 *Botrytis* sp.，为半知菌亚门葡萄孢属真菌。

3. 传播途径和发病条件及防治方法 参见本书黄精灰霉病。

（六）半夏细菌性软腐病

半夏细菌性软腐病是一种为害严重的病害。

1. 症状 发病时块茎软腐溃烂，随即叶片、叶柄呈水渍状软腐，终至全株死亡。严重时导致全田绝收，甚至弃用病田。

2. 病原 胡萝卜软腐果胶杆菌胡萝卜软腐亚种（*Pectobacterium carotovorum* subsp. *carotovorum*），为薄壁细菌门果胶杆菌属细菌。该菌可侵染胡萝卜、马铃薯、番茄、黄瓜、白菜等。

3. 传播途径和发病条件 该病多在高温多湿季节发生。病菌可随土壤、水流、昆虫传播，翌春条件适宜，病菌迅速侵染、蔓延。其他参见本书金线莲细菌性软腐病。

4. 防治方法 参见本书石斛细菌性软腐病。

（七）半夏病毒病（病毒性缩叶病）

该病是一种发生普遍、为害较重的病害，半夏生长季节引起植株提前倒苗枯死，储运期间造成种茎大量腐烂。

1. 症状 一是斑驳花叶及皱缩，全株或整丛植株矮化；二是明脉花叶，植株不出现矮化，无明显畸形。有些植株也出现隐症带毒。

2. 病原 芋花叶病毒（*Dasheen mosaic virus*，DsMV），为马铃薯Y病毒组病毒。CMV和SMV（毛豆花叶病毒）也是半夏病毒病的病原病毒。

3. 传播途径和发病条件 种茎带毒和蚜虫等昆虫传毒，可能是主要传毒途径，多在初夏高温多雨季节发生，有随种植年限增加而发病率上升的趋势。

4. 防治方法

（1）培育和种植无毒种茎 远离疫区建立无毒种苗基地，从无病植株上选用无毒种茎作为种用，最为行之有效的方法是实行茎尖脱毒，用于建立无毒种茎来源。

（2）实行轮作 病重田块实行轮作，最好实施水旱轮作。

（3）治虫（蚜虫等）防病 参见本书罗汉果疱叶丛枝病的治蚜部分。

（4）清园 发现病株及时拔除，并集中烧毁或深埋。

二、害虫

（一）芋双线天蛾

芋双线天蛾［*Theretra oldenlandiae*（Fabricius)］，属鳞翅目天蛾科。

1. 为害特点 幼虫取食叶片，严重时将叶食光，削弱树势。

2. 形态特征

（1）成虫 体长25～35mm，翅展65～75mm。体褐绿色，头及胸部两侧有灰白色绿毛，胸部侧面有黄白色纵条，腹部两侧有棕褐色及淡黄褐色纵条，体腹面土黄色。前翅灰绿褐色，后翅黑褐色，有5条灰黄色横带。

（2）卵 圆形，直径约1.5mm，淡黄绿色，孵化前变黄褐色。

（3）幼虫 共5龄，初孵幼虫草绿色，三龄以后大部分变为褐色，老熟幼虫体长约58mm，胸部两侧各具9个排列整齐的小圆斑，下线具1条黄色纵带。腹部第一至七节腹侧各有深色斜纹，背侧各有1个黄色眼状斑。第八腹节背面有尾角1个，尾角黑色，仅末端白色。

（4）蛹 体长35～45mm，黄褐色，臀棘末端有分叉状刺1对。

3. 生活习性 1年发生代数因地而异，3～5代不等，以蛹在土中越冬。8～9月幼虫发生量最大。成虫昼伏荫蔽处，黄昏取食花蜜，趋光性强。每只雌蛾产卵30～60粒，散产叶背。一般一叶一粒。幼虫孵出后先取食卵壳后取食叶肉，残留表皮，二龄后将叶食成孔洞，三龄后从叶缘蚕食成缺刻，高龄幼虫食量暴增，每只每日可食苗10株以上。老熟幼虫在植株附近吐丝，将叶与土粒卷成蛹室，或入土室化蛹。

4. 防治方法

（1）人工捕杀 初发或发生量少时可在幼虫盛发期结合田管进行人工捕杀。

（2）灯光诱杀 成虫发生期设置黑光灯诱杀。

（3）适期施药防控 低龄幼虫任选Bt可湿性粉剂（每克100亿活芽孢）1 000倍液（或Bt悬浮剂400～600倍液）、10%虫螨腈悬浮剂1 000～1 500倍液、20%氰戊菊酯乳油1 500～2 000倍液、2.5%溴氰菊酯乳油1 500～2 000倍液、25%灭幼脲（灭幼脲3号）悬浮剂1 000～2 000倍液、5%氟啶脲乳油（抑太保）1 000～1 500倍液、90%敌百虫晶体800～1 000倍液或50%辛硫磷乳油1 000倍液喷治，药剂宜轮换使用。

（二）红天蛾

红天蛾［*Pergesa elpenor lewisi*（Butler)］，属鳞翅目天蛾科。红天蛾是为害半夏的另一重要食叶害虫，其寄主有半夏、葡萄、凤仙花等。

1. 为害特点 初孵幼虫在叶背啃食表皮，形成透明斑，二龄起蚕食成小孔；三龄食叶缘成缺刻；四至五龄食量最大，严重时数日内可将成畦半夏蚕食殆尽。

缺食料时，向四周扩散为害。

2. 形态特征

(1) 成虫　体长25～35mm，翅展45～65mm，体翅红色为主，呈红绿色闪光。头部两侧及背部有两条纵行的红色带，腹部背线红色，两侧黄绿色，外侧红色；第一腹节两侧有黑斑。前翅茎部黑色，前缘及外横线、亚外缘线、外缘及缘毛均为暗红色，外横线近顶角处较细，越向后缘越粗，中室有一小白点，后翅红色，靠近基半部黑色，翅反面较鲜艳；前缘黄色。

(2) 卵　近扁圆形，直径1～1.5mm，初产时鲜绿色，孵化前淡褐色。

(3) 幼虫　共5龄，老熟幼虫体长50～70mm，可分两类。褐型：体棕褐色，各体节密布网状纹，腹第一、二节两侧具眼状纹一对，眼纹中间灰白色，背线黑色，第三至七腹节有与节间相连的黑斑，各体节后缘黄褐色，近似斜线，腹部腹面黑褐色，尾角棕褐色，尖端淡黄色。绿型：体黄绿色，第一、二腹节眼状纹中间黄白色，上下为黑斑。初孵幼虫均为绿型，在二至三龄蜕皮后大部分转为褐色，老熟幼虫期绿型仅占少数。

(4) 蛹　体长35～45mm，宽8～10mm，棕色，具零星黑点斑，点斑在前翅沿翅脉成纵行排列。

3. 生活习性　该虫在杭州1年发生5代，世代重叠。以蛹在土表下蛹室越冬，翌年4月下旬开始羽化，出现越冬代成虫；第一、二、三、四代成虫分别出现于6月上旬、7月上旬、8月上旬和9月上旬，第五代老熟幼虫入土化蛹，于9月下旬越冬。第一代、第二代、第三代、第四代和第五代全历期分别为50d左右、35d左右、35d左右、40d左右和6～7个月（包括越冬期）。成虫日伏于半夏植株或树林背阴处，黄昏时开始活动，吸食花蜜。趋光性强。羽化多在上午，当晚即可交尾，次日产卵，每雌产卵30～40粒，一般产叶背，多数一叶产一粒。卵多在早晨孵化，初孵即可取食叶背表皮。幼虫老熟后吐丝卷叶或用土粒筑成蛹室，停止取食，虫体缩短，经2～5d预蛹后蜕皮化蛹，为害期主要在5～10月，尤以5月中旬至7月中旬发生量大，为害严重。

4. 防治方法　参见芋双线天蛾。

（三）蝙蝠蛾

蝙蝠蛾（*Phassus excrescens* Butler），属鳞翅目蝙蝠蛾科。

1. 为害特点　以幼虫为害块茎。取食块茎成空洞，严重时食完一个块茎后可转至邻近块茎为害。被害初期，地上部无明显症状，当一个块茎被取食一半以上后，地上部植株出现青枯和凋萎。

2. 形态特征

(1) 成虫　黄褐色，触角短小，体长26mm左右，翅展37mm左右，翅阔，后缘缘毛短，胫节无距，翅脉比较原始，前后翅相同，第二肘脉（Cu_2）只在前翅上保留一部分，后翅狭小，腹部长大。

(2) 幼虫　老熟幼虫38mm，头壳宽2mm，有明显浅褐灰色背中线，胸足3对，腹足4对，尾足1对。老熟幼虫化蛹前在土表下5～10cm处，吐一层薄丝造蛹室，向上有薄丝网形成的光滑隧道作为羽化孔。

(3) 蛹　被蛹，蛹长39mm，宽8mm，蛹期12～26d。

3. 生活习性　1年发生1代，一般初孵幼虫先为害周边杂草，后转移到寄主上为害。多为害植株主茎，致使植株立枯状。成虫白天多悬挂树干或杂草上不动，至日落才开始飞翔、交尾、产卵，雌虫产卵无一定场所，卵量几百粒至数千粒。

4. 防治方法

(1) 冬季翻耕　杀死部分越冬虫蛹，减少翌年虫源。

(2) 人工捕杀　发现地上部出现青枯植株，应扒开被害株块茎及周围根部，捕杀幼虫。

(3) 喷药防治　幼龄阶段施药防治，对被害株及周围可试用毒土（50%辛硫磷乳油或25%辛硫磷胶囊缓释剂1.5kg对水5kg，与细土300kg拌匀），或2.5%溴氰菊酯乳油、10%氯氰菊酯乳油300～450mL，或90%敌百虫晶体900g等对水600～750kg对准基部喷洒，杀死咬食地下部幼虫。

（四）皮蓟马

皮蓟马为缨翅目皮蓟马科害虫。

1. 为害特点　以成虫、若虫群集叶上，吸食汁液，引起叶卷缩，严重时致叶枯死。

2. 生活习性和防治方法　参见本书莲茶黄蓟马、花蓟马。

（五）蚜虫类

常见有桃蚜、棉蚜、豆蚜，除直接为害植株造成损失外，还能传播半夏病毒病。参见本书南方红豆杉桃蚜、罗汉果棉蚜。

（六）吹绵蚧

参见本书佛手吹绵蚧。

（七）铜绿丽金龟（铜绿异丽金龟）

成虫参见本书莲铜绿丽金龟，幼虫参见本书地下害虫蛴螬。

第七节　麦冬、山麦冬/麦冬

麦冬［*Ophiopogon japonicus*（L. f.）Ker-Gawl.］为百合科沿阶草属植物。

以干燥块根入药，名麦冬、麦门冬等。山麦冬包括湖北麦冬［*Liriope spicata* (Thunb.) Lour. var. *prolifera* Y. T. Ma］和短葶山麦冬［*Liriope muscari* (Decne.) Baily］，均为百合科山麦冬属植物，以干燥块根入药。

一、病害

（一）麦冬黑斑病

1. 症状 初发时病斑出现在叶尖，黄褐色，后沿着叶缘向叶基部延伸，病、健部交界处褐色。后期叶片现灰白色，上生黑色霉状物（病原菌子实体），严重时叶似火烧状，成片枯死，严重影响产量和品质。

2. 病原 *Alternaria* sp.，为半知菌亚门交链孢属真菌。

3. 传播途径和发病条件 潜存在病残体叶、块茎上，或组织内菌丝体或分生孢子是本病初侵染源。南方冬季气温较高，无越冬现象。栽种调运的带菌块茎是该病远程传播的主要途径，病田近距离依靠气流或风雨传播。福建泉州一带于4月中旬至5月上旬种植。随着带菌块茎生长，病菌（菌丝或分生孢子）也开始生长、萌发，从伤口侵入，引起新叶发病，开始形成发病中心。在其上产出的分生孢子，经气流或风雨传播，不断进行再侵染，在适宜条件下，病害迅速扩展蔓延。鉴于南方麦冬生长季节，气温均可满足病菌生长发育要求，湿度则成为该病能否流行成灾的主导因素，尤其7～8月台风多、强度大，病害极易流行成灾。连作、栽培管理粗放、土质瘠薄、偏施氮肥，发病重，反之亦然。

4. 防治方法

（1）建立种苗基地　培育和种植无病苗，这是从源头上防控该病的有效措施。首先，要在远离产区选排灌设施好的前作稻田建种苗基地。其次，选外表健康无任何病状的种用块茎，用30%碱式硫酸铜（兰胜）250倍液浸苗10min或65%代森锌可湿性粉剂500倍液浸苗5min，清水冲洗晾干后移入苗地。再次，苗期早防早治。发现苗期黑斑病，及时喷药防控，可选30%碱式硫酸铜（兰胜）300倍液或50%多菌灵可湿性粉剂800倍液喷治。

（2）实行轮作　病重田块实行轮作，避免与百合科或易感染此类作物轮作，有条件地区实行水旱轮作。

（3）清园　收后及时清除病残体和田边杂草，减少初侵染源。

（4）实施健身栽培　采取科学施肥（施用腐熟有机肥，增施磷、钾肥）、干湿灌溉等措施，促使根系发达，植株长壮，提高抗病力。

（5）大田防控　重点抓好发病中心防控工作，尤其注意栽植前采用上述药液进行浸苗处理，杜绝种苗带菌。5～6月大田出现发病中心时，应及时喷药防控，除上述药剂外，还可选喷50%异菌脲可湿性粉剂（扑海因）600倍液、43%代森锰锌悬浮剂（大山富）300～400倍液、30%碱式硫酸铜（兰胜）300倍液或1：

1∶100 波尔多液。8～9 月遇到天气有利病害发生时应全面施用上述药剂，7～10d 喷 1 次，视病情酌治次数。

（二）麦冬炭疽病

1. 症状 病叶出现圆形、长椭圆形至不规则形病斑，初为红褐色，后呈灰白色，上生小黑点（病原菌分生孢子盘），有时出现紫褐色云纹状轮纹。叶缘病斑呈半圆形，后期病斑汇合，形成大斑，致叶枯死。

2. 病原 *Colletotrichum ophiopogonis* Pat. ＝*Vermicularia ophiopogonis* Pat.，为半知菌亚门炭疽菌属真菌。

3. 传播途径和发病条件 生长季节均可发生。传播途径和发病条件参见黑斑病。

4. 防治方法 出现炭疽病为害为主时可喷 25％溴菌腈可湿性粉剂 600 倍液、80％福·福锌可湿性粉剂 500～600 倍液，其他与黑斑病相同。

（三）短葶山麦冬叶斑病

新近发现的一种重要病害。

1. 症状 该病发生在成叶上，初期叶上呈现褐色小点，后逐渐扩大成不规则病斑，边缘褐色，中央灰白色，后期病斑上生褐色小点，即病原菌的假囊壳。

2. 病原 *Leptosphaeria* sp.，为子囊菌亚门小球腔菌属真菌。

3. 传播途径和发病条件 不详。

4. 防治方法 参见麦冬黑斑病。

据在福建泉州山麦冬基地调查，以上 3 种叶斑病常并发，但以麦冬黑斑病为主，采用麦冬黑斑病防治方法，可有效兼治麦冬炭疽病、叶斑病。

（四）麦冬镰孢根腐病

1. 症状 受害株从根顶部开始发病，出现红褐色水渍状病斑，后病斑逐渐变软，向基部发展，与此同时地上部出现生长较差的状况，严重时块根腐烂。

2. 病原 尖镰孢（*Fusarium oxysporum* She. ex Fr.），为半知菌亚门镰孢属真菌。

3. 传播途径和发病条件 参见本书穿心莲黑茎病。

4. 防治方法 参见本书太子参根腐病。

（五）麦冬病毒病

病毒病已成为发展麦冬生产的潜在威胁。

1. 症状 麦冬染病后叶色浓绿，植株矮化，影响地下部块根生长，产量下降。

2. 病原 烟草花叶病毒（TMV）。

3. 传播途径和发病条件 烟草花叶病毒具有高度传染性，汁液中病毒在20℃下其活性可保持数年，主要通过汁液接触传染，只要寄主有伤口即可侵入，田间操作或风雨均能传毒，土壤也能传毒，尚未发现传毒介体昆虫。

4. 防治方法

（1）培育和种植无毒苗　从大田麦冬地选外表健壮的种苗，经过组培脱毒（基尖培养）后，培育出无毒母株，再经扩繁和检测确认无毒后，种植在远离产区的苗地。通过上述程序培育的种苗，即成大田种植的无毒苗。

（2）实行轮作　病重田与禾本科作物轮作2年以上。

（3）细心管理　田间操作细心，避免接触传染。

（4）幼苗处理　应用病毒疫苗 N_{14} 和卫星病毒 S_{52} 处理幼苗，以提高植株免疫力。

（六）麦冬根结线虫病

根结线虫病是为害麦冬的重要病害。

1. 症状 初期细根端部膨大，后逐渐呈球状或棒状，较大根部上多呈节状膨大，后期被害块根表面粗糙、开裂，呈红褐色。剖开膨大部分（虫瘿），可见大量乳白色发亮的球状物，即为雌性线虫成虫。

2. 病原 *Meloidogyne* spp.，为根结科根结线虫属线虫。

3. 传播途径和发病条件 广西产区1年发生6代，以卵或雌虫越冬，环境条件适宜（气温20～30℃）开始发育、孵化，活动最盛。土壤过于潮湿，有利线虫繁殖。带病种苗、土壤和病根，是本病传播的主要途径，水流则是近距离传播的重要介体。此外，带病肥料、农具以及人畜活动，也能传播本病。一般上半年受害不明显，下半年受害严重，连作发生较重，与水稻轮作的发病较轻，与芋头套种则发病较重，移栽时老根不剪除，带病种苗则成初侵染源，往往发生早且重。麦冬种类或品种，抗病性有差异。

4. 防治方法

（1）实行轮作、套种　与水稻轮作或套种稻田中，或与禾本科等作物轮作一年以上，上半年也可与大豆、花生等套种，但不能与芋头或与易感染根结线虫的烟草、紫云英、薯类、瓜类等作物轮作。

（2）栽种较为抗（耐）病品种　发病重的麦冬产区，可改种大叶麦冬和沿阶草麦冬，以及四川遂宁麦冬等较抗（耐）病品种。

（3）种植地和种苗进行处理　种植前整地时结合施用石灰处理，每667m² 用生石灰50kg可杀灭残存土中线虫幼虫和卵。种植时应选用无线虫为害幼苗并将老根剪除干净。

（4）收后清园。

（5）施药防控　发现少量受害株，除拔除外应采用50%淡紫拟青霉水剂（线虫清）200倍液或线虫必克（厚孢轮枝菌）微粒剂每克2.5亿活孢子（按每

667m²用1.5～2.0kg）淋灌病穴及其周围植株，以防控该病的扩展蔓延。

（七）麦冬线虫根腐病

1. 症状 初期地上部未现症状，后期地上部植株矮化，叶片变黄，严重时整株枯死。地下部块根受害部出现褐色病斑，根系不长，严重时块根腐烂。

2. 病原 *Pratylenchus* spp.，为线虫门短体属线虫。

3. 传播途径和发病条件及防治方法 参见麦冬根结线虫病。

二、害虫

（一）韭菜迟眼蕈蚊

韭菜迟眼蕈蚊（*Bradysia odoriphaga* Yang et Zhang），属双翅目眼蕈蚊科。

1. 为害特点 以幼虫为害麦冬叶基部和根茎部分引起腐烂，地上部叶片萎蔫、枯黄。

2. 形态特征

（1）成虫 小型蚊子，体长2.0～4.5mm，黑褐色，头小，复眼很大，在头顶由眼桥将一对复眼相接，触角丝状，16节，有微毛。前翅前缘脉及亚前缘脉较粗，足细长褐色，腹部细长，8～9节，雄蚊腹部末端有一对铗状抱握器。

（2）卵 椭圆形，乳白色，0.24mm×0.17mm。

（3）幼虫 体细长，6～7mm，头漆黑色，有光泽，体白色，无足。

（4）蛹 裸蛹，初期黄白色，后转黄褐色，羽化前呈灰黑色。

3. 生活习性 以幼虫在块根或块根周围表土越冬。1年发生多代，4～10月均可发生为害，以5月和10月为为害盛期，尤其5月苗小，受害严重，成虫喜阴湿弱光环境，16:00后至夜间栖息于麦冬田土缝中。卵产植株周围土缝内或土块下，大多堆产，每雌产卵量100～300粒，幼虫孵化后便分散。土壤过湿过干不利卵孵化和成虫羽化，一般黏土比沙壤土发生量小，土壤板结地块，成虫羽化率明显降低。

4. 防治方法 参见葱种蝇。

（二）葱种蝇

葱种蝇［*Delia*（*Hylemyia*）*antigua* Meigen］，属双翅目花蝇科。其寄主有麦冬、大葱、洋葱、大蒜、青蒜等百合科作物。

1. 为害特点 常与韭菜迟眼蕈蚊混合发生，以幼虫为害叶片基部和根茎，引起腐烂，叶出现萎蔫枯黄，以至成片死亡。

2. 形态特征

（1）成虫 前翅基背毛极短小，不及眉间沟后的背中毛的1/2长，雄蝇两复眼间额带最狭部分比中单眼狭；后足胫节的内下方中央，为全胫节长的1/3～1/2部分，具成列稀疏而大致等长的短毛。雌蝇中足胫节的外上方有2根刚毛。

(2) 幼虫　老熟幼虫腹部末端有7对突起，各突起均不分叉，第一对高于第二对，第六对显著大于第五对。

3. 生活习性　1年发生多代，以蛹在土中或粪堆中越冬，5月上旬成虫盛发，卵成堆产在叶、块根或块根周围土表，卵期3～5d，孵化幼虫很快钻入块根为害。幼虫期17～18d。老熟幼虫在被害株周围土中化蛹，蛹期14d左右。

4. 防治方法　韭菜迟眼蕈蚊与葱种蝇常混合发生，可结合起来进行综合治理。

(1) 合理轮作　可与非百合科的花生、芝麻、油菜、蚕豆、玉米等作物轮作，发生严重田块可与水稻等轮作，效果更好。

(2) 降低虫口基数　施用腐熟有机肥料，减少肥料中葱种绳虫口数量。

(3) 适期防治　主要抓两个时期。一是成虫羽化盛期（1年4代地区发生盛期：4月中下旬、6月上中旬、7月中下旬和10月中旬），选用2.5%溴氰菊酯乳油或20%氰戊菊酯乳油3 000倍液喷治，以9:00～10:00喷药效果最佳。也可用75%辛硫磷乳油1 000倍液喷治，均可杀死成虫。二是幼虫为害盛期（5月上旬、7月中旬、10月中下旬），叶尖开始出现发黄变软并逐渐向地面倒伏时，即可灌药防治，可用75%辛硫磷乳油800倍液或90%敌百虫晶体1 000倍液灌根。喷时将麦冬植株根边的土耙开，再用压缩喷雾器（卸去喷头旋片）喷灌，可提高防治效果，也能兼治蛴螬。此外，结合冬灌或春灌，可消灭部分幼虫，加入适量农药效果更好。

（三）地下害虫

地下害虫常见有蛴螬、小地老虎、大蟋蟀、东方蝼蛄等，可参见本书地下害虫部分。

（四）蝗虫类

常见蝗虫有短额负蝗（*Atractomorpha sinensis* Bolivar）、稻蝗或中华稻蝗[*Oxya chinensis*（Thunberg）]、棉蝗（*Chondracris rosea* de Geer）等均属直翅目，其中除短额负蝗为锥蝗科外，其他3种为蝗科。

主要以成虫、若虫啃食作物的叶片成缺刻或孔洞，可取食多种农林作物和药用植物，发生较轻，不必专治。

（五）叶蝉类

小绿叶蝉、大青叶蝉，时有发生，为害不突出。

（六）缘蝽类

常见有点蜂缘蝽[*Riptortus pedestris*（Fabricius）]、稻棘缘蝽（*Cletus*

punctiger Dallas)，但为害不重，防治其他害虫时可兼治。

第八节　山药/山药

山药（*Dioscorea opposita* Thumb.）为薯蓣科薯蓣属植物，异名山芋、白苕、山板薯。以干燥根茎入药，称山药。

一、病害

(一) 山药炭疽病

山药炭疽病发生普遍，轻则引起叶枯、落叶，重者整株枯死。

1. 症状　叶片染病后有两种类型。急性型：多在叶柄与叶片或茎蔓交界处出现不规则小斑，在叶片上少见，后期病部呈现黑褐色干缩，几天后叶片脱落，俗称“落青叶”，这一类型发病急，为害重，损失大。慢性型：始发时自叶尖或叶缘处呈现暗绿色水渍状小斑点，后产生褐色下陷的不规则小斑，随后逐渐扩大成黑褐色、边缘清晰、圆形或不规则形病斑，直径0.2～0.5cm，后期病斑中部出现灰色至灰白色、不规则同心轮纹。病斑周围叶发黄，湿度大时，多个病斑常融合成大斑，病部易破裂、穿孔或引起落叶。茎蔓发病初期在离地面较近部位产生褐色小点或不定形褐斑，后逐渐扩大形成圆形或梭形黑褐色病斑，病部略下陷或干缩，以至茎蔓局部坏死，终致病部以上茎蔓全部枯死。大气湿度大时，病部常产生淡红色黏稠状物质（病原菌分生孢子梗），后变黑色，后期斑面生小黑点(病原菌分生孢子盘)。叶柄受害初期形成水渍状褐色长形病斑，后期病部为黑褐色干缩，引起落叶。

2. 病原　无性阶段：胶孢炭疽菌（*Colletotrichum gloeosporioides* Penz.），为半知菌亚门炭疽菌属真菌。有性阶段：围小丛壳［*Glomerella cingulata* (Stonem) Spauld. et Schrenk.］，为子囊菌亚门小丛壳属真菌。

3. 传播途径和发病条件　该病以菌丝体和分生孢子盘在病残体、架材和落入土中的病残体上越冬，成为翌年初侵染源。该菌可在土中存活2年以上。分生孢子借风雨进行初侵染和再侵染。下雨时近地表分生孢子，借雨水溅射到茎叶上，或随农事操作、昆虫活动传染，条件适宜，再侵染频繁，以至流行成灾。发病适温为25～30℃，高温多雨发病重，雨日多，田间湿度大，发病早且重。7～8月常是发病高峰期，品种抗病性有差别，福建的主栽品种较感病，部分资源品种显示较强抗病力。连作地，密度过高、氮肥过量的田块，发病较重。

4. 防治方法

(1) 实行轮作　选择非寄主植物，如与水稻、玉米等轮作，避免与甘薯、花生等连作。

（2）清园　收后和生长期间清除病叶，集中处理。

（3）加强田间管理　采用高畦深沟短行种植，及时排、灌水；及早搭架，以利通风透光，降湿防病，多施有机肥（充分腐熟土杂肥），增施磷、钾肥；上述措施，有助增强植株抗病力。

（4）种薯和土壤消毒　种前种薯用50%多菌灵可湿性粉剂1 000～1 500倍液浸15～20min或1∶1∶150波尔多液浸10min，清洗晾干后种植。也可在种薯横切面涂抹石灰粉或草木灰进行消毒。土壤消毒：用50%多菌灵、20%三唑酮、水按2∶1∶1 000配成药液喷种植沟后再播种。

（5）施药防控　田间有急性型病斑出现，及时摘除病叶并选喷25%咪鲜胺乳油600倍液、10%多抗霉素可湿性粉剂500倍液或50%多菌灵可湿性粉剂500倍液，连喷2～3次。常发区可在发病前喷1次1∶1∶150波尔多液进行保护。

（二）山药褐斑病

山药褐斑病又称山药白涩病，是山药产区普遍发生的一种病害，常和山药炭疽病并发，主要为害叶片，也可侵染茎蔓和叶柄，引起叶枯和茎蔓枯死。

1. 症状　发病初期叶褪绿变黄，边缘不明显，后渐扩大，多受叶脉限制形成不规则形或多角形褐色斑，直径为2～5mm，无轮纹，后期病斑边缘微突起，中间淡褐色，上生黑色小点（病原菌分生孢子盘）。严重时病斑相融合，致叶穿孔或枯死，但不落叶，这是该病与炭疽病区别之处。叶柄和茎蔓上的症状与叶片相似，呈长圆形或不规则形褐色病斑，严重时上、下病斑融合一起，使茎蔓枯死。

2. 病原　薯蓣柱盘孢（*Cylindrosporium dioscoreae* Miyabe et Ito.），为半知菌亚门柱盘孢属真菌。

3. 传播途径和发病条件　病菌以分生孢子盘和菌丝体在病残体上越冬。翌年条件适宜，越冬病菌产生分生孢子，借风雨传播，先侵染下部叶，形成初侵染。该病适温为25～32℃，多在高温、雨季发生，以7～8月发病最重，可延至收藏前。遇适宜温湿度便可不断发生再侵染，使病害扩展蔓延。氮肥过多，有利发病。

4. 防治方法　参考山药炭疽病。

（三）山药斑枯病

山药斑枯病主要为害叶片，轻则引起叶片干枯，重则全株枯死，早发生，损失重，多在生长中后期发生。

1. 症状　初始叶面出现褐色小点，随后病斑扩大，呈多角形或不规则形，大小6～10mm，中央褐色，边缘暗褐色，上生黑色小点（病菌分生孢子器）。严重时全叶干枯，以至全株枯死。

2. 病原 薯蓣壳针孢（*Septoria dioscoreae* J. K. Bai & Lu），为半知菌亚门壳针孢属真菌。

3. 传播途径和发病条件 病菌以分生孢子器在病叶上越冬，翌春条件适宜，分生孢子器释放分生孢子，借风雨传播，发生初侵染和多次再侵染。病菌生长适温为25℃左右。在适温与饱和湿度下，以及温暖潮湿雾天，有利发病。气温在15℃以上遇阴雨天气、土壤缺肥、植株生长衰弱，本病容易流行，高温干旱发病轻。

4. 防治方法 参见山药炭疽病。

（四）山药灰斑病

山药灰斑病（或称大褐斑病），南方产区发生较多，主要为害叶片，叶柄和藤蔓也会受害，可引起落叶或藤蔓枯死。

1. 症状 病叶两面均可见到近圆形至不规则形病斑，一般病斑直径为2～3mm，中心灰白色至褐色，常有1～2个黑褐色轮纹圈，病斑边缘具黄色至褐色水渍状晕圈，湿度大时叶两面可见灰黑色霉层（病原菌的子实体）。

2. 病原 薯蓣尾孢（*Cercospora dioscoreae* Ell. et Mart.），为半知菌亚门尾孢属真菌。据报道 *C. cantonensis* P. K. Chi（尾孢属真菌）也能引起灰斑病，其症状为病叶上呈现圆形、椭圆形或不规则形的病斑，边缘褐色，中央灰白色，上生灰黑色霉状物（病原菌子实体）。此外，资料显示，参薯尾孢（*C. ubi* Racib）与尾孢属巴西尾孢（*C. abraziliensis* Averna.）均可引起灰斑病。

3. 传播途径和发病条件 该病以菌丝体在病残体上越冬。翌春条件适宜，形成分生孢子，借气流传播，进行初侵染和不断再侵染。严重时，病斑布满叶面，引起叶片干枯。发病适温为25～28℃，相对湿度80%以上。适温、高湿，有利发病，8月中下旬和9月上旬发病较重。

4. 防治方法 参见山药炭疽病。

（五）山药斑点病

山药斑点病由两种病原菌引起。

1. 症状与病原 由半知菌亚门叶点霉属薯蓣叶点霉（*Phyllosticta dioscoreae* Cke.）引起的斑点病，叶上呈现圆形或多角形病斑，边缘明显，褐色，中央灰白色，病斑大小为6～15mm，上生小黑点（病原菌分生孢子）。而由叶点霉属薯蓣状叶点霉（*P. dioscoreacearum* Bacc.）引起的斑点病，叶上病斑圆形，近圆形，直径2～6mm，中央部分灰白色，边缘较宽，暗褐色，上生黑色小点（病原菌分生孢子器）。此病在田间往往长时间是暗褐色至黑色的圆斑，后期中心才变灰白色，上生分生孢子器，故往往长期检查不到子实体。

2. 传播途径和发病条件 以分生孢子器在病部越冬，是翌年初侵染源。翌春条件适宜，分生孢子借风雨传播。薯蓣叶点霉，主要为害下部叶片，7～11 月发生。薯蓣状叶点霉 6～9 月发生，一些产区发生较为普遍，但需在 9 月前后形成分生孢子器。

3. 防治方法 参见山药炭疽病。

（六）山药叶锈病

山药叶锈病主要为害叶片。

1. 症状 叶上病斑黄色，多角形，中心有黑色小粒点，散生，后变红白粉状小点，老病斑暗褐色，可穿孔。严重时，在茎部和叶柄也会被害，终至落叶、枯死。

2. 病原 真菌为害，病菌种类尚待鉴定。

3. 传病途径和发病条件 一般在 6～8 月发生。

4. 防治方法 参考玉竹锈病。

（七）山药叶枯病

1. 症状 叶上病斑椭圆形或不规则形，中央灰白色，边缘暗褐色，病、健交界明显，后期病斑上生小黑点（病菌分生孢子器）。

2. 病原 *Phomopsis dioscoreae* Sacc.，为半知菌亚门拟茎点霉属真菌。

3. 传播途径和发病条件 以分生孢子器或菌丝体在病部越冬。成为翌年初侵染源。翌春条件适宜，分生孢子器产生的分生孢子，借风雨及昆虫传播，各种伤口侵入是病菌侵入的主要途径。

4. 防治方法 零星发生，可结合山药炭疽病防治进行兼治。

（八）山药枯萎病

山药枯萎病也称死藤或死秧病，是区域性病害，主要为害茎蔓和地下块茎。

1. 症状 发病初期茎蔓尾部出现梭条形、湿腐状褐色病斑，继之病斑不断扩展，基部表皮腐烂。当表皮腐烂迅速扩展绕茎一圈时，地上部叶逐渐黄色、脱落，茎蔓也迅速枯死。若是根状块茎染病，可在皮孔四周产生圆形至不规则形暗褐色病斑，皮孔上的细毛根和内部变褐色干腐，严重时整个块茎变细褐色，根茎部腐烂，纵剖病茎，可见维管束黄褐色，终至全株死亡。储藏期该病仍可继续扩展为害。

2. 病原 尖镰孢（*Fusarium oxysporum* Schl. f. sp. *dioscoreae* Wellman），为半知菌亚门镰孢属中一个独立专化型，不侵染供试的菜豆、大豆、番茄、马铃薯、黄瓜、甘薯、洋葱、芦笋、菠菜、菊花的幼苗和成株，是一个既使维管束变色，地上部枯萎，又可致地下块根腐烂的枯萎病菌。

3. 传播途径和发病条件 该菌以菌丝体和厚垣孢子在土壤中越冬，在土中可存活多年。条件适宜，病菌可直接侵染处在土层中刚发芽的藤茎和根状块茎。山药块茎可带菌至翌年播种。山药块茎和藤茎一旦被侵染，很难根治。该菌生长适温为29～32℃，高温高湿容易发病，连作低洼地，田间排水不良或积水和土质黏重的均有利发病。氮肥过多，土壤偏酸也易发生。

（九）山药腐霉病（根腐病）

山药腐霉病（根腐病）为害块根，引起局部腐烂，但不会使幼苗猝倒。

1. 症状 染病薯块出现圆形、椭圆形或不规则形病斑，黑色，略凹陷，严重时病组织深入薯肉约1mm，潮湿时病斑上可见白色霉层。

2. 病原 *Pythium vexans* de Bary，为鞭毛菌亚门腐霉属真菌。

3. 传播途径和发病条件 病菌随病残体在土表越冬。条件适宜，卵孢子萌发，经伤口或直接侵入，形成孢子囊，以游动孢子借风雨或灌溉水传到山药薯块上，病薯产生孢子囊和游动孢子，进行再侵染。田间通风透气差、积水，湿度大，有利发病。连作田块发病重。

（十）山药褐腐病

山药褐腐病又称腐败病，是山药主要病害。

1. 症状 块茎呈现腐烂状的不规则形褐色斑，稍凹陷，常畸形，稍有腐烂，病部变软，剖开可见病部变色，其受害部分比外部病斑大且深，严重时病部周围全部腐烂。

2. 病原 腐皮镰孢［*Fusarium solani*（Mart.）Sacc.］，为半知菌亚门镰孢属真菌。

3. 传病途径和发病条件 病菌以菌丝体、厚垣孢子或分生孢子在土壤、病残体和种薯上越冬，可在土壤中存活多年。带病的肥料、土壤、种薯，为主要侵染源。病菌可借雨水、流水、农具和田间操作传播，远程传播主要依靠带病薯块的远距离调运。条件适宜时，越冬病菌萌发，可直接侵染薯块致病，病薯上的分生孢子借风雨、灌溉水传播，不断引起再侵染。病菌在13～32℃均能生长，最适为29～32℃。高温、高湿、连作、低洼地、田间积水、排水不良、土壤黏重等有利发病。

（十一）山药茎腐病（根腐病）

1. 症状 发病初期在藤蔓基部可见褐色不规则形斑点，继而扩大成深褐色长形病斑，病斑中部凹陷，发生严重时，藤蔓基部干缩，引起茎蔓枯死。病部表面常有不明显的淡褐色丝状霉，染病块茎常在顶芽附近呈现不规则形病斑。根系发病，引起根系死亡。

2. 病原 立枯丝核菌（*Rhizoctonia solani* Kiihn），为半知菌亚门丝核菌属真菌。

3. 传播途径和发病条件　病菌以菌丝体或菌核在土壤中或病残体上越冬，成为翌年初侵染源。该菌是一种土壤习居菌，可在土中存活2～3年。翌年条件适宜，菌核萌发形成菌丝，通过伤口侵入。还可通过土壤、雨水、流水和施用带菌肥料传播。一般从出苗至9月上中旬均可发生，高温高湿容易发病，新植地和干旱年份发病轻，连作、过密、荫蔽、通风不良、地势低洼、田间积水的田块发病重。该病菌寄主范围广，可侵染玉米、马铃薯、花生、大豆等100多种植物。

（十二）山药枯萎病、褐腐病、茎腐病等综合防治

（1）实行检疫　严禁从病区引进苗木。

（2）实行轮作　种2～3年山药后与水稻或其他禾本科作物（非寄主范围植物）进行3年以上轮作。

（3）建立无病种薯基地　种前进行种薯和土壤消毒（参见山药炭疽病），也可用5406菌肥拌种薯（每667m^2用菌肥10kg）。

（4）加强田间管理　建好排灌设施，防止田间积水。雨后及时排水和松土。防止串灌、漫灌，避免病菌随灌溉水传播。有条件地区进行滴灌或喷灌。收后及时清园，并清理生长期结合修剪除去的病株、过密枝，集中烧毁或深埋。施用充分腐熟有机肥，适当增施磷、钾肥，避免偏施氮肥。

（5）施药防控　发病初期任选木霉菌（每克1.5亿活孢子）可湿性粉剂1 500～2 000倍液或每平方米10～15g撒施，也可用50%多菌灵可湿性粉剂400～500倍液、75%百菌清可湿性粉剂600倍液或95%敌磺钠可溶粉剂200～300倍液灌根，如出现腐霉菌引起的枯萎病，可施用50%腐霉利可湿性粉剂1 000倍液或4%络氨铜水剂300倍液灌根，视病情酌定灌根数次。

（十三）山药花叶病

山药花叶病是近期发现的病毒病害。

1. 症状　染病后叶片变小，叶缘微波状，有时畸形。叶面呈现轻微花叶。严重时叶片会出现淡绿相间的花叶，叶面凹凸不平，生长中后期叶面有时会出现一些坏死的斑点。

2. 病原　山药花叶病毒（*Yam mosaic virus*，YMV）。

3. 传播途径和发病条件　种薯可带毒，调运带毒种薯是远距离传病的主要途径，田间近距离依靠蚜虫（桃蚜、棉蚜等）传毒。蚜虫发生早，为害重，则病毒为害也重，反之亦然。高温干旱有利蚜虫增殖，因而有利发病。此外，田间疏管，植株生长差，发病也较重。

4. 防治方法

（1）建立无毒种薯基地　选留无病毒种薯，建立无毒种薯基地，可结合防控线虫病害进行。

(2) 治蚜防病　蚜虫发生初期，及时喷治，把蚜虫消灭在传毒之前。可选用50%抗蚜威可湿性粉剂（辟蚜雾）2 000～2 500倍液或蜡蚧轮枝菌可湿性粉剂（每毫升10^7个孢子以上）喷雾。也可用25%唑蚜威乳油每667m^2 10～20mL对水喷雾，或2%烟碱水乳剂800～1 200倍液，或20%溴灭菊酯乳油1 000～2 000倍液喷治，7～10d喷1次，视虫情酌治次数。

(3) 净化田间环境　发现病株及时拔除，病株应携出园外烧毁，但要喷药灭蚜后进行，以防蚜虫因拔除促其扩散传毒。收成后清洁药园，清除病残体及田边杂草，除去蚜虫栖息场所。

(十四) 山药线虫病

迄今已报道侵染山药的线虫病有两类，一是根腐线虫病，二是根结线虫病，现分述如下。

1. 山药根腐线虫病

(1) 红斑病　又称干腐病，侵染地下块茎。

①症状：初期在块茎上呈现红褐色近圆形至不规则形稍凹陷病斑，单个病斑较小，直径2～4mm，严重时，病斑密集，相互融合，表面呈现细龟纹，深2～3mm，呈现干腐状，地上部出现植株矮化现象，叶变小，严重发生田块，蔓叶黄化，以至整株枯死。

②病原：薯蓣短体线虫（*Pratylenchus dioscoreae* Yang & Zhao），为线虫门短体属线虫，这是我国发现的新种。

③传播途径和发病条件。该线虫可在土中存活3年以上。带病薯块、病残体和病田土壤是主要侵染源。1年发生约两代，目前发现仅为害薯蓣。6月新块茎开始形成时便可被侵染，直至收获。从基部到40cm处，均可被侵染，但以20cm以上被侵染产生的病斑居多。

(2) 黑斑病　主要为害薯块和根系，发病严重田块，引起大幅减产。

①症状：被害根初期表现水渍状暗褐色损伤，随后受害处变成褐色缢缩，引起根死亡。受害茎蔓初期呈现椭圆形病斑，后扩展成条状褐色大斑。受害块茎初期呈现浅黄色小点，后为圆形、椭圆形或不规则形稍凹陷褐色病斑，并逐渐扩展成不规则形黑色大斑。受害株地上部出现叶片淡绿、植株矮小现象，严重时蔓叶变黄，早衰，以至枯死。

②病原：已报道有两种短体线虫。一是咖啡短体线虫［*Pratylenchus coffeae* (Zimmermann) Filipjev & Schunrmans Ste Khoven］，为短体属线虫。二是穿刺短体线虫［*P. penetrans*（Cobb.）Chitwood & Otifa.］，为短体属线虫。

③传播途径和发病条件：上述3种短体线虫均为迁移性的内寄生线虫，以卵、幼虫和成虫在病组织和病土中越冬。远距离传播依靠染病的各器官和带线虫土壤，田间近距离通过雨水、灌溉水及农事操作中的病根、病土的黏带和搬移传

播。而根腐线虫的低温休眠特性，有利其传播。翌春条件适宜，线虫开始活动，通过口针穿刺进入山药根系组织，进行繁殖和再侵染。新植地线虫分布在10～20cm土层内，连作地分布在整个耕作层，故连作发病重。上述3种短体线虫均为好气性，沙质土发病重，黏土发病轻，干旱发病轻，线虫活动适温为25～28℃，温暖和潮湿季节有利其侵染和传播。

2. 山药根结线虫病 是产区普遍发生的主要病害，近期呈上升趋势。

①症状：初期地上部无明显症状，后期茎蔓生长衰弱，叶变小，严重时叶黄脱落。染病块茎表面暗色，无光泽，多数畸形，表皮组织上呈现圆形或椭圆形褐色小点，后逐渐扩展成不规则大斑，在线虫侵染点周围肿胀，突起，形成馒头状小瘤，严重时多个小瘤连接起成大瘤块茎，根受害形成米粒大小的根结，镜检可见乳白色成虫和不同龄期幼虫，受害组织初为红褐色后变成褐色腐烂，病斑凹陷，发生严重时绕块茎一周，地上部茎蔓枯萎死亡。土壤潮湿时，病组织易感染腐生菌，加速块茎腐烂。受害轻的块茎，仅在表皮出现褐色坏死斑点，但储运期间遇到适宜条件，仍可继续扩展，引起严重腐烂，后期病组织失水干缩，表皮龟裂，剥离表皮后可见大小不等凹陷斑。

②病原：目前国内发现有4种线虫，分别是南方根结线虫［*Meloidogyne incognita*（Kofoid & White）Chitwood］、爪哇根结线虫［*M. javanica*（Treub）Chitwood］、花生根结线虫［*M. arenaria*（Neal）Chitwood］、北方根结线虫（*M. hapla* Chitwood）。南方地区以前3种为主，属垫刃目根结科根结线虫属，不同产区可能是上述某些种组成的混合种群。

③传播途径和发病条件：以卵囊中的卵和卵内的幼虫在病残体和土壤中越冬，翌年条件适合，越冬卵开始孵化，具侵染的二龄幼虫，侵入山药的块茎和根尖，进行繁殖，完成生活史。1年可发生3～5代，世代重叠。主要分布在5～20cm土层内，连作地50cm深土层也有分布。残留田间的病根，带有虫卵和虫瘿的病土及染病的块茎是主要初侵染源。田间通过灌溉水，雨水径流，附于动物、鞋和农具上的带线虫土壤进行传播，远距离主要通过带病的种薯传播。沙壤土发病重，黏土发病轻，连作地发病重。线虫活动适温为20～30℃，在10℃以下停止活动。土壤过于干燥不利卵和幼虫的生存，pH 4.0～8.0适宜根结线虫生存和繁殖，逆境下卵囊中部分卵出现滞育，有利其保持物种延续。温暖潮湿的土壤可使块茎皮孔胀大，有利线虫侵入。

（十五）山药线虫类病害综合防治

（1）实行检疫　不从疫区引种，调运的种薯要进行检疫。

（2）建立无病种薯基地，繁殖和种植无病种薯　播前种薯预措，种薯萌动前置太阳下晒1～2d，后放进50～55℃温水（严格控制水温）10～20min，温水淹盖种薯，且要上下翻动1～3次，使种薯均匀受热，届时捞出，切口处用草木灰消毒，晾干后播种。

(3) 生态防控措施

①土壤热力处理和淹水杀灭线虫，7～8月高温季节病重田深耕暴晒15～20d，间隔15～20d再暴晒一次，达到杀线虫目的。有水源地区可在换茬时放水淹灌1个月，同样有杀灭线虫效果。

②实行轮作：与水稻、萝卜、甘薯、玉米、西瓜等非寄主作物进行3年以上轮作，尤其水旱轮作更为有效，一些地区推行与大葱、大蒜、韭菜、辣椒等轮作也有一定效果。

③优化栽培管理：选择高燥、排灌良好、土壤肥沃地块，实行高畦深沟种植，干湿灌溉，切忌串灌或漫灌，雨后及时疏沟排水，有条件的地区建立滴灌或喷灌系统。冬前进行深耕晒田，收后清园，深刨土中残留根以减少虫源量。增施磷、钾肥，少施氮肥，多施充分腐熟的有机肥，增强植株抗病力。

④应用生物菌剂防控：可选用大豆根保剂（每667m^{2}田每克6亿活孢子作种肥与其他肥料均匀混合），也可用淡紫拟青霉（每克5亿活孢子）拌种和厚孢轮枝菌微粒剂（每克2.5亿活孢子）1 500～2 000g于播前均匀施30cm深沟内。在定植前每667m^{2}用1.8%阿维菌素乳油450～500mL，拌20～25kg细沙土，均匀撒施地表，然后深耕10cm，防效可达90%以上，持效期60d左右。还可试用巴氏穿刺芽孢杆菌（*Pasteuria penetrans*）防治线虫。发病初期拔除病株后，可用1.8%阿维菌素乳油2 000～3 000倍液灌根或处理病穴。

二、害虫

（一）山药叶蜂

山药叶蜂（*Athalia* sp.），属膜翅目叶蜂科。是为害山药的专食性害虫。

1. 为害特点 为害叶片。幼虫密集叶背蚕食，严重发生时将叶片食光，仅留叶柄、叶脉。

2. 形态特征

(1) 成虫 雌成虫体长6～9mm，体黑色，具有蓝紫色光泽，头部唇基及上唇黄白色，触角9节，翅透明，上有纤毛，足3对，黑色，仅胫节基部一半黄白色，底端分叉。雄成虫体长7.5mm，前翅大部分黑色，仅翅端色淡。

(2) 卵 长椭圆形，长0.9mm，宽0.5mm，初为乳白色，后变米黄色，孵化前为灰褐色。

(3) 幼虫 呈圆筒状，体长约15mm，胸部稍粗，腹部较细，体壁多皱纹，黑蓝色，胸足3对，腹足8对，老熟时黄褐色，胴部各节有3条横向黑点线，其上有短毛。

(4) 蛹 蓝黑色，腹部稍淡，长10mm，宽3mm。

（5）茧　椭圆形，灰黄色。

3. 生活习性　1年发生2代，第一代为害重，第二代发生不整齐，虫量少。以幼虫在土中做茧（在土表下4～5cm）越冬。翌年4月化蛹，5～6月羽化为成虫。成虫白天活动，取食花蜜和蜜露，并在新梢上刺成纵向裂口处产卵，卵纵向单行排列，呈黄褐色。6月中旬可见成虫，6月下旬为出土羽化盛期。7月中旬幼虫为害进入盛期。第二代成虫羽化盛期在7月底到8月上旬，为害盛期为8月底到9月上旬，此后该虫陆续化蛹越冬。成虫夜伏昼出，飞翔力差。

4. 防治方法

（1）精耕细作　杀死部分越冬蛹，减少虫源。

（2）加强管理　合理施肥，及时浇水，勤除杂草，改变田间小气候，以减轻为害程度。

（3）选用抗虫良种　为害较重区推广高产优质抗虫品种——细毛长山药。

（4）人工捕杀　利用三龄前幼虫有群集为害习性，进行人工捕杀。

（5）适期施药防控　产卵高峰期（一至二龄）和低龄期任选50%辛硫磷乳油1 200～1 500倍液、2.5%溴氰菊酯乳油2 000倍液、2.5%氯氟氰菊酯乳油3 000倍液或90%敌百虫晶体1 000倍液喷治。

（二）甘薯叶甲

甘薯叶甲（*Colasposoma dauricum* Mannerheim），属鞘翅目叶甲科。又称甘薯金花虫，是山药上的重要害虫。其寄主有山药、甘薯、棉花、蔬菜等植物。

1. 为害特点　成虫喜食幼苗顶端嫩叶、嫩芽、嫩茎，食叶成缺刻或孔洞，被害茎上有条状伤疤。尤其幼苗期，常引起植株顶端折断，幼苗枯死。幼虫啃食地下块茎，成弯曲隧道，影响块茎膨大，被害块茎常变黑、味苦，不耐储藏。

2. 形态特征

（1）成虫　短椭圆形，体长6mm，体色有蓝绿、蓝紫、绿、黑、紫铜、蓝色等类型，具金属光泽。头部弯向下方，触角11节，线状。前胸背板隆起。鞘翅上刻点略较前胸背板上的大而疏。

（2）卵　长圆形，透明。

（3）幼虫　体长约10mm，黄白色，体粗短，通常弯曲，全身密被细毛。

（4）裸蛹　短椭圆形，后足腿节末端有黄褐色刺1枚，腹部末端有刺6枚。

3. 生活习性　1年发生1代，以幼虫在土下15～25cm处越冬。翌春成虫羽化后先留在土室内一段时间，再出土为害。雨后2～3d田间虫口剧增，为喷药治虫好时机。成虫有假死性，遇扰便落地或潜入土缝内不食不动。成虫飞翔力很差。幼虫喜湿，在相对湿度50%以下，幼虫不活动，为害轻。卵产茎上，留有黑点或小孔，平均每雌产卵118粒。初孵幼虫较活泼，孵化后即潜入土中啃食块茎表皮。土温降至20℃以下时，幼虫离开块茎，钻入土层深处造室越冬，极少留在块茎内越冬。温度高的地块发生较多。

4. 防治方法

（1）震落捕杀成虫　利用该成虫假死性，于早晚成虫不大活动时，震落至塑料袋内或各种器具中，器具内盛放黏土浆、石灰以便扑杀。

（2）毒土杀虫　整地施基肥时，每公顷用50%辛硫磷乳油4L拌细土500kg，顺垄施或穴施；或每公顷用5%二嗪磷颗粒剂37.5kg拌一定量细土制成毒土撒施，消灭越冬幼虫。

（3）种前薯块消毒　用50%杀螟硫磷乳油或50%敌敌畏乳油1 000倍液喷薯块。

（三）山药蓝翅负泥虫

山药蓝翅负泥虫［*Lema*（*Petauristes*）*honorata* Baly］，属鞘翅目负泥虫科。别名薯蓣叶甲。

1. 形态特征　成虫体长4.6～6.2mm，宽2.2～3mm，体具金属光泽；头部前胸血红至红褐色，上唇横形，额唇呈三角形，表面毛稀短，头顶中央具短线纵沟，有时不明显，光亮，几乎无刻点，毛极稀少。触角粗壮，第一节近于球形，第二节念珠状，第八节以后稍短，端末2节较细。前胸背板近于圆柱形，长微大于宽，两侧中部收缩，基部之前横沟较浅，沟前隆起，前角有少量细刻点，中央具两行不很明显的细小刻点。小盾片很小，方形。鞘翅基部明显隆起，之后有微凹，肩瘤显突，无小盾片刻点行，基半部刻点深，大而稀，向后渐浅、细，端部刻点行距之间微隆起。

2. 生活习性　1年发生1代，以成虫在枯枝落叶下越冬。翌年4月下旬，越冬成虫交尾产卵，卵产新芽嫩叶间，幼虫孵出后分散为害，幼虫期20～30d，6～7月发育为成虫，食害叶片。

3. 防治方法

（1）震落捕杀　利用成虫假死性，于早、晚山药蓝翅负泥虫在叶上栖息时将其震落于塑料袋内集中杀死。

（2）施药防控　种前用50%杀螟硫磷乳油500倍液浸苗（浸苗时间见说明）取出晾干后栽植，可防治苗期成虫。成虫高峰期或虫量剧增时可任选50%辛硫磷乳油1 000倍液、5%氯氰菊酯乳油2 000倍液、20%氰戊菊酯乳油4 000～5 000倍液、80%敌敌畏乳油1 000倍液、2.5%溴氰菊酯乳油4 000～5 000倍液、0.6%苦参碱可溶性液剂1 000倍液或0.3%印楝素乳油1 000倍液喷治。也可用雷公藤100kg鲜叶或根榨成原液30kg，用时每千克原液加水100kg，可喷667m^2。幼虫一般采用药剂淋灌根部防治，可用48%毒死蜱乳油500倍液或用0.3%印楝素乳油1 000倍液淋灌。施药时宜先从药园周围开始喷药，逐渐向中间移动，可防虫受惊逃逸。采收前5d停止用药。

（四）山药豆金龟甲

山药豆金龟甲属鞘翅目叶甲科。

1. 为害特点 成虫为害叶片，食成孔洞和缺刻。幼虫取食根部。

2. 形态特征 小型甲虫。

3. 生活习性 1年发生1代，成虫活泼，受惊后即飞离，具强群集性，常数十头群集取食活动，5～8月田间出现该虫为害。

4. 防治方法 参见本书山药蓝翅负泥虫。

（五）斜纹夜蛾

参见本书仙草斜纹夜蛾。

（六）蚜虫类

参见本书石斛蚜虫。

（七）红蜘蛛

参见本书罗汉果朱砂叶螨。

（八）地下害虫

为害山药的地下害虫主要有地老虎、蛴螬、蝼蛄等，参见本书地下害虫部分。

第九节 十大功劳（阔叶、狭叶）/功劳木

阔叶十大功劳［*Mahonia bealei*（Fort.）Carr.］和狭叶十大功劳［*M. fortunei*（Lindl.）Fedde］，均为小檗科十大功劳属植物。其干燥茎为中药材功劳木。

一、病害

（一）十大功劳煤污病

1. 症状 侵染叶和嫩枝。染病叶和枝条表面呈现黑色烟煤状煤层，可用手擦去。严重时厚积煤层，光合作用受阻，影响植株生长。

2. 病原 山茶小煤炱［*Meliola camelliae*（Catt.）Secc.］和富特煤炱（*Capnodium footii* Berk et Desm），均为子囊菌亚门真菌。无性阶段均为半知菌亚门烟霉属真菌。除为害十大功劳外，它们还可侵染多种观赏植物。

3. 传播途径和发病条件 病菌多以菌丝体和分生孢子或子囊壳在病部越冬。翌春，霉层上新长出孢子，借风雨传播。孢子落在一些昆虫如粉虱、蚧类或蚜虫分泌物上，吸取营养繁殖后又可通过这些昆虫的活动进行传播。药园管理粗放，荫蔽、潮湿，雨后湿度滞留，害虫严重发生的田块易发病。

4. 防治方法

（1）加强管理 适量修剪，造就良好的通气条件。搞好排灌设施，雨后及时排水，防止湿气滞留，降湿防病。

（2）治虫防病 重点抓好粉虱、蚜虫、蚧类等的防治，这也是有效防控该病发生的先决条件。

（3）适期施药防控 生长季节喷0.5波美度石硫合剂或0.7%石灰半量式波尔多液，也可选用30%碱式硫酸铜悬浮剂500倍液、47%春雷·王铜可湿性粉剂700倍液或12%松脂酸铜乳油600倍液喷治。

（二）十大功劳叶斑病

1. 症状 为害叶片。叶上呈现近圆形病斑，叶尖、叶缘病斑不规则形，病斑中间灰白色，边缘褐色隆起，外缘紫红色，直径1～4mm，后期病斑上生小黑点。病斑集中处邻近叶面成紫红色。

2. 病原 茎点霉（*Phoma* sp.）和小檗叶点霉（*Phyllosticta berberidis*），分别为半知菌亚门茎点霉属和叶点霉属真菌。

3. 传播途径和发病条件 病菌以菌丝体或分生孢子器在病残体上越冬。翌春条件适宜产生分生孢子，借风雨传播，进行初侵染和再侵染。雨季发病重。过湿、过阴，有利发病。

（三）十大功劳壳二孢叶斑病

1. 症状 初始叶出现褐色小斑，后逐渐扩展成四周黑褐色近圆形或椭圆形灰白色凹陷病斑，四周现黑色较窄线圈，后期病斑上生黑色小点，即病原菌分生孢子器。

2. 病原 *Ascochyta* sp.，为半知菌亚门壳二孢属真菌。

3. 传播途径和发病条件 以分生孢子器在病部上或随病残体在土中及地表越冬。翌春遇雨及灌溉水，释放出分生孢子，经雨水和气流传播，不断进行初侵染和再侵染，辗转为害。气温2℃以上易发病。

（四）十大功劳叶斑病类综合防治

（1）加强田间管理 早期发现病叶及时摘除烧毁，减少侵染来源。适当修剪，剪除过密枝，病虫害枝，改善通风透光条件，并注意排水，避免过湿，减轻发病。

（2）施药防控　发病初期及时喷药防治，可任选3%多抗霉素水剂900～1 200倍液、25%嘧菌酯悬浮剂（阿米西达）1 000～1 500倍液、50%异菌脲可湿性粉剂（扑海因）1 000倍液或50%硫菌灵可湿性粉剂（托布津）800～1 000倍液喷治。

（五）十大功劳炭疽病

1. 症状　主要为害叶片。初始在叶缘或叶上呈圆形至不规则形病斑，较大，褐色，后期中央灰褐色或灰白色，外缘具明显红黄晕圈，病部出现轮状排列的黑色小粒点（病原菌分生孢子盘）。

2. 病原　*Colletotrichum* sp.，为半知菌亚门炭疽菌属真菌。

3. 传播途径和发病条件　病菌在病叶上或随病组织进入土中越冬，翌年条件适宜，产生分生孢子借气流传播，雨水多，湿气滞留，株丛过密，不通风透气，易发病。

4. 防治方法

（1）精心管理　适当修剪，改善通气条件，雨后及时排水，防止湿气滞留。

（2）及时防控发病中心　发现病斑，及时剪除并即施药控病，可选喷25%溴菌腈可湿性粉剂500倍液、50%多菌灵可湿性粉剂600～800倍液，或65%代森锌可湿性粉剂500～600倍液。发病较多时可任选25%溴菌腈可湿性粉剂500～600倍液、80%福·福锌可湿性粉剂（炭疽福美）500倍液、50%咪鲜·氯化锰可湿性粉剂（施保功）1 000倍液或70%甲基硫菌灵可湿性粉剂1 000倍液喷治，10～15d喷1次，连喷2～3次。阔叶十大功劳叶面角质坚硬光滑，喷药时宜加0.1%中性洗衣粉或木工用白胶水，可提高防治效果。

（六）十大功劳叶枯病

发生较普遍，有的为害较为严重。

1. 症状　大多发生于叶片，也可侵染茎部。初发时多发病于叶缘，渐形成大块病斑，叶尖发病时少部或大部变成褐色至暗褐色病斑，甚至发展成全叶枯黄致死。后期病斑上生黑色小点（病原菌分生孢子器）。严重发生时可引起全株枯死。

2. 病原　*Macrophoma* sp.，为半知菌亚门大茎点霉属真菌。

3. 传播途径和发病条件　病菌在病残体或随病残体在土中越冬。翌春分生孢子借风雨传播，侵染茎叶。病株生长衰弱、伤口多的发病重，常引起枝枯、茎腐。

4. 防治方法　发病初期任选50%异菌脲可湿性粉剂（扑海因）1 000～1 500倍液、50%福美双可湿性粉剂500～800倍液、70%甲基硫菌灵可湿性粉剂800～1 500倍液或75%百菌清可湿性粉剂600～1 200倍液喷，间隔10d喷1次，连喷2～3次。其他参见十大功劳叶斑病类综合防治。

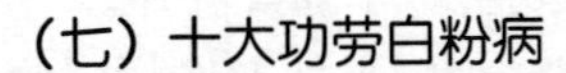

（七）十大功劳白粉病

白粉病是十大功劳产区发生广、为害重的一种病害。

1. 症状 由蔷薇单壳丝引起的白粉病，病叶两面布满白粉，也可侵染叶柄、嫩叶和果实。后期叶变黑、卷曲、早落，树势衰退，影响产量。由多丝叉丝壳引起的白粉病，主要为害叶片，也可侵染叶柄和茎。初期叶正面呈现白色圆形小霉斑，后逐渐扩大为白色圆形粉斑，并可很快蔓延，覆盖整个叶面，叶背病斑很少。后期霉层上生黄褐色至黑褐色小粒点。由亚麻粉孢引起的白粉病，初始叶面出现少数白色霉点，后逐渐扩大至全叶，形成薄的绒絮状白色粉斑，严重为害时，粉斑布满全叶。

2. 病原 蔷薇单丝壳［*Sphaerotheca pannosa*（Walkr.）Lev.］，为子囊菌亚门单丝壳属真菌，有的称毡毛单丝壳。多丝叉丝壳（*Microsphaera multappendicis* Z. Y. Zhao & Yu），为子囊菌亚门叉丝壳属真菌；无性阶段为亚麻粉孢（*Oidium lini* Skoric.），为半知菌亚门粉孢属真菌，菌丝体主要生在叶正面，形成斑块，11月产生子囊果。也有报道由亚麻粉孢（*Oidium lini* Skoric.）侵染致病。

3. 传播途径和发病条件 病菌以菌丝体在病芽上越冬。翌春一般日平均气温17～19℃、相对湿度在65%～70%时，开始发病。病芽萌动，其上病菌不断繁殖，借风雨传播，侵染叶片和新梢，其上的分生孢子终年不断繁殖，可进行多次重复侵染。寒冷地区，病菌以闭囊壳在遗落土表的病残体上越冬。翌年产生子囊孢子，进行初侵染，病部产生的分生孢子借风雨传播，辗转侵染，使病害不断扩展蔓延。种植密度过大，通风透光差，排水不良，湿度大，有利发病。

4. 防治方法

（1）加强药园管理 及时清园，摘除老叶、病叶，适当修剪，除去病枝梢，集中烧毁；注意合理密植，改善通风透光条件，降湿控病。科学施肥，促进长壮，提高抗病力。

（2）选地种植 宜选种在通风透光，排水良好的地块。

（3）适期施药防控 初发阶段可选喷80%代森锰锌可湿性粉剂600～800倍液、75%百菌清可湿性粉剂600～800倍液，或混用这两种药液，防效较好。发生较多时应全面喷施治疗性药剂，可任选20%三唑酮乳油2 000倍液、25%嘧菌酯（250g/L）悬浮剂1 000倍液、40%氟硅唑（400g/L）乳油10 000倍液，或12.5%烯唑醇可湿性粉剂2 000倍液喷治。

二、害虫

（一）枯叶夜蛾

枯叶夜蛾［*Adris tyrannus*（Guenee.）］，属鳞翅目夜蛾科。

1. 寄主 成虫为害多种作物果实，幼虫为害十大功劳、木通等叶片。

2. 为害特点 成虫从果皮伤口或坏腐处吸食果汁，被害果加速腐烂、脱落。幼虫食叶成缺刻或孔洞。

3. 形态特征

（1）成虫 体长23～26mm，体褐色。头部赤橙色。前翅紫褐色，翅尖钩形，外缘中部圆突，后缘中部内凹较深，自翅尖斜向中部有2条并行的深褐色线；肾状纹明显。

（2）卵 略似球形，底部平坦，卵壳上密具纵走条纹。

（3）幼虫 体长57～71mm，前端较尖，红褐色，一、二腹节常弯曲，第八腹节隆起，将第七至第十腹节连成峰状。体黄褐色或灰褐色。第二、三腹节在背面有一眼形斑，中黑并具月牙形白纹，其外围黄白色绕黑圈，各体节布有许多不规则白纹，第六腹节亚背线与亚腹线间有一方形斑，上生许多黄圈和斑点。

（4）蛹 长31～32mm，红褐色至黑褐色，头顶中有一脊突，头胸部背面有许多较粗不规则皱褶，腹部背面较光滑，刻点稀疏。

4. 生活习性 浙江黄岩1年发生2～3代，主要以幼虫越冬。华南成虫出现高峰期在9月中下旬。四川9月下旬开始发生，10月中下旬出现高峰。成虫在寄主叶背产卵。幼虫静止时头部下垂，腹部尾端高举，全体呈V形。幼虫吐丝缀叶潜伏为害，老熟后缀叶结薄茧化蛹，成虫昼伏夜出，有趋光性，喜食香甜味浓果实。

5. 防治方法

（1）科学间套作 新建药园不能与该虫喜食的防己科植物混栽，并清除药园四周500m内此类植物，使幼虫缺少食料，减少虫源量。

（2）灯光诱杀或拒避 发生期设置黑光灯诱杀成虫。也可在药园四周设置40W黄色荧光灯（波长5.93×10^{-7}m），或其他黄色灯光，每公顷15～20支，对成虫有拒避作用。

（3）糖醋液诱杀成虫 可用果醋或酒糟液加红糖适量配成糖醋液，加0.1%敌百虫诱杀成虫。也可用早熟果实或其他香甜味浓果实去皮打孔，在敌百虫50倍液中浸1d后取出晾干，再放入蜂蜜水中浸半天，夜晚挂园内诱杀前来取食的成虫。

（4）施药防控 成虫盛发期选用5%氰氯氰菊酯乳油（百树得）1 500～2 000倍液或2.5%氯氟氰菊酯乳油3 000倍液喷1～2次。还可试用10%虫螨腈悬浮剂（除尽）1 500～2 000倍液或2.2%甲氨基阿维菌素甲酸盐微乳剂2 500～3 500倍液喷治。

（二）黑纹粉蝶

黑纹粉蝶（*Cepora coronis* Craner.），属鳞翅目粉蝶科。

1. 为害特点 以幼虫群集为害叶片，主要取食当年生的新叶，食叶表层，留下薄的表皮层，严重时可将叶食光，仅留叶缘和刺，严重影响十大功劳生长。

2. 形态特征

（1）成虫　雄性体长29～32mm，翅展77～87mm。雌性体长32～35mm，翅展95～97mm。翅白色，翅脉靠端部半黑色，前翅前缘及外缘黑色，三、五、六室亚缘黑斑明显。翅黑白黄色，脉纹褐色，亚外缘有一褐色横斑纹；后翅基角有一黄点，反面淡黄色。雌性翅脉纹大部分两侧有宽阔黑色带，亚外缘有一黑色带，翅呈淡黄绿色，斑纹与翅表相同。

（2）卵　黄色，长卵圆形，向下有排列纵线纹。卵长1～1.2mm，宽0.7～1.0mm。

（3）幼虫　共11龄，初孵时体黄色，头黑褐色，取食后体呈黄绿褐色。老熟幼虫呈黑褐色，被灰白色绒毛，虫体多皱纹，胸足3对，黄褐色，腹足4对，位于腹部第三至六节，后足1对。

（4）蛹　长31.5～37mm，宽6.5～8mm。刚化蛹时青黄绿色，头、前胸背板背面及翅芽均为青绿色，腹部黄褐色，每节均有品字形3个黑点。

3. 生活习性　1年发生1代，以幼虫在阔叶十大功劳上越冬。越冬幼虫于翌年3月上中旬化蛹，4月上旬羽化，羽化后2～3d交尾产卵。卵多产在当年生叶背，少则70～80粒，多达500余粒，幼虫八龄前群集取食，食量不大，八龄后分散为害，食量渐增，有转叶为害习性，少数有转株为害现象。六龄以前怕光、怕干扰，如有惊动即吐丝下垂逃逸。气温11℃以下幼虫蛰伏，躲在寄主叶背阴暗处，气温回升到14℃以上恢复取食活动。卵期19～31d，幼虫期逾280d，蛹期30～43d，成虫期平均为14d。该虫天敌：寄生性天敌主要是寄生幼虫体内的一种绒茧蜂（*Apanteles* sp.），寄生率达15%～20%；捕食性天敌有能吃一至二龄幼虫的黄绿色小蜘蛛和一种红背举腹蚂蚁。

4. 防治方法

（1）清洁药园　采收后及时清除残枝落叶，消灭部分越冬幼虫。

（2）人工捕杀　利用八龄前群集为害特性，进行人工捕杀幼虫。如幼虫有抬头摇动不安现象，表明已被寄生，可不采摘。

（3）保护利用天敌　发挥天敌的自然调控作用。

（4）喷药防控　低龄期任选Bt乳剂300～500倍液、10%虫螨腈悬浮液（除尽）1 000～1 500倍液、2.2%甲氨基阿维菌素苯甲酸盐微乳剂2 500～3 500倍液、5%氟啶脲乳油（抑太保）1 200～2 000倍液、2.5%氯氟氰菊酯乳油1 500～2 000倍液或80%敌敌畏乳油1 500～2 000倍液喷治，傍晚施药较好。

第十节　雷公藤/雷公藤

雷公藤（*Tripterygium wilfordii* Hook. f.）又名水莽草，为卫矛科雷公藤

属植物。雷公藤根的木质部入药，为药材雷公藤，异名断肠草、黄藤根、山砒霜、黄藤木等。

一、病害

（一）雷公藤根腐病

1. 症状 初期地上部茎叶表现似缺水状失绿，植株矮小，生长不良。初期主根未现明显症状，随着病情发展，底部叶变黄、枯落，茎基部出现黄褐色病斑，不断扩大，有时可见粉红色霉层及胶液（病原菌的菌丝体和分生孢子团），随后全株叶片萎蔫、枯死，主根变褐逐渐腐烂，终至主根全部腐烂，整株枯死。

2. 病原 腐皮镰孢［*Fusarium solani*（Mart）App. et Wr.］，为半知菌亚门镰孢属真菌。

3. 传播途径和发病条件 以菌丝体或厚垣孢子在病残体或土壤中越冬。翌春条件适宜，产生分生孢子，通过雨水，灌溉水或土壤耕作传播，一旦接触生理状态不良的根部即可进行初次侵染，生长季节可进行多次再侵染。施用未腐熟有机肥，其发酵产生的某些有害物质，引起根部中毒；不合理的耕作使根部受伤；田间较长时间积水致使根部窒息等诸因素，均有利病菌的侵染。此外，非生物因素引发的生理病变，也是该病害发生的重要因素。

4. 防治方法

（1）择地种植 选排灌设施好的地块种植，做到能及时抗旱排涝。

（2）加强田间管理 科学施肥，不用未充分腐熟的有机肥，勿过于靠近根部；避免串灌，这是防止病害随流水传播的重要措施；中耕除草、移栽、间套作等应细心，防止伤根，以免恶化根部生理状态。上述措施有利增强植株抗病力。

（3）拔除病株 以减少田间再侵染发生的菌源，除用石灰消毒病穴外，还可施用0.1%～0.3%高锰酸钾600～800倍液淋灌病株、病穴。

（4）适期施药防控 发病初期任选0.1%～0.3%高锰酸钾600～800倍液、65%代森锌可湿性粉剂500倍液或70%甲基硫菌灵可湿性粉剂1 500倍液淋灌根部。高锰酸钾药液是一种强氧化剂，具有很强的杀菌、消毒及防腐作用，施用不同浓度此种药液对多种土传病害（如猝倒病、立枯病、软腐病等）防效好，而且该药剂还具有植物所需的锰、钾元素，不失为药、肥两用之举。

（二）雷公藤炭疽病

该病主要为害叶片。

1. 症状 初始叶上出现灰绿色圆形小病斑，后扩大呈椭圆形、褐色病斑，长10～20mm，宽7～12mm，具同心轮纹，中部凹陷纵裂，上生黑色小粒（病原菌分生孢子盘）。

2. 病原 *Gloeosporium* sp.，为半知菌亚门盘长孢属真菌。

3. 传播途径和发病条件 以菌丝体或分生孢子在病部越冬。翌年初产生分生孢子，进行初侵染。分生孢子借风雨传播，侵染新梢。侵染后产生的分生孢子可发生多次再侵染。病菌可从伤口（潜育期3～6d）或表皮侵入（潜育期6～10d），有伤口更易侵入。发病始于6月，直至秋梢；该菌喜高温、高湿，雨后气温升高，易出现发病盛期。夏季多雨年份发病重，干旱年份发病轻。病菌发育最适温度为25℃左右，低于6℃或高于35℃，均不利病害发生蔓延。

4. 防治方法

（1）完善水利设施 确保雨过田干，降湿防病。

（2）清园 冬季或生长期，尤其发病初期进行清园，彻底清除枯枝落叶，园外烧毁。

（3）科学施肥 多施腐熟有机肥，增施磷、钾肥，促进树体长壮，提高抗病力。

（4）适期施药防控 发病初期任选1∶1∶200波尔多液、80%福·福锌可湿性粉剂800倍液、65%代森锌可湿性粉剂500倍液、75%百菌清可湿性粉剂600倍液或2%农抗120水剂200倍液喷洒。

（三）雷公藤角斑病

1. 症状 初始叶呈褐色小点，后逐渐扩展成1～5mm的三角形、多边形、不规则形等棕色至黑色的病斑，因受叶脉限制，后期病斑常融合形成大型病斑。随着病情发展，有些叶片卷曲枯萎、早落。病斑外围组织呈淡黄绿色，明显浅于病斑的颜色。后期斑面上生许多小黑点（子座），病叶大多相继脱落，病株几成光秆。

2. 病原 福木假尾孢［*Pseudocercospora elaeodendri*（Agarwal & Hasija）Deigghton.］，为半知菌亚门假尾孢属真菌。

3. 传播途径和发病条件 病菌以分生孢子或菌丝体在病部越冬，翌春条件适宜，病部长出新分生孢子，成为初侵染源，借气流风雨传播，辗转为害。该菌菌丝生长最适温度为27～29℃，孢子萌发最适温度为31℃。分生孢子可从两端细胞及中间细胞萌发多个芽管，直接从叶背气孔侵入致病。

4. 防治方法 参见雷公藤炭疽病。

（四）雷公藤煤污病

雷公藤煤污病由*Camillea* spp.侵染引起，其症状、传播途径和发病条件及防治方法参见本书十大功劳煤污病。

（五）雷公藤白粉病

症状、传播途径、发病条件及防治方法，参见本书十大功劳白粉病。

二、害虫

(一) 双斑锦天牛

双斑锦天牛［*Acalolepta sublusca*（Thomson.）］，属鞘翅目天牛科。

1. 寄主 雷公藤、冬青、卫矛、大叶黄杨、十大功劳等。

2. 为害特点 成虫主要取食树皮，不食叶片。幼虫蛀食主干基部，形成弯曲不规则虫道，引起植株枝叶变黄，以至倒伏、枯死。

3. 形态特征

（1）成虫 体长 11～23mm，体栗褐色，前胸密被棕褐色具丝光绒毛，鞘翅基部中央有一圆形或近方形黑褐斑，肩下侧缘有一黑褐色长斑，翅中部之后处具一丛侧缘，至鞘缝的棕褐色宽斜纹，腹面被灰褐色绒毛。雄虫触角超过体长 1 倍，雌虫触角超过体长一半，前胸前板宽大于长，侧刺突短小，基部粗大，胸面微皱，中央两侧散布粗刻点。小盾片近半圆形，鞘翅宽于前胸，向后显著狭窄。翅端圆形，翅面刻点细而稀。雄虫腹末节后缘平切。雌虫腹末节后缘中央微内凹。足粗壮，后腿伸达第四腹节。

（2）卵 长约 3mm，长圆筒形，乳白色，近孵化时颜色淡褐色。

（3）幼虫 老熟时体长 18～25mm，米黄色，头部前端北面黑褐色，呈三角形。前胸背板有一长方形浅褐色斑块。前胸体节明显比其他各节大。足退化。

（4）蛹 长约 20mm，乳白色，触角细长，卷曲呈钟条状，体形与成虫相似。

4. 生活习性 1 年发生 1 代，以幼虫在地表树干蛀道内越冬。越冬幼虫 3 月中下旬开始取食，4 月中旬化蛹。5 月上旬成虫开始羽化，5 月中旬为成虫羽化盛期，6 月为产卵盛期，卵多产于树干离地面近处，7 月孵化为幼虫。成虫具假死性，寿命 30～50d。初孵幼虫在产卵处附近皮下蛀食，不久向下蛀食主干基部，天气干燥或久晴，可见树蔸周围有白色木屑虫粪，潮湿或阴雨天可见褐色木屑虫粪。

5. 防治方法

（1）人工捕杀或毒杀 成虫活动阶段，可在树下寻找捕杀成虫。在主干基部寻找新鲜虫粪，在蛀道口用棉花蘸敌敌畏原液堵入虫口，毒杀幼虫。

（2）加强田间管理 定期除草，及时拔除虫害株，减少虫源。

（3）保护利用天敌 可在虫害株上放养幼虫寄生蜂——肿腿蜂，以蜂治虫。

（4）适期施药防控 成虫羽化至产卵期（5 月 5～25 日）喷药（见后），这时成虫主要在中、上部取食树皮及在草丛栖息，较易杀死。幼虫为害期（7 月 10 日至 8 月 10 日）在有木屑排出的树下，用 80%敌敌畏乳油 800 倍液浇灌根蔸，每株 1～2kg 药液。

（二）大豆毒蛾（肾毒蛾、豆毒蛾）

大豆毒蛾（*Cifuna locuples* Walker），属鳞翅目毒蛾科。

1. 寄主 大豆、雷公藤、莲、泽泻、苜蓿、芦苇、柳树、柿树等。

2. 为害特点 以幼虫取食叶片，将叶食成缺刻、孔洞，大发生时将叶肉食光，仅留叶脉，影响植株生长。

3. 形态特征

（1）成虫 黄褐色，体长17～19mm，翅展30～40mm，前翅有2条黄褐色线纹，两线纹中有1个肾状斑。

（2）卵 扁圆形，初产时直径约0.8mm，淡青绿色，有光泽，孵化前为黑褐色。

（3）幼虫 共6～8龄，体黑色，体长40～45mm，身体两端有成束黑色长毛，在腹前2节的毛束向两侧平伸，在腹部第六、七节背面各有一黄褐色圆形背线。

（4）蛹 长10～19mm，宽6～8mm，红褐色至深褐色，背生许多淡褐色短毛，腹部前4节有灰色瘤状突起。

4. 生活习性 黄淮地区1年发生2～3代，福建福州、邵武一带1年发生3代，以老熟幼虫在落叶中越冬。卵产叶背或正面，每块50～200粒，每雌产卵量450～650粒。初孵幼虫有群集性，稍大后分散为害，三龄后食量大增，幼虫善爬行，反应灵敏，有假死性，遇惊即卷曲身体坠地。老熟幼虫在叶背结茧化蛹。

5. 防治方法

（1）人工捕杀 结合田间管理捕杀在叶背为害的低龄幼虫。

（2）物理防治 黑光灯诱杀成虫。

（3）施药防控 幼虫发生期可选用杀螟杆菌（每克粉剂100亿活芽孢）800～1 000倍液、25%灭幼脲悬浮液2 000倍液、20%除虫脲悬浮剂2 000～3 000倍液、80%敌百虫可溶性粉剂1 000倍液、90%敌百虫晶体800倍液或50%辛硫磷乳油1 000～1 500倍液喷治。

（三）丽长角巢蛾

丽长角巢蛾（*Xyrosaria lichneuta* Meyrick），属鳞翅目巢蛾科。是为害雷公藤的新害虫。

1. 寄主 雷公藤、南蛇藤和卫矛属植物。

2. 为害特点 以幼虫食叶，常群集为害，二龄始结网，食光后转移为害，能吐丝将叶黏合一起，影响光合作用，引起叶卷曲，干枯，严重时整叶食光，再转叶为害，甚至啃食嫩茎。严重影响雷公藤的生长。

3. 形态特征

（1）成虫 体长4～5mm，翅展12～15mm，头部灰白色，头顶有白冠毛丛，单眼小或缺，无眼罩；触角丝状，褐色，有白纹；下唇须前伸，末端尖，灰白色，有褐色纹，胸部背面灰白色，胸部腹面及腹部灰褐色。翅窄长，缘毛较长，前翅稍阔，长约 6mm，宽约 1mm，大部分同幅（前、后缘大致平行），近端部后弯呈镰刀状，接近顶部呈三角形，顶角尖；前翅褐色，前缘色深，前缘基部及中部各有 1 条黑褐色直纹，相交于后缘的 1/3 处，组合成 V 形纹，V 形纹顶点两侧灰白色；静止时两翅结合处 2 个 V 形纹合并成 X 形纹，灰白色部分合并成 2 个对顶的三角形斑，前侧的三角形白斑大，并与头顶、胸部背面的灰白色部分相连；后侧的三角形白斑小；翅脉大多存在而彼此分离，R_5 脉止于外缘，有副室，R_1 脉之前往往有 1 个翅痣。后翅披针形，淡灰褐色，R_5 和 M_1 脉彼此分离，中室中有 M 残余，M_3 和 Cu_1 脉合或共柄。

（2）卵　椭圆形，中央隆起，长约 0.62mm，宽约 0.42mm，初产时白色，半透明，有光泽，孵化前透过卵壳可见淡黄色虫体和褐色头部。

（3）幼虫　初孵幼虫乳白至淡黄色，老熟幼虫体长约 9mm，宽约 1mm，头部黄绿色，全体绿色，胸至腹末端，背面有 3 条红褐色纵纹。每体节背面红褐色斑纹中，胸节各有 1 对毛瘤，腹部各有 2 对毛瘤，前胸气门前侧片有 3 根刚毛，腹足趾钩为多序单环式。

（4）蛹　长约 5mm，纺锤形，初化蛹时为淡黄色，老熟时为黄褐色，羽化前复眼黑色，翅淡黄色，蛹外有薄的白色丝茧。

4. 生活习性　该虫在福建泰宁 1 年发生 5 代，10 月中下旬以蛹在寄主周围土中越冬。翌年 3 月下旬始见成虫羽化、产卵，4 月上旬为产卵盛期，卵多散产在嫩叶背的叶脉附近，产后叶微卷起，一般 1 只雌虫在叶上产卵约 7 粒，单雌产卵量 60 粒，初孵幼虫直接潜入叶内剥食叶肉，仅留表皮，2～3d 后可见弯曲白色虫道，叶背排泄物增多。第一代幼虫 4 月中旬出现，4 月下旬为暴食期，常见寄主叶上丝网缀结，叶被食光，5 月上旬开始结茧化蛹，6 月中旬为害最烈。6 月中下旬入土化蛹，第三代幼虫于 7 月上旬出现，7 月中旬为害猖獗，中下旬结茧化蛹。第五代幼虫于 9 月下旬出现，10 月中下旬开始结茧化蛹越冬。日出前后为幼虫活动高峰期，二至四龄有受惊后跳跃后退吐丝下垂习性。成虫昼伏夜出，具假死性、趋光性。幼虫平均历期 16.02d，成虫寿命约 10d。该虫天敌多种，螳螂、绿蜘蛛捕食丽长角巢蛾幼虫，一种寄生虫寄生幼虫体内；蛹内羽化出一些寄生蜂。

5. 防治方法

（1）生物防治　采用白僵菌（每克 50 亿～70 亿活孢子），绿僵菌（每克 23 亿～28 亿活孢子）（见说明）防治，应用斯氏线虫（*Steinernema* sp. CB_2B 剂量每毫升1 000～2 000 条）阴天或傍晚进行喷射，防效良好。

（2）施药防控　低龄期任选 2.5%高渗吡虫啉乳油 1 500 倍液、3%啶虫脒乳油 1 500 倍液、2.5%氯氟氰菊酯乳油 1 500 倍液或 1.8%阿维菌素乳油 1 500 倍液喷治。

(四) 尺蠖类

常见有 *Calocha* sp.（鳞翅目尺蛾科盅尺蛾属）与 *Amraica* sp.（鳞翅目尺蛾科掌尺蛾属）。参见本书女贞尺蠖。

(五) 胶刺蛾（贝刺蛾）

胶刺蛾（*Belippa harrida* Walker），属鳞翅目刺蛾科。

1. 为害特点 以幼虫为害叶片。低龄幼虫食叶肉，高龄幼虫食量大增，严重发生时，叶大部分被蚕食殆尽，仅剩叶柄、叶脉，削弱树势。

2. 形态特征

（1）成虫 体长 12～16mm，翅展 28～36mm，雄蛾稍小，触角基部栉形，雌虫丝状。体黑，混杂褐色。前翅内线不清晰，灰白色锯齿状，内线侧黑褐色。

（2）卵 长 8～12mm，球形，乳白色至黄白色。

（3）幼虫 共 5 龄，末龄幼虫椭圆形，背隆起，腹面扁平，长 15～22mm，背面鲜绿、浓绿或浅绿色，刺毛全退化，背面光滑，身体柔软，伸缩自如，故称胶刺蛾。蛹长 12～16mm，初乳白色，羽化前变黑褐色。

（4）茧 椭圆形，长 12.5～15.5mm，褐色至黑褐色。

3. 生活习性 四川西昌、云南昆明 1 年发生 1 代，老熟幼虫下地做茧，在茧内越冬。每年 4 月下旬开始化蛹，5 月中下旬进入化蛹高峰，6 月上旬开始羽化，7 月中下旬至 9 月中旬为幼虫为害期。卵期 11～18d，幼虫期 39～58d。福建南平一带 1 年发生 4 代，每年 11 月中旬至翌年 4 月上旬以第四代蛹越冬。卵产叶面，每叶 1 粒或 2～4 粒，每雌产卵 117.5 粒。成虫具正趋性。在 25℃下该虫世代历期 89.8d±2.3d，每雌平均产卵 117.5 粒。

4. 防治方法

（1）人工捕杀幼虫。

（2）耕翻土壤 冬季在树蔸松土，诱虫下地做茧化蛹，羽化前翻土，可杀灭土中的蛹。

（3）生物防治 提倡用该虫的天敌绒茧蜂（*Apanteles belippocola*）进行以虫治虫，也可试喷刺蛾核型多角体病毒（10^9 PIB/g）制剂 1.5～3.5kg/hm^2 防治。

（4）施药防控 发生量较大时于低龄期任选 90%敌百虫晶体 800～1 000 倍液、80%敌敌畏乳油 1 000 倍液、苏云金杆菌（每克 100 亿活芽孢）可湿性粉剂 1 000倍液、杀螟杆菌或青虫菌（每克 1 亿活芽孢）可湿性粉剂 1 000 倍液、2.5%溴氰菊酯乳油 2 000 倍液或 10%顺式氯氰菊酯乳油 3 000 倍液喷治。

(六) 朱砂叶螨

朱砂叶螨（*Tetranychus cinnabarinus* Boisduval），属真螨目叶螨科。

参见本书罗汉果朱砂叶螨。

资料显示，为害雷公藤的还有卷叶虫类和红蜘蛛，可参见本书仙草棉大卷叶螟和罗汉果朱砂叶螨。

第十一节　石蒜/石蒜

石蒜［*Lycoris radiata*（L' Herit.）Herb.（*Amaryllis radiata* L' Herit.）］为石蒜科石蒜属植物，又名水麻、一支箭、酸头草、蒜头草、蟑螂花等。石蒜的鳞茎为药材，称石蒜，异名老鸦蒜、独蒜、红花石蒜、野蒜、龙爪草头等。

一、病害

（一）石蒜炭疽病

1. 症状　叶上初现褐色小点，后逐渐扩大成近圆形或不规则形褐色病斑，后期斑面上生小黑点（病原菌分生孢子盘），严重时引起叶枯。

2. 病原　*Colletotrichum* sp.，为半知菌亚门炭疽菌属真菌。

3. 传播途径、发病条件和防治方法　参见本书十大功劳炭疽病。

（二）石蒜细菌性软腐病

1. 症状　鳞茎出现褐色病斑，随病情发展，病部扩大，逐渐腐烂，严重时整个鳞茎腐烂。

2. 病原　一种细菌性病害，病原种类待定。

3. 传播途径和发病条件　不详。

4. 防治方法

（1）清园　冬季彻底清除病残体，园外烧毁。

（2）种茎预措　种植前种用鳞茎用0.3%硫酸铜浸泡30min，捞起清洗晾干后种植。也可试用农用硫酸链霉素浸种（浸种所用浓度及浸泡时间须先测试）。

（3）施药防控　可试用针对细菌的农药或硫酸铜制剂。

二、害虫

（一）斜纹夜蛾

参见本书仙草斜纹夜蛾。

（二）石蒜夜蛾

夜蛾类害虫的一种。

1. 为害特点 以幼虫为害石蒜叶片，还可蛀食鳞茎内部，被害处，常留下大量绿色或褐色粪便。

2. 生活习性 代数不明。卵产叶背，排列整齐。以蛹在土中越冬。

3. 防治方法

（1）摘除虫卵 查叶背面，见到卵块即摘除。

（2）耕翻灭蛹 可结合冬季或早春翻地，挖除越冬虫蛹，减少翌年虫源。

（3）施药防控 发生时选用48%毒死蜱乳油1 000～1 500倍液或50%辛硫磷乳油800～1 000倍液，宜在早晨或傍晚幼虫活动取食时喷治。

（三）蓟马

1. 为害特点 主要在石蒜球茎发叶处吸食汁液，引起叶片失水，果实成熟后发现该虫较多。

2. 形态特征 一种小型蓟马，通体红色。

3. 生活习性 不详。

4. 防治方法 发生时喷药防治，可选用25%吡虫啉可湿性粉剂3 000倍液或70%吡虫啉水分散粒剂6 000～10 000倍液喷治。

（四）地下害虫

常见有蛴螬、小地老虎等，参见本书地下害虫相关部分。

第十二节 射干/射干

射干［*Belamcanda chinensis*（L.）DC.］又名蝴蝶花、金扁担，为鸢尾科射干属植物。射干的根茎入药，称射干，异名乌扇、夜干、冷水花、扁竹兰、金蝴蝶、六甲花、剪刀草、老君扇等。

一、病害

（一）射干锈病

1. 症状 叶片或嫩茎上产生黄色微隆起的疱斑（夏孢子堆），夏孢子堆生于叶两面散生，成熟后破裂，散发出橙黄色或锈色粉末（病原菌的夏孢子）。后期病部形成黑色粉状物（病原菌的冬孢子）。发病后期叶片干枯，引起早期落叶，嫩茎枯死。

2. 病原 鸢尾柄锈菌［*Puccinia iridis*（DC.）Wallr.］，为担子菌亚门柄锈菌属真菌。

3. 传播途径和发病条件 该菌以冬孢子在种子表面和土壤中越冬，为翌年初侵染源。冬孢子借水滴侵染叶子，发病后叶上病斑产生新的夏孢子，进行再侵染。遇适宜条件，不断进行重复侵染。病株衰老后产生冬孢子。该病多于晚秋发生，成株发病早于幼苗。连作，氮肥过多，排水不良，植株过密等会加重发病。品种抗病性存在差异。

4. 防治方法

（1）清洁田园。

（2）加强田管　合理密植，注意通风透光，科学施肥，及时排水，降湿防病。

（3）防控发病中心　发现病株时对发病中心和周围植株喷药，选用25%三唑酮乳油2 000倍液、25%萎锈灵可湿性粉剂200倍液或65%代森锌可湿性粉剂500倍液喷治，如田间有一定菌源，气候条件又适宜发病，宜全面施药，用药同上，7～10d喷1次，连喷2～3次。

（二）射干炭疽病

1. 症状　叶呈现椭圆形或不规则形病斑，中央浅褐色或灰白色，边缘暗褐色，严重时致叶枯死，后期病部长满小黑点（病菌分生孢子盘）。

2. 病原　百合炭疽菌［*Colletotrichum liliacearum*（West.）Duke = *C. liliacearum* Ferr.］，为半知菌亚门炭疽菌属真菌。

3. 传播途径和发病条件及防治方法　参见本书麦冬炭疽病。

（三）射干叶尖干枯病

1. 症状　多从叶尖开始发病，向下扩展，呈现不规则形病斑，灰白色，上生黑色小点（病原菌假囊壳）。

2. 病原　*Leptosphaeria belamcandae* G. M. Chang et P. K. Chi，为子囊菌亚门小球腔菌属真菌。

3. 传播途径和发病条件　不详。

4. 防治方法　参见射干眼斑病。

（四）射干眼斑病（褐斑病）

1. 症状　主要为害射干叶片，也可侵染花梗和果实，但不为害根和根状茎。叶两面出现病斑，多发生在叶上半部，病斑圆形或椭圆形，直径2～8mm，中央灰白色，边缘红褐色至褐色，呈独特的“眼斑”状。后期病斑正反两面上生淡黑色霉状物（病原菌分生孢子梗和分生孢子），严重时病斑愈合成大斑，致叶早枯，影响产量。

2. 病原　鸢尾疣蠕孢（*Heterosporium iridis* Jacques），为半知菌亚门疣蠕孢属真菌。

3. 传播途径和发病条件　该菌以分生孢子梗和分生孢子在病叶上，或以菌丝体潜伏在根茎处越冬。翌春产生分生孢子，借气流传播，进行初侵染和再侵染。温暖多雨、田间湿度大或施用氮肥过多，植株过密，连作，发病严重。7月中旬至8月下旬为发病盛期。

4. 防治方法

（1）清园。

（2）加强田管　合理密植，注意通风透光，雨后及时排水，降低土壤湿度，增施磷、钾肥，避免氮肥过量，增强植株抗病力。

（3）适期施药防控　发病初期选用50%代森锰锌可湿性粉剂500倍液、50%多菌灵可湿性粉剂600～800倍液或70%甲基硫菌灵可湿性粉剂1 000倍液喷治，隔7～10d喷1次，连喷2～3次。

（五）射干白绢病

症状、病原、传播途径和发病条件、防治方法，参见本书太子参白绢病。

（六）射干叶斑病

1. 症状　发病初期叶出现淡黄色斑点，后期病斑相互融合，形成深褐色大斑，引起叶片发黄、早枯。

2. 病原　待定。

3. 传播途径和发病条件　通常7～9月发生。

4. 防治方法　防治射干炭疽病可兼治本病。

（七）射干花叶病

1. 症状　叶呈现褪绿色条纹花叶、斑驳或皱缩。

2. 病原　引起射干花叶病的病原病毒有铜红鸢尾花叶病毒（*Iris fulva mosaic virus*）、鸢尾轻型花叶病毒（*Iris mild mosaic virus*）和鸢尾重型花叶病毒（有芒鸢尾花叶病毒，*Iris severe mosaic virus*＝*Bearded iris mosaic virus*），均属马铃薯Y病毒组，称鸢尾花叶病毒。

3. 传播途径和发病条件　蚜虫和汁液摩擦可传毒，种子和根状茎能带毒传播。温度25℃以上会降低寄主的抗病毒能力，也有利蚜虫的繁殖和传毒。

4. 防治方法

（1）培育、种植无毒苗　采用无毒种根，在远离茄科、豆科作物种植的地方，建立无毒种薯培育基地，育出供大田栽植的无毒苗。可参见半夏无毒苗培育方法。

（2）选用抗（耐）病品种。

（3）治虫防病　出苗前后应及时治蚜，详见本书石斛治蚜方法。

（4）防控发病中心　发现病株及早拔除，园外烧毁，以减少田间毒源。田间农事操作应尽量细心，减少摩擦传毒机会；雨后及时排水，避免田间积水，影响植株根部生长，降低植株抗病毒能力。

二、害虫

（一）蚀夜蛾

蚀夜蛾（*Oxytripia orbiculosa*），属鳞翅目夜蛾科。别名环斑蚀夜蛾，射干钻心虫。射干主要害虫。

1. 寄主 鸢尾、玫瑰、蔷薇等。

2. 为害特点 以幼虫为害叶鞘、幼茎和根。低龄幼虫咬食较嫩的心叶或咬断，造成断苗、枯心，以至植株枯萎、死亡。老龄幼虫钻入地下为害根状茎，诱发根腐病，引起减产。

3. 形态特征

（1）成虫 体长15～18mm，翅展37～44mm，头部及颈板黑褐色，颈板上有宽白条；下唇须下缘白色，胸部背面灰褐色；腹部黑色，各节端部白色；前翅红棕色或黑棕色，翅上有5条黑色横线，近基部的两条还伴以白线，端部为一列黑点；缘毛端部白色，近翅基有灰黑色环形纹，外围白色圈，白圈外又有黑边；翅中部有白色菱形纹，近外缘有黑边的剑纹。后翅白色，端区有一黑褐色宽带，2脉及后缘区较黑褐色。

（2）幼虫 圆筒形，长45～60mm，黑褐色。

4. 生活习性 1年发生1代，5月上旬幼虫开始为害叶鞘幼茎，9～10月出现成虫，施用未腐熟有机肥，常诱发成虫前来产卵。

5. 防治方法 掌握5月上旬卵孵化盛期和老龄幼虫入土前，分别选用50%辛硫磷乳油1 500倍液、50%马拉硫磷乳油1 500倍液或90%敌百虫晶体800～1 000倍液灌根，发生严重的田块实行水旱轮作或与其他作物轮作。

（二）折带黄毒蛾

折带黄毒蛾［*Euproctis*（*Artaxa*）*flava*（Bremer）］，属鳞翅目毒蛾科。又名黄毒蛾、柿黄毒蛾、杉皮毒蛾。俗称毛虫。

1. 寄主 柿、李、樱桃、石榴、射干、枇杷等。

2. 为害特点 幼虫食叶呈缺刻状，啃食叶肉后，留下一层网状表皮。

3. 形态特征

（1）成虫 体长15mm左右，全体黄色，前翅中部有棕褐色折曲状宽横带，翅顶处有一褐色圆点。

（2）卵 扁圆形，黄绿色，数十粒相堆积，上盖黄色绒毛。

（3）幼虫 体长约35mm，头黑褐色，体黄褐色，前中胸和腹部第一、二、八节背面和臀背有黑斑。

(4) 蛹　体长约15mm，黄褐色，呈椭圆形，灰褐色。

4. 生活习性　1年发生2代，以三至四龄幼虫在寄主植株茎部、杂草、落叶等杂物下结网群集越冬。翌春为害芽叶，老熟幼虫于5月下旬结茧化蛹，蛹期约15d。6月中下旬越冬代成虫出现，交尾产卵。卵多产叶背，每雌产卵600～700粒，卵期14d左右。第一代幼虫7月初孵化，至8月底老熟化蛹，蛹期约10d。第一代成虫9月出现，9月下旬出现第二代幼虫，至秋末越冬。成虫昼伏夜出，初龄幼虫群集叶背为害，老龄时多在植株基部吐丝群集，常于早晨及黄昏取食。

5. 防治方法

(1) 清园　结合田间管理清除枯枝落叶，周边杂草，烧毁或深埋，杀死部分虫蛹。

(2) 捕杀幼虫　发现为害状，寻杀幼虫。

(3) 适期施药防控　低龄幼虫任选90%敌百虫晶体、50%辛硫磷乳油1 000～1 500倍液、10%氯氟氰菊酯乳油2 000倍液，20%氰戊菊酯乳油1 000倍液，5%S-氰戊菊酯乳油、20%甲氰菊酯乳油3 000～4 000倍液喷治。

(4) 成虫发生期设置黑光灯诱杀。

(5) 生物防治　试用舞毒蛾多角体病毒防治。

(三) 蚜虫

参见本书石斛蚜虫。

(四) 地下害虫

常见有小地老虎、蛴螬、蝼蛄等，参见本书地下害虫部分。

(五) 网目拟地甲（成虫称沙潜）

网目拟地甲（*Opatrum subaratum* Faldermann），属鞘翅目拟步甲科。

1. 寄主　板蓝根、桔梗、地黄、黄芪、甘草、射干等。

2. 为害特点　成虫和幼虫取食萌发的种子和幼苗嫩根、嫩茎，引起幼苗枯萎以至死亡。

3. 形态特征

(1) 成虫　雌成虫体长7.2～8.6mm，宽3.8～4.6mm；雄成虫体长6.4～8.7mm，宽3.3～4.8mm，体黑色，一般鞘翅上附有泥土，外观呈灰色。虫体矩椭圆形，头部较扁，复眼黑色，在头部下方；触角棍棒状，共11节，第一、三节较长，其余各节呈球形。前胸发达，前缘呈半月形，其上密生点刻如细沙状。鞘翅近长方形，其前缘向下弯曲将腹部包住，故有翅不能飞翔，鞘翅上有7条隆起纵线，每条纵线两侧有突起5～8个，形成网络状。前、中、后足各有距2个，足上生有黄色细毛，腹部背板黄褐色，腹部腹面可见5节。

（2）卵　椭圆形，乳白色，表面光滑，长1.2～1.5mm。

（3）幼虫　共5龄，体细长，与金针虫相似，深灰色，背板色深。足3对，前足发达，腹部末节小，纺锤形，边缘共有刚毛12根，末端中央有4根，两侧各排列4根。

（4）蛹　长6.8～8.7mm，宽3.1～4mm。初蛹期，乳白色并略带灰色，羽化前深黄褐色，腹末有二刺状突起。

4. 生活习性　1年发生1代，以成虫在秋播土中越冬。5～6月为幼虫发生盛期。成虫具假死性，不能飞翔。越冬后活动性强，食量大。每雌产卵20～40粒，幼虫喜食发芽种子及幼苗嫩根、嫩茎。老熟幼虫多在土中5～8cm深处做土室化蛹。该虫喜干燥，土壤黏重地块及春旱年份发生严重。

5. 防治方法

（1）加强管理　播种后采用地膜覆盖，提高土温，保持水分，促进种子早发芽，减少受害。

（2）适期施药防控　初夏幼虫为害期和成虫越冬前施药防治。每公顷用50%辛硫磷乳油3 500～4 000mL或90%敌百虫晶体2.5kg，加适量水稀释后拌入40kg炒的麦麸，傍晚撒田间，对部分地下害虫也有兼治效果。

第十三节　葛（藤）/葛根

葛（藤）［*Pueraria lobata*（Willd.）Ohwi］、甘葛藤（*P. thomsonii* Benth.）系豆科藤本植物。其块根为药材葛根，异名甘葛、粉葛、葛子根、黄葛根等。

一、病害

（一）葛（藤）锈病

1. 症状　叶背和茎上出现许多黄褐色小疱（病原菌夏孢子堆），严重发生时小疱密集，致叶枯死。

2. 病原　豆薯层锈菌（*Phakopsora pachyrhizi* Syd.），为担子菌亚门层锈菌属真菌。

3. 传播途径和发病条件　9～11月发生较普遍，通常为害轻，参见本书何首乌锈病。

4. 防治方法　参见本书何首乌锈病。

（二）葛拟锈病

1. 症状　为害叶、叶柄及茎，叶上沿叶脉处病斑最多。初期对光观察，可见叶脉周围和叶柄有褪绿黄斑。病情进一步发展，黄斑呈黄色疱状隆起，用手挤破时，有似黄色脓粉状物（病原菌的孢子囊和游动孢子）溢出。后期疱状物破裂，散出橙黄色粉末，似锈病，故称拟锈病。由于受害细胞膨大，病斑后期呈菌瘿肿大状。在茎上呈肿瘤状，表面粗糙，将表皮划开，可见内部充满橙黄色孢子（囊）堆，严重受害叶、叶柄，因生长发育不均呈畸形，最后变黄、萎蔫枯死。一般田块发病率10%左右，严重的达90%以上。

2. 病原 葛集壶菌（*Synchytrium puerariae* Miyabe），为鞭毛菌亚门集壶菌属真菌。

3. 传播途径和发病条件 病菌以休眠孢子囊在病组织内或随病残体在土中越冬。休眠孢子囊抗逆力强，可在土中存活多年。条件适宜，孢子囊萌发产生游动孢子和合子，从寄主表皮侵入。经过生长产生孢子囊，释放出大量游动孢子或合子，通过风和雨水进行重复侵染，不断扩展蔓延。通风不良、低洼潮湿地及植株下部较荫蔽处发病较重，而通风、干燥地、搭架种植和向阳地发病轻。多雨年份或多雨季节植株上部叶及嫩茎均可发病，8～9月台风多，发病重。每年5月始见零星发生，至翌年1月收获均可发生。品种间抗病性存在差异。

4. 防治方法

（1）冬季清园 收后彻底清除病残体，园外烧毁或深埋。

（2）加强管理 高畦宽行种植，增强株间通透性，降湿防病。

（3）施药防控 发病初期选喷洗衣粉（1.5kg/hm^2）、三唑酮（15%，1.5kg/hm^2）。还可选用58%甲霜·锰锌可湿性粉剂1 500倍液、64%噁霜·锰锌可湿性粉剂（杀毒矾）1 000倍液或72%霜脲·锰锌可湿性粉剂（克露）1 500倍液喷洒，宜交替使用。

（4）选用抗（耐）病良种 选用适宜当地种植的发病轻的品种如湘葛1号、花叶葛、鸡爪葛、球形葛等，病区不栽植感病的江西葛。

（三）葛轮纹病

葛轮纹病近期报道为害葛的一种病害。

症状、病原（*Ascochyta* sp.）、传播途径和发病条件及防治方法，参见何首乌轮纹病。

（四）葛（藤）褐斑病

1. 症状 叶上呈圆形或不规则形病斑，边缘黑褐色，中央灰褐色，上生灰黑色霉层（病原菌子实体）。

2. 病原 *Cercospora pueraria-thomsona* S. Q. Chen et P. K. Chi，为半知菌亚门尾孢属真菌。

3. 传播途径和发病条件 8～9月发生，少见。

（五）葛（藤）炭疽病

1. 症状 叶呈现圆形至不规则形褐色病斑，中央色淡，上生小黑点（病菌分生孢子盘），严重时致叶枯死。茎呈现褐色近圆形病斑。

2. 病原 无性阶段：菜豆炭疽菌［*Colletotrichum lindemuthianum*（Sace. et Mahn）Shear et Wood］，为半知菌亚门炭疽菌属真菌。有性阶段：菜豆小丛壳［*Glomerella lindemuthianum*（Sacc. et Magn.）Shear et Wood］，为子囊菌亚门小丛壳菌属真菌。

3. 传播途径和发病条件 参见本书十大功劳炭疽病。

（六）葛（藤）叶斑病

1. 症状 叶呈不规则形至多角形病斑，后期中央暗灰色，边缘褐色，长达4～8mm，发生多时，叶片病斑密集，但通常不枯死。

2. 病原 *Mycosphaerella pueraricola* Weimer et Lutterell，为子囊菌亚门球腔菌属真菌。

3. 传播途径和发病条件 田间常见，通常在植株收获前子囊才成熟。

（七）葛（藤）灰斑病

1. 症状 叶呈现不规则形病斑，灰褐色，边缘色深，上生灰色霉状物（病原菌子实体）。

2. 病原 *Pseudocercospora pueriicola*（Yamamoto）Deighton，为半知菌亚门假尾孢属真菌。

3. 传播途径和发病条件 10月发生，少见，其他参见高良姜轮纹褐斑病。

（八）葛（藤）褐斑病、炭疽病、叶斑病、灰斑病综合防治

（1）加强田间管理 清除病残体，增施有机肥，及时排灌水，降低田间湿度，减轻发病。

（2）施药防控 田间出现病情，任选50%多霉灵可湿性粉剂1 000倍液、70%甲基硫菌灵超微可湿性粉剂1 000倍液、70%百菌清可湿性粉剂500倍液、60%多菌灵盐酸盐超微可湿性粉剂800倍液、50%腐霉利可湿性粉剂2 000倍液或2%武夷菌素水剂150倍液喷治，7～10d喷1次，视病情酌治次数。

（九）葛根腐病

该病是葛产区普遍发生的一种重要病害。

1. 症状 苗期和块根形成期均可发生。苗期染病，在吸收根的尖端或中部表皮出现水渍状褐色病斑，严重时根系褐腐坏死，生长缓慢，植株矮小，基部叶

过早变黄脱落，植株上部出现萎蔫；块根形成期染病，块根表皮初呈红褐色近圆形至不规则形稍凹陷斑点，后期病斑密集，相互融合，形成大片暗褐色斑块，表皮具龟裂纹，皮下组织变褐色干腐；横切块根可见维管束变红褐色，块根后期呈糠心形黑褐色干腐。

2. 病原 由短体线虫（*Pratylenchus* sp.）和半知菌亚门镰孢属的腐皮镰孢［*Fusarium solani*（Mart.）App. et Wollew］复合侵染引起。

3. 传播途径和发病条件 主要通过带病种苗、种薯及水流传播。每年4～5月开始直至翌年1月收获均可发生，但以5～9月发病最多，与这段多雨天气密切相关。

4. 防治方法

（1）实行轮作 与水稻或其他作物轮作2～3年。

（2）收后清园 彻底清除植株病残体，园外烧毁或深埋。

（3）培育无病壮苗 从健株上选优质葛或种薯作为种苗，育苗前采用50～55℃热水浸泡15～20min，进行消毒处理。

（4）择地种植 宜选未种过葛的新地或前作不是葛的田块种植。

（5）加强管理 合理施肥，增施充分腐熟有机肥，促进植株长壮。

（6）施药防控 病株率达10%以上应全面施药防治，选喷30%枯萎灵可湿性粉剂800倍液（用量1 125g/hm^2，药液900L/hm^2，下同）或40%根腐灵可湿性粉剂600倍液（用量1 500g/hm^2）或50%复方多菌灵可湿性粉剂800倍液（用量1 125g/hm^2），与10%噻唑膦颗粒剂（每667m^2 1～2kg）及适量细土混合均匀，配制成毒土施入种植穴内，尽量避免药剂与葛根系接触，收前80d禁止使用化学农药。

（十）葛细菌性叶斑病

1. 症状 主要为害叶片，也可侵染叶柄和茎。叶上病斑初呈淡绿色水渍状，对光观察近半透明，后渐变成褐色，病斑受限于叶脉，呈多角形，单个病斑较小，直径2～3mm，病重时多个病斑可融合成较大病斑，引起叶片局部干枯。湿度大时叶背可见稀薄菌脓，带有黏性，干后成稍带光泽的胶状物。

2. 病原 丁香假单胞杆菌菜豆致病变种［*Pseudomonas syringae* pv. *phaseolicola*（Burkh.）Young，Dye & Wilkie］。

3. 传播途径和发病条件 病原细菌在种子内外或随病残体在土中越冬，成为翌年初侵染源。翌年条件适宜，病菌借风雨溅射传播，远程主要通过带菌种子调运传开。生长季节可不断通过风雨溅射进行重复侵染，辗转为害。广东5～8月高温多雨季节发生，偏施氮肥，植株徒长，有利发病。

4. 防治方法

（1）选用抗病良种 可选用早沙葛、迟沙葛、顺洼沙葛等种植。

（2）防疫　播前种子预措，可用72%硫酸链霉素500倍液浸2～3h，洗净催芽播种。发现病株及时拔除烧毁。

（3）加强管理　开挖深沟，干湿灌溉，避免偏施或过量施氮肥，增施磷、钾肥。细心操作，减少伤口。

（4）实行轮作　病重田与其他植物轮作。

（5）施药防控　发病初期任选72%硫酸链霉素14～28g对水75～100kg、77%氢氧化铜可湿性粉剂500～800倍液、20%噻菌铜悬浮剂500～600倍液或50%琥胶肥酸铜可湿性粉剂500倍液喷治。

（十一）葛病毒病

1. 症状　全株系统性病害，染毒后叶出现花叶、斑驳症状。

2. 病原　病毒种类待定。

3. 传播途径和发病条件　不详。

4. 防治方法　参见本书半夏病毒病害。

（十二）越冬葛藤丛枝病

1. 症状　被侵染后植株出现丛枝症状。

2. 病原　病原性质待定。

3. 传播途径和发病条件　不详。

4. 防治方法　参见本书半夏病毒病。

二、害虫

（一）葛紫茎甲

葛紫茎甲（*Sagra femorata purpurea* Lichtenstein），属鞘翅目负泥虫科。

1. 寄主　为害葛属、决明属、菜豆属和薯蓣属等植物。

2. 为害特点　幼虫在寄主茎内取食、生长，刺激寄主细胞增生，幼虫所在处膨大形成虫瘿，其上有排粪孔。严重影响葛的生长和产量。

3. 形态特征　中型偏小甲虫。鞘翅紫红色，后足腿节粗大。幼虫蛴螬型，弯曲呈C形，体黄白色，多皱褶，粗胖。

4. 生活习性　1年发生代数不明。广州地区葛株于6～7月始见茎部长出虫瘿，为害延至收获。一茎可多处出现虫瘿，内藏多条幼虫。

5. 防治方法

（1）人工捕杀成虫。

（2）人工刺杀虫瘿内幼虫。

（3）施药防控

①毒杀瘿内幼虫：任选50%辛硫磷乳油100～150倍液、2.5%联苯菊酯乳油250倍液、2.5%溴氰菊酯乳油150倍液或80%敌敌畏乳油10～20倍液，用兽用大型注射器刺入瘿内注射，用泥封住注孔，以毒杀幼虫。

②成虫盛发期结合防治其他害虫施用上述药剂喷洒（稀释倍数见说明）。

（二）红蜘蛛

红蜘蛛（*Tetranychus* sp.），属真螨目叶螨科。

为害特点、生活习性和防治方法，参见罗汉果朱砂叶螨。

（三）尺蠖

参见女贞尺蠖。

（四）为害叶部的其他害虫

蝽类：稻绿蝽、茶翅蝽、斑须蝽，参见本书益母草稻绿蝽。

甲虫：常见有黄足黄守瓜、茄二十八星瓢虫等，参见本书栝楼相关害虫。

（五）其他

为害葛花、茎、叶常见的有花蓟马、烟粉虱、堆蜡粉蚧、桃蚜、大青叶蝉等，分别参见本书莲、木槿、山药、菊花、罗汉果等相关害虫。

杂食性害虫常见有短额负蝗、棉蝗、斜纹夜蛾、银纹夜蛾、铜绿丽金龟等，分别参见本书麦冬蝗虫类、泽泻、朱砂根等的相关害虫。

（六）地下害虫

常见有蟋蟀、小地老虎、蛴螬等，参见本书地下害虫相关害虫部分。

第十四节　何首乌/何首乌

何首乌（*Polygonum multiflorum* Thunb.）为蓼科何首乌属多年生草本植物，又名交藤、夜合、赤葛等。其干燥块根为药材何首乌，异名首乌、地精、夜交藤根、山首乌、药首乌等。

一、病害

（一）何首乌白锈病

1. 症状　主要为害叶片。初始叶片皱缩，随即叶背呈现许多针头状白色小点，后扩大为直径约1mm的白色疱状物，叶片逐渐褪绿黄化，最后疱状物变成黄褐色或灰色破裂，散出白色粉状物（病原菌孢子囊），严重时疱状物布满叶片，全叶枯黄。

2. 病原 *Albugo polygoni* Z. D. Jiang et P. K. Chi，为鞭毛菌亚门白锈属真菌。

3. 传播途径和发病条件 病菌以菌丝体在种株或病残体中越冬，也可以卵孢子在土壤中越夏。侵入寄主后产生孢子囊，借风雨传播，辗转为害。潮湿多雨，有利发病。地势低洼，排水不良，湿度大，氮肥过多，冬春寒雨次数频繁，也易诱发本病。

4. 防治方法

（1）与非十字花科蔬菜隔年轮作。

（2）清园 收后清园，清除病残体烧毁，减少田间菌源。

（3）施药防控 发病初期选用25%甲霜灵可湿性粉剂1 000倍液、58%甲霜·锰锌可湿性粉剂500倍液，或64%噁霜·锰锌可湿性粉剂500倍液喷洒，隔7～10d喷1次，连喷2次。

（二）何首乌锈病

1. 症状 主要为害叶片，有时也侵染叶柄。叶初呈现针头状褪绿小斑，后叶背面隆起成黄色疱斑，最后变褐，表皮破裂，散出锈色粉末（夏孢子），有时病斑周围有一狭窄的绿晕，病斑后期长出黑色冬孢子堆，严重时病斑密布，互相连合，致叶枯死。

2. 病原 两栖蓼柄锈菌（*Puccinia polygoni-amphibii* Pers.），为担子菌亚门柄锈菌属真菌。

3. 传播途径和发病条件 一般3～12月发生，6～10月为害严重。以夏孢子反复侵染，辗转为害，其他参见本书白术锈病。

4. 防治方法

（1）清园 冬季清除病残体，生长期及时剪除病茎叶，减少田间和越冬菌源。

（2）加强栽培管理 合理密植，疏株通风，及时排水，降湿防病。

（3）施药防控 发病初期可选用20%三唑酮乳油（粉锈宁）4 000倍液、12.5%烯唑醇可湿性粉剂2 500倍液或50%代森锰锌可湿性粉剂600～800倍液喷洒。

（三）何首乌炭疽病

1. 症状 叶呈现近圆形灰褐病斑，直径1～3mm，边缘暗褐色，上生小黑点（病菌分生孢子盘）茎上病斑椭圆形，暗褐色，后期中央灰褐色，上生小黑点（病菌分生孢子盘），严重时全株茎叶迅速枯死。

2. 病原 *Colletotrichum capsici*（Syd.）Butler et Bishy，为半知菌亚门炭疽菌属真菌。胶孢炭疽菌（*C. gloeosporioides* Penz.）也可引起上述症状。

3. 传播途径和发病条件 参见本书山药炭疽病。

（四）何首乌穿孔病

1. 症状 叶初现小圆斑，边缘褐色，略突起，中央淡褐色至灰白色，略凹陷，后病斑中央碎落穿孔，叶两面或在穿孔斑边上长灰色白霉层。

2. 病原 蓼尾孢（*Cercospora polygonacea* Ellis），为半知菌亚门尾孢属真菌。

3. 传播途径和发病条件及防治方法 参见本书玉竹褐斑病。

（五）何首乌褐斑病

1. 症状 叶初现小褐点病斑，后为圆形或椭圆形大斑，边缘褐色，中央灰褐色，有同心轮纹。子实体叶两面生，呈灰黑色霉层。

2. 病原 *Cercospora polygoni-multiflori* S. Q. Chen et P. K. Chi，为半知菌亚门尾孢属真菌。

（六）何首乌轮纹病

1. 症状 叶出现圆形或近圆形病斑，红褐色，具明显同心轮纹，直径3～12mm，后期病斑上生小黑点（病原菌分生孢子器）。

2. 病原 蓼壳二孢（*Ascochyta polygoni* Rabenh.），为半知菌亚门壳二孢属真菌。

3. 传播途径和发病条件 参见本书黄柏轮纹病。

（七）何首乌叶斑病

1. 症状 叶上初呈现黄色小点后逐渐扩大，呈黄褐色圆形病斑，直径1～3mm，严重发生时，叶片局部或全部变褐色干枯死亡。

2. 病原 *Septoria* sp.，为半知菌亚门壳针孢属真菌。有报道 *Alternaria alternata*（Fr.）Keissl 也是引起叶斑病的病原之一。

3. 传播途径和发病条件 参见本书黄精叶斑病、黑斑病。

以上叶斑病类（包括叶斑病、轮纹病、褐斑病、穿孔病等）防治，可参见本书太子参叶斑病。

（八）何首乌根腐病

1. 症状 根部受侵染后呈现褐色腐烂，地上部叶呈现发黄萎蔫，在阳光下萎垂，傍晚恢复，随着病情发展，地上部逐渐枯萎死亡。

2. 病原 *Fusarium* sp.，为半知菌亚门镰孢属真菌。

3. 传播途径和发病条件及防治方法 参见本书太子参根腐病。

二、害虫

(一) 蓼金花虫

蓼金花虫［*Galerucella grisescens*（Joannis）］，属鞘翅目叶甲科。是为害何首乌重的重要害虫。

1. 寄主 红蓼、金线草、大黄、何首乌、拳参等植物。

2. 为害特点 成虫取食叶肉，留下表皮，成透明状或食成小孔洞，严重时将叶食光，影响树势和产量。

3. 形态特征

(1) 成虫 体长 4.5mm，略呈长方形，鞘翅比前胸背板宽，密布深刻点，背面黄褐色，密布灰白色短毛，触角（除基部 1～2 节外）、复眼、趾节黑褐色，小盾片黑色。触角约为体长的 2/3，第三节比其他任何一节为长。前胸背板密布灰白色细毛，中央有倒三角形黑褐色的隆起无毛区，两侧凹陷。

(2) 卵 初产时鲜黄色，孵化前成灰黄色。卵粒圆球形，直径 0.45～0.55mm，卵壳表面有分布均匀的蜂窝状网纹，卵块排列整齐，每卵块含 5～25 粒不等。

(3) 幼虫 老熟幼虫体长 6～6.5mm，头部及胸足黑色，有光泽，胴部灰黄色，前胸背板灰黑色，各节具有大小不等的黑色、有光泽的毛片。在第一至第六腹节的背线与气门线间各有 5 个毛片。前、中、后胸的气门线附近各有一个大的毛片，腹部各节沿气门下线有一个瘤状突起，其上各生 4 根刚毛。末节骨化板黑色，其上着生 10 余根刚毛。

(4) 蛹 长 3.5～4mm，蓝黑色，有光泽，腹部两侧有瘤状突起，着生 2～3 根刚毛。背面中央有浅灰色纵沟。腹部末端有一蓝黑色的叉状突，将幼虫最后一次蜕下的皮粘在叶子背面，与蛹末端相连。

4. 生活习性 1 年发生 4 代，以成虫在寄主的枯株、枯叶或土缝下潜伏越冬。翌年 4 月上旬，气温回升至 7～8℃时，越冬成虫开始活动，食害新芽嫩叶。第一、二、三、四代成虫发生高峰期分别出现在 6 月中旬、7 月上中旬、8 月上中旬、9 月下旬至 10 月上旬。11 月后成虫陆续进入越冬。第一代卵历期约 20d。二、三、四代卵期为 5～7d，成虫寿命 20～35d，蛹期 6～8d，幼虫期为 14～16d，第四代幼虫期长达 30d 左右，主要是第四代幼虫（因气温逐渐降低而延长幼虫期所致）。卵多产在向阳畦的近地面的叶背面。每雌产卵量平均 28.7 块，每块含卵 549.8 粒，由于卵产量大，繁殖快，如越冬代和第一代成虫不抓紧防治，7 月底 8 月初将造成毁灭性灾害。初孵幼虫聚集卵壳周围，潜食叶肉，三龄后分散为害。老熟幼虫多在叶背化蛹。

5. 防治方法

（1）清园　冬季彻底清除枯株落叶，集中烧毁，减少越冬虫源。

（2）适期施药防控　重点抓好越冬代成虫、第一代成虫产卵前及时施药防治，可选喷80%敌敌畏乳油1 000倍液，早春越冬成虫开始活动时撒施5%甲萘威粉剂。

（二）桃蚜

参见本书南方红豆杉桃蚜。

（三）红蜘蛛

参见本书罗汉果朱砂叶螨。

（四）地下害虫

主要有蛴螬、小地老虎、蝼蛄等，参见本书地下害虫部分。

第十五节　朱砂根/朱砂根

朱砂根（*Ardisia crenata* Sims）为紫金牛科紫金牛属植物。其根为药材朱砂根，异名紫金牛、土丹皮、三两金、大凉伞、珍珠凉伞、八爪龙等。

一、病害

（一）朱砂根枯萎病（茎腐病）

1. 症状　幼苗及成株期均可发生。初期地上部无明显症状，仅在晴朗天气中午叶出现萎蔫下垂，早晚可恢复，此后叶发黄下垂，茎基部至根颈处表皮呈现褐变，后期病部皮层呈深褐色腐烂，极易脱落，叶片日渐干枯，终至全株萎蔫枯死，福建武平县苗枯死率达20%～50%。纵切病部，可见维管束呈褐色条纹，在根颈处可见白色霜层。

2. 病原　*Fusarium* sp.，为半知菌亚门镰孢属真菌。

3. 传播途径和发病条件　病菌在病部或随病残体遗落土中越冬，翌春条件适宜，病部产生的分生孢子，借风、雨、灌溉水和农事操作传播，引起植株发病。每年5月播种苗上盆时，出现第一次发病高峰期，以感染一龄苗为主，病程短，发展块，死亡率高，一般5月底始见症状，6月出现明显枯萎病株。随后可不断进行再侵染，辗转为害。温暖高湿、通风不良的大棚或低洼处、土壤黏重的地块，易发病，多雨年份发病较重，偏施氮肥，植株幼嫩、柔弱，盆土、盆料未经消毒且多次重复使用的，施用未充分腐熟的沤肥等发病较重，幼龄苗和长势差的植株及过度灌溉的易感染。地下害虫为害猖獗，会加重发病。

4. 防治方法

（1）培育无病壮苗

①种子消毒：播前用40%氟硅唑乳油8 000倍液浸种5～10min（或用高锰酸钾1 000倍液浸种10～15min、50%多菌灵可湿性粉剂500～800倍液浸种15～20min)，捞出清洗、晾干后播于经消毒处理过的基质中。

②种苗消毒：选用健康无病种苗，移栽前用80%超微多菌灵可湿性粉剂1 000倍液或65%代森锌可湿性粉剂600倍液浸泡种苗根部（含根颈）20～30min后上盆。

③苗期防疫：5月苗上盆后及早喷药防范，可用高锰酸钾800～1 000倍液喷淋幼苗，隔7～10d再淋喷1次，6～8月进入高湿多雨天气，可采用80%代森锰锌可湿性粉剂600倍液或58%甲霜·锰锌可湿性粉剂500倍液交替淋喷幼苗。发现病株及早拔除，对周围植株喷药（同上）预防。

（2）净化环境　苗圃和种植环境保持洁净，清除杂草、杂物等，尤其对土壤和基质要处理，播种地每667m^2用70%敌磺钠可湿性粉剂500g混合1～1.5kg细土撒施，或用福美双1～1.5kg拌细土45kg，45g/m^2撒施。种植前还可用50%克菌丹或50%多菌灵可湿性粉剂300倍液浇灌苗床，营养袋播种的可在营养袋装土后用50%克菌丹或50%多菌灵可湿性粉剂500倍液淋透再播。对于新基质，每公顷用0.5kg浸种灵300倍液消毒（杀菌兼杀线虫）。不宜重复多次使用基质。酸性土壤须用20%石灰水处理，调节pH。

（3）选地建园，加强管理　宜选地势较高，前作与朱砂根枯萎病无交叉感染、排灌设施完善、水质干净的地块建园种植。雨后及时排水。上盆及移栽应细心操作，减少损伤。科学施肥，适当增施磷、钾肥，适时追施氮肥，后期不偏施过量氮肥。入冬前喷施2%磷酸二氢钾叶面肥2～3次。

（4）施药防控　4月下旬至5月，对于二龄苗生产苗圃地，宜每隔半月喷1次50%甲基硫菌灵悬浮剂800倍液或65%代森锌可湿性粉剂500～600倍液。8月下旬至9月上旬，每半月喷1次65%代森锌可湿性粉剂400～500倍液，对未发病的植株起到防护作用；已发病田块，可在发病初期用80%超微多菌灵可湿性粉剂800～1 000倍液或2.5%咯菌腈悬浮种衣剂1 200～1 500倍液浇灌植株中下部，隔10d喷1次，连用2～3次。

（二）朱砂根疫病

1. 症状　早疫病主要为害叶、叶柄和茎秆。叶片染病初期呈现针头大小的黑褐色圆形斑点，后逐渐扩大成圆形或不规则形病斑，有明显的同心轮纹，病斑边缘有黄绿色晕圈，潮湿时病斑上长有黑色霉层。茎和叶柄上病斑为椭圆形或梭形，黑褐色，多产生于分枝处，后期茎基部病斑绕茎一圈，病株枯死。晚疫病主要为害叶、茎和果实。叶呈暗绿色水渍状病斑，空气湿度大时，病斑边缘出现稀疏的白色霉层。病斑扩大后病叶逐渐枯死，叶柄处腐烂。茎和叶柄病斑为水渍状褐色凹陷，最后成黑褐色腐烂，植株出现萎蔫。

2. 病原 待定。

3. 传播途径和发病条件 初步确定病菌来源于种子或栽培基质。病菌通过风雨及水流传播。无塑料薄膜大棚栽培，高温、高湿、降水量在 100mm 以上或日降水量在 50mm 以上，均有利病害发生。

4. 防治方法

（1）选用抗病品种 已发现 8 月开花品种较抗病，可选用此类品种种植。

（2）施药防控 发病初期任选 30%苯甲·丙环唑乳油 1 000 倍液、72%霜脲·锰锌可湿性粉剂 600 倍液、69%安克·锰锌可湿性粉剂 900 倍液、50%异菌脲可湿性粉剂 600 倍液或 70%疫佳可湿性粉剂 600 倍液喷治，药剂宜轮流使用。7d 喷 1 次，连喷 2～3 次。

（三）朱砂根根结线虫病

一种为害很大的病害。

1. 症状 病株侧根和须根上形成许多大小不等的根瘤，须根减少，根毛也稀少，根尖肿状。根瘤初呈白色，后渐转成褐色，终至腐烂。受害较轻时地上部无明显症状，发病较重时枝梢短弱，叶变小，长势衰退，似缺肥状，严重时出现叶黄、叶缘卷曲，叶面无光泽，如缺水状，最终叶片干枯脱落，枝条枯萎，以至全株死亡。

2. 病原（*Meloidogyne* sp.）**、传播途径和发病条件** 参见本书山药根结线虫病。

3. 防治方法

（1）培育和种植无病种苗 在远离疫区选新植地建圃，采用无线虫地里的健株作种栽植，并使用干净水源。

（2）基质和土壤消毒 首先选用新的或无病的基质作为种植用，为防止可能携带的病原线虫，可在暴晒基质的同时，每平方米 10%克线磷颗粒剂 200g 拌匀基质后覆盖塑料薄膜，堆闷 10～15d 后种植。在摆放盆栽朱砂根前进行土壤消毒。

（3）拔除病株 发现病株及时拔除，并与病株栽培基质一起销毁，同时施药防治，可选用 1.8%阿维菌素乳油 800 倍液，连用 2 次（15d 左右喷一次），冬、春季每 2 个月施药 1 次，夏、秋季每月施药 1 次。

（四）朱砂根黄化病

1. 病状 主要出现在苗地。夏季高温（高过 25℃）幼苗顶部嫩叶出现黄化，生长停滞，须根腐烂，但新的根系仍在生长，严重时全株落叶后死亡，对幼苗生长威胁很大。

2. 病因 初步认定该病主要受环境条件影响所致，特别是温度的急剧波动，如气温超过 25℃，日夜温差大，冬季寒害、相对湿度 85%以上容易引起幼苗黄化。

3. 防治方法 主要从控制生态环境条件出发，满足朱砂根对原生态条件的要求，即具备适温（5～20℃）适湿（70%～85%）的相对稳定的生态条件。具体如下：①选地建园，一般要选地势开阔温差变化小、交通便利、排灌设施良好的地块建园。②配置遮阴设施，做到夏季降温、冬季保温，使温湿度波动不大，控制在朱砂根的适宜生长范围内。夏季采用适当孔目，以便降温。早春播种后要用新的地膜覆盖。③适当补施含有微量元素（锌、铁等）的叶面肥。并根据气温变化适时揭膜，促进苗木长壮。此外，检查发现根部有感染根结线虫病的根瘤，应加用防治根结线虫病的药剂。

二、害虫

（一）蚜虫

1. 为害特点 成虫和若虫刺吸嫩叶、嫩茎汁液，致叶卷缩发黄，严重影响植株生长，引起落果，晴天少雨季节为害尤为严重。

2. 形态特征和生活习性 参见本书半夏蚜虫。

3. 防治方法

（1）始发阶段防控 初发虫量少时剪除受害枝叶，结合喷药防治，减少田间虫源量。

（2）涂干治虫 初发时选用内吸杀虫剂涂干防治。

（3）黄板粘杀和采用银灰色薄膜或挂银灰色线条驱蚜。

（4）施药防控 发生较多时应全面防治，可任选 50%抗蚜威可湿性粉剂 2 000～3 000 倍液、5%灭蚜松乳油 2 500 倍液或 10%吡虫啉可湿性粉剂 4 000 倍液喷治。

（二）甜菜夜蛾

参见本书金银花甜菜夜蛾。

（三）造桥虫

1. 为害特点 幼虫钻蛀茎部为害，造成枯萎。

2. 形态特征、生活习性和防治方法 参见本书女贞尺蠖。

第十六节　天门冬/天门冬或天冬

天门冬［*Asparagus cochinchinensis*（Lour.）Merr.（*Melanthium cochinchinensis* Lour.，*A. lucidus* Lindl.，*A. gaudichalldianus* Kunth.）］为百合科天门冬属多年生草本植物，又名天棘、万岁藤、白罗杉等。其块根为药材天门冬，异名天冬、大当门根等。

一、病害

（一）天门冬灰霉病（或称褐斑病）

1. 症状　茎上初呈小褐点，后扩大成椭圆形或纺锤形病斑，中央淡褐色或灰白色，边缘水渍状，严重时病斑相连合，引起茎、叶大量枯死，后期病部长满霉层（病原菌子实体）。

2. 病原　石刁柏尾孢（*Cercospora asparagi* Sacc.），为半知菌亚门尾孢属真菌。

3. 传播途径和发病条件及防治方法　参见本书山药灰斑病。

（二）天门冬茎枯病

1. 症状　茎上初为梭形病斑，后扩展为不规则形病斑，中央淡褐色或灰白色，边缘暗褐色，稍凹陷。严重时病斑汇合，整株干枯，上生小黑点（病原菌分生孢子器）。

2. 病原　天门冬拟茎点霉（*Phomopsis asparagi* Bubak），为半知菌亚门拟茎点霉属真菌。另据报道，半知菌亚门炭疽菌属（*Colletotrichum* sp.）真菌也会引起茎枯病，被侵染后茎上呈现灰色至灰褐色干枯，后期全部叶片脱落。

3. 传播途径和发病条件及防治方法　参见本书十大功劳炭疽病。

（三）天门冬根腐病

1. 症状　发病初期先从块根的尾端烂起，逐渐向根头部发展，最后整条块根内成糨糊状。经1个多月病程，整条块根变成黑色空疱状，地上部植株随病情加重，其茎蔓出现萎蔫，枯黄而死。

2. 病因　多由土壤过于潮湿，积水或是中耕除草过深碰伤块根而感染微生物，引起根腐，何种因素为主有待进一步研究确定。

3. 防治方法

（1）搞好排灌设施，雨后及时排水，降低田间湿度和避免土壤过湿。

（2）田间操作细心　防止碰伤根部，减少被病菌侵染机会。

（3）施药防控　发病初期喷施50%甲基硫菌灵可湿性粉剂1 000倍液。

二、害虫

(一) 天门冬小管蚜

我国新近发现的害虫。

天门冬小管蚜［*Brachycorynella asparagi*（Mordvilko.）］，属蚜科小管蚜属。异名：*Brachycolus asparagi*（Mordvilko.）。

1. 寄主 石刁柏（芦笋）、非洲天门冬。

2. 为害特点 天门冬无直接受害报道资料，现以为害芦笋情况供参考。芦笋的叶状枝或针叶（拟叶）轮生节的节间缩短，拟叶亦缩短，产生明显的灰蓝绿色丛生的特征，在生长季节，芦笋中等至严重为害，其严重后果之一是来年春季幼茎（食用部分）长出来的时间明显推迟，穿出土面的幼茎束在一起，所收获的适合市场销售的幼茎数量和尺寸都大大减少，造成重大经济损失。有时芦笋被害后地下茎过早的长出新芽，如果秋季茎叶收刈时所有能活的芽都耗尽，可能造成植株死亡。

3. 形态特征 无翅孤雌蚜，体椭圆形，长 1.646mm，宽 0.850mm，活体灰绿色，被灰色薄蜡粉。触角 6 节，有微瓦纹，全长 0.525mm，为体长 0.31 倍。尾板半球状，有毛 12～15 根，生殖板椭圆形，有尖毛 9～10 根。有翅孤雌蚜，体长 1.505mm，宽 0.614mm，头胸黑色，腹部淡色，第八腹节背片深色，第二至六腹节各节有小缘斑，触角各节黑褐色；腹管淡色，尾片和尾板黑褐色，生殖板淡褐色。有深色小形缘瘤，位于前胸及腹节第二至五节，有时各 1 对，体背毛短小钝顶，腹部腹面多毛尖锐，为背毛长 2 倍，触角毛短小尖锐，第三节有大小不等圆形次生感觉圈 4～10 个，分布于基部 1/3～4/5 处，喙不伸达中足基节。翅脉正常，脉粗黑。腹管截断状，缘突不甚显，呈隆起圆锥体。尾片长锥状，中部渐向端部细尖，有毛 6～7 根。尾板有毛 12 根，生殖板有毛 8 根，其中前端毛 1 对。

4. 生活习性 该虫以卵在芦笋植株上越冬，收种时连同植株一起收割，摘收种子时可能从植株上混入蚜虫的越冬卵。这些卵便可随种子外运而作远距离传播。越冬卵生命力较强，有可能随种子远传。

5. 防治方法

（1）*实施检疫* 严禁从疫区取用种子，严防该虫传到新区，尤其要关注芦笋、天门冬是否出现上述被害状及其该虫的动态。

（2）*种子和种苗预措* 可试行种子和种苗的药物浸渍处理方法，以求把卵消灭在孵化之前。

(二) 短须螨

短须螨（*Brevipalpus* sp.），真螨目细须螨科短须螨属。

为害特点和防治方法参见本书鱼腥草卵形短须螨。

(三) 地下害虫

常见有小地老虎、蛴螬、蝼蛄等，参见本书地下害虫。

第十七节　白术/白术

白术（*Atractylodes macrocephala* Koidz.）为菊科多年生植物，又名于术、浙术、冬术等。其干燥根茎为药材白术，异名山芥、山精、冬白术等。

一、病害

(一) 白术白绢病

该病是白术上的一种毁灭性病害。

1. 症状　发病初期，少数叶片萎垂，植株生长势减弱，后期植株叶片逐渐变土褐色干枯，茎叶死亡，根茎部和根际土壤密布大量白色菌丝，侧根全部腐烂，主根软腐，变黑色。有的尚可见到初为乳白色、淡黄色后为茶褐色菜籽粒状物（菌核）。

2. 病原　齐整小核菌（*Sclerotium rolfsii* Sacc.），为半知菌亚门小核菌属真菌。

3. 传病途径和发病条件　土壤和病残体带菌是翌春发病的初侵染源，水流和植株间接触，可引起再侵染，通常 4 月下旬始病，6 月上旬至 8 月中旬渐趋严重。菌核可在土中存活 5～6 年。

(二) 白术根腐病

白术根腐病又名烂根病，是危害性很大的一种病害。

1. 症状　发病初期地上部枝叶枯萎，叶片从下往上逐渐发黄。根毛和细根变褐色干腐，并蔓延至根茎部，病株易拔，根茎横切可见维管束呈点状褐色病斑，主茎呈褐色干腐，很快萎蔫枯死。

2. 病原　多种镰孢（尖镰孢、燕麦镰孢、木贼镰孢、半裸镰孢）和丝核菌属真菌（*Rhizoctonia* sp.）复合侵染所致。以尖镰孢（*Fusarium oxysporum* Schlecht）为主。

3. 传播途径和发病条件　土壤和病残体带菌是翌春发病的初侵染源，外观无病白术种栽和健株普遍带菌，潜伏侵染率较高。白术种栽储运期间尤其受潮发热后，生活力下降，易诱发根腐病。多雨，空气湿度大，发病重，连续高温、干旱可抑制病害发展。在江西，4 月上旬始发，9 月中旬病害停止扩展，以 5～7 月发病最重。重茬、低洼潮湿土壤，发病严重。

（三）白术立枯病

苗期重要病害，俗称“烂茎瘟”。

1. 症状 未出土幼芽、小苗及移栽苗均可受害，出现烂芽、烂种。幼苗出土后，其茎基部呈水渍状暗褐色病斑，延伸绕茎，茎部坏死收缩成线状，俗称“铁丝茎”，致苗枯萎，成片倒伏死亡。近地面潮湿叶也会受害，出现水渍状深褐色至褐色大斑，以至迅速腐烂。田间湿度大，可见偏球形或不规则形的暗褐色小菌核，黏附寄主病部表面。

2. 病原 立枯丝核菌（*Rhizoctonia solani* Kuhn.），为半知菌亚门丝核菌属真菌。寄主范围广，可侵染杜仲、黄柏、桔梗等多种药用植物。

3. 传播途径和发病条件 以菌丝体、菌核在土中和寄主病残体内越冬，病菌可在土中腐生2～3年。菌核是该病翌年主要初侵染源。病株可借枝叶接触传染，引起邻近植株发病。如遇低温、高湿、阴雨天气，幼苗出土缓慢及连作，均易发病，晚秋发病较重。

（四）白术白绢病、根腐病、立枯病综合防治

（1）选地建园　选择地势高燥、土层深厚、排水良好的沙壤土建园种植。

（2）预措与土壤消毒　选好无病白术种栽，种前用50%多菌灵可湿性粉剂1 000倍液浸36min，晾干后播种；移栽前每公顷用50%多菌灵可湿性粉剂30～40kg或每平方米用木霉制剂10～15g处理土壤，也可用白术种栽量0.5%的50%多菌灵可湿性粉剂拌种。

（3）实行轮作　水旱轮作或与禾本科作物（如玉米等）轮作3～5年。

（4）加强田管　合理密植，增施磷、钾肥，及时排水，浅中耕防伤根，有利增强植株抗病力。

（5）防控发病中心　发现病株立即拔除烧毁，病穴和邻近植株喷药防治，可选用50%多菌灵可湿性粉剂或70%甲基硫菌灵可湿性粉剂800倍液浇灌病穴及喷洒周围植株。也可试用70%噁霉灵可湿性粉剂2 000～3 000倍液、50%乙烯菌核利可湿性粉剂1 000～1 500倍液或50%异菌脲可湿性粉剂1 000～1 500倍液灌穴或喷周围植株。病情有发展趋势，应全面施药。

（五）白术铁叶青

白术铁叶青又称斑枯病，主要为害叶片，也可侵染茎及苞叶。

1. 症状 病叶初期出现黄绿色小点，很快形成不规则形黑色病斑，后不断扩大形成大而近圆形、不规则形黑褐色或土褐色病斑，大小2.5～4.0mm；农民称“铁叶青”，有的病斑上有明显的轮纹。病斑边缘明显，中央灰白色；叶缘病

斑往往致叶扭卷，茎和苞叶上也出现相似症状。病叶上散生大量黑色小粒点（病原菌分生孢子器），气候条件适宜，病斑不断扩大，以至全叶焦枯，且能迅速蔓延其他叶片和叶柄。

2. 病原 白术壳针孢（*Septoria atractylodis* Yu et Chen），为半知菌亚门壳针孢属真菌。

3. 传播途径和发病条件 以菌丝体在病残体中越冬，翌春条件适宜，产生分生孢子，借风雨传播，也可随农具或农事操作活动进行传病，种子带菌是远距离传播的主要途径，从伤口、气孔或直接侵入，引起初侵染，病斑上产生的分生孢子，又可不断进行再侵染。潮湿多雨是分生孢子传播和萌发的必要条件。病害流行需要高湿。雨水多，气温骤升骤降，发病严重。

4. 防治方法 发病初期任选77%氢氧化铜可湿性粉剂600倍液、50%代森锰锌可湿性粉剂500倍液、50%多菌灵可湿性粉剂600倍液或1∶1∶200波尔多液喷治，10d左右喷1次，视病情酌治次数。其他参见本书山药炭疽病。

（六）白术锈病

1. 症状 主要为害叶片。初始叶呈现黄绿色略隆起小点，后扩大为褐色、梭形近圆形病斑，周围有黄色晕圈，叶脉上病斑大多呈不规则梭形，大小为10mm左右，在叶背病斑处聚生黄色颗粒状物（病原菌锈孢子腔），后期破裂，散出大量黄色粉末状物（病原菌锈孢子）。最后锈孢子腔变黑褐色，病部组织增厚硬化，病斑处破裂穿孔，如病斑发生在叶柄基部，可引起叶片脱落。

2. 病原 *Puccinia atractylidis* Syd.，为担子菌亚门柄锈菌属真菌，白术是锈病病原菌的中间寄主。

3. 传播途径和发病条件 该病于5月上旬开始发生，5月下旬至6月下旬为发病盛期，高湿是本病迅速发展的重要条件。冬孢子和越冬场所不详。

4. 防治方法 参见本书射干锈病。

（七）白术叶斑病

1. 症状 染病初期叶呈现不规则形或近圆形小斑，后渐扩大成边缘红褐中央灰白色较大病斑，严重时多个病斑汇合成大斑，引起叶局部或全叶枯死。

2. 病原 *Phyllosticta* sp.，为半知菌亚门叶点霉属真菌。

3. 传播途径和发病条件 参见本书十大功劳叶斑病。

4. 防治方法 参见白术铁叶青。

（八）白术轮纹病

1. 症状、病原（*Ascochyta* sp.）**、传播途径和发病条件** 参见本书黄柏轮纹病。

2. 防治方法 参见白术铁叶青。

（九）白术花叶病

1. 症状 病株的心叶和嫩叶出现黄绿相间的花叶斑纹；叶片皱缩，叶缘呈波纹状。重病株节间缩短，分枝增多，地下根茎变细小。严重时病株率达 90%以上。

2. 病原 病毒种类待定。

3. 传播途径和发病条件 初步调查，病毒在野生菊科植物上越冬，种栽带毒，为本病初侵染源。白术长管蚜为传毒介体。5～6 月发生较重，在有利蚜虫大发生的条件下，常引起本病流行。夏季高温有隐症带毒现象，9 月后又重现花叶症状。

4. 防治方法

（1）冬春清园 清除周边杂草，消灭蚜虫的越冬寄主，减少毒源。

（2）培育和种植无毒种苗（参见本书半夏病毒病）。

（3）治蚜防病 先喷药灭蚜后拔除病株，先从周边喷药，后向园中喷药，以防人为促蚜扩散。参见本书半夏花叶病毒病。

（十）白术菟丝子寄生

症状、病原（菟丝子，*Cuscuta chinensis* Lamb.）、传播途径和发病条件及防治方法，参见本书仙草菟丝子寄生及仙草“三病”综合防治中有关菟丝子寄生防治部分。

二、害虫

（一）白术长管蚜

白术长管蚜（*Macrosiphum* sp.），属同翅目蚜科。又名术蚜，为白术产区常见害虫。

1. 为害特点 白术长管蚜密集在白术嫩叶、新梢上吸取汁液，致使叶黄卷曲，生长不良，严重时植株枯萎。该虫还是传毒介体。

2. 形态特征 无翅胎生蚜，体黑色，复眼浓褐色，触角比体长，第三节有 60～70 个感觉圈，第六节的鞭部为基部的 6 倍长。有翅胎生蚜，体褐色至黑色，头部额瘤显著外倾，触角比体长，第三节有突出的 90 个以上感觉圈，第六节鞭部比基部约长 5 倍，尾片有 7 对毛。

3. 生活习性 1 年发生数代，以无翅蚜在菊科植物上越冬，翌年 3 月天气转暖时产生有翅蚜，迁飞到白术上产生无翅胎生蚜为害，4～6 月为害最烈，6 月以后气温升高，多阵雨，蚜虫数量减少，8 月虫口密度又略有增加。

4. 防治方法

(1) 清园　将园中枯叶、落叶集中烧毁，消灭越冬虫源。

(2) 喷药防控　初期可用 2.5%鱼藤精 400 倍液喷治，其他参见石斛蚜虫用药种类。

(二) 白术术子螟

白术术子螟（*Homoeosoma* sp.），属鳞翅目螟蛾科。或称术子虫。

1. 为害特点　主要为害白术种子，将种子蛀空，并咬食术蒲（聚合瘦果）底部的肉质花托，引起花蕾萎缩干瘪。

2. 形态特征

(1) 成虫　体长 13～15mm，体灰褐色，翅上布满灰褐色鳞片，前翅近翅基 1/3 处中部有 2 个相对的黑褐色小斑点，前缘有白带，后缘有近似等边三角形的灰褐色大斑块，外缘有 6～7 个小黑点，内缘有连续小点组成的褐色斜带。

(2) 卵　长 1～2mm，乳白色，长椭圆形，外表密布凸起的小点，卵壳放大似花生壳状。

(3) 幼虫　老熟幼虫体长约 27mm，头部及前胸背板均为褐色，胸足淡黄色，背线紫红色，气门基线蓝紫色，气门黑色，圆形。

(4) 蛹　长 13mm，淡红褐色。

3. 生活习性　1 年发生 1 代，以老熟幼虫入土做茧越冬。8 月上中旬至 10 月下旬幼虫出土化蛹，蛹期约 15d，9 月为成虫羽化盛期。成虫具假死性，白天隐蔽在周围草丛或畦面铺草中，傍晚和早晨 9:00 前交尾产卵。卵散产于小花间的茸毛上。卵孵化后，幼虫从管状花上端开始取食种子，9 月初至种子脱粒储藏前均能为害。

4. 防治方法

(1) 冬季深翻土壤，消灭部分越冬虫蛹。

(2) 水旱轮作或选水旱轮作地种植。

(3) 适期施药防控　初花期和成虫产卵始期选用 50%杀螟硫磷乳油 1 000 倍液或 10%氰戊菊酯乳油 3 000 倍液喷治，7～10d 喷 1 次，连喷 2～3 次。

(三) 大青叶蝉

参见本书罗汉果大青叶蝉。

(四) 地下害虫

常见有小地老虎、沟金针虫、白蚁等，参见本书地下害虫相关部分。

第十八节　高良姜/高良姜

高良姜（*Alpinia officinarum* Hance）为姜科多年生草本植物。其根茎为药材高良姜，异名良姜、小良姜、蛮姜、海良姜、高凉姜等。

一、病害

（一）高良姜炭疽病

1. 症状　叶呈现近圆形或椭圆形病斑，边缘褐色，中央灰褐色，有同心轮纹状褐线。病斑上生具同心轮状排列的小黑点，发生多时病斑融合，叶片枯死。

2. 病原　*Colletotrichum capsici*（Syd.）Butler et Bishy＝*C. zingiberis*（Sund.）Butler & Bisby.，为半知菌亚门炭疽菌属真菌。

3. 传播途径和发病条件及防治方法　参见本书麦冬炭疽病。

（二）高良姜斑枯病

1. 症状　病叶呈现长椭圆形至菱形病斑，灰褐色，边缘褐色，常发生在叶缘或叶尖，逐渐扩大成较大的长条状枯斑，严重时整叶干枯，斑面上生小黑点（病原菌的假囊壳）。

2. 病原　有性阶段：*Leptosphaeria zingiberi* Hara，为子囊菌亚门小球腔菌属真菌。无性阶段：*Septoria zingiberis* Sund.，为半知菌亚门壳针孢属真菌。

3. 传播途径和发病条件及防治方法　参见山药斑枯病。

（三）高良姜轮纹褐斑病

1. 症状　初始叶呈现椭圆形或长椭圆形病斑，后扩展成不规则形，中央浅褐色，边缘褐色，有同心轮，上生黑色小点（病原菌子囊壳）。病斑常纵横扩展至全叶的1/2，致叶早枯。

2. 病原　有性阶段：*Pestalosphaeria alpiniae* P. K. Chi et S. Q. Chen，为子囊菌亚门真菌。无性阶段：*Pestalotiopsis* sp.，为半知菌亚门拟盘多毛孢属真菌。

3. 传播途径和发病条件　病菌在病残体上越冬，成为翌年初侵染源。翌春条件适宜，产生分生孢子，借风雨传播，发生初侵染和再侵染。该病一年均可发生。高温多雨季节有利发病，株间阴湿、排水不良的田块发病较重，田间疏管，日晒严重，植株衰弱也易发生。常引起大量落叶。

4. 防治方法

（1）加强田间管理　清沟排水，防止积水，遇旱及时灌水，增施有机肥，促进植株长壮。

(2) 冬季清园　及时清除病残株，集中烧毁，可有效减少翌年初侵染源。

(3) 适期施药防控　发病初期选喷50%代森锰锌可湿性粉剂500～600倍液、75%百菌清可湿性粉剂500～600倍液或50%咪鲜·氯化锰可湿性粉剂1 000～1 500倍液，视病情确定喷药次数。

(四) 高良姜叶斑病

1. 症状　主要发生在叶尖部，病斑呈不规则形，边缘褐色，中央灰白色，有的有褐色波纹线，上生黑色霉状物（病原菌子实体），引起叶局部干枯。

2. 病原　*Pseudocercospora alpiniae* S. Q. Chen et P. K. Chi，为半知菌亚门假尾孢属真菌。另据报道，由*P. alpinicola* S. Q. Chen et P. K. Chi引起的叶斑病症状与*P. alpiniae*相同。

3. 传播途径和发病条件　不详。

4. 防治方法　参见高良姜轮纹褐斑病。

(五) 高良姜烂根病

1. 症状　根部出现腐烂后植株死亡。

2. 病原　病害性质有待查明。

3. 传播途径和发病条件　不详。

4. 防治方法

(1) 加强管理，改善周围环境，做好通风透光和排水工作，提高植株抗病力。

(2) 发现病株挖除烧毁。

(3) 发病初期可试用1∶1∶100波尔多液浇灌病株。

二、害虫

(一) 钻心虫

1. 为害特点　为害茎部茎尖。

2. 防治方法　参见本书砂仁黄潜蝇。

(二) 卷叶虫

1. 为害特点　为害嫩叶，卷叶取食。

2. 防治方法　参见本书金银花忍冬双斜卷叶蛾。

第十九节　温郁金、莪术、姜黄/郁金、莪术、姜黄

温郁金（*Curcuma wenyujin* Y. H. Chen et C. Ling）、广西莪术（*C. kwan-*

gsiensis S. G. Lee et C. F. Liang)、姜黄（*C. longa* L.）或蓬莪术（*C. phaeocaulis* Val.）均为姜科姜黄属植物，以上植物的干燥块根统称为中药材郁金，异名黄郁、乌头、五帝足等。莪术［*Curcuma zedoaria*（Christm.）Rosc.］、广西莪术和温郁金的干燥根茎均统称为中药材莪术。姜黄（*Curcuma longa* L.）的根茎为中药材姜黄。

一、病害

（一）郁金炭疽病

1. 症状 初为圆形或椭圆形病斑，边缘褐色，有黄晕，最外层水渍状，中央淡褐色，后扩展成椭圆形病斑，边缘褐色，中央灰白色，有同心环纹状褐线，多个病斑可愈合成大斑，致叶枯早落。叶两面上生小黑点状物（病原菌分生孢子盘），呈同心状排列。受害果实，果面呈近圆形褐色病斑，中央灰白色，上生小黑点。

2. 病原 *Colletotrichum capsici*（Syd.）Butler et Bisby＝*C. curcumae*（Syd.）Butler & Bisby，为半知菌亚门炭疽菌属真菌。

3. 传播途径和发病条件 发生普遍，一般3～4月始发。4～5月为害严重，引起植株落叶、早衰。其他参见本书黄精炭疽病。

4. 防治方法 参见本书黄精炭疽病。

（二）郁金黑斑病

1. 症状 叶呈现椭圆形淡灰色病斑，向叶背凹陷，有时产生同心轮纹，直径为3～10mm。田间湿度大时，叶片两面均可出现黑色霉层（病原菌分生孢子）后期叶焦枯。

2. 病原 *Alternaria* sp.，为半知菌亚门链格孢属真菌。

3. 传播途径和发病条件 一般于5月下旬开始发病，6～8月发病严重。

4. 防治方法 发病初期选喷50%异菌脲可湿性粉剂500液或50%代森锰锌可湿性粉剂600倍液，其他参见本书麦冬黑斑病。

（三）郁金根腐病

为害根部。

1. 症状 发病初期侧根呈水渍状，后变黑褐色腐烂，向上蔓延至地上部，引起茎叶发黄，终至全株枯死。

2. 病原 *Fusarium* sp.，为半知菌亚门镰孢属真菌。

3. 传播途径和发病条件 多发生6～7月或12月至翌年1月。其他参见本书太子参根腐病。

4. 防治方法 参见本书太子参根腐病。

（四）郁金根结线虫病

1. 症状 根部形成瘤状结节，地上部初期心叶呈现褪绿，中期叶片由下向上逐渐变黄，边缘焦枯，后期严重发生时提前倒苗，地下块根无收，四川局部产区为害重。

2. 病原 南方根结线虫（*Meloidogyne incognita* Chitwood.），为垫刃目根结科根结线虫属线虫。

3. 传播途径和发病条件及防治方法 参见本书麦冬根结线虫病。

（五）郁金枯萎病

1. 症状 早期多出现在叶尖、基部叶、中部半边叶，呈干枯萎黄，渐至全叶萎黄，终呈灰白色。病健部分界明显，有时病部枯萎下垂。

2. 病因 可能是生理性与侵染性病害复合引起。多发生在炎热夏季，尤其苗期，叶片柔嫩、日照强烈而土壤缺水下发生普遍，为害加剧。

3. 防治方法

（1）适时灌溉 严重缺水时应及时灌水或叶面喷水。

（2）增施有机肥 注意磷、钾肥搭配，同时增施腐熟有机肥，促进植株长壮，提高抗逆力。

（3）施药防控 发生较多时宜选喷50%甲基硫菌灵可湿性粉剂1 000倍液、80%代森锰锌可湿性粉剂600～800倍液或70%百菌清可湿性粉剂600倍液，干旱少雨时，隔7～10d喷1次，连喷2～3次。

（六）姜黄褐斑病

1. 症状 叶上病斑不规则形，中央灰白色，初始仅（1～3）mm×（2～4）mm小斑，后很快扩大成长形、不规则形或长条形病斑，上生黑色小点（病原菌分生孢子器），严重时致叶枯死，尤其病斑周围叶组织枯死，引起大片叶面枯死。

2. 病原 薄荷壳二孢（*Ascochyta zingibericola* Punith.），为半知菌亚门壳二孢属真菌。

3. 传播途径和发病条件 多发生于11月，较轻。

（七）姜黄叶枯病

1. 症状 叶上病斑近圆形，初为灰白色，后变暗褐色，直径2～3mm，上生小黑点（病原菌分生孢子盘），严重时多个病斑相汇合，引起叶枯。

2. 病原 卡氏（卡斯坦）盘单毛孢［*Monochaetia karstenii*（Sacc. et Syd.）

Sutton]，为半知菌亚门盘单毛孢属真菌。

3. 传播途径和发病条件及防治方法 参见本书山药斑枯病。

（八）姜黄炭疽病

1. 症状、病原、传播途径和发病条件 参见本书郁金炭疽病。

2. 防治方法 参见本书何首乌炭疽病。

（九）姜黄根腐病、枯萎病

症状、传播途径和发病条件及防治方法，参见郁金根腐病、枯萎病。

二、害虫

（一）姜弄蝶

姜弄蝶（*Udaspes folus* Cramer），属鳞翅目弄蝶科。

1. 为害特点 幼虫吐丝粘叶成苞，隐匿其中取食，叶呈缺刻或在 1/3 处断落，受害严重时仅留叶柄。

2. 形态特征

（1）成虫 体长 18～22mm，翅展 32～44mm，体翅黑褐色，胸部具黄褐色绒毛，触角末端有钩，前翅有 9 个大小不同的乳黄色斑，后翅有 6 个大小不同并列的乳黄斑，后翅边缘有乳黄色绒毛。

（2）卵 长 0.8mm，半球形，顶端平，与叶面接触周边成帽檐状，稍皱，侧面有 50 多条隆起细纹。

（3）幼虫 共 5 龄，老熟幼虫体长 35～45mm，草绿色，三龄后在腹部第六节背线两侧出现 2 个近半月形黄斑，气门白色。

（4）蛹 长 35～46mm，长纺锤形，黄绿色，被白蜡粉。

3. 生活习性 广东 1 年发生 3～4 代，以蛹在草丛或枯叶内越冬。翌春 4 月上旬羽化，产卵。幼虫 5 月中旬开始为害，7～8 月为害最烈。卵产叶背，每雌可产卵 20～30 粒。幼虫孵出后爬至叶缘，吐丝缀叶。三龄后，可将叶卷成筒状叶苞，早晚可转株为害。老熟幼虫在叶背化蛹。卵期 4～11d，幼虫期 14～20d，蛹期 6～12d，成虫寿命 10～15d。

4. 防治方法

（1）冬季清园 清除枯枝落叶，集中烧毁，减少越冬虫源。

（2）人工摘除叶苞，捏杀幼虫。

（3）喷药防控 发生初期选喷 90%敌百虫晶体 800～1 000 倍液、50%敌敌畏乳油 1 500～2 000 倍液或 20%氰戊菊酯乳油 2 000 倍液，隔 5～7d 喷 1 次，连喷 2～3 次。

(二) 玉米螟

玉米螟［*Ostrinia furnacalis*（Guenee)］，属鳞翅目螟蛾科。

为害特点、形态特征、生活习性和防治方法，参见本书薏苡玉米螟。

(三) 二化螟

二化螟［*Chilo suppressalis*（Walker)］，属鳞翅目螟蛾科。俗名钻心虫。

1. 寄主 水稻、茭白、玉米、郁金、姜黄、豌豆、蚕豆等。

2. 为害特点 幼虫蛀茎或食害心叶，引起枯心苗或枯茎。

3. 形态特征

(1) 成虫 体长12～14mm，雄虫翅展20mm，雌虫翅展25～28mm，体灰黄色至淡褐色，头小，复眼黑色，下唇须发达。前翅近长方形，褐色或灰褐色，中室先端有紫黑色斑点，中室下方有2个斑，排成斜线，外缘有7个黑点；后翅灰白，近外缘稍带褐色。

(2) 卵 椭圆形，长1.2mm，数十粒成鱼鳞状排列，卵块为长条形，初产时乳白色，近孵化时灰黑色。

(3) 幼虫 老熟幼虫体长27mm，淡褐色，体背有5条暗褐色纵带，最下一条通过气门；腹足趾钩为双序缺环状。

(4) 蛹 长约13mm，圆筒形，淡褐色，背面可见5条棕褐色纵线。

4. 生活习性 华南地区1年发生4代，海南1年发生5代。以幼虫在寄主植物中越冬，翌春化蛹。江苏、浙江一带4～5月可见成虫，羽化盛期为6月中下旬。成虫趋光性不强。每雌可产5～6个卵块，约300粒。第一代卵期7～8d，二至三代卵期3.5～5d。初龄幼虫有群集性，长大后分散为害。

5. 防治方法

(1) 摘除卵块。

(2) 清园 清除残株和田边杂草，减少越冬虫源。

(3) 施药防控 卵孵化盛期选用90%敌百虫晶体500倍液灌心，也可喷苏云金杆菌（Bt）粉剂（每克100亿）1 000倍液或Bt水乳剂300倍液。

(四) 大蓑蛾

大蓑蛾（*Clania variegata* Snellen），属鳞翅目蓑蛾科。异名：*Cryptothelea variegata* Snellen，*C. formosicola* Strand。

1. 寄主、为害特点、形态特征、生活习性 参见本书莲、橄榄大蓑蛾部分。

2. 防治方法

(1) 人工摘除袋囊 在冬季、早春和生长季节，采摘幼虫护囊，并注意保护寄生蜂等天敌。

（2）药剂防控　幼虫孵化期或幼虫初龄期，选用 90％敌百虫晶体 800 倍液，或 Bt 1 000 倍液喷治。

（五）地下害虫

常见有小地老虎、蛴螬等，参见本书地下害虫相关部分。

（六）姜黄害虫

常见有二化螟、斜纹夜蛾、姜尺蠖、蚜虫及小地老虎、蛴螬等，可分别参见郁金二化螟及本书仙草斜纹夜蛾、女贞尺蠖、太子参蚜虫和地下害虫的相关部分。

第二十节　玉竹/玉竹

玉竹［*Polygonatum odoratum*（Mill.）Druce］为百合科黄精属植物，又名女草、娃草、丽草、毛管菜、靠山竹等。其干燥根茎为中药材玉竹。

一、病害

（一）玉竹根腐病

1. 症状　根状茎初为淡褐色圆形病斑，后病部扩展成直径 5～10mm，圆形或椭圆形，病部腐烂，组织离散下陷，严重时病斑连成大块，影响玉竹产量和品质。

2. 病原　*Fusarium solani*（Mart）Sacc. f. sp. *radicidola*（Wr.）Snyd. & Hans.，为半知菌亚门镰孢属真菌。

3. 传播途径和发病条件及防治方法　参见本书太子参根腐病。

（二）玉竹炭疽病

1. 症状　叶上呈现圆形或近圆形灰褐色病斑，边缘暗褐色，稍隆起，后期病部上生许多小黑点（病原菌分生孢子盘），严重时致叶早枯。

2. 病原　*Colletotrichum dematium*（Pers. ex Fr.）Grove.。另据报道胶孢炭疽菌（*Colletotrichum gloeosporioides* Penz.）也能引起与 *C. dematium* 相同的症状。

3. 传播途径和发病条件　3～5 月发生，常与胶孢炭疽菌混生。为害不重，参见本书山药炭疽病。

4. 防治方法　参见本书山药炭疽病。

（三）玉竹褐斑病

1. 症状　叶上产生褐色病斑，常受叶脉限制呈条状，中央色淡，后期斑面上生黑色霉状物（病原菌分生孢子梗和分生孢子），致叶早枯。

2. 病原 *Cercospora chinensis* Tai.，为半知菌亚门尾孢属真菌。

3. 传播途径和发病条件 以分生孢子器和菌丝体在病残体上及土中越冬，5月初，田间发病，7～8月发生严重。直至收藏前均可侵染叶子。氮肥过量，植株过密，田间湿度大，均有利发病。

4. 防治方法

（1）清园 秋后彻底清除病残体，园外烧毁。

（2）消毒 土壤出苗前用硫酸铜250倍液喷洒地面消毒。

（3）加强田间管理 发病早期，剪除病部，雨后及时排水，合理施肥，少施氮肥，增施磷、钾肥。

（4）施药防控 病重区发病前喷1次1∶1∶100～160波尔多液预防。发病初期任选50%代森锰锌可湿性粉剂600倍液、70%甲基硫菌灵可湿性粉剂800～1 000倍液或50%乙霉威可湿性粉剂（万霉灵）500倍液喷治，隔7～10d喷1次，视病情酌喷次数。药剂宜交替使用。

（四）玉竹紫轮病

1. 症状 病叶两面均呈现圆形至椭圆形、直径2～5mm病斑，初为红色，后中央转为灰色至灰褐色，上生黑色小点（病原菌分生孢子器）。

2. 病原 血红大茎点［*Macrophoma cruenta*（Fr.）Ferr.］，为半知菌亚门大茎点菌属真菌。

3. 传播途径和发病条件 病菌以菌丝体和分生孢子器在病叶或根芽上越冬。翌春条件适宜，产生分生孢子，随气流传播，引起初侵染和再侵染。7～8月为发病盛期。

4. 防治方法 参见玉竹褐斑病。

（五）玉竹假紫轮病

1. 症状 叶上呈现圆形或椭圆形病斑，中央灰白色，边缘紫褐色，具2～3圈轮纹，病斑上生暗色霉状物（病原菌菌丝体和分生孢子器）。

2. 病原 *Asteroma argentea* Krieg. et Bab.，为半知菌亚门星壳孢属真菌。另据报道星壳孢属的网星壳孢［*A. reticulatum*（DC.）Chev.］，也能引起本病。

3. 传播途径和发病条件 10月发生较普遍，为害较重，参见本书十大功劳叶枯病、叶斑病。

4. 防治方法 参见玉竹褐斑病。

（六）玉竹灰霉病

1. 症状 叶上呈现近椭圆形病斑，大小为（0.5～0.8）mm×（0.8～1.5）mm，

紫褐色，边缘清晰，有模糊轮状纹。潮湿时病斑扩大呈水渍状，叶背形成灰褐色的霉状物（病原菌子实体）。

2. 病原 *Botrytis paeoniae* Oud.，为半知菌亚门葡萄孢属真菌。

3. 传播途径和发病条件 病菌以菌丝体在病残体上越冬，翌春条件适宜，分生孢子借风雨传播，引起初侵染和再侵染，其他参见本书黄精灰霉病。

4. 防治方法 参见本书黄精灰霉病。

（七）玉竹灰斑病

1. 症状 叶呈现近圆形灰白色病斑，边缘浅褐色，上生黑色小点（病原菌分生孢子器）。

2. 病原 *Phoma polygonati* Ferr. P. K. Chi et J. F. Lue＝*Mocrophoma polygonati* Ferr.，为半知菌亚门大茎点属真菌。

3. 传播途径和发病条件 10月发生，较普遍，湿度大时，为害较重，参见十大功劳叶枯病、叶斑病。

4. 防治方法 参见玉竹褐斑病。

（八）玉竹赤枯病

1. 症状 叶初呈红褐色小圆斑，后渐扩大。小玉竹上病斑始见叶尖，呈不规则形或短圆形，在玉竹上则常从叶缘始发，呈长条形病斑。在小玉竹或玉竹上，均可见病斑边缘有一条血红色的纹带，有的具部分同心轮纹，病斑中央色淡，至灰白色，其上轮生或散生许多黑色小点（病原菌分生孢子器），严重时致叶枯死。

2. 病原 *Sphaeropsis cruenta*（Ferr.）P. K. Chi＝*Macrophoma cruenta*（Fr.）Ferr.，为半知菌亚门球壳孢属真菌。

另有报道，血红叶点霉［*Phyllosticta cruenta*（Fr.）Kichx，为半知菌亚门叶点霉属真菌］也可引起赤枯病，其症状、病情与上述球壳孢属真菌相同。

3. 传播途径和发病条件 6～10月发生，以7～8月发病最为严重，引起叶片枯死。参见本书十大功劳叶枯病。

4. 防治方法 参见玉竹褐斑病。

（九）玉竹白绢病

1. 症状 病株地上部叶褪色凋萎，茎基和地际处有大量白色菌丝体和棕色油菜籽状菌核，终至植株死亡。

2. 病原 齐整小核菌（*Sclerotium rolfsii* Sacc.），为半知菌亚门小核菌属真菌。

3. 传播途径和发病条件及防治方法 参见本书罗汉果白绢病。

（十）玉竹锈病

1. 症状 病叶呈现圆形至不规则形病斑，黄色，背面有环状小颗粒（病原菌锈孢子腔）。

2. 病原 万寿竹锈孢锈菌（*Aecidium dispori* Diet），为担子菌亚门锈孢锈菌属真菌。在玉竹上只形成锈孢子腔，产生锈孢子。

3. 传播途径和发病条件 6～7月始发，高温多雨季节发病较重。

4. 防治方法

（1）选用无病根茎作种栽。

（2）防控发病中心 早期发病，可剪除病部，减少田间菌源，同时施药防控发病中心，可选用25%三唑酮可湿性粉剂1 000倍液或50%二硝散可湿性粉剂（治锈灵）300倍液喷治，发病较重时宜全面施药，7d喷1次，连喷2～3次。

（十一）玉竹曲霉病

侵染地下根状茎，在贵州部分产区为害重。

1. 症状 根状茎出现近圆形褐色病斑，后发展为不规则形，病部发软腐烂，长出黑色霉点状物（病原菌子实体），但扩展较慢，地上部茎叶不死亡。采收后，用刀挖去病部或切除腐烂部分，仍可入药。

2. 病原 黑曲霉（*Aspergillus niger* v. Tiegh.），为半知菌亚门曲霉属真菌。

3. 传播途径、发病条件 参见本书菊花黄色带叶病。

4. 防治方法 参见玉竹褐斑病。

（十二）玉竹白霉病

1. 症状 主要为害果实。病果呈现近圆形褐色病斑，上生白色霉状物（病原菌的子实体）。

2. 病原 黄精柱盘孢（*Cylindrosporium komarowii* Jacz.），为半知菌亚门柱盘孢属真菌。

3. 传播途径和发病条件 不详。

4. 防治方法 参见玉竹褐斑病。

二、害虫

（一）刺足根螨

刺足根螨（*Rhizoglyphus echinopus* Fumouze et Rohin），属真螨目粉螨科。又称百合螨。

1. 为害特点 成螨、若螨群集取食根状茎，呈现筛孔状，致使地上部枯死，根状茎变褐色腐烂。

2. 形态特征

（1）成螨 体长0.58～0.87mm，体呈乳白色，宽卵圆形，足4对，棕黄色，体表较光滑。

（2）卵 椭圆形，乳白色，半透明。

（3）幼螨 体微白色，半透明。

3. 生活习性 1年发生20多代，一代需10～14d，以卵和成螨在百合芯或土壤中越冬。刺足吸螨喜居温凉潮湿的环境。4月上中旬为越冬后的螨大量发生时期。雌螨产卵于玉竹根状茎上，雌成螨也可行孤雌生殖。

4. 防治方法

（1）种用根状茎预措 播前种用根状茎可试用28%双效灭虫净复方乳剂400倍液，或73%炔螨特乳油3 000～4 000倍液浸种茎1h，也可试用20%三氯杀螨醇乳油500倍液浸种4min。捞出晾干后播种。

（2）施药防控 生长季节发现该螨发生较多时宜喷药。可试用73%炔螨特乳油2 000～3 000倍液、1.8%阿维菌素乳油4 000倍液、10%苯螨特乳油1 000～2 000倍液或25%三唑锡可湿性粉剂1 500～2 000倍液淋蔸。

（二）地下害虫

常见有蛴螬、蝼蛄、小地老虎等，参见本书地下害虫相关部分。

三、蜗牛

参见本书其他有害生物蜗牛部分。

第三章　茎与茎皮类

第一节　南方红豆杉/南方红豆杉

南方红豆杉［*Taxus chinensis*（Pilger）Rehd. var. *mairei*（Lemee et Levl.）Cheng et L. K. Fu］为红豆杉科红豆杉属植物，别名美丽红豆杉、海罗松，以干燥枝叶入药。

一、病害

（一）南方红豆杉茎腐病

1. 症状　扦插苗主要发生在茎基部。开始时个别植株致病，后扩展成整簇发病，引起穗条、叶片失绿，枯死和脱落。定植苗发生在茎基部离地面3～10cm处，出现不明显的褐色病斑，扩展后围绕幼茎一周，并向上蔓延，顶芽枯死，叶片失绿枯黄、下垂，但不易脱落，终至植株干枯死亡。部分发病少的病株，发根较差，有窝根、团根现象。

2. 病原　*Macrophomina phaseolina*（Tassi）Goid，为半知菌亚门壳球孢属真菌，可侵染豇豆、菜豆、大豆、花生、甘薯、苜蓿等多种植物。另据报道引起苗期茎腐、立枯病，后期为针叶赤枯病症状的病原菌是 *Phoma desm*，为半知菌亚门茎点霉属真菌。

3. 传播途径和发病条件　栽植密度大，发病率高；坡上部发病率低于坡下部；定植时间长的抗病力较强。

4. 防治方法

（1）生态防控　夏秋季降低苗床表层温度，温室育苗的夜间温度控制在15～18℃，白天25℃左右，相对湿度控制在90%以下。防范苗木基部灼伤造成伤口，以免病菌侵入。

（2）防疫　及时拔除病株，园外烧毁。

（3）加强管理　增施有机肥料，促进苗木长壮，提高抗病力。

（4）药液浇灌　初发时采用多菌灵加甲基硫菌灵可湿性粉剂以4g/kg浓度混合对水浇灌。也可喷施0.5%波尔多液或井冈霉素800倍液。

（二）南方红豆杉白绢病

1. 症状 主要为害根颈部。发病初期，近地面出现圆形状白色菌丝层，菌丝蔓延至苗木基部，皮层腐烂，苗木逐渐凋萎枯死，且蔓延速度很快，常致成片枯死。病部长出白色菌丝和茶褐色菌核。

2. 病原 齐整小核菌（*Sclerotium rolfsii* Sacc.），为半知菌亚门小核菌属真菌。

3. 传播途径和发病条件 以菌核、菌丝体在病部和土壤中越冬，翌春菌核长出菌丝进行侵染。近距离依靠菌核随灌溉水、雨水的移动传播，远程通过带病种苗传播。湿度大发病率高，土壤黏重、贫瘠、排水不良的发病较重。管理差、缺肥的苗木发病重，本病6月始发，7～8月气温达30～35℃时，进入发病高峰期。9月末病害基本停止，病部菌丝层形成菌核，进入休眠阶段。

4. 防治方法 参见本书辛夷白绢病防治。

（三）南方红豆杉立枯病

1. 症状 苗期主要病害。染病茎基部出现褐色病斑，随后绕茎一圈，引起苗枯，严重时可在短期使苗大量死亡。

2. 病原 腐皮镰孢［*Fusarium solani*（Mart）App. et Woll.］，为半知菌亚门镰孢属真菌。

3. 传播途径和发病条件 多在雨季发生，参见本书九里香根腐病。

4. 防治方法 发病初期，及时松土后撒施黑白灰（柴灰：石灰＝8：2）1 500～2 250kg/hm^2 或65%敌磺钠 2g/m^2 与黄心细土混匀撒在苗木根部，施后再松土1次，使药剂与根部接触。其他参见南方红豆杉茎腐病。

（四）南方红豆杉疫霉病

1. 症状 苗期重要病害。主要为害叶片。初呈水渍状暗绿色病斑，后出现萎蔫下垂，严重时全株枯死。

2. 病原 *Phytophthora* sp.，为鞭毛菌亚门疫霉属真菌。

3. 传播途径和发病条件 参见本书砂仁苗疫病。

4. 防治方法 发病初期可任选42%三氯异氰尿酸可湿性粉剂3 000倍液、25%富泉8 000倍液、70%三秦甲托1 000倍液、4%春雷霉素可湿性粉剂800倍液或50%多菌灵可湿性粉剂500倍液喷治，15～20d喷1次，视病情酌治次数。

（五）南方红豆杉炭疽病

据报道，引起云南和福建红豆杉炭疽病的病原有所不同。

1. 症状与病原 7～10月夏季湿热时发生。*Gloeosporium* sp. 引起的常在嫩梢顶芽以下 3～10cm 处发生，茎上出现黑色小点，下陷，梢偏头，后病斑沿茎周发展，绕茎后梢枯死。嫩叶病斑在叶缘、叶尖出现黑褐色凹陷，叶缘病斑向叶尖发展，引起病斑以上部分变褐死亡。2 年生以上老枝仅为害针叶。嫩叶病斑上可见许多小黑点（病原菌分生孢子）。病斑保湿，可见橘红色分生孢子堆。由胶孢炭疽菌（*Colletotrichum gloeosporioides* Penz.）引起是针叶上出现黄褐色至黑色小斑。上述病菌均属炭疽菌属真菌。

2. 传途径和发病条件 以菌丝体或分生孢子在病部越冬，翌春条件适宜，分生孢子借风雨和昆虫传播，进行初侵染和再侵染，辗转为害。适温、高湿有利发病。

3. 防治方法 发病初期任选 25%咪鲜胺乳油 2 000 倍液（或 50%咪鲜·氯化锰可湿性粉剂 1 000～1 500 倍液）、25%溴菌腈可湿性粉剂 500～800 倍液、50%异菌脲可湿性粉剂（扑海因）800～1 000 倍液、80%代森锰锌可湿性粉剂（大生-M45）600～800 倍液、70%甲基硫菌灵可湿性粉剂 1 000 倍液或 1∶1∶100 波尔多液喷治。

二、害虫

（一）桃蚜

桃蚜［*Myzus persicae*（Sulzer）］，属同翅目蚜科。别名桃赤蚜，俗称烟蚜。

1. 寄主 可为害果林、蔬菜、药用植物及杂草等 300 多种植物。

2. 为害特点 以成蚜和若蚜为害枝叶，刺吸汁液，引起叶卷缩变形，严重时枝梢、嫩叶干枯，分泌物可诱发煤烟病。该虫是多种病毒病传毒介体，其危害性远大于取食直接造成的损失。

3. 形态特征

（1）有翅蚜 体长 1.8～2.2mm，头部黑色，额瘤发达且显著，向内倾斜，复眼赤褐色，胸部黑色，腹部体色多变，有绿色、淡暗绿色、黄绿色、赤褐色等，腹背面有黑褐色方形斑纹一个。腹管较长，圆柱形。触角黑色，共 6 节，在第三节有一列感觉孔，尾片黑色，较腹管短，着生 3 对弯曲的侧毛。有翅雄蚜体长 1.5～1.8mm，基本特征同有翅雌蚜，主要区别是腹背黑斑较大，在触角第三、第五节上的感觉孔数目很多。

（2）无翅雌蚜 体长约 2mm，近卵圆形，体色多变，有绿色、黄绿色、樱红色、红褐色等。低温下颜色偏深，触角第三节无感觉圈，额瘤和腹管特征同有翅蚜。

（3）若蚜 共 4 龄，体型、体色与无翅蚜相似，个体较小，尾片不明显。有翅若蚜，三龄起翅芽明显，且体型较无翅若蚜略显瘦长。

（4）卵 长椭圆形，长约 0.5mm，初产时淡黄色，后变黑褐色，有光泽。

4. 生活习性 长江流域1年发生20～30代，华南地区1年发生30～40代，世代重叠。长江流域及以南地区终年可营孤雌生殖，无越冬现象。有翅蚜有较强迁飞和扩散能力，对黄色有较强趋性，对银灰色有忌避习性，无翅蚜可短距离爬行扩散，繁殖力强。平均每只有翅和无翅雌蚜胎生仔蚜60头左右，4～5d繁殖一代，发生为害多集中在5～7月。桃蚜天敌很多，有十三星瓢虫和双星瓢虫，食蚜量均很大。此外，金蚜虻、绿线螟、草蜻蛉、蚜小蜂、蚜茧蜂等，对蚜虫的发生有抑制作用。桃蚜生长适温为17℃左右，在此温度条件下，繁殖最快，超过28℃时，种群数量迅速下降，相对湿度低于40%或高于80%时，均不利其生育，夏季发生少，除高温影响外，还受暴雨、台风影响。

5. 防治方法

（1）选好育苗地　应选远离十字花科蔬菜地、桃李等果园的地方建立苗圃，以防蚜虫就近迁入苗地为害。

（2）保护天敌　对蚜虫的上述多种天敌注重保护，在天敌发生期少喷或不喷农药，忌用广谱性农药，发挥天敌的自然调控作用。

（3）避蚜与黄板诱杀　苗地四周铺上17cm宽银色薄膜，苗圃上方每隔60～100cm，拉3～6cm宽银灰色薄膜网格，均可起避蚜作用。还可用黄板诱杀有翅蚜，每20～30m挂一张。

（4）适期施药防控　蚜虫卵孵化期和始发阶段任选50%抗蚜威可湿性粉剂1 000～2 000倍液、20%啶虫脒乳油（莫比朗）1 500～2 000倍液、10%吡虫啉可湿性粉剂3 000倍液、0.36%苦参碱水剂500倍液、2.5%鱼藤酮乳油1 000～2 000倍液、25%噻虫嗪水分散粒剂（阿克泰）6 000～8 000倍液、2.5%高效氯氟氰菊酯水剂1 500～2 500倍液或2.5%联苯菊酯乳油3 000倍液喷治。

（二）铜绿丽金龟

为害南方红豆杉的金龟子主要是铜绿丽金龟。

铜绿丽金龟（*Anomala corpulenta* Motschulsky），属鞘翅目丽金龟科。

1. 为害特点 红豆杉是金龟子喜食树种之一，幼虫取食南方红豆杉根皮，严重时红豆杉林成片枯死。成虫取食多种果林叶片，发生严重时整片叶子被啃食殆尽，对红豆杉的为害也重。

2. 形态特征 参见本书莲铜绿丽金龟。

3. 生活习性 纯红豆杉幼林被害较混交林重，而伴生树糠槭、桃树、梨树的混交林其为害程度要高于伴生树种为杉木、马尾松、香樟的混交林。选豆类、玉米地虫口密度较高的地块种植红豆杉，为害也会重。其幼虫参见本书地下害虫蛴螬部分。

4. 防治方法 成虫参见本书女贞白星花金龟，幼虫参见本书地下害虫蛴螬部分。

(三) 地下害虫

白蚁、蝼蛄等，也是为害红豆杉的重要害虫，参见本书地下害虫部分。

(四) 红蜘蛛

参见本书罗汉果朱砂叶螨。

第二节　毛果杜鹃/满山白

毛果杜鹃（*Rhododendron seniavinii* Maxim.）为杜鹃花科灌木。以其干燥嫩枝和叶入药，称为满山白。

一、病害

毛果杜鹃叶肿病

1. 症状　叶肿病又称饼病，主要为害芽、嫩叶和新梢。叶面初为淡黄色半透明的圆形病斑，后为黄色、下陷，叶背淡红色，肥厚肿大，随后隆起呈瘿瘤，其表面有较厚灰白色粉层，如饼干状，叶枯黄、早落。严重时叶柄病斑连片，呈畸形肥厚。嫩梢发病，顶端产生肉质莲状叶，或为瘤状叶，后干缩为囊状。花瓣染病后，异常肥厚，呈不规则瘿瘤。花芽受害成为肉质，变厚且硬。这些嫩叶和花芽发病后呈肉质增厚，产生大小不一的“菌苞”，药农称“杜鹃苹果”，直径为3～12mm，表面被覆灰白色粉末状物（担子和担孢子），最后病部褐色干枯、脱落。

2. 病原　日本外担菌（*Exobasidium japonicum* Shirai）、半球外担菌（*E. hemisphaericum* Shirai）与杜鹃外担菌（*E. rhododendri* Cram），均属担子菌亚门外担菌属真菌。

3. 传播途径和发病条件　病菌以菌丝体在植株组织内潜伏越冬，翌春产生担孢子，经风雨传播，侵染幼嫩组织，潜育期7～17d。该病一年发生两次，即春末夏初和秋末冬初，3～5月较重。气温较低，月气温在15～20℃时，相对湿度80%以上，连续阴雨，阳光不足、植株生长柔嫩的病害容易发生、流行，高山满山白发病最重。

4. 防治方法

（1）选用无病种苗　不从病区引种，杜绝种苗带菌。

（2）剪除病枝叶　初发病且未形成白色粉状物（即担孢子）时，及时剪除烧毁。

（3）适期施药防控　宜在出现灰白色白粉状物之前喷药。可选用1∶1∶200

波尔多液或65%代森锌可湿性粉剂600倍液喷治。发芽前喷2～5波美度石硫合剂，发病前抽梢展叶时可喷0.5%～1%波尔多液、80%代森锌可湿性粉剂500倍液或0.3～0.5波美度石硫合剂3～5次。

二、害虫

（一）梨冠网蝽

梨冠网蝽［*Stephanitis nashi*（Esaki et Takeya）］，属半翅目网蝽科。

1. 寄主 香蕉、山姜属植物、木菠萝属植物、满山白、椰子、油棕等植物。

2. 为害特点 以成、若虫取食叶片，叶面呈白色斑点，叶背现锈黄色，致叶早落，削弱树势。

3. 形态特征

（1）成虫 体长2.1～2.4mm，初羽化时灰白色，头小，棕褐色，复眼大而突出，触角4节，触角第三节约为全长的1/2。前胸背板具纵隆起，向后延伸如扁板状，盖住小盾片，两侧向外突出呈翼状，前翅略呈长方形，具褐色网纹，翅基和近端部有黑色横斑，翅缘有毛。后翅无网纹，有毛。静止时两翅叠起，黑褐色网纹呈X状。

（2）卵 长约0.5mm，长椭圆形，稍弯曲，顶端有一灰褐色卵盖，初产时无色透明，后转为淡黄色。

（3）若虫 共5龄，初孵时乳白色，后体色渐深褐色。三龄后有明显翅芽，腹部两侧及后缘有一环褐色刺状突起，五龄若虫体长2.0～2.1mm，成长若虫头、胸、腹部均有刺突。

4. 生活习性 广东地区1年发生6～7代，世代重叠，无明显越冬现象，但各代有明显高峰期。在常温27.5℃情况下，一代历期34.5d左右，卵期13.5d，若虫期13d，成虫寿命25d（其中产卵前期8d），成虫羽化后便可取食、产卵，卵产于叶背的叶肉组织内，每堆卵10～20粒。一般每雌虫产卵2～5次，共产卵35～45粒，产卵期8～15d。冬季气温下降到15℃时常静止，气温回升后又恢复活动，台风或暴雨对其生存有显著影响。

5. 防治方法

（1）清除虫源 发现受害严重的植株，应及时割除被害叶，集中烧毁或埋入土中，以减少虫源。

（2）药剂防控 发现受害株应及时喷药防治，尤其在干旱季节，初期防治很重要，注意4～5月第一代发生时喷药防治。可任选90%敌百虫晶体800倍液、10%醚菊酯悬浮剂3 000～4 000倍液、10%氯氰菊酯乳油（灭百可）3 000倍液或50%杀螟硫磷乳油1 000倍液喷治。

（3）保护利用天敌 保护草蛉、蜘蛛、蚂蚁等天敌，发挥天敌的自然抑制作用。

（二）红蜘蛛

红蜘蛛（*Tetranychus* sp.），属蜱螨目叶螨科。

1. 为害特点 以成虫、若虫为害嫩叶、嫩枝和幼果，吸取汁液，受害后被害部出现许多小白点，严重时引起落叶，削弱树势。

2. 形态特征、生活习性和防治方法 参见本书罗汉果朱砂叶螨。

第三节 厚朴/厚朴

厚朴（*Magnolia officinalis* Rehd. et Wils.）和凹叶厚朴（*Magnolia officinalis* Rehd. et Wils. var. *biloba* Rehd. et Wils.）均为木兰科木兰属落叶乔木。其树皮、根皮和枝皮统称为中药材厚朴。

一、病害

（一）厚朴根腐病

1. 症状 主要为害苗木，受害幼苗的根部，发黑腐烂，呈水渍状，终至全株死亡。

2. 病原 *Fusarium* sp.，属半知菌亚门镰孢属真菌。

3. 传播途径和发病条件 病菌在病残株或土中越冬，为翌年初侵染源。条件适宜，产生分生孢子，借风雨、农具、肥料或昆虫传播，从根部伤口侵入。高温、高湿易引起病害的发生与流行。

4. 防治方法

（1）建全排灌系统，及时疏沟排水，降湿防病。

（2）施足基肥，增施磷、钾肥，土壤偏酸性的可适当增施草木灰或石灰中和，增强苗木抗病力。

（3）防疫 发现病株，及时拔除并烧毁，用70%噁霉灵可湿性粉剂2 000～3 000倍液或生石灰进行病穴消毒，周围植株喷药（同上）保护。

（4）施药防控 田间有一定菌量，气候条件有利发病时，宜全面施药，除70%噁霉灵外还可任选10%多氧霉素可湿性粉剂（宝丽安）600倍液、6%春雷霉素可湿性粉剂（旺野）150～300倍液、20%噻菌铜悬浮剂（龙克菌）500倍液、50%多菌灵可湿性粉剂500倍液或70%甲基硫菌灵可湿性粉剂1 000倍液喷治。

（二）厚朴苗立枯病

1. 症状 染病后种子胚芽腐烂，幼苗受害后苗尖腐烂，蔓延至根茎，引起腐烂、倒苗。

2. 病原 *Rhizoctonia* sp.，为半知菌亚门丝核菌属真菌。

3. 传播途径和发病条件 病菌以菌核及菌丝体在土壤中或寄主病残体上越冬，病菌可在土中营腐生生活，存活 2～3 年。主要借耕作活动及流水传播。高温阴雨、地势低洼、排水不良、苗床荫蔽和连作，极易发病。该菌寄主范围广，除厚朴外，还可寄生林木苗、玉米、马铃薯、花生等作物。

4. 防治方法

(1) 选地育苗 应选地势高燥排水良好的新地育苗，畦面整平，高畦种植，避免积水，播种不宜过密。

(2) 种子预措和土壤消毒 精选良种，并用 5406 菌肥拌种（每 667m^2 拌菌肥 10kg），黑矾（青矾）一般浓度为 2%～3%水液，每平方米用药液 9L，雨天或土壤湿度大时用细干土混 2%～3%黑矾土，每 667m^2 用 100～150kg 药土撒施。南方酸性土每 667m^2 撒 20～25kg 生石灰，对抑制土中病菌和促进植株残体的分解腐烂有一定作用。还可用木霉菌粉或枯草芽孢杆菌液剂施入苗圃地表下 10cm，施后 1 周播种。

(3) 施药防控 发现苗尖腐烂或苗木根茎腐烂，即喷 1∶1∶120 波尔多液，隔 10～15d 喷一次，连喷 2～3 次，其他药剂参见厚朴根腐病。

(三) 厚朴叶枯病

1. 症状 主要为害叶片。叶初现圆形黑褐色病斑，直径 2～5mm，后逐渐扩大，呈灰白色，密布全叶。天气潮湿时病斑上生有黑色小点，后期病斑干枯死亡。

2. 病原 *Septoria* sp.，为半知菌亚门壳针孢属真菌。

3. 传播途径和发病条件 病菌以菌丝体在病部上越冬，翌春条件适宜，产生分生孢子，借风雨传播，也可借助农具或农事活动传播，从伤口或直接侵入，在 20～25℃多雨高湿条件下，发病较重。

4. 防治方法

(1) 加强田管 建好排灌系统，雨后及时排水，避免药园积水。

(2) 适当修剪 及时剪除病叶，集中烧毁或深埋。

(3) 施药防控 发病初期任选 1∶1∶120 波尔多液、50%甲基硫菌灵可湿性粉剂 1 000 倍液或 50%多菌灵可湿性粉剂1 000倍液喷治。

(四) 厚朴叶斑病

1. 症状 初期叶面出现黑褐色圆形病斑，后扩大成不规则形大块枯斑，有的呈黄褐色带半透明状，有的为灰白色不透明，病斑边缘具一褐色条纹，上生黑色点状物（病菌假囊壳）。

2. 病原 *Mycosphaerella magnoliae*（Ell.）Petrak，为子囊菌亚门球腔菌属真菌。

3. 传播途径和发病条件　本病以假囊壳在病落叶上越冬，翌春条件适宜，子囊孢子成熟散出，借风雨传播，经叶侵入。一般于5～11月发生，雨季是子囊孢子释放的有利条件。药园失管，树势衰弱的发病较多。

4. 防治方法　参见厚朴叶枯病。

（五）厚朴炭疽病

1. 症状　叶出现较大圆形或近圆形病斑，直径25～35mm，病斑中央灰白色，边缘暗褐色，有明显同心轮纹。病斑上生很多黑色状物（病菌分生孢子盘）。天气潮湿时病斑上生粉红色黏质小粒（分生孢子盘），上生大量聚集的分生孢子，干燥后凝聚成淡黄色胶质状物，附在分生孢子盘开口上。

2. 病原　无性阶段：胶孢炭疽菌（*Colletotrichum gloeosporioides* Penz. = *C. magnoliae* E. Sause de Camara），为半知菌亚门炭疽菌属真菌。有性阶段：围小丛壳［*Glomerella cingulata*（Stonem.）Spauld. et Schrenk］，为子囊菌亚门小丛壳属真菌。

3. 传播途径和发病条件及防治方法　参见本书南方红豆杉炭疽病。

（六）厚朴煤病

1. 症状　初始叶面出现圆点形、放射状的黑色霉状物，后扩展蔓延整个叶面，有时蔓延至叶柄，严重时叶面覆盖黑色霉层，上生很多粗的棒状物（病菌的营养体和繁殖体），影响植株的光合作用，甚至引起落叶、干枯死亡。

2. 病原　*Capnodium* sp.，为子囊菌亚门煤炱属真菌。有报道称此病另一病原是*Limacinia ovispora* Saw.（子囊菌亚门光壳炱属真菌），与*Capnodium* sp.引起的症状相似。

3. 传播途径和发病条件　病菌以菌丝体或分生孢子器在病部越冬。翌春霉层飞散孢子，借风雨传播。病菌以蚜虫、蚧类等分泌物为营养，进行生长繁殖、为害。因此，本病的发生与上述害虫的消长、传播和流行关系密切。上述害虫的存在是本病发生的先决条件。田间管理粗放，潮湿荫蔽，有利病害发生。

4. 防治方法　本病防治的关键在于及时防治蚜虫、介壳虫及其他刺吸式口器害虫。上述害虫发生严重的药园应及时喷松脂合剂、机油乳剂等药物（可参见本书有关蚜虫、蚧类防治方法），达到治虫防病的目的。此外，加强药园管理，适当修剪，改善通风透光条件，合理施肥，增强树势，均可减轻发病。发病初期喷波尔多液或50%灭菌丹可湿性粉剂400倍液。

（七）厚朴桑寄生

1. 症状　在树干、枝上利用其自身的吸盘，吸取厚朴树液，且会分泌有毒物质，影响厚朴新陈代谢，使枝条生长不良，严重时致使树枝干枯或全株枯死。

2. 病原 桑寄生［*Taxillus sutchuenensis*（Lecomte）Danser］，桑寄生科植物。

3. 传播途径和发病条件 由桑寄生种子随风飘移或被鸟筑巢衔拾于树干杈上，丛生桑寄生枝叶，寄生处的枝条稍肿大或产生瘤状物，遇风易从此处折断。主要为害老树或生长不良的树木。

4. 防治方法 发现桑寄生，及时铲除干净。

二、害虫

（一）褐天牛

褐天牛［*Nadezhdiella cantori*（Hope)］，属鞘翅目天牛科。

1. 为害特点 幼虫蛀食枝干，约经数周入木质部，使树干变空，影响养分和水分输导。常在距地面16cm以上的主干处，呈现唾沫状胶质分泌物及木屑、虫粪。成虫咬食嫩枝皮层，引起枝条枯死，为害严重时整枝枯萎以至全株死亡。

2. 形态特征

（1）成虫 体长26～51mm，黑褐色，被灰黄色短绒毛，头顶两复眼间有一深纵沟；触角基瘤隆起；雄虫触角超过体长1/2～2/3，雌虫触角较体略短；前胸背面呈致密的脑状皱褶。

（2）卵 椭圆形，黄白色，卵壳表面有网纹及细刺突。

（3）幼虫 末龄幼虫体长46～56mm，乳白色，前胸背板有4块横列棕色宽带。胸足细小；中胸的腹面、后胸及腹部第一至七节背、腹两面均具移动器。

（4）蛹 淡黄色。

3. 生活习性 2年发生1代，有成虫和幼虫同时在树干隧道中越冬。4～8月有成虫出洞活动，5～9月有成虫产卵，卵产在树干伤口或洞口边缘裂缝及表皮凹陷处，一处一粒，以主干分枝处产卵最多，每雌产卵数十粒至百余粒。越冬成虫自羽化孔钻出后白天潜伏树洞内，20:00～21:00出洞最盛，尤以闷热夜晚出洞为多。初孵幼虫在皮下蛀食，树皮表面呈流胶现象。稍大幼虫蛀入木质部，老熟幼虫在蛀道内吐出白磁状物封闭两端，造成长椭圆形蛹室，随即化蛹。

4. 防治方法

（1）加强栽培管理 保持树干光滑，减少成虫产卵机会，也可用硫黄、生石灰、水以1∶10∶40比例拌成石灰浆涂刷树干，防止成虫上树产卵。

（2）捕杀、毒杀 可在5～7月成虫盛发期尤其在闷热夜晚进行捕杀，也可用黏土塞枝干孔洞，窒息蛀道内幼虫。夏季检查树干，用利刀刮杀树皮流胶处皮下幼虫。见树干上有新鲜蛀孔，用钢丝钩杀或用药棉浸80%敌敌畏乳油原液塞入虫孔，用泥封口，毒杀幼虫。也可用50%辛硫磷乳油原液加柴油（1∶20）注射虫孔，毒杀幼虫，其他参见本书佛手星天牛防治。

（二）横沟象

横沟象（*Dyscerus* sp.），属鞘翅目象虫科。是为害厚朴的新害虫。

1. 为害特点 成虫取食嫩梢皮、芽苞、叶片、花梗和果实。在取食叶片时常咬断叶柄，引起落叶。每次咬食树皮时，可造成一个直径 7mm 左右的缺皮伤口。不断取食，伤口连片，切断养分输导，引起植株枯死。幼虫在地下为害根系，严重时常使幼林成片死亡。

2. 形态特征

（1）成虫 体长 13.5～17.0mm，宽 5.7～7.5mm，栗褐色，被有疏密不均的锈赭鳞片，翅膀后最密集，前胸背板和鞘翅基部最稀。头顶布满刻点。触角柄节与鞭节略等长，前胸长略大于宽，布满不规则颗粒，前胸中央有一条短纵沟。小盾片端部圆。鞘翅宽于前胸 1/3。各足腿节端部膨大，有小齿，胫节端齿发达。

（2）卵 椭圆形，长径 3.2mm，短径 2.1mm，橙黄色。

（3）幼虫 初孵成虫体长 3mm，头橙黄色，上颚端部黑褐色，体乳黄色，被长柔毛。成熟幼虫体长 18mm，宽 6mm，头暗红色，上颚褐色，强大。体乳白色，前胸背板淡黄褐色，骨化较强，体壁多皱褶，肥硕。

（4）蛹 长 15mm，宽 7mm，体白色，头喙、胸部有较多的橙色刚毛，腿节端部具 2 枚刚毛，羽化前体色逐渐呈黄褐色。

3. 生活习性 1 年发生 2 代，以成虫和幼虫越冬。越冬代一部分于 10 月中下旬化蛹，11 月上旬及下旬羽化。以成虫蛰伏在土中越冬。另一部分于翌年 4 月下旬化蛹，5 月中下旬羽化。成虫出土后 3～4d 开始交尾。交尾后 5～6d 开始产卵。卵期 8～16d，幼虫期第一代和以成虫越冬的第二代约 60d，幼虫越冬期达 230d 以上。预蛹期 5d 以上，蛹期 20～30d。成虫在土室内羽化。出土后即爬向被害植株嫩梢，取食芽梢、叶片、嫩茎皮、花梗和幼嫩聚合果，以补充营养。成虫可多次交尾和产卵。卵产于根际土面和土内。成虫寿命长，食量大，是造成危害的主要虫期。成虫一般夜间取食，有假死性，遇惊即落地，善爬行，未见飞行。成虫从 10 月下旬开始钻入土中蛰伏越冬。3 月上旬出蛰取食芽苞和树皮。新叶展出后即取食叶片。初孵幼虫爬向树根取食树皮，也可取食叶柄、嫩茎、小枝等，并可蛀入髓部，从孔口排出蛀屑。11 月后在土内紧贴被害树根，筑土室越冬，3 月间恢复取食。大幼虫可咬断直径 7mm 的树根，老熟后筑土室化蛹。

4. 防治方法 适期喷药防控，成虫为害期，于晴天傍晚喷 20%氰戊菊酯 3 000倍液，重点喷洒被害株树冠及嫩茎芽梢等易受害部位，可杀死夜间取食的成虫。幼虫为害期，可用 50%辛硫磷乳油 1 000 倍液浇灌被害株根际，视植株大小，每株在树冠幅内浇灌药液 3～4kg。

（三）新丽斑蚜

新丽斑蚜（*Neoculaphis magnolicolens* Takahashi），属同翅目斑蚜科。是近期湖北发现为害厚朴的新害虫。

1. 为害特点 以成虫、若虫群集叶背刺吸汁液，影响树体生长，其分泌物诱发严重的煤污病，可致厚朴死亡。

2. 形态特征 有无翅、有翅蚜虫两种，参见本书石斛蚜虫部分。

3. 生活习性 浙江松阳1年发生15代左右。以卵越冬，越冬卵于4月中旬开始孵化，4～10月均产无翅和有翅胎生孤雌蚜。10月下旬起产生雄蚜，受精雌蚜产卵越冬。若虫善爬行，若蚜和有翅蚜是林间扩散、蔓延的重要虫态。狂风暴雨常将大量蚜虫震落。受精雌虫产卵于厚朴的树皮缝隙、叶痕、皮孔等处，卵多产于背面，初孵若虫沿树干爬向新叶，群集叶背为害。

4. 防治方法 主要保护利用天敌，控制蚜虫。据调查该虫天敌种类多，有捕食的异色瓢虫［*Harmonia axyridis*（Pallas）］、龟纹瓢虫［*Propylaea japonica*（Thunberg）］等8种、黑带食蚜蝇［*Episyrphus baheatus*（Degeer）］等3种食蚜蝇、草蛉3种，以及寄生蜂 *Trioxys* sp. 等，其中以食虫瓢虫控蚜作用最大，尤其异色瓢虫是控制蚜虫大发生的最为关键的自然因素，但往往是伴随蚜虫的增长而扩大，有滞后现象。春夏间天敌数量一般较多，故应尽量避免使用农药，以免伤害天敌。在天敌少尚无法控制蚜虫发生为害时，可使用内吸杀蚜剂、涂干或蛀干等方法控蚜。参见本书南方红豆杉桃蚜和梅桃粉蚜防治。

（四）波纹杂毛虫

波纹杂毛虫［*Cyclophragma undans*（Walker）］，属鳞翅目枯叶蛾科。

1. 寄主 湿地松、马尾松、柏木、厚朴、麻栎等多种林木。

2. 为害特点 幼虫为害叶片，被害后只留叶脉，严重时引起叶枯，削弱树势。幼虫刚毛触及人体皮肤，引起发肿、发痒，十分难受。

3. 形态特征

（1）成虫 雌雄异型，雌蛾体长30～39mm，翅展78～110mm，触角短栉状，腹部肥胖，末端圆。雄蛾长26～39mm，翅展60～80mm，触角羽毛状，腹部细狭，末端尖。雌、雄成虫体色斑纹有黄褐、赤褐、深赭色等。前翅呈四条波状横纹，中外横纹双重，亚外缘斑列浅黑色，不甚明显，外线及中线呈波状。翅反面黄色，隐现3条横带。雌蛾前翅中室端白点较小，雄蛾前翅中室端白点大而明显，翅基有一明显金黄色圆斑。雌成虫外生殖器前阴片呈不规则四边形，中间有缺口，角度小，雄成虫外生殖器阳具细尖角状，阳具膜上有大的刚针9～11枚，大抱针方柱状，抱足单钩状。

（2）卵 黄褐色，卵圆形，长1.5～2.0mm，宽1.0～1.5mm，卵的中部有圆形的凹陷褐色斑纹，卵壳先端有白色圆圈，中间有黑褐色小点。

（3）幼虫　老熟幼虫体长 95～105mm，全身密被长短不齐的黄褐色刚毛，头部黑褐色，头顶黄白色，额片黑褐色，前胸背板黄褐色，中、后胸背面各有一束蓝色毒毛带，中胸蓝色毒毛较小，腹背第一至九节各有一个毒毛束，两侧各有一个较小的黑色瘤状突起，其上有刚毛束，腹部的腹面浅黄色，5 对腹足黄棕色，腹足趾钩为双序缺环状。

（4）蛹　纺锤形，呈褐色或棕褐色，长 40～45mm，宽 10～12mm，翅痕伸达第三腹节中部，腹面可见 8 节，两侧可见气孔 7 对，末端圆，表面附有稀疏的黑色短毛。头部及前胸生有黑色短毛，外被棕黄色丝质茧，茧长 50～70mm，宽 20～30mm。

4. 生活习性　四川灌县地区 1 年发生 1 代，以卵越冬，有的地区以幼虫越冬。翌年 4 月上旬开始孵化，4 月中旬为孵化盛期，幼虫于 8 月下旬老熟，开始结茧化蛹，9 月中旬为化蛹盛期，10 月下旬羽化盛期。成虫昼伏夜出，雄蛾趋光性很强。卵堆产于树干上，几粒至 20 几粒不等，平均产 300 粒左右。幼虫孵化后爬向叶片取食，四龄后白天多爬向树干遮阴处休息，夜间返回取食。7 月以后进入暴食期，常将叶片或叶残体大量丢弃地面。幼虫遇惊即竖起胸部的两簇蓝色毒毛。幼虫老熟后结茧于树叶丛中、树干上或林下灌木丛中。该虫有很多捕食性和寄生性天敌，有大山雀、小杜鹃、黑枕黄鹂、画眉、大树蛙、黑足凹眼姬蜂、花胸姬蜂、松毛虫黑胸姬蜂、广大腿小蜂、松毛虫赤眼蜂、黄腰胡蜂、中华马蜂、双针蚁、广腹螳螂、绿褐螽斯、赤胸步甲、棕尾别麻蝇等，其中以棕尾别麻蝇寄生率最高。

5. 防治方法

（1）点灯诱杀　羽化盛期点灯诱杀雄虫。

（2）人工捕杀　利用幼虫下树栖息结茧习性，进行人工捕杀，可用夹子夹取或木棒击死。

（3）保护利用天敌　发挥天敌的自然调控作用，使波纹杂毛虫不会大发生。一是对寄生蝇、寄生蜂、益鸟等注意保护；二是用因感染病毒（NPV）而死的害虫尸体滤液（1∶200 倍）喷杀幼虫，可使幼虫感染致死，其死亡率可达 70%；三是田间采到蛹置竹筐内，上盖可让寄生性天敌飞出，而又致害虫不能出逃的筛子，移放厚朴林内，使天敌返回林中，再次寄生害虫。

（4）施药防控　局部地区该虫发生多时，在三龄前选用 3%敌百虫粉剂、90%敌百虫晶体 1 000 倍液或 25%灭幼脲悬浮剂 1 000～1 200 倍液喷治，还可试用白僵菌、Bt 喷治。此外，拟菊酯类和有机磷制剂也有防治效果。

（五）黎氏青凤蝶

黎氏青凤蝶（*Graphium leechi* Rothschild），属鳞翅目凤蝶科。

1. 寄主 鹅掌楸、厚朴、檫木等林木。

2. 为害特点 初孵幼虫在卵壳附近咬食叶片，二龄以后从叶缘蚕食叶片，老熟后移向叶背为害。

3. 形态特征

(1) 成虫 翅展56～81mm，体长18～30mm，体背黑色，胸部两侧有灰绿色绒毛，腹部两侧下部为黑带，上部为白带。翅黑褐色，前翅有3列淡绿色斑纹组成的纵带，亚外缘1列呈斑点状，中室1列由5个不规则斑纹组成，中域1列横斑自前缘向后缘渐伸长，其中Cu_2室2条横斑相连，上长下短，为该种主要特征。后翅亚外缘有1列斑纹，中域至翅基另有一列长短不一的斑纹，前缘斑近内侧被截断。前翅缘毛黑色，后翅黑白相间，翅反面斑纹同正面，但较正面大。前翅近翅基部有一橘黄色斑点，后翅中域至后缘有1列橘黄色斑点。

(2) 卵 球形，直径1.1mm，初产时绿色，孵化前呈黑色。

(3) 幼虫 共5龄，老熟幼虫体长35mm，宽3.8mm，头圆形，蜕裂缝淡黄色，傍额片同色，略下陷。后唇基黄色，基部色浅，两侧有褐斑，前唇基黄褐色。上唇玉白色，有很深的角形缺刻。颅侧区沿头盖缝有一大的浓眉状黑斑。触角淡黄色，胸部背面草绿色，腹面白色。背线细，淡紫褐色。胴部各节两侧有疣状突起。前胸突起近前缘，黑色，很小；中胸的近中部略近前缘，稍大，黑色，突起的基部有一不甚明显的浅色圈；后胸的近中部最大，中间为蓝色，外围橙色环，呈眼状的大斑纹。前胸有一无色横皱，中胸2个暗色横皱，后胸1个较深色横皱。胸足乳白色，爪褐色。腹部第一至九节中部有横向排列的淡紫褐色点，第九节1列，余均2列。点列区内底色较无点区浅。气门上线、气门线和气门下线均淡紫褐色。气门下线色最浅。气门线点列间断。气门栅白色，围气门片绿色，臀节后部成二叉状突出，腹足乳白色，趾钩双序缺环状。

(4) 蛹 长25～30mm，通体绿色，亚背线和气门下线突出，橙黄色，中胸背角状突出，四棱形，其侧线与气门下线贯通。头顶平，两侧有小突起。翅芽和喙达第四腹节端部，触角达第四腹节中部，前中足明显，后足不见。前胸及第二至八腹节气门可见，腹端四棱形。

4. 生活习性 该虫在浙江松阳一带，1年发生2～3代，以蛹越冬。成虫善飞翔，常见聚集水洼地吸水，夜间和雨天多倒挂于树丛隐蔽处，卵散产于新萌发的嫩叶正面，卵期3～6d，幼虫期21～37d。蛹多在叶背。越冬蛹可随叶片落到地面，老熟幼虫吐丝在叶片上化蛹，饲养过程发现，卵期有赤眼蜂（*Trichogramma* sp.），幼虫期有金小蜂（*Pteromalus* sp.）。

5. 防治方法 参见本书佛手的柑橘凤蝶。

（六）刺蛾类

为害厚朴的刺蛾有黄刺蛾［*Cnidocampa flavescens*（Walker）］、褐边绿刺

蛾［*Latoia*（*Parasa*）*consocia*（Walker）］和桑褐刺蛾［*Setora postornata*（Hampson）］，均属鳞翅目刺蛾科。下面着重介绍桑褐刺蛾形态特征供辨认时参考。

（1）成虫　15～18mm，翅展31～39mm，全体土褐色，前翅前缘近2/3处至近肩角和近臀角处各具一暗褐色弧形横线，两线内侧衬影状带，外横线较垂直，外衬铜斑不清晰，仅在臀角呈梯形。雌蛾体色、斑纹较雄蛾浅。

（2）卵　扁椭圆形，黄色，半透明。

（3）幼虫　体长35mm，黄色，背线天蓝色，各节在背线前后各具1对黑点，亚背线各节具1对突起，其中后胸及第一、五、八、九腹节突起最大。

（4）茧　灰褐色，椭圆形。

为害特点、生活习性和防治方法，参见本书金银花刺蛾类。

（七）藤壶蚧

湖北省首次报道。

藤壶蚧（*Asterococcus muratae* Kuwana），属同翅目壶蚧科。

1. 寄主　厚朴、大兰、栎树、柑橘、枇杷等多种果林植物。

2. 为害特点　成虫、若虫固着枝干，以针状口器插入皮内吸食汁液。低龄若虫在树枝上活动取食，固定为害，成虫寄生树枝端部，后逐渐向下部主干移动，严重时整株盖满介壳，树枝端节逐渐枯死。该虫还会诱发煤污病，致枝干变黑，影响光合作用，削弱树势。

3. 形态特征

（1）成虫　雌成虫蜡壳半球形，棕褐色，长4～6mm，有螺旋状横纹8～9圈及放射状白色纵线4～6条，蜡壳坚硬，尾部有一个中空的壶咀状突起，整个蜡壳犹如藤条编成的水壶，剥开蜡壳可见到呈梨形土黄色的雌成虫，体长2～5mm，触角锥状，7～8节，淡黄色；复眼黑色，圆形；口器大，口针接近前足，喙2节；腹面平坦或微凹，腹部11～12节，尾须可见，足退化；尾瓣大而硬化，端毛与尾瓣等长，肛环大，有孔和6根肛环毛，肛板发达而硬化。

（2）卵　长椭圆形，长径0.65～0.68mm，短径0.26～0.27mm。初孵时为浅黄色，以后渐变为污黑色。

（3）初孵若虫　长径0.76～0.80mm，短径0.25～0.32mm。

（4）雄蛹　梭形，橘黄色，长3mm。

4. 生活习性　在湖北恩施1年发生1代，以受精雌虫在枝干上越冬。卵期5月上旬至6月上旬。孵化期5月下旬至6月上旬，一龄若虫6月中旬至7月上旬，二龄若虫7月下旬至9月上旬。雄蚧蛹期8月中旬至9月下旬。雄成虫羽化期9月中旬至10月上旬，雄蚧于同期变为成虫，受精后继续为害直到越冬。雌成虫出现在9月中旬到翌年5月中旬。雌成虫于5月上旬开始产卵，卵产于介壳之下，一般产卵150～560粒。纯林比混交林发生严重。林分密度大，林内通风透光不良，树干上苔藓植物丰富，藤壶介壳不易发生，这可能与潮湿环境不利介壳虫发生、苔藓多不利介壳虫固定、通风不良不利介壳虫传播等因素有关。

该虫天敌主要有膜翅目跳小蜂科花翅跳小蜂属（*Miceoterysthomson*），其对该虫有较强控制作用，捕食性天敌有黑缘红瓢虫（*Chilocorus rubidus*）等4种瓢虫，主要捕杀一龄藤壶蚧若虫。

5. 防治方法 采用树干涂药（内吸）法防控，方法是施药部位在树干基部50cm以下，涂药后用地膜包扎1周后松膜，胸径12cm以下，每株涂药10mL，胸径12cm以上，每株涂药20mL。可选用40%速扑蚧乳油或40%灭蚧灵乳油在一至二龄若虫盛发期（固定期）施药，也可试用48%毒死蜱乳油涂茎，上述方法具有操作简便，成本较低，不污染环境，又保护天敌的优点，适宜生产上推行应用。

（八）小绿叶蝉

为害特点、形态特征、生活习性和防治方法，参见罗汉果小绿叶蝉。

（九）厚朴枝角叶蜂

湖北省首次报道。

厚朴枝角叶蜂（*Cladiucha magnoliae* Xiao），属膜翅目叶蜂科。

1. 为害特点 初龄幼虫为害嫩叶取食叶肉，留下网状叶脉，二龄后取食全叶成缺刻或孔洞，食量大，大发生时将叶食光，严重影响树势。该虫在湖北恩施双河厚朴基地发生普遍，为害重。

2. 形态特征 幼虫体长19～24mm，头部漆黑色，胸腹部淡土黄色。

3. 生活习性 在湖北恩施1年发生2～3代，以老熟幼虫在土中越冬，翌年6月下旬羽化出土，7月初成虫羽化并交配产卵，卵产叶背，成条状，每雌产卵20～60粒，第一代幼虫主要发生于7月上旬至8月上旬。第二代幼虫发生早的入土后化蛹，羽化，发生晚的以幼虫结茧进入滞育状态越冬。第三代幼虫出现在9月下旬至10月下旬。

4. 防治方法

（1）人工捕杀 发生为害期（4～6月）用竹竿扫落（三龄前）幼虫，其次在幼虫结茧期摘除茧蛹集中烧毁，也可在产卵期摘除卵块的叶子。

（2）保护利用天敌 该虫天敌主要有褐菱猎蝽［*Isyndus abscurus*（Dallas）］和大山脊（*Parus major* Linnaeus），应保护利用。

（3）施药防控 三龄前施药效果好，可任选48%毒死蜱乳油1 000倍液、80%敌敌畏乳油800倍液、10%氯氰菊酯乳油800～1 000倍液、50%马拉硫磷乳油800～1 000倍液、25%阿维菌素·灭幼脲悬浮剂1 500～2 000倍液或1.2%

苦·烟乳油500～800倍液喷治。

（十）铜绿丽金龟、暗黑鳃金龟

为害特点、形态特征、生活习性和防治方法，参见本书莲铜绿丽金龟。

（十一）地下害虫

常见有黑翅土白蚁、蛴螬等，参见本书地下害虫相关部分。

第四节　肉桂/肉桂、桂枝

肉桂（*Cinnamomum cassia* Presl）为樟科常绿乔木。其干燥树皮、枝皮统称为中药材肉桂，干燥嫩枝为中药材桂枝。

一、病害

（一）肉桂根腐病

1. 症状　苗期发生，引起根部腐烂，地上部枯死。

2. 病原　初步认为是侵染性病害，病原种类待定。

3. 传播途径和发病条件　不详。此病多发生5～7月雨季，低洼积水苗地发生严重。

4. 防治方法　发病初期及时拔除病株并烧毁，病穴施用石灰消毒，也可用50%甲基硫菌灵可湿性粉剂500倍液或试用70%噁霉灵可湿性粉剂2 000～3 000倍液浇穴，并对周围植株淋根，防止病害扩展蔓延。如遇天气有利发病，应全面施用上述药剂淋根防控。其他参见本书厚朴根腐病防治。

（二）肉桂炭疽病

1. 症状　成株和苗期均可受害。病斑多发生于叶尖或叶缘，褐色，不规则形，后期可扩大或汇合成灰褐色大斑；边缘棕褐色，波浪状，严重时引起早期落叶。病斑上生许多小黑点（病菌分生孢子盘），子囊壳常在12月至翌年2月形成。

2. 病原　围小丛壳［*Glomerella cingulata*（Stonem.）Spauld. et Schrenk］，为子囊菌亚门小丛壳属真菌；胶孢炭疽菌（*Colletotrichum gloeosporioides* Penz.），为半知菌亚门炭疽菌属真菌。

3. 传播途径和发病条件　病菌以菌丝体或分生孢子在病部越冬。翌年病菌产生分生孢子，借风雨和昆虫传播。高温（24～32℃）高湿有利发病。幼苗一旦受害，影响较大，尤其新叶受害更重，2～4月发生最烈。

4. 防治方法 参见本书南方红豆杉炭疽病。

（三）肉桂褐斑病

1. 症状 叶呈圆形至椭圆形褐色病斑，上生许多小黑点（病原菌分生孢子器），严重时引起叶片凋萎。

2. 病原 *Ascochyta cinnamomi* S. Q. Chen et P. K. Chi，为半知菌亚门壳二孢属真菌。

3. 传播途径和发病条件 病菌以分生孢子器在病部越冬，翌春条件适宜，产生分生孢子，借风雨传播，辗转为害。该病终年发生，7月开始发病，8月较重。在高温多雨条件下，特别是台风季节病情发展迅速。

（四）肉桂斑枯病

1. 症状 叶呈现圆形至不规则形的大病斑，浅褐色，边缘具暗褐色至黑褐色的波浪状坏死线，病斑正面产生黑色小点（病原菌假囊壳）。由壳针孢属真菌引起，可在同一病斑上见到小黑点，但小黑点生在叶背面（病原菌分生孢子器）。

2. 病原 *Leptosphaeria* sp.，为子囊菌亚门小球腔菌属真菌；*Septoria cinnomomi* S. M. Lin et P. K. Chi，为半知菌亚门壳针孢属真菌，可能是 *Leptophaeria* 的无性阶段。

3. 传播途径和发病条件 病菌以菌丝体和子囊壳（假囊壳）在病部越冬，翌春，成熟的子囊孢子或分生孢子为初侵染源。子囊孢子或分生孢子借气流、风雨传播，于生长季节辗转为害，扩展蔓延。高温（20～25℃）多雨有利病害发生。

（五）肉桂叶枯病

1. 症状 初期叶出现暗褐色小点，后扩展为椭圆形或不规则的病斑，灰白色，边缘波浪状，暗褐色，严重时叶干枯脱落，病斑上生许多小黑点（病原菌分生孢子器）。

2. 病原 *Phomopsis cinnamomi* S. M. Lin et P. K. Chi，为半知菌亚门拟茎点霉属真菌。

3. 传播途径和发病条件 病菌以菌丝体或分生孢子器在病部越冬，翌春条件适宜，病菌产生分生孢子，借风雨、昆虫传播。本病于12月至翌年5月发生，为害小苗尤为严重。

（六）肉桂叶斑病

1. 症状 叶初现不规则形、边缘不明显的红褐色病斑，后期扩展为中央灰白色到淡红褐色，细，圆形、多角形，乃至不规则形的大病斑，叶背形成淡褐色至暗褐色的霉状物（病原菌子实体），引起叶枯。

2. 病原 *Pseudocercospora cinnamomi*（K. Sawadu & S. Katsuki）T. K. Goh. et W. H. Hsieh.，为半知菌亚门假尾孢属真菌。

3. 传播途径和发病条件 病菌以菌丝体或子座在病部越冬，翌春条件适宜，产生分生孢子，借风雨传播，发生初侵染，随后可不断产生分生孢子，进行再侵染，使病害扩展蔓延，多雨季节有利病害发生。

（七）肉桂斑点病

1. 症状 叶呈圆形或不规则形病斑，灰白色，边缘褐色，病斑两面均生有黑色小点（病原菌分生孢子器）。

2. 病原 樟叶点霉（*Phyllosticta cinnamomi* Delacr.），为半知菌亚门叶点霉属真菌。

3. 传播途径和发病条件 病菌以分生孢子器在病部越冬。翌春条件适宜，产生分生孢子，成为初侵染源，分生孢子可借风雨传播，辗转为害。

（八）肉桂枯斑病

1. 症状 受害叶呈现不规则形的褐色病斑，边缘暗褐色，上生小黑点（病原菌分生孢子器）。

2. 病原 肉桂球壳孢（*Sphaeropsis cinnamomi* S. Q. Chen et P. K. Chi），为半知菌亚门球壳孢属真菌。

3. 传播途径和发病条件 病菌以菌丝体或分生孢子器在病部越冬。翌春条件适宜，产生分生孢子，借风雨传播，从皮孔、伤口侵入。虫害或田间操作造成的伤口，易诱发本病。

肉桂叶斑病类（褐斑病、斑枯病、叶枯病、叶斑病、斑点病、枯斑病）综合防治，参见本书黄柏叶斑病类综合防治。

（九）肉桂煤污病

1. 症状 参见本书十大功劳煤污病。

2. 病原 *Meliola* sp.，为子囊菌亚门小煤点属真菌。

3. 传播途径和发病条件及防治方法 参见本书十大功劳煤污病。

（十）肉桂白粉病

1. 症状 主要为害幼树的嫩叶、嫩梢。茎叶初期呈现分散的小粉斑，后渐扩大，病斑相连，形成大病斑，引起叶片枯黄、卷缩，嫩枝扭曲，以至变形干枯。病斑呈白色粉末状，上生大量分生孢子。

2. 病原 *Oidium* sp.，为半知菌亚门粉孢属真菌。

3. 传播途径和发病条件 冬末开始发生，翌年3～5月发生最重，盛夏高温季节，病菌以菌丝状态在嫩枝上度过不良环境。天气转凉后菌丝体萌发，从气孔侵入，形成大量分生孢子，借风雨传播。种植过密、通风不良，偏施氮肥，组织幼嫩、徒长，低洼地种植，均有利发病。

4. 防治方法 参见本书十大功劳白粉病。

（十一）肉桂枝枯病

又称梢枯病、“桂瘟”。

1. 症状 受害部集中在顶梢以下80cm范围内枝干，分枝枯型和溃疡型。前者在发病初期呈现黄色针头状水渍斑，渐变褐至黑褐色，病斑向上、下扩展，环绕枝干，引起干枯，病斑边界明显。后者被侵染枝条出现水渍状小斑，渐变或圆形或菱形稍凹陷的病斑，扩大后边缘组织增生，形成四周凸起中间下陷的溃疡斑。病部皮层粗糙开裂，部分脱落，大多病枝从染病部分以上出现干枯。多雨季节可见散生或簇生黑色小颗粒（病原菌子实体）。

2. 病原 可可毛色二孢菌［*Lasiodiplodia theobromae*（Pat.）Grif & Mould.］，为半知菌亚门真菌；也有报道称，病原为可可球二孢（*Botryodiplodia theobromae* Pat.），为半知菌亚门球二孢属真菌。

3. 传播途径和发病条件 侵染源为枯枝、树皮和落叶上的病菌，借风雨传播，翌春条件适宜，分生孢子从伤口侵入，辗转为害。该病发生与泡盾盲蝽等活动及温湿度、土壤缺硼、栽培管理水平诸因素有关，如昆虫取食造成伤口多，并带菌传播，易引起发病。一般在5～6月发生，7～8月为发病高峰期，10月出现枝条枯死高峰，这与泡盾盲蝽每年此时发生高峰、气候又适宜病菌增殖相一致。混交林发病较轻。

4. 防治方法

（1）冬季清园　彻底清除枯枝落叶，集中烧毁。

（2）细心管理　减少伤口，避免枝梢回枯。

（3）治虫防病　重点抓泡盾盲蝽等害虫的适期防治，采用桂虫灵乳油0.50～0.66g/L喷雾，效果明显。

（4）种植混交林　可推广肉桂＋八角茴香、肉桂＋松杉、肉桂＋橡胶等模式种植。

（5）适期施药防控　发病初期用50%林病威2g/L喷雾，1年内喷3次，防效显著，也可用50%多菌灵可湿性粉剂800倍液或试用45%咪鲜胺水剂1 000倍液喷治。

（十二）肉桂灰斑病

1. 症状 初始叶尖或叶缘出现枯死，正面灰白色，背面褐色，病健处交界明显，后期叶面密生针状突起（病原菌分生孢子盘）。

2. 病原 *Pestalotiopsis* sp.，为半知菌亚门拟盘多毛孢属真菌。

3. 传播途径和发病条件及防治方法 参见本书栀子灰斑病。

（十三）肉桂粉果病

1. 症状 为害花、果。病菌侵染花器，致花器变形，果实肿胀，呈球形至长椭圆形，初由寄主组织外皮包围，表面红褐色，后表皮破裂，露出大量粉状物（病原菌分生孢子）。

2. 病原 花生油盘孢（*Elaeodema floricola* Keissl），为半知菌亚门油盘孢属真菌。另据报道，本病也可由 *Exobasidium sawadae* Yamada（担子菌亚门外担菌属）引起，主要为害果实，被害果外生黄色小点，逐渐扩大，突起呈瘤状，表面粗糙，褐色，剥去瘤状物外表皮，皮下有一层白色粉状物，翌春全果肿大，果内充满褐色粉状物。果实干缩脱落或悬挂树枝上。

3. 传播途径和发病条件 不详。

4. 防治方法

（1）清园 果实形成期彻底清除病果，减少初侵染源。

（2）施药防控 果实形成期，可用0.3～0.5波美度石硫合剂喷治。

（十四）肉桂藻斑病

1. 症状 初期叶产生白色、灰绿色或黄褐色、针头状大小的圆形病斑，随后呈放射状扩展，形成圆形、椭圆形或不规则形病斑，几个病斑可连成大斑，病斑稍隆起，斑面有细条纹毛毡状物。边缘整齐，后期病斑转为暗褐色，斑面光滑。病斑可布满叶片，影响光合作用，削弱树势。

2. 病原 *Cephaleuros virescens* Kunze.，为绿藻门红锈藻属的一种寄生性绿藻。该病原寄主范围较广，除为害肉桂外，还可侵染八角茴香、槟榔、柑橘等多种药、果。

3. 防治方法

（1）加强栽培管理 改善果园通风透光条件，注意防旱，增施有机肥，特别要多施磷、钾肥，以增强树势、提高抗病能力。

（2）清除病叶 集中烧毁，减少果园侵染源。

（3）施药防控 病重果园可在发病初期选喷1∶1∶150波尔多液、30%王铜悬浮剂600倍液或0.2%硫酸铜溶液1～2次。

（十五）肉桂褐根病

1. 症状 病根表面凹凸不平，黏着许多泥沙，夹杂着铁锈色毛毯状的菌丝层和薄而脆的黑色菌膜，木质部上有明显的蜂窝状褐纹，皮层、木质部之间有黄白色绒状菌丝体。地上部叶片褪绿或变黄色，最后变褐枯萎下垂，通常在短期内引起树干干缩而呈暗灰色，以至整株枯死。

2. 病原 *Phellinus noxius*（Corner）G. H. Cunningham，为担子菌亚门木层孔菌属真菌。

3. 传播途径和发病条件 不详。

4. 防治方法 参见本书槟榔褐根病。

（十六）肉桂肿枝病

1. 症状 多发生于3～4年生肉桂主干及侧枝分杈处，受害处出现肿胀膨大，形成肿瘤，不少肿瘤可将表皮撑破，引起树皮纵裂，呈曲形溃疡状，病枝叶片枯黄，严重时整株枯死。

2. 病因 据报道由一点同缘蝽［*Homoeocerus unipunctatus*（Thunberg）］刺吸嫩梢汁液时，传带病菌侵染引起，至于存在何种病菌侵染，尚待进一步研究。

4. 防治方法 关键抓一点同缘蝽（参见泡盾盲蝽）防治。

（十七）肉桂无根藤寄生

1. 症状 以藤茎缠绕于寄主植物上，靠吸盘吸取寄主养分和水分，引起寄主植物生长衰弱。

2. 病原 樟科一种无根藤寄生植物。

3. 防治方法 加强管理，发现无根藤寄生时及时铲除干净，集中烧毁。

二、害虫

（一）肉桂泡盾盲蝽

肉桂泡盾盲蝽（*Pseudodoniella chinensis* Zheng），属半翅目盲蝽科。

1. 寄主 肉桂、绒润楠、樟树、盐肤木、山苍子等。

2. 为害特点 以成虫和若虫刺吸一年生枝条嫩枝梢，为害后形成瘤状愈伤组织，该虫还可带菌传播，引起芽枯病。

3. 形态特征

（1）成虫 体长7～9mm，体宽4mm，椭圆形，深栗色至黑褐色，有光泽，头部横列，无单眼，头、前胸中央呈二叉状突起，触角4节，第一节短，第三节向前显著加粗，第四节纺锤形。前胸背板强烈下倾，具深而密的刻点。小盾片发达，膨大成大致为球形的泡状，其背面布有若干不规则黑色光泽的小瘤点。前翅平置于身体时，向后渐窄，后端远伸过腹部末端，前翅膜片有一翅室。腹部渐圆，两侧有相当大的部分未被覆盖，后足胫节微弯。

（2）卵 长1.6～1.9mm，乳白色，茄子状，前端略小，后端大，卵盖两侧有两条丝线状一长一短的呼吸突。

(3) 若虫　末龄若虫体长4.5～6.2mm，体宽3.0～3.8mm，深栗色，椭圆形，复眼大，头部两侧隆出。触角4节，各节具稀疏的棕色毛。喙伸至前胸腹板前端，小盾片向上隆起。翅芽呈栗褐色，伸至第三腹节背面，腹部背面具18～22个栗褐色小瘤突，排成4个纵列，足具稀疏的棕色毛。

4. 生活习性　在广西岑溪1年发生5代，世代重叠，以卵在组织内越冬。成虫有垂直迁移和群集为害习性。成虫早晚在嫩枝、嫩梢和愈伤组织处吸食，卵产在当年生枝条的枝干分杈处、小枝叶柄基部的皮层，以及头年为害后形成的瘤状组织中。越冬卵经146～150d后孵化。初孵若虫橙红色，在卵壳附近静伏15～20min后爬到新抽嫩梢、嫩芽、愈伤组织等处吸食。该虫喜高温潮湿环境，在荫蔽、湿度大的条件下，为害猖獗。进入11月，气温下降，虫口密度显著下降。

该虫有23种捕食性天敌。其中蜘蛛类占天敌的43.3%，猎蝽也是重要天敌，有革红脂猎蝽（*Velinus annulatus* Distant）和彩纹猎蝽（*Euagoras plagiatus* Burmeiser.），每头猎蝽每昼夜捕食2～3只此虫，此外，还有胡蜂、大黑蚂蚁等。

5. 防治方法

(1) 清除野生寄主　泡盾盲蝽野生寄主如绒润楠等，砍后重生，可用10%草甘膦30倍液喷杀。

(2) 加强抚育管理　增施磷、钾肥，促进早生快发，提早木质化，提高自身抗虫能力；及时清园，秋末将园内枯枝落叶和修剪下来的虫害枝清除干净，携出园外烧毁，减少越冬卵。

(3) 保护利用天敌　发挥天敌的自然调控作用。合理修剪增加林分透光度，有利天敌生存繁殖；调查表明有修剪的肉桂林的天敌数量为不修剪的18倍，而泡盾盲蝽数量则减少92.9%。一般于秋季进行全面修剪，除去虫害枝、徒长枝，对于虫口密度小的林分可采用人工捕虫方法处理。

(4) 讲究种植方式　不应因片面追求成片种植肉桂林，而砍去阔叶林、水源林等，应营造有利天敌衍息不利害虫生存的环境条件。

(5) 适期施药防控　虫害重的肉桂林可掌握在春梢、夏梢、秋梢期成虫为害高峰期或若虫盛孵期施药防控。可任选50%杀螟硫磷乳油1 000倍液、50%辛硫磷乳油1 000～1 500倍液、90%敌百虫晶体800倍液、20%氰戊菊酯乳油（速灭杀丁）3 000倍液。也可采用1∶1 200倍马拉硫磷+1∶2 500倍敌敌畏进行常量弥雾处理，可有效控制其为害。三至五龄若虫期还可喷广西农业科学院混配的“肉桂病虫清”500倍液，防效良好。

（二）肉桂木蛾

肉桂木蛾（*Thymiatris* sp.），属鳞翅目木蛾科。又名肉桂蠹蛾。

1. 为害特点 幼虫为害侧枝新梢枝条，少数为害主干，也可取食叶片。受害处周围2～3cm树皮被剥成圈，木质部裸露，两头的树皮呈瘤状。蛀孔由木质部达髓心成坑道。幼虫及蛹匿居其中。树皮被害成圈者，顶部枝条枯死；不成圈者，顶上枝叶稀少。1～2.5m高幼树常因受害而枯死，主枝受害，侧枝丛生，成为无头树，最重时即使4m以上高树也会全株枯死。一般受害后生长衰退，叶片失去光泽。

2. 形态特征

(1) 成虫 雌蛾体长20～22.5mm，翅展43～50mm；雄蛾体长14～17mm，翅展36～42mm。体银灰色，头部灰黄色，触角丝状，基部灰黄色，鞭节褐色，复眼褐色，喙退化。下颚须很少，下唇须发达，端部尖细，向上弯曲。胸部背面后缘灰褐色，领片土黄色，基部黑褐色成一细带状。中胸银灰色，肩片发达，腹面灰黑色。前足基节，腿节、胫节外侧和跗节土黄，中足黑褐色，后足灰褐色。前翅长方形，长约为宽的3倍，银灰色。前翅前缘往后延伸成一黑带，约占翅宽的1/3。前缘与外缘交界处有6～8个黄褐色斑点，内侧具一黑色斑块呈弧形；中室中部、端部各具一黑色斑点，与前缘相连成弧形。腹部背、腹面均为灰黑色，腹侧银灰色，腹部背面第二节呈土黄色，与其他节有明显区别。

(2) 卵 长椭圆形，长径1.0～1.1mm，短径0.6～0.8mm，初产时淡绿色，近孵时变为红色，卵壳表面有格网状纹。

(3) 幼虫 老熟幼虫24～26mm；体漆黑色，体壁大部分骨化，被白色原生刚毛；腹足趾钩三序圈，臀足中带，多序。

(4) 蛹 体长19～25mm，黄褐色，头部顶端具一对小突起，腹部第五至八节近前缘有齿列一排，第五、六、七节在上述齿列后还有一排齿列，第五、六节齿列后面具2个乳状突起。

3. 生活习性 海南1年发生2代，浙江、福建1年发生1代。福建云霄一带以成熟幼虫在坑道越冬，翌年3月下旬至5月上旬化蛹，蛹期14～38d，成虫4月下旬至6月中旬出现，5月下旬达高峰。卵于5月上旬出现。成虫昼伏夜出。飞翔力较强，有趋光性。羽化后第二天即可交配产卵，卵一般产在枝条分杈处、叶柄基部及枝皮裂缝，幼虫孵化后钻入小虫道，由本质部至髓心，幼虫大后即转到较大枝条上为害。可从树枝分杈处蛀入髓心，然后以垂直方向往下蛀食，呈拐杖形，虫道口堆着丝黏结虫粪等物。5月下旬平均温度23℃左右，相对湿度88%～98%，为成虫羽化高峰期，若湿度小，蛹干瘪不能羽化。土壤瘠薄、板结，管理差，整枝过于严重，长势弱，郁闭度在0.3以下，受害较重。

该虫天敌：幼虫期、蛹期有姬蜂、小茧蜂、蠼螋及黄蚂蚁等，可捕食幼虫和蛹。

4. 防治方法

(1) 清除被害枝 生长季节修剪被害枝，以减少虫源，但须在该虫化蛹前进行。

（2）保护天敌。

（3）施药防控　卵孵化高峰（可掌握在肉桂抽梢期）选用80%敌敌畏乳油1 000倍液或20%氰戊菊酯乳油2 000倍液喷治；蛀入枝条为害的幼虫，可用棉花蘸80%敌敌畏乳油50倍液堵塞蛀孔，或喷入虫道，毒杀幼虫。

（三）褐天牛

1. 为害特点　幼虫蛀食树干，致使被害枝干上部枯死。成虫可咬食嫩枝皮层。

2. 形态特征、生活习性和防治方法　参见本书厚朴褐天牛。

（四）肉桂双瓣卷蛾

肉桂双瓣卷蛾［*Polylopha cassiicola*（Liu et Kawabe）］，属鳞翅目卷蛾科。

1. 寄主　肉桂、樟树、黄樟等。

2. 为害特点　以幼虫为害嫩梢，受害后生长点被破坏，影响植株生长发育。

3. 形态特征

（1）成虫　雄蛾体长3.6～4.7mm，翅展9.1～10.4mm；雌蛾体长4.3～8.7mm，翅展10.7～12.2mm。头部鳞片光滑，下唇须长，向前伸，第二节长，末节短，隐藏于第二节鳞片中。前翅有竖鳞，翅脉彼此分离，翅顶角尖出，后翅只有第一肘脉和第三中脉共柄。雄虫第七腹节有1对味刷。雄性外生殖器的抱器呈双瓣状，因此而得名。

（2）卵　初产乳白色，圆形，直径0.1～0.13mm，近孵化时变黑褐色。

（3）幼虫　老熟幼虫体长7.3～10.1mm，头壳宽0.53～0.70mm，头部黑褐色，前胸背板黑褐色，呈半圆形，但中央等分间断。第九节背面有一半椭圆形黑褐色斑块。腹足趾钩呈全环单序，臀足半环单序。

（4）蛹　长3.8～8.7mm，黄褐色，近羽化前变黑色。背面腹节第二、九节有一横列黑褐色短突刺，第三至第八节各节有两横列黑褐色短突，前列粗而短，成圆锥状，后列小而密。腹部末端有钩状臀棘4根。

4. 生活习性　1年发生6代，以幼虫越冬。每年4月出现第一代幼虫，5～6月初出现第二代幼虫，第一、二代正值春梢形成盛期，也是为害重要时期，6月中旬由于春梢全部老熟，虫口出现低峰，6月中下旬至7月是第三代幼虫盛发期，以后虫口逐渐上升，世代重叠。该虫三、四、五代正处高温高湿的夏秋季，发生量大，10月后气温下降，第六代幼虫虫口逐渐减少，11月至翌年3月幼虫进入越冬阶段。卵多产在嫩梢下2～3片小嫩叶上。初孵幼虫只为害1～2cm嫩梢，新梢转绿后，就不能入侵。

5. 防治方法　参见泡盾盲蝽。

（五）肉桂突细蛾

肉桂突细蛾［*Gibbovalva quadrifasciata*（Stainton）］，属鳞翅目细蛾科。

1. 寄主 樟科等植物。

2. 为害特点 仅为害当年生新叶。幼虫孵化后潜入叶表皮取食叶肉，形成黄褐色虫道，多个虫道相连，引起叶枯黄、凋落，影响树体生长。

3. 形态特征

（1）成虫 4～6mm，翅展6～8mm，头和颊白色，唇须白色，下颚须退化，触角丝状，基部为白色，其余为褐色，节间具淡色环，前翅狭长白色，具4条黄褐色至褐色斜斑，其间有分散的黑色鳞片。翅端部有紫色小点，翅中上部至端部边缘多灰色缘毛，翅后缘由一些暗色鳞毛交叉环绕着。后翅灰色，全翅边缘密生灰白色缘毛，胸足白色，具黑点和灰色斑，胫节端部具刺毛。

（2）卵 椭圆形，约0.2mm，乳白色，近孵化时变黄。

（3）幼虫 初孵幼虫体扁，乳白色，上颚黄色发达，体色随虫龄的增长而变深。老熟幼虫体长5.0～6.5mm，宽0.7～1.1mm，胸足3对，腹足3对，位于第三至五腹节，臀足1对。

（4）蛹 离蛹，体长4～6mm，初为棕红色，后转为褐色，前额上有一黑色角状突起，蛹外被淡黄色薄茧。

4. 生活习性 该虫在福建华安一带，1年发生8代，世代重叠，以蛹于12月中下旬在地表落叶、杂草和树皮缝中结茧越冬。翌年2月底3月初，羽化后上树交配、产卵。卵散产于当年生初展的嫩叶表面，每叶产2～4粒。幼虫孵化后即潜入表皮下取食，3月上中旬为成虫羽化盛期。老熟幼虫吐丝下垂至地表枯叶、杂草及树皮裂缝内等处结茧化蛹。

肉桂突细蛾的发生与环境关系密切，温度越高，幼虫、蛹期越短，幼虫期18～38d，蛹期短的为3d，越冬期长达45d。湿度直接影响成虫羽化率，湿度大，羽化率高，反之亦然。

该虫天敌较多，幼虫期、蛹期均有多种寄生蜂。

5. 防治方法 采用树干注射方法施药，以80%敌敌畏乳油1 500倍液注射有较好效果。其他参见肉桂泡盾盲椿。

（六）樟叶瘤丛螟（蛾）

樟叶瘤丛螟（蛾）［*Orthaga achatina*（Buter）］，属鳞翅目螟蛾科。又称樟巢螟、栗叶瘤丛螟。

1. 寄主 樟树、山苍子、银木、肉桂等植物。

2. 为害特点 以幼虫吐丝缀叶结巢，在巢内嚼食叶片和嫩梢，严重时将叶食光。树冠上挂有多数鸟巢状虫苞，影响树势。

3. 形态特征

(1) 成虫　体长8～13mm，翅展22～30mm。雄蛾胸腹部背面淡褐色，雌蛾黑褐色，腹面淡褐色。前翅基部暗黑褐色，内横线黑褐色，前翅前缘中部有一黑点，外横线曲折波浪形，沿中脉向外突出，尖形向后收缩，翅前缘2/3处有一乳头状肿瘤，外缘黑褐色，其余灰黄色。

(2) 卵　扁平圆形，直径0.6～0.8mm，中央有不规则红斑，卵壳有点状纹。卵粒不规则堆叠成卵块。

(3) 幼虫　老熟幼虫体长22～30mm，初孵幼虫灰黑色，二龄后渐变棕色。虫体褐色，头部及前胸背板红褐色，体背有一条褐色宽带，其两侧各有两条黄褐色线，每节背面有细毛6根。

(4) 蛹　体长9～12mm，红褐色或深棕色，腹节有刻点，腹末有钩刺6根。茧长12～14mm，黄褐色，椭圆形。

4. 生活习性　浙江1年发生2代，以老熟幼虫在树冠下的浅土层中结茧越冬。翌春化蛹，5月中下旬至6月上旬成虫羽化、交配、产卵，卵产于两叶靠拢较荫蔽处，叶面每块有卵5～146粒。6月上旬第一代幼虫孵出，7月下旬幼虫老熟化蛹，蛹期10～15d。7～8月成虫陆续羽化产卵。第二代幼虫于8月中旬前后孵出为害，10月老熟幼虫陆续下树入土结茧越冬。成虫昼伏夜出，有趋光性。初孵幼虫吐丝缀合小枝、嫩叶成虫苞，匿居其中取食，幼虫可随虫龄增大而不断吐丝缀连新枝嫩叶，使虫苞不断增大，形成巢，而巢内有纯丝织成的巢室，巢内充满虫粪、丝和枯枝叶，低龄幼虫有群集性，随虫龄增大而分巢，每巢有虫1～10多条。老熟幼虫吐丝下垂到地面，或坠地后入土2～4cm处结茧化蛹。

5. 防治方法

(1) 人工捕杀　对为害期、越冬期剪除的虫苞集中烧毁。

(2) 翻土除茧灭虫　冬季翻耕被害处根际附近或树冠下土壤，可有效除去虫茧。

(3) 保护和利用天敌　该虫有多种姬蜂、茧蜂和寄蝇等天敌，应重视保护和利用，在天敌发生期不施用化学农药。

(4) 施药防控　幼虫期喷Bt乳剂500倍液。幼虫大发生时可选喷50%辛硫磷乳油1 000倍液或20%氰戊菊酯乳油2 000倍液。也可在幼虫下树入土阶段以25%速灭威粉剂配制成毒土撒施土面，毒杀入土结茧幼虫。

(七) 黑脉厚须螟

黑脉厚须螟［*Propachys nigrivena*（Walker）］，属鳞翅目螟蛾科。是近期报道为害肉桂的新害虫。

1. 寄主　樟树、肉桂等植物。

2. 为害特点 一至三龄幼虫啃食叶背叶肉，剩网状脉，先出现白斑，后渐变褐色斑或食叶成缺刻。四龄以后食尽全叶，残留枝条，严重影响树体生长。

3. 形态特征

（1）成虫 体长13～16mm，翅展32～48mm，体鲜红色，头部黄褐色。复眼黑色。触角丝状，黄褐色。下唇须黄色，密被黑色长鳞毛，细长前伸，末节与第二节等长。喙长，基部被褐色鳞片，胸部背面深红色，前翅近方形，深红色，翅脉黑色，缘毛红色，R_3和R_4脉共柄，M_2和M_3脉由中室下角伸出，R_s脉自R_4脉上向外生出，后翅红色，基部颜色略深，卵圆形，翅脉不黑，R_s与M_1脉共柄，M_2和M_3脉自中室下角伸出。胸足黑色，后胸足第一趾节有1束长毛丛，腹部黑色。

（2）卵 扁圆形，黄绿色，直径0.5～0.7mm。

（3）幼虫 共6龄，体长32～37mm，呈细长形，有2种色型。一种黑褐色，胴部背面有一条伸达臀节的宽黄褐色纹，前端较明显。体侧面毛片白色。另一种体黄褐色，散布褐斑，体上毛片黑色，上生黄色毛，头部黄褐色，有褐色斑，胸足发达，红褐色，腹足短小，气门扁椭圆形，围气门片黑褐色，气门筛黄白色，体腹面黑褐色。

（4）茧与蛹 蛹长13～16mm，宽5～6mm，初期黄白色，后逐渐加深，呈红褐色，具众多刻点。头部黑褐色，复眼大，黑色隆起，胸部足和翅朱红色，腹部红褐色，背面从第二节开始，近前缘有1排明显圆形凹陷小刻点，腹部末节黑色骨化，末端两侧有2个较大的刺状突起，突起上有1个较长的钩刺，突起间有6根臀棘，臀棘末端弯曲，并相织在一起。

4. 生活习性 福建沙县1年发生3代，以老幼幼虫入土结茧、化蛹越冬。翌年4月中下旬成虫羽化，4月下旬至5月上旬第一代幼虫孵出，6月中下旬老熟幼虫陆续入土化蛹，6月下旬至7月上旬第一代成虫羽化，并产卵，7月中旬第二代幼虫孵出，8月中旬开始入土化蛹，8月下旬成虫羽化，9月中旬第三代幼虫孵出，10月下旬老熟幼虫入土化蛹越冬。成虫交尾后即产卵，多产叶背，呈块状，平均产卵粒数136粒。成虫昼伏夜出，趋光性强。幼虫活动敏捷，叶食光后可转移到新叶重新为害，一生可转移多次。幼虫老熟时入土吐丝做茧，在茧中越冬。预蛹3～4d，卵期7～12d，成虫寿命4～10d。

5. 防治方法 幼虫发生期，特别是5月上旬第一代幼虫低龄期施药防治，效果较好，可选喷20%溴氰菊酯乳油3 000倍液或80%敌敌畏乳油1 000倍液。其他参见樟叶瘤丛螟防治。

（八）一点同缘蝽

一点同缘蝽［*Homoeocerus unipunctatus*（Thunberg）］，属半翅目缘蝽科。

1. 为害特点 刺吸枝干、嫩梢，诱发肿枝病。

2. 形态特征 成虫，体长13.5～14.5mm。黄褐色。触角第一至三节略呈三棱形，具黑色小颗粒，前翅革片中央有1个小斑点。雌虫第七腹节腹板后缘中缝两侧扩展部分较长，呈锐角，其内边稍呈弧形。

3. 生活习性和防治方法 参见本书满山白梨冠网蝽。

(九) 肉桂种子蜂与肉桂瘿蚊

肉桂种子蜂（*Bruchophagus* sp.），属双翅目瘿蚊科。肉桂瘿蚊（*Asphondylia* sp.），属双翅目瘿蚊科。这两种害虫是近期发现为害肉桂的新害虫。

1. 为害特点

(1) 肉桂种子蜂 寄生1～2年生枝条，成虫用针状产卵器将卵产于枝条，深达木质部，随幼虫发育，枝条有微小肿胀，剖视可见一纵向菱形坑，略呈透明水样状，大小约100mm×1mm，每坑一虫。

(2) 肉桂瘿蚊 前期为害与种子蜂相同，仅化蛹前幼虫将外层的树皮组织咬薄，羽化时蛹体从该处伸出1/3～2/3，成虫再顶破蛹头部盖飞出，留下蛹壳于羽化孔上。

2. 形态特征

(1) 肉桂种子蜂 一种小型寄生蜂，成虫体长1.8～2.6mm，体黑色，具短毛，密布刻点。

(2) 肉桂瘿蚊 成虫体小，状如蚊，参见本书菊花瘿蚊。

3. 生活习性 肉桂种子蜂与肉桂瘿蚊常混合发生，为害严重。往往造成受害株不能抽梢，严重影响肉桂生长。

4. 防治方法 鉴于两种害虫为害状相似，可结合起来进行防治，参见本书菊花瘿蚊防治。

第五节 黄柏/黄柏

黄柏（*Phellodendron chinense* Schneid.）又称黄皮树，系芸香科黄檗属植物。其干燥树皮为药材黄柏。

一、病害

(一) 黄柏锈病

1. 症状 主要为害叶片。初始叶呈现近圆形黄绿色斑，边缘有不明显小点，后期叶背形成橙黄色微突起小疱斑（病原菌夏孢子堆），严重发生时叶布满病斑，致叶枯死，影响树势。

2. 病原 黄檗鞘锈菌（*Coleosporium phellodendri* Kom.），为担子菌亚门

鞘锈菌属真菌。

3. 传播途径和发病条件 一般于5月中旬发病，出现发病中心，夏孢子借气流传播，不断扩展蔓延，辗转为害。6～7月为害严重，时晴时雨极易发生。发病程度与树龄密切相关，1年生的发病程度明显高于3年生的黄柏。管理粗放，长势衰弱的发病较重。

4. 防治方法

（1）清园 生长期结合田间管理清除枯枝落叶，减少侵染源。

（2）加强管理 增施磷、钾肥，提高抗病力。

（3）施药防控 发病中心出现，应即选喷25%三唑酮可湿性粉剂1 500倍液、50%萎锈灵可湿性粉剂1 000倍液或20%灭锈胺乳油400mL对水40～60L（667m^2），7～10d喷1次，连喷2～3次，如病情发展，须全面施药（用药同上）防控。

（二）黄柏白粉病

症状、病原（*Oidium* sp.）、传播途径和发病条件及防治方法，参见本书九里香白粉病。

（三）黄柏煤污病

症状、病原（*Meliola* sp.，为子囊菌亚门煤炱属真菌）、传播途径和发病条件及防治方法，参见本书十大功劳煤污病。

（四）黄柏褐斑病

1. 症状 叶面病斑呈多角形或不规则长条形，边缘明显，黄褐色至褐色，中央灰褐色至暗褐色，直径2～4mm，病斑上生灰色霉状物（病原菌子实体）。

2. 病原 *Cercospora phellodendricola* F. X. Chao et P. K. Chi，为半知菌亚门尾孢属真菌。另据报道，黄柏柱隔孢（*Maculae phellodendri* Y. X. Wang）侵染也会引起褐斑病：病斑近圆形，直径1～3cm，灰褐色，边缘明显，病斑表面上生淡黑色小黑点（病原菌子实体）。

3. 传播途径和发病条件 参见本书肉桂褐斑病和黄柏轮纹病。

4. 防治方法 参见本书石斛褐斑病。

（五）黄柏灰斑病

1. 症状 病斑有两类，一类是灰白色，多角形，边缘黑色，大小为（4～8）mm×（2～6）mm；另一类灰白色，云纹状，边缘黑色，直径大于10mm以上，中央灰白色部常是纸质状，易破裂，病斑上散生黑色梭形小粒，以近边缘处小粒居多（病原菌分生孢子盘）。

2. 病原 *Pestalotiopsis*（*Pestalotia*）*versicolor*（Speg.）Stey.，为半知菌亚门拟盘多毛孢属真菌。

3. 传播途径和发病条件及防治方法 参见本书栀子灰斑病。

（六）黄柏斑枯病

1. 症状 病叶上出现多角形或不规则形病斑，直径1～2mm，后期病斑上生黑色小粒（病原体分生孢子器）。

2. 病原 待定。

3. 传播途径和发病条件 参见本书肉桂斑枯病。

（七）黄柏黑斑病

1. 症状 病叶呈现不规则形黑色病斑，常发生于边缘，有时斑内有不规则形轮纹，斑面散生许多黑色小粒（病菌分生孢子器）。

2. 病原 *Phyllosticta* sp.，为半知菌亚门叶点霉属真菌。

3. 传播途径和发病条件及防治方法 参见本书槟榔叶斑点病。

（八）黄柏轮纹病

1. 症状 初期叶上呈近圆形病斑，直径4～12cm，暗褐色，有轮纹，后期斑面上生小黑点（病菌分生孢子器）。

2. 病原 *Ascochyta phellodendri* Kabat et Bubak.，为半知菌亚门壳二孢属真菌。

3. 传播途径和发病条件 病菌在病枯叶上越冬，翌春条件适宜，产生分生孢子，随气流传播，引起初侵染，新病斑上形成的分生孢子借气流传播，辗转为害。

（九）黄柏叶斑病类（褐斑病、灰斑病、斑枯病、黑斑病、轮纹病）综合防治

（1）清园　清除病残体，减少侵染源。

（2）加强田间管理　搞好排灌设施，适当修剪，改善通风透光条件，降湿防病。

（3）施药防控　发病初期及时防治发病中心，控制病情发展。常用农药：40％波尔多精可湿性粉剂800倍液、70％代森锰锌可湿性粉剂600倍液、50％异菌脲可湿性粉剂（扑海因）1 000倍液、50％多菌灵可湿性粉剂1 000倍液、70％甲基硫菌灵可湿性粉剂800～1 000倍液、10％苯醚甲环唑水分散粒剂（世高）2 000倍液或3％中生霉素可湿性粉剂1 000～1 200倍液。

（十）黄柏炭疽病

症状、病原、传播途径和发病条件及防治方法，参见本书佛手炭疽病。

（十一）黄柏白霉病

1. 症状 叶正面病斑褐色，多角形或不规则形，叶背呈现白色霉状物（病原菌子实体）。

2. 病原 *Ramularia* sp.，为半知菌亚门柱隔孢属真菌。

3. 传播途径和发病条件及防治方法 主要发生在1～3年幼树，其他参见本书滇重楼白霉病、褐斑病、红斑病、炭疽病综合防治。

（十二）黄柏根腐病

1. 症状 苗期常见病。发病初期幼苗叶片枯萎，严重时幼苗枯死，根部发黑腐烂。

2. 病原 *Fusarium* sp.。

3. 传播途径和发病条件及防治方法 参见本书厚朴根腐病。

（十三）黄皮（黄柏）梢腐病

1. 症状 为害枝梢、叶和果实，出现以下四类型症状。梢腐：刚萌芽枝梢上幼叶褐色坏死、腐烂，潮湿时表面密生白霉，渐变橙红黏孢团，顶端嫩枝梢受害呈黑褐色至黑色，干枯收缩呈烟头状枯缩。枝梢溃疡：初始枝梢病斑梭形，3～12mm不等，褐色，隆起，中央下陷，表皮木栓化粗糙。叶腐：常自叶尖、叶缘开始腐烂，褐色，迅速扩展至大部分叶片，终至全叶。病健分界明显，交界处有一条褐色波纹，与炭疽病较难区分。果腐：受害果初呈水渍状、褐色、圆形病斑，潮湿时病果表面布满白色霉状物。

2. 病原 长砖红镰孢（*Fusarium lateritium* Nees et LK. var. *longum* Wollenw.），为半知菌亚门镰孢属真菌。

3. 传播途径和发病条件 病菌以菌丝体、厚垣孢子或分生孢子在病部越冬，翌年病菌借风雨传播，辗转为害，轻者减产，重则颗粒无收，以至毁园。一年四季均可发生，以4～8月为发病高峰期。春梢发病重，夏、秋梢较轻；刚抽的嫩梢和嫩芽易感病，越冬的老枝较抗病。

4. 防治方法

（1）实行苗木检疫 严禁从病区输出带菌苗木、种子和其他繁殖材料，传到无病区、新区。

（2）清园 结合冬季修剪，除去病枝梢，扫除落果、落叶，集中深埋或烧毁。春梢发现梢腐病时要及时剪除烧毁。

(3) 适期施药防控　春梢萌芽前喷一次3波美度石硫合剂或1%石灰等量式波尔多液。春季萌芽后及时施药，可选用70%甲基硫菌灵可湿性粉剂800～1 000倍液、50%苯菌灵可湿性粉剂1 500倍液或65%代森锌可湿性粉剂500～600倍液，10～15d喷1次，连喷2～3次。

(十四) 黄皮（黄柏）流胶（树脂）病

1. 症状　主要为害树干。幼树自离地面10～15cm处最易受害。初发时皮层破裂流胶，木质部变褐，呈现环形的坏死线。初病时地上部叶变黄，叶脉透亮（明脉），萎蔫状，严重时干腐，植株死亡。

2. 病原　*Phomopsis wampi* C. F. Zhang et P. K. Chi，为半知菌亚门拟茎点霉属真菌。

3. 传播途径和发病条件　病菌主要以菌丝体和分生孢子器在病树干组织内越冬。越冬的分生孢子和菌丝体为初侵染来源。分生孢子器终年可产生分生孢子，随风雨、昆虫和鸟粪传播，病菌从各种伤口侵入，3～4年生幼树易感病。春季冷雨，2～4月病害将会流行。

4. 防治方法

(1) 加强栽培管理　春季低温、冷雨前做好果园培土、排水工作，秋收后及时增施有机肥，增强树势。早春结合果园修剪及时挖除病死株，集中烧毁。

(2) 病树康复处理　冬春萌芽前彻底刮除病组织，后用1%硫酸铜溶液或1%抗菌剂401消毒，并立即用白涂剂刷白（白涂剂：生石灰5kg、食盐0.25kg、水50kg)，刮下病组织集中烧毁。还可用刀纵刈病部，深达木质部，其范围上下超过病组织1cm左右。刈条间隔约0.5cm，后涂药，连续涂药2～3次，间隔7～10d。还可选用50%多菌灵可湿性粉剂100～200倍液或抗菌剂401、70%硫菌灵可湿性粉剂50～100倍液涂伤口，上述药剂宜轮换使用。

(3) 树干刷白　冬季采用上述白涂剂涂刷树干，防止日灼。

(4) 及时治虫　减少虫伤和病菌侵入机会。

(十五) 黄皮（黄柏）褐腐病

1. 症状　主要为害花和果实。花被害出现枯萎、褐色、腐烂，易脱落，潮湿时上生白色霉状物（分生孢子）。果实受害后呈现褐色不规则形病斑，后迅速软化腐烂，病部生出白色或灰白色颗粒状物（分生孢子座），其上生许多分生孢子。

2. 病原　灰丛梗孢（*Monilia cinerea* Bon.），为半知菌亚门丛梗孢属真菌［核果链盘菌，*Monilinia laxa*（Aderh et Ruhl.）Honey＝*Sclerotinia laxa* Aderh et Rehd，为子囊菌亚门链核盘菌属真菌］。

3. 传播途径和发病条件　病菌以菌丝体和分生孢子在病落花和病落果上越

冬。分生孢子借风雨、气流、昆虫传播。翌春雨季，易发生花腐，5 月多雨，为果腐发生盛期。

4. 防治方法

(1) 冬季清园　清除地面病果、病花、病枝梢和剪除的枯枝，集中烧毁。

(2) 加强果园管理　雨季及时排水，注意增施有机肥。

(3) 施药防控　掌握在春梢萌芽前喷 1 次 3～5 波美度石硫合剂，落花前和落花后果实豆粒大时喷 50%腐霉利可湿性粉剂 1 000～2 000 倍液，隔 10～15d 喷 1 次，连喷 2～3 次。

(十六) 黄皮 (黄柏) 细菌性叶斑病

1. 症状　受害叶呈现 1～3mm 黄色油渍状小斑，随后病斑背面出现疮痂状小突起，透过叶片上下表面，且可扩大至直径 5～8mm，数个病斑可连成斑块，后期病斑中央灰白色，稍凹陷，但不呈现火山口开裂，病斑周围有黄色晕圈，严重时引起落叶，影响树体生长。

2. 病原　*Xanthomonas campestris* pv. *citri*，为黄单胞杆菌属细菌。

3. 传播途径和发病条件及防治方法　参见本书槟榔细菌性条斑病。

二、害虫

(一) 介壳虫类

常见有吹绵蚧、牡蛎蚧 (*Paralepidosaphes tubulorum* Ferris) 等多种。

1. 为害特点　以成虫和若虫寄生在黄柏的叶片、嫩枝、幼芽、腋芽等处，吸取汁液，致叶畸形、叶黄、早落。因介壳虫排泄物而诱发的煤污病，危害性也大，影响植株生长。

2. 形态特征、生活习性　参见本书佛手吹绵蚧、九里香紫牡蛎盾蚧。

3. 防治方法　发生严重时应施药防控，可选用 40%杀扑磷乳油 1 500 倍液或 35%快克乳油 800～1 000 倍液，其他参见本书佛手吹绵蚧、九里香紫牡蛎盾蚧。

(二) 柑橘凤蝶

柑橘凤蝶 (*Papilio xuthus* Linnacus)，属鳞翅目凤蝶科。又名橘黑黄凤蝶。

1. 寄主　柑橘、黄柏、山椒等。

2. 为害特点、形态特征、生活习性和防治方法　参见本书佛手柑橘凤蝶、厚朴黎氏青凤蝶。

(三) 蚜虫

为害特点、形态特征、生活习性和防治方法，参见本书南方红豆杉桃蚜。

(四) 黄柏丽木虱

黄柏丽木虱(*Calophya nigra* Kuwayama),属同翅目丽木虱科。

1. 寄主 黄柏、菠萝。

2. 为害特点 以成虫、若虫在叶背刺吸汁液,低龄若虫常聚集于叶背、叶腋基部为害,致叶枯黄,分泌的蜡质,招致煤污病发生,严重时引起叶皱缩、枯黄、早落,削弱树势。

3. 形态特征

(1) 成虫 冬型成虫:体深褐色,体长3.5~3.6mm,头部深褐色,复眼深褐色,单眼褐色,触角10节,柄节深褐色,第二至七节黄白色,从第四节开始逐渐增粗,第一至五腹节背面棕褐色,其上各有一横状黑斑,腹部前缘和后缘各有4个稍大黑斑及2个等距小黑点,腹部浅黄色,翅脉黄白色透明。夏型成虫:稍小,体长3.1~3.2mm,头胸黄绿色,触角前5节深褐色,后足胫节前端深褐色,翅脉黄白色透明。

(2) 卵 初产乳白色,卵圆形,卵长0.3mm,卵孵化前深黄色。

(3) 若虫 共5龄,一至二龄头胸黄色,体黄色,扁圆形。复眼红色,体周缘具蜡线,分泌物呈水疱状,四至五龄头和后胸正中央有一条明显的白线,并分泌出黏液和透明液,五龄若虫全身浸在黏液或透明液中。

4. 生活习性 吉林1年发生3代,成虫在树皮裂缝、杂草或土块下越冬。越冬代成虫于5月中旬开始出蛰为害。第一代发生于5~6月,第二代发生于6~7月,第三代发生于8月至翌年5月。该虫在树冠下部枝条发生为多,为害新梢较重,树冠中部为害较轻。成虫活泼,善跳易飞翔,具趋光性、假死性,多数卵产在叶背主脉沟内和叶边缘上,少数产在叶面或叶柄上。卵单粒散产,每雌产卵120~200粒。若虫不活泼,可爬动,成虫期寿命22~28d,若虫期18~20d,卵期9~13d。该虫天敌多种,主要有大草蛉、二星瓢虫、寄生蜂等。

5. 防治方法

(1) 加强管理 同一药园应种同一品种,合理施肥,适时修剪,使抽梢整齐,及时除去零星抽发的新梢和病虫枝,抑制害虫繁殖。

(2) 黄板诱杀 成虫羽化高峰期悬挂黄板诱杀。

(3) 保护利用天敌 对大草蛉、二星瓢虫、寄生蜂等应注意保护,如广东8~9月是跳小蜂发生高峰期,此时尽量不喷药,以免杀伤天敌。

(4) 施药防控 新梢抽发期,如虫口密度大要喷药防治,可选用10%吡虫啉可湿性粉剂3 000倍液、20%甲氰菊酯乳油(灭扫利)1 000~2 000倍液、40%硫酸烟精500倍液(加0.3%浓度的皂液)、敌死虫(99.1%机油)乳剂200~400倍液或松脂乳剂15~20倍液,0.5波美度石硫合剂有很好的杀卵作用。

（五）柑橘木虱

为害特点、形态特征、生活习性，参见本书佛手柑橘木虱，防治方法参见黄柏丽木虱。

（六）白蛾蜡蝉

白蛾蜡蝉（*Lawana imitata* Melichar），属同翅目蛾蜡蝉科。

1. 寄主 柑橘、龙眼、黄柏（黄皮）、橄榄、梅等。

2. 为害特点 以成虫、若虫群集较荫蔽枝干、嫩梢上吸食汁液，使枝梢生长不良，叶萎缩而弯曲。受害重时，枝梢干枯，落果或果实品质变劣，其排泄物可诱发煤烟病。

3. 形态特征

（1）成虫 体长16.5～21.3mm，碧绿色或黄白色，体被白色蜡粉。头尖，复眼黑褐色。触角基节膨大，其余各节呈刚毛状，中胸背板上有3条隆脊。前翅淡绿色或黄白色，具蜡光，翅脉分支多，横脉密，形成网状，外缘平直，顶角尖锐突出，径脉和臀脉中段黄色，臀脉中段分枝处分泌蜡粉较多，集中在翅室前端成一小点。后翅为碧玉色或淡黄色，半透明。

（2）卵 长椭圆形，淡黄白色，表面有细网纹，常互相连接成一列。

（3）若虫 体长8mm，白色，稍扁平，被白色蜡粉。翅芽末端平截，腹末有成束粗长的蜡丝。

4. 生活习性 华南1年发生2代，主要以成虫在寄主茂密的枝叶间越冬。翌年2～3月越冬成虫开始取食交配，3月上旬至4月下旬产卵，卵产嫩枝叶柄上，卵纵列成长条状，每块有卵几十粒至400多粒。第一代卵孵化盛期在3月下旬至4月中旬，若虫盛发期在4月下旬至5月初，成虫盛发期在5～6月。第二代卵孵化盛期为7～8月，若虫盛发期在7月下旬至8月上旬，9月中下旬为二代成虫羽化盛期。成虫能飞善跳，但仅短距离飞行。孵化初期群集为害，后若虫逐渐分散为害。枝叶茂密，通风透光差的药园及夏秋阴雨天多，为害较重。

5. 防治方法

（1）剪除过密枝条和被害枝。

（2）用网捕杀成虫。

（3）震落若虫，放鸡鸭啄食。

（4）适期施药防控 成虫产卵前、产卵初期或若虫初孵群集期，任选2.5%溴氰菊酯乳油3 000～4 000倍液、20%甲氰菊酯乳油3 000倍液、80%敌敌畏乳油800～1 000倍液或50%杀螟硫磷乳油1 000倍液喷杀。

（七）小地老虎

参见本书地下害虫小地老虎部分。

三、蜗牛

为害特点、形态特征、生活习性和防治方法，参见本书其他有害生物蜗牛部分。

第六节　九里香/九里香

九里香（*Murraya exotica* L.）为芸香科九里香属植物。其干燥叶和带叶嫩枝为中药材九里香，异名满山香、千里香、过山香、水万年青等。

一、病害

（一）九里香根腐病

1. 症状　染病后地上部枝叶干枯，剖视根颈部可见根系变褐腐烂，茎部干枯。发生严重时整株枯死。

2. 病原　尖镰孢［*Fusarium solani*（Mart.）App. et Wr.］，为半知菌亚门镰孢属真菌。

3. 传播途径和发病条件　带菌盆土或基质是该病初侵染源。多在5～6月发生，浇水过多或冬季低温，造成的沤根常诱发此病。

4. 防治方法

（1）清园　冬季彻底清园，清除园内枯枝落叶，集中烧毁。

（2）选地栽植，加强管理　宜选土质深厚排水良好的地块种植。上盆时盆土宜透气性强，一般用山泥加沙。栽后浇一次透水，不宜过多浇水，以防发病或烂根。天气干旱时，应喷水保湿，使盆土湿润。越冬气温不低5℃。

（3）施药防控　发病初期可选用50%多菌灵可湿性粉剂400倍液、50%福美双·甲霜灵·稻瘟净可湿性粉剂800倍液或80%福·锌·多菌灵可湿性粉剂800倍液喷治。

（二）九里香白粉病

1. 症状　主要为害嫩叶、幼梢和花序，叶两面布满白色粉状物，致叶失绿，黄化，扭曲变形，直至脱落。可侵染新梢，上生白粉状物。

2. 病原　*Oidium* sp.，参见本书十大功劳白粉病。

3. 传播途径和发病条件　雨水多、湿度大易发病，尤其新梢抽长期遇高湿条件，发病重。其他参见本书十大功劳白粉病。

4. 防治方法 新梢抽生期，可选喷12%腈菌唑乳油1 500倍液、25%三唑酮可湿性粉剂1 000～1 500倍液或70%甲基硫菌灵可湿性粉剂800～1 000倍液。遇气候有利发病，发病初期宜全面喷上述药剂1～2次。

（三）九里香灰斑病

1. 症状 主要为害叶片。初生黄白色小点，后渐扩展成圆形、椭圆形棕黑色病斑，大小1～6mm。后期中间呈灰白色，上生少量小黑点（病原菌分生孢子器）。

2. 病原 *Hendersonia* sp.，为半知菌亚门壳蠕孢属真菌，一种壳蠕孢。

3. 传播途径和发病条件 不详。

（四）九里香叶枯病

1. 症状 叶尖边缘出现褪绿黄斑，开始出现淡褐色小点，后逐渐扩大成圆形或不规则形灰褐色大斑，终至叶片干枯。

2. 病原 *Macrophoma* sp.，为半知菌亚门大茎点霉属真菌。

3. 传播途径、发病条件 参见本书十大功劳叶枯病。

（五）九里香褐斑病

1. 症状 初期叶上呈现褪绿小黄斑，逐渐扩展成圆形病斑，直径2～10mm，或因病斑扩展受叶脉所限，成为不规则形，黄褐色至灰褐色，病斑外有黄色晕圈。

2. 病原 待定。

3. 传播途径和发病条件 一般发生于4～10月。病菌菌丝体在病落叶上越冬，翌春条件适宜，病菌产生分生孢子，借风雨传播，进行初侵染和再侵染，老叶较嫩叶易发病。

九里香灰斑病、叶枯病、褐斑病综合防治，参见本书黄柏叶斑病类综合防治。

（六）九里香炭疽病

1. 症状 初期叶上出现褪绿小斑点，后渐扩大成圆形、近圆形或椭圆形褐色或黄褐色病斑，后期叶片上生小黑点（病原菌分生孢子盘）。潮湿时病斑上呈现桃红色的黏孢子团。

2. 病原 *Colletotrichum* sp.，为半知菌亚门炭疽菌属真菌。

3. 传播途径和发病条件 大棚全年均可发生，室外多发生在4～6月，以分生孢子盘在病落叶中越冬。高温多湿有利发病，大棚全年均可发生，室外多发生在4～6月。其他参见本书橄榄叶斑病类。

4. 防治方法 参见本书橄榄叶斑病类。

（七）九里香白霉病

1. 症状 叶呈现多角形、不规则形病斑，直径2～5mm，淡褐色，背面密生白色霉层，病斑多时相汇合，引起叶枯。

2. 病原 益母柱隔孢（*Ramularia leonuri* Sacc. et Penz.），为半知菌亚门柱隔孢属真菌。

3. 传播途径和发病条件 不详。

4. 防治方法 参见本书滇重楼白霉病、褐斑病、红斑病、炭疽病综合防治。

二、害虫

（一）黄杨绢野螟

黄杨绢野螟（*Diaphania perspectalis* Walker），属鳞翅目螟蛾科。是近期在福建尤溪九里香上发现的新害虫。

1. 寄主 雀舌黄杨、大叶黄杨、九里香、冬青、卫矛等药用植物。

2. 为害特点 幼虫吐丝缀2～3叶成苞，在苞内取食，将叶食成缺刻或穿孔，后期食量大增，轻则致枝叶残缺、枯黄，重者整株树叶食光，以至整株或成片死亡。

3. 形态特征

（1）成虫 体长18～20mm，翅展42～46mm，白色，头部暗褐色；头顶触角间鳞毛白色；触角褐色；下唇须第一节和第二节下半部白色，第二节上部和第三节暗褐色；胸部白褐色，有棕色鳞片；翅白色，半透明，有闪光，前翅前缘褐色，中室内有2个白点，一个细小，另一个弯曲新月形，前翅外缘有一褐色带；后翅外缘边缘黑褐色。腹部白褐色，末端深褐色。

（2）卵 椭圆形，长0.7～0.8mm，宽0.35～0.4m，表面微隆，初产时黄绿色，近孵化时黑褐色。

（3）幼虫 共6龄，越冬代可达7龄。老熟初虫体长约42mm，头部黑褐色，胴部浓绿色，背线深绿色，气门上线黑褐线，气门线淡黄绿色，各节具黑褐色瘤状突起数个。

（4）蛹 长约20mm，初时翠绿色，后渐变淡，近于白色，腹末端具8枚臀棘。

4. 生活习性 该虫在上海、江苏、湖南、贵州一带1年发生3～4代，福建尤溪1年发生4代，以第四代低龄幼虫和第一、二、三代休眠幼虫在缀2～3片叶所结的薄茧内越冬。翌年3月上旬越冬各龄幼虫开始恢复取食，3月下旬开始化蛹，4月中下旬为化蛹盛期。越冬代成虫于4月中旬开始羽化，4月下旬开始产卵，5月上旬为羽化盛期。第一代卵、幼虫孵化与化蛹及成虫羽化盛期分别为5月上旬、5月中旬、6月中旬和6月下旬；第二代卵、幼虫孵化与化蛹及成虫羽化盛期分别出现在6月下旬、7月上旬、9月上旬和9月下旬；第三代卵、幼虫孵化与化蛹及成虫羽化盛期分别为9月上旬、9月下旬、10月中下旬和11月上旬，第四代卵、幼虫孵化与蛹及成虫羽化盛期分别为11月上旬和11月中下旬，12月上旬，第四代各龄幼虫相继进入越冬状态。该虫越冬代各虫态发育较为一致，其余各代存在明显的世代重叠现象。成虫白天静伏在九里香枝叶间或在其荫蔽处。受惊会速飞，有较强趋光性，成虫补充营养后交配、产卵。卵大多产叶面，多呈鱼鳞状排列，偶有单产。每块卵数5～19粒，每雌产卵103～214粒，以越冬代雌蛾产卵量最大。一、二龄取食叶肉，三龄开始吐丝做巢，在其内取食。四龄后进入暴食期，能取食全叶和嫩梢，五至六龄转入隐蔽处，虫巢外常粘连1片枯叶，易于识别。该虫可不断更换位置，重新做巢，取食为害，一巢一虫，无群集性。老熟幼虫常在树冠中、上部和树体外围吐丝缀叶（新叶、枯叶）做茧化蛹，茧呈薄椭圆形或瓜子形状。

5. 防治方法

（1）加强药园管理

①科学肥水管理：按九里香生育要求适时适量浇水和施肥。

②及时修剪：可于每代幼虫结虫苞和成虫产卵盛期时或结合绿篱整形修剪，尽量将虫苞枝叶、化蛹虫体及产卵叶剪除，集中处理。

③冬季清园：彻底清除园内枯枝落叶、杂草等。

④建园布局：应避免与该虫喜食的黄杨类植物靠近种植。

（2）诱杀　在成虫羽化盛期采用黑光灯或糖醋液诱杀。

（3）苗木检疫　防止该虫通过苗木传到新区。

（4）保护和利用天敌　该虫寄生性天敌有追寄蝇（*Exorista* sp.）、凹眼寄蝇、跳小蜂等，捕食性天敌有步甲、虎甲、螳螂、胡蜂、游猎性蜘蛛、鸟类等，应注意保护，不施用广谱性农药，避免伤害天敌。寄生性天敌对三至四龄幼虫有较高寄生率，有些地方高达30%，应发挥天敌的自然调控作用。

（5）适期施药防控　宜在越冬幼虫恢复活动大量取食期和第一代幼虫低龄期防治，在福建尤溪、三明一带，以3月中旬至6月上旬为施药适期。可任选2.5%高渗吡虫啉乳油1 500倍液、3%啶虫脒乳油1 500倍液、2.5%氯氟氰菊酯乳油1 500倍液或1.8%阿维菌素乳油1 500倍液喷治。

（二）橘光绿天牛

橘光绿天牛（*Chelidonium citri* Grressitt），属鞘翅目天牛科。

1. 为害特点　被害后枝条形成空洞，枝梢枯萎，易被风吹折倒，严重时会造成全株枯死。

2. 形态特征

(1) 成虫　体长24～27mm，体背面墨绿色，有光泽，被银灰色绒毛。足和触角深蓝色或黑紫色，跗节黑色。头部刻点细密，额区有中沟伸向头顶。触角第五至十节端部各有1根尖刺。雄虫触角略长于体，前胸长和宽略相等，侧刺突略钝。鞘翅上布满小点和皱纹。

(2) 幼虫　老熟幼虫体长46～51mm，淡黄色，体表具褐色、分布不均的毛。前胸背前方有2块褐色背板，其前缘左右两侧也各有一小硬板。前胸背后缘有一长形横置带的皮质硬块，乳白色至灰白色。

3. 生活习性　1年发生1代，以幼虫在树枝木质部内越冬。卵多产于嫩枝分杈处、叶柄和叶鞘内，一般一处产卵1粒。其他参见本书佛手星天牛。

4. 防治方法　参见本书佛手星天牛。

(三) 凤蝶

参见本书黄柏柑橘凤蝶。

(四) 柑橘木虱

参见本书佛手柑橘木虱。

(五) 蚜虫

1. 为害特点、形态特征、生活习性　参见本书南方红豆杉桃蚜。

2. 防治方法　蚜虫发生期可选用10%吡虫啉可湿性粉剂1 500倍液、50%抗蚜威可湿性粉剂（辟蚜雾）1 500～2 000倍液或10%氯氰菊酯（安绿宝、灭百可）乳油1 500倍液喷治。

(六) 紫牡蛎盾蚧

紫牡蛎盾蚧（*Lepidosaphes beckii* Newwan），属同翅目盾蚧科。又名突眼蛎蚧。

1. 寄主　黑松、柑橘、九里香、柠檬、无花果、桂花、可可等。

2. 为害特点　以成虫、若虫聚叶、枝条上吸取汁液，致叶枯黄脱落，严重时引起死树。

3. 形态特征

(1) 成虫　雌成虫介壳长约3mm，牡蛎形，红色或紫色，边缘浅褐色。头端尖后端宽，弯曲，背隆起。壳点2个位于前端。第一壳点黄色，第二壳点红色。雌成虫体长1.5mm，纺锤形，浅黄色，臀前腹节侧面突起极明显。雄介壳长1.5mm，壳点1个位于前端。雄成虫橙色，有翅1对。

(2) 若虫　椭圆形，浅黄色，触角及足发达。

（3）卵　白色。

4. 生活习性　江淮地区1年发生2～3代，世代重叠。以受精雌成虫在针叶、阔叶树叶上越冬，少量以若虫越冬。翌年4月下旬产卵，卵产介壳下，初孵若虫从介壳下爬出不久，便固定叶上刺吸为害。

5. 防治方法

（1）清园　冬季清除田间枯枝落叶，生长季节结合修剪，剪除虫害枝，集中烧毁。

（2）保护天敌　草蛉、瓢虫、蚜小蜂等加以保护，不喷广谱性农药。

（3）人工摘除虫囊　秋后至翌年3月摘除越冬虫囊，消灭越冬幼虫；成虫产卵期摘除虫囊，消灭雌成虫和卵。

（4）适期施药防控　若虫孵化盛期选用20%吡虫啉可湿性粉剂2 000倍液、35%快克乳油800～1 000倍液或25%噻嗪酮可湿性粉剂1 500～2 000倍液喷治。

（七）红蜘蛛

红蜘蛛（*Tetranychus* sp.），属真螨目叶螨科。

为害特点、形态特征、生活习性和防治方法，参见本书罗汉果朱砂叶螨。

（八）地下害虫

常见有蛴螬、小地老虎、蝼蛄等，参见本书地下害虫相关部分。

第四章　全草类

第一节　金线莲/金线莲

金线莲［*Anoectochilus roxburghii*（Wall.）Lindl.］别名金钱兰、金线草，为兰科开唇兰属草本植物。以全草入药。

一、病害

（一）金线莲猝倒病

1. 症状　茎基部呈现水渍状黄褐色病斑，并迅速绕茎一周，随后病部腐烂、干枯、缢缩，呈线状，引起植株倒伏。

2. 病原　德巴利腐霉（*Pythium debaryanum* Hesse），为鞭毛菌亚门腐霉属真菌。

3. 传播途径和发病条件　参见本书泽泻猝倒病。

（二）金线莲立枯病

1. 症状　始发时茎基部呈现黄褐色水渍状病斑，并向茎周围蔓延，环绕茎部，病部失水，引起腐烂或缢缩。发病迟的茎已木质化，呈立枯死亡。与猝倒病区别在于猝倒病发病快，不久即会出现植株猝倒死亡，而立枯病发病过程较慢。

2. 病原　立枯丝核菌（*Rhizoctonia solani* Kuhu），为半知菌亚门丝核菌属真菌。

3. 传播途径和发病条件　参见本书穿心莲立枯病。

（三）金线莲茎腐病

1. 症状　初始茎基部呈现黄褐色斑点，随后逐渐扩大至绕茎一周，严重时茎基部出现腐烂，地上部茎叶黄化，终至植株死亡，从症状上看与猝倒病症状不易区别。

2. 病原　经分离培养和分子鉴定，确认为尖镰孢（*Fusarium oxysporum* C. S. Chi），为半知菌亚门镰孢属真菌。

3. 传播途径和发病条件　高温、多湿、通风不良及环境不干净等易发病。

其他参见本书穿心莲黑茎病。

（四）金线莲白绢病

1. 症状 为害靠近地面的茎基部和根部。染病后出现暗褐色、湿润状、不定形的病斑，稍凹陷，潮湿时病部长出辐射状白色菌丝体；后期病斑横向扩展，可环绕整个茎基部，致使叶片由下至上逐渐变黄，严重时引致全株萎蔫枯死。

2. 病原 经分离培养和分子鉴定，确认为齐整小核菌（*Sclerotium rofsii* Sacc.），为半知菌亚门小核菌属真菌。

3. 传播途径和发病条件 该病以菌丝体或菌核随病残体遗落土中越冬，菌核在土中存活多年。菌核萌发为菌丝可穿越土壤四处蔓延，接触寄主后直接侵入或从伤口侵入致病，并借病苗、病土和流水传播，辗转为害。在高温、高湿条件下发病较重，春夏之交的梅雨季节，以及秋雨连绵时发生尤为严重。

（五）金线莲灰霉病

这是棚栽金线莲的一种重要病害。

1. 症状 主要为害叶、茎。受害部出现灰白色霉层（病原菌分生孢子梗和分生孢子），是本病与金线莲猝倒病、立枯病、茎枯病的主要区别点。

2. 病原 *Botrytis* sp.，为半知菌亚门葡萄孢属真菌。

3. 传播途径和发病条件 棚内长时间保持湿度高（相对湿度90%以上）、光照不足、基质含水量高，易诱发该病的发生、流行。其他参见本书黄精灰霉病。

（六）金线莲细菌性软腐病

1. 症状 主要为害中、下部茎和靠近地表的叶柄。始发时约在茎基部3cm表皮处，呈褐色环死斑，叶脉出现褐色腐烂，中、下部叶发黄，高湿下呈萎蔫状，后期全株萎蔫，但直立不倒伏。

2. 病原 细菌种类待定。

3. 传播途径和发病条件 病菌经水流和农事操作带菌传播，高温、多湿、水源不干净易发病。

（七）金线莲猝倒病、茎枯病、立枯病、白绢病、细菌性软腐病综合防治

（1）生态防控

①选地建棚：这是种植金线莲成败的关键措施之一，宜选金线莲适生生态环境条件［海拔较高（400～900m）林地溪、沟边阴凉地带］：背山面水，夏季阴凉，冬季避风保暖；交通方便；灌溉设施好，水质干净；靠近阔叶林或针阔交混林带建棚。

②优化管理：造就适宜金线莲生育的大棚温度（20～28℃）、湿度（相对湿

度70%以上)、光照条件(3 000～5 000lx),提高抗逆力。

③培育、种植无病健壮试管苗:大棚和所用基质、移植穴盘须净化处理,移植前要用硫黄或百菌清熏剂进行消毒。

④种植场所保持洁净,大棚内和周围杂草及废弃基质清除干净,杜绝传染源。

(2)防控发病中心 苗期和移栽初期发现病苗立即拔除烧毁,病穴和周围植株施药防控,尤其移栽时期,操作须细心,减少植株损伤和被病菌侵染机会。

(3)施药防控 发病季节如出现少量病株症状系细菌为主侵染引起的死苗,应即选喷农用链霉素(硫酸链霉素1 000万U 6 000倍液)、新植霉素(90%可溶性粉剂3 000倍液)、铜制剂(如77%氢氧化铜可湿性粉剂500倍液)或其他防治细菌性药剂。如上述死亡是真菌侵染(包括灰霉病)引起,宜用70%甲基硫菌灵可湿性粉剂800倍液、40%代森锰锌乳粉200倍液、新植毒素(浓度同上)、75%百菌清可湿性粉剂600倍液,以及嘧霉胺、乙霉威、异菌脲等(见说明)喷治,农药宜轮换防治。如出现白绢病为害严重,还可参见鱼腥草白绢病药剂防治部分。

(4)基质和穴器消毒 基质和穴器要用干净水清洗,并用上述药液消毒。

二、害虫

(一)红蜘蛛

红蜘蛛(*Tetranychus* sp.),属真螨目叶螨科。

1. 为害特点 以成虫、若虫聚叶上吸取汁液,被害叶呈现黄斑,严重时叶变黄枯焦,提早脱落,以至全株枯死。

2. 形态特征和生活习性 参见本书鱼腥草螨类。

3. 防治方法 发现害螨为害,可任选73%炔螨特乳油1 000～2 000倍液、20%复方浏阳霉素乳油1 000倍液或1.8%阿维菌素乳油2 000倍液喷治。

(二)地下害虫

常见有小地老虎和蝼蛄,前者三龄前咬食金钱莲心叶,吃成小缺口或呈网孔状,三龄后咬食近地面的茎,造成缺苗断垄。后者在土中咬食幼苗根茎,致苗死亡,其形态特征、生活习性和防治方法,参见本书地下害虫小地老虎和蝼蛄部分。

(三)韭蛆

韭蛆又称韭菜迟眼蕈蚊。

1. 为害特点、形态特征 参见本书麦冬韭菜迟眼蕈蚊。

2. 生活习性 1年发生5代,该虫产卵于基质,喜阴湿环境,能飞善跳,对金线莲散发的气味有明显的趋性，一旦发生很难控制。4～9月是该虫的大发生时期。

3. 防治方法 韭蛆发生前以防为主，主要是大棚周围采用防虫网拦阻其侵入，基质采用石灰堆沤、暴晒10d以上，可杀灭基质中的虫卵，兼有灭菌作用。已发生韭蛆为害的棚室，可采取黄板诱捕，灯光、糖、醋诱杀成虫，也可施用醚菊酯、阿维菌素、敌百虫等农药防治。

三、蜗牛和蛞蝓

多发生在5～6月，咬食金钱莲柔软组织，如根部和嫩芽，影响植株生长，可用密达或生石灰撒苗床防治，详见本书其他有害生物蜗牛和蛞蝓部分。

第二节 广藿香/广藿香

广藿香［*Pogostemon cablin*（Blanco）Benth.］为唇形科刺蕊草属植物。全草入药，药材名广藿香别名海藿香、藿香。

一、病害

（一）广藿香斑枯病

1. 症状 主要为害叶片。叶上病斑多角形，直径1～3mm，暗褐色，后期病斑两面上生黑色小点（病原菌分生孢子器），严重时病斑融合，形成大斑，致叶枯死。

2. 病原 华香草壳针孢（*Septoria lophanthi* Wint.），为半知菌亚门壳针孢属真菌。

3. 传播途径和发病条件 病菌以菌丝体在病残体上越冬。翌春条件适宜，分生孢子随气流传播，引起初侵染和再侵染，8月为发病盛期。

4. 防治方法

（1）清园 收后彻底清除病残体并烧毁。

（2）施药防控 发病初期选喷58%甲霜·锰锌可湿性粉剂500倍液、50%多菌灵可湿性粉剂600倍液、64%噁霜·锰锌可湿性粉剂（杀毒矾）500倍液或80%代森锌可湿性粉剂500倍液，10～15d喷1次，连喷2次。

（二）广藿香灰斑病

症状、病原（*Botrytis cinerea* Pers. ex Fr.）、传播途径和发病条件及防治方法，参见本书泽泻灰斑病。

（三）广藿香褐斑病

1. 症状 叶上病斑圆形或近圆形，直径2～4mm，中央淡褐色，边缘暗褐色，后期斑面上生淡黑色霉状物（病原菌分生孢子梗和分生孢子），严重时病斑汇合，叶片提前枯死。

2. 病原 唇形科尾孢（*Cercospora labiatarum* Chuppe et Mull.），为半知菌亚门尾孢属真菌。

3. 传播途径和发病条件 病菌以菌丝体在病残体上越冬。翌春条件适宜，产生分生孢子，借气流传播，进行初侵染和多次再侵染。高温、高湿有利发病，7～8月为发病高峰。

4. 防治方法 参见广藿香斑枯病。

（四）广藿香轮纹病

1. 症状 叶上呈现近圆形小型病斑，褐色，边缘暗褐色，有的具轮纹，中央灰褐色，后期斑面上生小黑点（病原菌分生孢子器）。

2. 病原 淡竹壳二孢（*Ascochyta lophanthi* Davis var. *osmophila* Davis），为半知菌亚门壳二孢属真菌。

3. 传播途径和发病条件 参见本书车前草褐斑病。

4. 防治方法 参见广藿香斑枯病。

（五）广藿香根腐病

1. 症状 为害根部。初始在植株根部和根状茎处出现褐色斑，后渐扩展，出现腐烂，并延至地上部，引起皮层变褐，叶色黄化，终至植株枯死。

2. 病原 *Fusarium* sp.，为半知菌亚门镰孢属真菌。

3. 防治方法

（1）清园。

（2）拔除病株。

（3）加强管理 清沟排水，防止田间积水。

（4）施药防控 参见本书玫瑰茄根腐病施药防治方法。

（六）广藿香细菌性青枯病

产区发生较普遍，为害重，损失大。

1. 症状 初期个别枝条叶片失水，下垂，随后逐渐扩展至全株，引起全株枯萎、死亡。剖开病根，可见根茎表皮腐烂，维管束变褐，用手挤压，有白色菌浓流出。

2. 病原 青枯劳尔氏菌［*Ralstonia solanacearum* = *Pseudomonas solanacearum*（Smith）E. F. Smith.］，一种细菌。

3. 传播途径和发病条件 该菌主要随病残体遗留在田间越冬，无寄主时，可在土中营腐生生活1～6年，成为该病主要初侵染源。该菌主要通过雨水、灌溉水传播，带菌肥料也能传病。病菌从根部或茎基部伤口侵入，在植株维管束组织内扩展，致导管堵塞，细胞中毒，引起叶片萎蔫。该菌在10～40℃下均可生长，以30～37℃最为适宜，高温、多湿季节、久雨或大雨转晴后发病重。

4. 防治方法

（1）实行轮作　病重田块可与禾本科作物进行4年以上轮作，最好实行水旱轮作。

（2）及时清园　收后清除病残体，集中烧毁；发现病株及时挖除，病穴撒施石灰或施药（见药剂防治部分）消毒。

（3）择地育苗　远离病区，选用无病地块育苗。

（4）优化栽培管理　采用高畦栽培，疏沟培土，排除积水，干湿灌溉，切忌漫灌；施用充分腐熟有机肥或施用5406菌肥。

（5）施药防控　发病初期除及时拔除病株外，周围植株要施药保护，可选用72%农用硫酸链霉素4 000倍液、新植霉素（100万U）4 500～5 000倍液（或90%可湿性粉剂20g，对水50kg）、6%春雷霉素可湿性粉剂300～400倍液、20%噻菌铜悬浮剂（龙克菌）300～400倍液，或77%氢氧化铜可湿性粉剂1 000倍液喷洒或浇灌。

（七）广藿香细菌性角斑病

常发性病害，为害重。

1. 症状　初始叶出现水渍状小斑，后渐扩大呈多角形褐色病斑，严重时引起叶片枯死脱落。

2. 病原　*Xanthomonas* sp.，为黄单胞杆菌属细菌。

3. 传播途径和发病条件　该菌在病部越冬，翌年春雨期间，细菌从病部溢出，借风雨、昆虫传播，通过水孔、伤口侵入为害。3～5月高温多雨，有利发病。

4. 防治方法

（1）清园　冬季及时清园，清除病残体集中烧毁。

（2）施药防控　发病初期对病株和周围植株要及时、均匀喷药。用药方法和其他防治措施，参见广藿香细菌青枯病。

二、害虫

（一）朱砂叶螨

朱砂叶螨（*Tetranychus cinnabarinus* Boisdural），属真螨目叶螨科。

为害特点、形态特征、生活习性和防治方法，参见本书罗汉果朱砂叶螨。

(二) 棉铃虫

为害特点、形态特征、生活习性和防治方法，参见本书薏苡棉铃虫。

第三节　白花蛇舌草/白花蛇舌草

白花蛇舌草（*Hedyotis diffusa* Willd.）为茜草科耳草属植物，又名二叶葎。全草入药，药材名为白花蛇舌草，异名蛇舌草、蛇总管、蛇舌癀、细叶柳子等。

一、病害

(一) 白花蛇舌草霉根病

白花蛇舌草霉根病又称白花蛇舌草烂茎瘟。

1. 病原与症状　由半知菌亚门丝核菌属立枯丝核菌（*Rhizoctonia solani* Kumh）侵染引起的立枯病症状：苗基部呈褐色凹陷，致苗折倒死亡。由半知菌亚门根腐病菌（待定）侵染引起的根腐病（又称干腐病）：其根部缓慢腐烂，伤害根茎，致其干腐，维管束变褐，枝叶发黄枯死。

2. 传播途径和发病条件　参见本书益智立枯病。

3. 防治方法

（1）实行轮作　病重田可与禾本科作物轮作2～3年，最好实行水旱轮作。

（2）种子和土壤处理　播种前采用2.5%咯菌腈悬浮种衣剂（适乐时）进行种子包衣处理（1kg种子用药4～8mL），也可用上述药剂1 500倍液进行畦面喷雾处理。

（3）加强田间管理　重视防疫，发现病株拔除烧毁，周围植株施药保护；疏沟排水，控湿防病；增施磷、钾肥，提高抗病力。

（4）施药防控　发病初期对病株及周围植株喷药防治，发生较多时应全面施药（药剂同上）防控。

(二) 白花蛇舌草灰霉病

1. 症状　病叶从叶尖开始发病，沿叶脉方向发展成V形，向内扩展成灰褐色，边缘有深浅相间的线状纹，受害叶叶柄呈灰白色水渍状，组织软化至腐烂，高温时表面生有灰霉，茎多从叶柄基部发生，初呈不规则水渍状斑，后迅速变软腐烂、溢缩或折断，终至病部腐烂，全株枯死。

2. 病原　一种侵染性病害，种类待定。

3. 传病途径和发病条件　参见本书黄精灰霉病。

4. 防治方法　发病初期喷选喷40%嘧霉胺悬浮剂（施佳乐）800～1 000倍

液、50%啶酰菌胺水分散粒剂1 200倍液，或50%嘧菌环胺水分散粒剂水分散粒剂（和瑞）1 000倍液，其他参见黄精灰霉病。

二、害虫

（一）白飞虱

主要种群为白粉虱和烟粉虱，其形态特征、生活习性和防治方法，参见本书石斛粉虱。

（二）黄曲条跳甲

黄曲条跳甲［*Phyllotreta striolata*（Fabricius）］，属鞘翅目叶甲科。

1. 形态特征

（1）成虫　体长1.8～2.4mm，椭圆形，黑色有光泽。前胸背板及鞘翅上有许多排成纵行的刻点。鞘翅中央有一黄色纵带，纵带外侧中部凹曲，内侧中部直形，仅前后两端向内弯曲。后足腿节膨大。

（2）卵　椭圆形，长约0.3mm，淡黄色，半透明。

（3）幼虫　老熟体长4mm左右，黄白色。头、前胸背板及臀板淡褐色，各体节疏生不显著的肉瘤和细毛。腹部末端面有一乳状突。

（4）蛹　长椭圆形，乳白色。头部隐于前胸下面，腹末有1对叉状突起，叉端褐色。

2. 生活习性　在浙江衢州一带1年发生6～7代，以成虫在田间或沟边的杂草或落叶上越冬。越冬成虫于3月中下旬开始出蛰活动，4月上旬开始产卵，10～11月开始越冬，一般春季为害重于秋季，高温季节为害较少。

3. 防治方法

（1）清园　冬季和生长季节清除田间和沟边杂草及落叶，消灭部分越冬成虫。

（2）施药防控　幼虫和成虫发生期分别采用48%毒死蜱乳油1 000倍液和2.5%溴氰菊酯乳油60mL对水50kg喷治，也可采用5%辛硫磷颗粒剂（每667 m^2 2～3kg）处理土壤，或冬闲时施用生石灰（每667m^2 100～150kg）后深翻晒土，闷一段时间，可杀死部分幼虫和蛹。

（三）雀纹天蛾

雀纹天蛾［*Theretra japonica*（Orza）］，属鳞翅目天蛾科。又名日本雀天蛾。

1. 寄主　白花蛇舌草、葡萄等。

2. 形态特征

（1）成虫　体长27～38mm，翅展59～80mm，体绿褐色，头胸两侧及背部中央具灰白色绒毛，背线两侧有橙黄色纵线，腹部侧面橙黄色，背中线及两侧具数条不明显暗褐色平行纵线，前翅黄褐色，后缘中部白色，翅顶及后缘具6～7条暗褐色斜线，上面1条明显，第二、四条之间色浅，外缘有微紫色带。后翅黑褐色，外缘有不明显黑色横线。

（2）卵　近圆形，长径1.1mm，淡绿色。

（3）幼虫　体长约75mm，有褐色和绿色两型。褐色型：全体褐色，背线淡褐，亚背线色浓。第一、二腹节亚背线上各有一较大眼状线；第三腹节亚背线上有一较大黄色斑，第一至七腹节两侧各具1条暗色斜带；尾角细长弯曲。绿色型：全体绿色，背线明显，亚白线白色，其他斑纹同褐色型。

（4）蛹　长36～38mm，茶褐色，第一、二腹节背面及第四腹节以下节间黑色，臀棘较尖，黑褐色。

3. 生活习性　南昌地区1年发生4代，第一代成虫4月下旬至5月中旬出现，二代、三代、四代分别于6月中至7月上旬、7月下旬至8月中旬、9月上旬至9月下旬出现，成虫昼伏夜出，有趋光性，喜食花蜜，卵散产在叶背，幼虫喜在叶背取食。老熟后在寄主附近6～10cm处做土室化蛹。

4. 防治方法

（1）冬耕灭蛹　结合冬耕消灭土中越冬蛹。

（2）成虫发生期设置黑光灯诱杀。

（3）施药防控　幼虫发生期选用50%辛硫磷乳油1 000倍液或48%毒死蜱乳油1 500倍液喷治。其他参见本书仙草甘薯天蛾防治方法。

（四）斜纹夜蛾

参见本书仙草斜纹夜蛾。

（五）地下害虫

常见有小地老虎、蛴螬，参见本书地下害虫相关部分。

第四节　益母草/益母草

益母草（*Leonurus japonicus* Houtt.）为唇形科益母属草本植物。以全草入药，名益母草，异名益母艾、苦草、月母草、地母草、铁麻干等。

一、病害

（一）益母草菌核病

1. 症状　一般花期以前或初花期发病。初期在接近地面处的茎基部皮层始现灰色腐烂，周围土表出现白色菌丝体，腐烂达木质部时，地上部开始萎蔫，最后地上部枯死，并在茎基部布满白色菌丝、黑色鼠粪状菌核，该病一旦发生，如不及时防治，将造成严重损失。

2. 病原 核盘菌［*Sclerotinia sclerotiorum*（Lib.）de Bary］，为子囊菌亚门核盘菌属真菌。

3. 传播途径和发病条件 病菌以菌核在土中或混杂在种子内越冬，成为翌年初侵染源。翌春条件适宜，菌核萌发子囊盘，产生子囊孢子，借风雨传播，辗转为害，多在 4 月中旬发病，4 月下旬到 5 月为发病盛期。氮肥过多、排水不良、管理粗放、雨后积水等均有利发病。

4. 防治方法

（1）加强田间管理　完善排灌系统，雨后及时排水，降湿防病。

（2）拔除病株　及时拔除病株并烧毁，施用石灰处理病穴，或用木霉制剂（每克 1 亿活孢子水分散粒剂）、50%乙烯菌核利可湿性粉剂 800～1 000 倍液淋灌病株、病穴。

（3）适期施药防控　发病初期选用 50%乙烯菌核利可湿性粉剂 1 000 倍液、70%甲基硫菌灵可湿性粉剂 1 000 倍液或 2%农抗 120 可湿性粉剂 500～800 倍液，连喷 2～3 次。发病较重时可选喷 70%百菌清可湿性粉剂 1 000 倍液或 50%异菌脲可湿性粉剂 1 000 倍液。

（二）益母草白绢病

症状、病原、传播途径和发病条件及防治方法，参见本书绞股蓝白绢病。

（三）益母草白粉病

1. 症状 叶和茎部呈现白粉状物，叶面由绿变黄，严重时叶枯萎。

2. 病原 待定。

3. 传播途径和发病条件及防治方法 参见本书车前草白粉病。

（四）益母草白霉病

1. 症状 叶呈现多角形、不定形病斑，直径 2～5mm，淡褐色，无明显边缘，背面密生白色霉层，严重时病斑汇合，引起叶枯。

2. 病原 益母草柱隔孢（*Ramularia leonuri* Sacc. et Penz.），为半知菌亚门柱隔孢属真菌。

3. 传播途径和发病条件 病菌以分生孢子在病残体上越冬，翌春条件适宜侵染叶片，引起发病，病部产生的分生孢子，借气流、雨水传播，进行再侵染。湿度高有利于病菌生长萌发。

4. 防治方法

（1）清园　冬季彻底清除病残体，深埋或烧毁，可减少翌年侵染源。

(2) 加强管理　雨季及时排水，降湿防病。

(3) 施药防控　发病中心病株和周围植株及时喷药，可选喷75%百菌清可湿性粉剂或70%甲基硫菌灵可湿性粉剂800倍液。

(五) 益母草锈病

1. 症状　为害叶片，严重时引起叶枯。

2. 病原　待定。

3. 传播途径和发病条件　不详。

4. 防治方法　参见本书车前草锈病。

(六) 益母草根腐病

1. 症状　为害根部，引起根腐，地上部出现生长衰退，叶片褪绿，萎蔫，严重时引起死株。

2. 病原　待定。

3. 传播途径和发病条件　不详。

4. 防治方法　参见本书玫瑰茄根腐病。

(七) 益母草花叶病

1. 症状　初期叶上呈现少数褪绿斑点，逐渐蔓延，病斑变大，最后整个叶片变成黄绿相间的花叶，有的植株染病后，叶变皱缩，绿色部分突起呈瘤状，叶片凹凸不平。

2. 病原　病毒种类待定。

3. 传播途径和发病条件　参见本书石斛花叶病。

4. 防治方法

(1) 发现病株立即拔除烧毁。

(2) 培育和种植无毒种苗　参见本书石斛病毒病培育无毒种苗方法。

(3) 治虫防病　参见本书石斛治蚜方法。

(八) 益母草根结线虫病

症状、病原（*Meloidogyne* sp.）、传播途径和发病条件及防治方法，参见本书麦冬根结线虫病。

二、害虫

(一) 稻绿蝽

稻绿蝽［*Nezara viridula*（Linnacus)］，属半翅目蝽科。

1. 寄主 多种蔬菜、药用植物。

2. 为害特点 以成虫、若虫吸食植株汁液，影响寄主生长，造成减产。

3. 形态特征

（1）成虫 全绿型，体长12～16mm，宽6.0～8.5mm，长椭圆形，青绿色（越冬成虫暗赤褐）头近三角形，触角5节，复眼黑，单眼红，喙4节，伸达后足基节，末端黑色。小盾片长三角形，基部有3个横列的小白点，末端狭圆，超过腹部中央。前翅长于腹末。足绿色，跗节3节，灰褐色，腹下黄绿或淡绿色，密布黄色斑点。

（2）卵 杯形，长1.2mm，宽0.8mm，初产黄白色，后转红褐色。

（3）若虫 一龄若虫体长1.1～1.4mm，腹背中央有3块排成三角形的黑斑，后期黄褐，五龄若虫体长7.5～12mm，绿色为主。触角4节，单眼出现，翅芽伸达第三腹节，前胸与翅芽散生黑色斑点，外缘橙红，腹部边缘具半圆形红斑，中央也具红斑，足赤褐，跗节黑色。

4. 生活习性 广东1年发生4代，少数5代，江西1年发生3代，以成虫在杂草、土缝、林木灌丛中越冬。卵成块产于寄主叶上，有规则地排列成3～9行，每块60～70粒。一、二龄若虫有群集性，若虫和成虫具假死性，成虫具趋光性和趋绿色性。

5. 防治方法

（1）清园 冬季清除田园杂草，消灭部分成虫。

（2）灯光诱杀。

（3）适期施药防控 若虫盛发高峰期选喷80%敌敌畏乳油800倍液、1%阿维菌素乳油2 000倍液或50%杀螟硫磷乳油1 000～1 500倍液。

（二）蚜虫

为害特点、形态特征、生活习性和防治方法，参见本书罗汉果棉蚜。

（三）红蜘蛛

为害特点、形态特征、生活习性和防治方法，参见本书鱼腥草螨类。

（四）地下害虫

常见有蛴螬、蝼蛄等，参见本书地下害虫相关部分。

第五节 半枝莲/半枝莲

半枝莲［*Scutellaria barbata* D. Don. （*S. rivularis* Wall.）］为唇形科黄芩属植物。干燥全草入药，名为半枝莲。

一、病害

半枝莲疫病

1. 症状　叶呈现水渍状暗绿色病斑，随后萎蔫下垂，似开水烫过。茎和根部也会受害。

2. 病原　尚待鉴定。

3. 传播途径和发病条件　高温季节发生。

4. 防治方法

（1）苗期防疫　苗期发现病株，立即拔除烧毁，并用1∶1∶120波尔多液喷治。

（2）大田防治　大田生长期发病，可在发病初期喷50%硫菌灵可湿性粉剂1 000倍液，7～10d喷1次，连喷2～3次。

二、害虫

（一）棉铃虫

参见本书薏苡棉铃虫。

（二）菜粉蝶

幼虫称菜青虫，5～6月发生。参见本书玫瑰茄菜青虫。

（三）蚜虫

蚜虫（*Aphis* sp.），属同翅目蚜科。参见本书石斛蚜虫。

第六节　车前草/车前草、车前子

车前（*Plantago asiagtica* L.）、平车前（*Plantago depressa* Willd.）为车前科车前属植物。以全草入药，药材名为车前草；以成熟种子入药，其药材名为车前子。

一、病害

（一）车前草褐斑病

1. 症状　叶上病斑呈圆形，直径3～6mm，褐色，中央灰白色至灰褐色，边缘明显，后期斑面上生小黑点（病原菌分生孢子器），严重时病斑穿孔，致叶枯亡。

2. 病原 车前壳二孢（*Ascochyta plantaginis* Sacc. et Speg.），为半知菌亚门壳二孢属真菌。

3. 传播途径和发病条件 以分生孢子器在病残体上越冬，翌春条件适宜，分生孢子借气流传播，引起初侵染、再侵染，使病害不断扩展蔓延。高温、高湿、多雨露有利发病。

4. 防治方法

（1）清园 冬前收集田间病残体，集中烧毁。

（2）施药防控 3月上旬发病初期选喷50%代森锰锌可湿性粉剂600倍液或50%多菌灵可湿性粉剂500倍液各1次，间隔半月左右。

（二）车前草白粉病

1. 症状 病叶两面形成不定形污白色斑块（病原菌分生孢子梗和分生孢子），可相互融合布满全叶，致叶早枯。穗部染病后引起结实不饱满，种子瘦小，影响产量和品质。严重时病斑连片，叶被白粉覆盖。秋季粉状斑变暗，上生小黑点（病原菌闭囊壳）。

2. 病原 *Golovinomyces sordidus*，为白粉菌科高氏属真菌。另据报道，二孢白粉菌（*Erysiphe cichoracearum* DC.，为子囊菌亚门白粉菌属真菌）也能引起本病。

3. 传播途径和发病条件 病菌以菌丝体在车前草的病苗（自生苗和野生苗）上越冬。翌春，分生孢子借风雨进行初侵染和再侵染，不断扩展蔓延。南昌地区车前草叶于4月开始发病，5月中间出现发病高峰。穗部于5月上旬始发，6月中旬出现发病高峰。温度20～25℃晴天或多云，并有短时小雨，有利病害发生与蔓延，温度高于28℃，雨日多，雨量大，会抑制病害扩展蔓延，氮肥过量发病重。

4. 防治方法

（1）冬季清园 清除病残体，尤其要铲除干净自生或野生车前草苗，减少越冬菌源。

（2）加强田间管理 忌偏施氮肥，增施磷、钾肥，提高抗病力。

（3）防控发病中心 发现发病中心及时清除病残体，并对发病中心及周围植株喷25%丙环唑乳油2 000倍液或60%多菌灵盐酸盐可湿性粉剂500倍液，隔7d喷1次，连喷2次。当气候条件有利发病时应全面施用上述药剂。

（三）车前草锈病

1. 症状 叶上病斑近圆形，红褐色，直径2～6mm，初始叶正面形成黄色小点（病原菌性孢子器）；后期叶背生环状或不规则排列的黄白色小点（病原菌锈子腔)。

2. 病原 车前锈孢(*Aecidium plantaginis* Diet.),为担子菌亚门锈(春)孢属真菌。

3. 传播途径和发病条件 6～8月发生较多,夏孢子借气流传播,高温病害易发生、流行。

4. 防治方法

(1)清园 秋后彻底清除田间病残体,园外烧毁。

(2)防控发病中心 发现病中心应及时剪除病部烧毁,减少田间菌量,并对发病中心及周围植株喷药防治,可选喷20%三唑酮乳油(粉锈宁)1 500倍液或97%敌锈钠原药300倍液,连喷2次。气候条件有利病害发展时,应全面施药防控。

(四)车前草穗枯病

是近期发现危害性很大的病害。

1. 症状 主要为害穗部,也可为害穗轴和叶片。穗部表现为顶端变黑腐烂,后全穗枯死。叶上呈现圆形、直径1～2cm的大型病斑,中央灰绿色,边缘暗绿色,病叶易发生焦枯。穗轴和叶柄呈现椭圆形或梭形大斑,病斑呈暗绿色或灰绿色,病部易生大量褐色小点(子座)。江西吉安田间发生普遍,曾出现过整田枯死,损失惨重。

2. 病原 *Fusicoccum* sp.,为半知菌亚门壳梭孢属真菌。

3. 传播途径和发病条件 病菌以菌丝体和分生孢子附着病残体遗落田表越冬、越夏,翌年3～4月车前草抽穗期,气温15～30℃,分生孢子借风雨传播,引起发病。越冬菌源多,氮肥过量,温度24～28℃,雨日多,田间积水、湿度大,有利本病的发生与流行。施用生物有机肥加喷叶面肥,发病较轻,产量高。

4. 防治方法

(1)轮作 实行稻—稻—车前草轮作,减少菌源。

(2)种子预措 种前可用50%多菌灵可湿性粉剂500倍液浸种30min,杀灭种子上的病菌。

(3)加强田间管理 合理施肥(重施基肥、巧施穗肥,配方施肥),调整播期(使抽穗期避过发病高峰期),窄幅种植,清沟排水,收后清园,清除病残体并烧毁,减少越冬菌源。

(4)防控发病中心 发现病株立即拔除烧毁,并对周围植株施药保护(用药同下)。

(5)施药防控 发病初期,可选用30%苯甲·丙环唑乳油(300g/L爱苗)3 000倍液、40%三环唑可湿性粉剂(瘟失顿)50～70g对水40～50L或20%丙硫咪唑可湿性粉剂(见说明)加喷施宝10mL对水30kg喷洒。田间已发病且气候有利发病时，宜全面施药防治，隔7～10d喷1次，连喷2～3次。

（五）车前草菌核病

该病是近期发现的新病害。

1. 症状　为害穗部和叶片。受害穗部，初呈水渍状病斑，扩大后呈不规则红褐色大斑，蔓延整个穗部，以至呈黑褐色枯死。剖开病穗，内有白色菌丝和鼠粪状菌核。病叶初呈水渍状圆形或椭圆形斑点，扩大后呈不规则形红褐色大斑，温度高时病斑边缘出现白色菌丝。叶片病轻。发病轻的结实不饱满，病重株提早枯死，严重影响产量和品质。

2. 病原　核盘菌［*Sclerotinia sclerotiorum*（Lib.）de Bary］，为子囊菌亚门核盘菌属真菌。

3. 传播途径和发病条件　抽穗期平均气温20～25℃，田间湿度大，氮肥过量，通风透气差，有利发病，如遇阴雨天多，则发病重、产量低；施用生物有机肥加喷叶面肥的发病轻，产量高。其他参见本书益母草菌核病部分。

4. 防治方法　发病初期选用12.5%治萎灵可湿性粉剂1 000倍液、25%凯润乳剂2 000倍液或70%甲基硫菌灵可湿性粉剂1 000～1 500倍液喷治，能有效控制病情发展，其他参见本书益草菌核病防治。

二、害虫

（一）黑纹金斑蛾（豆银纹夜蛾）

参见本书泽泻银纹夜蛾。

（二）地下害虫

常见有小地老虎、蛴螬、蝼蛄等，参见本书地下害虫相关部分。

第七节　鱼腥草/鱼腥草

鱼腥草为三白草科蕺菜属植物蕺菜（*Houttuynia cordata* Thunb.），带根全草入药。

一、病害

（一）鱼腥草白绢病

该病是为害鱼腥草的重要病害，有的称鱼腥草根腐病。

1. 症状　初期地上部茎叶发黄，地下茎基部及根颈出现黄褐色软腐，中后期地表长出白色丝状菌丝，地下根茎逐渐腐烂，成烂麻状。中后期地下根茎和植株地表周围布满白色菌丝，并产生大量初为白色后转黄褐色似油菜籽的小菌核，终至植株枯黄而死。

2. 病原 齐整小核菌（*Sclerotium rolfsii* Sacc.），为半知菌亚门小核菌属真菌。

3. 传播途径和发病条件 高温干旱易发病，一般 5～9 月发病，7 月上旬至 8 月上旬为发病盛期，其他参见本书半夏块茎腐烂病。

（二）鱼腥草茎腐病

1. 症状 主要为害茎基部或地下主侧根，初为暗褐色水渍状，后渐扩大，地上部病叶黄化萎蔫，茎基及根颈出现黄褐色至褐色腐烂，湿度大时，病部长出灰白色菌丝，后期植株枯死，病部表面形成鼠粪状的菌核。

2. 病原 立枯丝核菌（*Rhizoctonia solani* Kunn.），为半知菌亚门丝核菌属真菌。

3. 传播途径和发病条件 种植过密，湿度大，有利发病。其他参见本书穿心莲立枯病。

（三）鱼腥草根腐病

1. 症状 主要在植株根部和根颈部发病。发病初期症状不明显，随病情加重，地上部生长衰弱，部分枝叶黄化，严重时根部变褐腐烂，地上部整株枯死。

2. 病原 *Fusarium* sp.，为半知菌亚门镰孢属真菌。

3. 传播途径和发病条件 参见本书玫瑰茄根腐病。

4. 防治方法 发病初期采用 50%异菌脲可湿性粉剂 1 500 倍液或 30%噁霉灵水剂 800 倍液喷施根部。

（四）鱼腥草白绢病、茎腐病、根腐病综合防治

（1）选用无病种茎 从无病大田选择外表无病的健康植株留作种茎，种前用 50%多菌灵可湿性粉剂 600 倍液或 1∶1∶120 波尔多液浸种茎 10min，或 20%石灰水浸种 1h，取出洗净晾干后播种，或每 50kg 种茎用 50%多菌灵可湿性粉剂 300g 拌种。移栽前每 50kg 种茎采用卫福 200FF 水悬浮剂 250～300mL 或 50%多菌灵可湿性粉剂 300g 拌种。

（2）清园 生长期间和收后及时清除病残体，集中烧毁。

（3）实行轮作 病重地块实行水旱轮作 2～3 年，不与易患该病的花生、茄子、菊花、芦荟、薄荷等作物间、套作。

（4）加强田间管理 雨后及时排水，实行干湿灌溉，增施有机质肥，提高抗病力。

（5）防控发病中心　发病初期拔除病株并烧毁，病穴用石灰粉消毒或选用木霉制剂（每克 1 亿活孢子）水分散剂 600～800 倍液、40％菌核净可湿性粉剂 800 倍液或 50％多菌灵可湿性粉剂 500～1 000 倍液灌根。周围植株用上述药液喷洒。发病初期还可选用 70％代森联可湿性粉剂 600 倍液、40％氟硅唑乳油 8 000倍液、25％嘧菌酯乳油 1 500 倍液或 50％醚菌酯水分散粒剂 300 倍液喷施根部，7～10d 喷 1 次，连喷 2～3 次，此外可试用 50％乙烯菌核利可湿性粉剂（农利灵）600～1 000 倍液淋灌。

（6）施药防控　发病较多时宜全面任选 40％菌核净可湿性粉剂 800 倍液、50％多菌灵可湿性粉剂 1 000 倍液、20％噻菌铜悬浮剂 500 倍液、5％井冈霉素水剂 1 500 倍液、20％甲基立枯磷乳油 1 000 倍液或 30％噁霉灵水剂 800 倍液喷治，7～10d 1 次，连喷 2～3 次，药剂宜轮换使用。

（五）鱼腥草轮斑病

1. 症状　叶上初现淡紫色小斑点，后扩大成近圆形病斑，有明显的同心轮纹，边缘有时不明显，轮纹间灰白色，叶面病斑有 1～3 个紫色环，中后期病斑穿孔，多个病斑相连形成大斑，上生淡色霉层，严重时整个叶面布满病斑，致叶枯死。

2. 病原　*Phyllosticta* sp.，为半知菌亚门的叶点霉属真菌。有报道称，*Nigrospora* sp.（半知菌亚门黑孢霉属真菌）也能引起本病。

3. 传播途径和发病条件　以菌丝体或分生孢子器在病部越冬，翌年条件适宜，分生孢子借风雨传播，5～9 月常发生。

（六）鱼腥草紫斑病

鱼腥草上的重要病害，已知有 2 种病原可引起紫斑病。

1. 症状　主要为害叶片。黑孢霉引起：初期叶上呈现红色小点，随后逐渐扩大成圆形、不规则病斑，大小分别为 1.5～10.0mm 和（0.5～10.5）mm×（0.5～19.2）mm，病斑边缘不明显，紫褐色，中央干枯甚至破裂，病斑稍凹陷，病斑背面亦呈现紫褐色，潮湿时背面有紫黑色霉状物。假尾孢引起：初期病斑近圆形，呈现绿色、灰绿色至灰褐色，边缘暗褐色，有时边缘不明显，直径 5～15mm，叶背黄褐色至灰褐色。

2. 病原　*Nigrospora* sp.，为半知菌亚门黑孢霉属真菌；鱼腥草假尾孢 *Pseudocercospora houtthuyniae*（Togashi &Kats.）Guo&W. X. Zhao。

3. 传播途径和发病条件　病菌以分生孢子和菌丝体在田间病株和病残体叶片病部越冬。主要以风雨传播，从叶背表皮细胞间隙侵入，可进行多次再侵染。

（七）鱼腥草叶斑病

据报道有以下 3 种病原真菌引起鱼腥草叶斑病。

1. 病原与症状

（1）*链格孢*[*Alternaria alternata*（Fr.）Keissl] 为半知菌亚门链格孢属真菌，是近期发现侵染鱼腥草的新病害，为害重，损失大。初期叶呈现淡紫色小斑，扩大后成近圆形病斑，有明显同心轮纹，边缘紫红色，中心灰白色，上生白色霉层，有时病斑中心穿孔，严重时病斑汇合，引起叶局部或全叶枯死。

（2）*鱼腥草生尾孢*（*Cercospora houttuyniicola* T. K. Goh W. H. Hsich） 为半知菌亚门尾孢属真菌。症状表现为叶上初始呈现白色小点，后渐扩大成近圆形病斑，直径1～8mm，边缘具暗色线圈，有时穿孔，叶早脱落，这有别于假尾孢引起的紫斑病。

（3）*鱼腥草叶点霉*（*Phyllosticta houttuyniae* Sawada） 为半知菌亚门叶点霉属真菌。症状表现为初始叶产生不规则形或近圆形小斑，后渐扩大，边缘紫红色，中央灰白色，湿度大时病斑深灰色，严重时多个病斑汇合成大斑，有时穿孔，致叶局部或全部枯死。

2. 传播途径和发病条件 以菌丝体或分生孢子器在病株上或随病残体遗落土中越冬。翌年条件适宜，分生孢子借风雨传播进行初侵染和多次再侵染。多在7～8月发病直至收获。高温、高湿、种植密度过大、通风不良、生长弱的发病多。

（八）鱼腥草轮斑病、紫斑病、灰斑病、叶斑病类综合防治

（1）*清园* 收获后彻底清除病残体并烧毁。

（2）*加强管理* 适当密植，合理施肥。生长期摘除病叶，清除病残体并烧毁，改善通风条件，减少株间湿度。

（3）*施药防控* 发病前喷40%波尔多精可湿性粉剂800倍液；发病初期喷20%噻菌铜悬浮剂500倍液或22.7%二氰蒽酯悬浮剂500～700倍液，控制病情扩展。以轮纹病、紫斑病为主的，可任选80%代森锰锌可湿性粉剂800倍液、75%百菌清可湿性粉剂600倍液、50%异菌脲可湿性粉剂800～1 000倍液、50%多菌灵可湿性粉剂600～800倍液或70%甲基硫菌灵可湿性粉剂1 000倍液喷治。以灰霉病为主的在发病初期还可选用50%乙霉·多菌灵可湿性粉剂1 000倍液、50%腐霉利可湿性粉剂1 000～1 500倍液或28%灰霉克可湿性粉剂600～800倍液喷治。

（九）鱼腥草灰霉病

1. 症状 主要为害叶、茎，受害部产生灰白色霉层（病原菌的分生孢子梗和分生孢子）。严重时引起叶枯。

2. 病原 *Botrytis* sp.，为半知菌亚门葡萄孢属真菌。

3. 传播途径和发病条件及防治方法 参见本书黄精灰霉病。

（十）鱼腥草炭疽病

1. 症状 主要为害叶片。初期叶呈现灰绿色水渍状小斑，后扩大成不规则形大斑，边缘黑褐色，后期病斑中间呈灰白色，具不规则同心轮。有的叶易破裂穿孔或脱落。茎部受害后出现不定形或梭形褐色病斑，有的病斑稍凹陷。严重时病斑连成大斑，影响植株生长和产量。

2. 病原 *Colletotrichum* sp.，为半知菌亚门炭疽菌属真菌。

3. 传播途径和发病条件 病菌以菌丝体和分生孢子在病组织上或随病残体遗落土中越冬。翌年5月产生大量分生孢子，借风雨传播，进行初侵染和多次再侵染，高温、多雨、高湿是该病发生与流行的决定因素。5～8月为发病高峰，生长中、后期病情加重。25～32℃下湿度越大，发病越快，为害越重。管理粗放，杂草丛生，长势衰弱，排水不良，通风透光差，加重病情。

4. 防治方法 发病初期任选70%甲基硫菌灵可湿性粉剂800倍液、80%福·福锌可湿性粉剂800倍液、75%百菌清可湿性粉剂800倍液、75%肟菌·戊唑醇水分散粉剂3 000倍液、45%咪鲜胺水乳剂3 000倍液喷洒，10～15d喷1次，连喷2～3次。其他参见鱼腥草叶斑病类综合防治。

（十一）鱼腥草病毒病

1. 症状 叶呈现黄色云纹状褪绿斑，叶脉现紫红色条纹。

2. 病原 CMV，为雀麦花叶病毒科黄瓜病毒属成员。

3. 传播途径和发病条件 桃蚜和豆蚜能传毒，种子不带毒，种茎带毒是远程传播主要途径。

4. 防治方法 参见本书石斛病毒病。

（十二）鱼腥草根结线虫病

1. 症状 各生育阶段均可发生。受害后根部出现大小不等的瘤状根结，有时连接成串，初为黄白色后渐变黄褐色，终至破裂腐烂。地上部生长缓慢，叶色枯黄，以至全株枯死。

2. 病原 *Meloidogyne* sp.，为垫刃目根结科根结线虫属线虫。

3. 传播途径和发病条件及防治方法 参见本书山药根结线虫病。

二、害虫

（一）螨类害虫

近期发现为害鱼腥草上的重要害虫，经初步鉴定为皮氏叶螨（*Tetranychus piercei* McGregor，真螨目叶螨科）、神泽氏叶螨（*Tetranychus kanzawai* Kishida，真螨目叶螨科）和卵形短须螨（*Brevipalpus obovatus* Donnadieu，真螨目细须螨科）3种。

1. 寄主

（1）神泽氏叶螨寄主　菊花、百日草、鸢尾、栀子等。

（2）卵形短须螨寄主　菊花、女贞、鸡冠花、凌霄花、半枝莲等。

2. 为害特点　以成螨和若螨群集在叶片上刺吸汁液，大发生时，还可为害茎部。叶部受害初期出现失绿的小斑点，随后扩大成片，严重时整叶焦黄引起叶枯、脱落，削弱树势，影响产量和品质。

3. 形态特征　以下着重介绍神泽氏叶螨和卵形短须螨（扁螨、女贞螨）。

（1）神泽氏叶螨　虫体为宽椭圆形，雌螨体长约0.4mm，雄螨体长约0.3mm，夏季活动期虫体赤褐色；体侧有不规则的黑色斑，雌虫体节背面表皮成菱形，雄螨交尾器末端的钩较大。休眠时虫体红色，第二年再转为红褐色。

（2）卵形短须螨

①成螨：体倒卵形，体长0.3mm，鲜红至暗红，足4对。

②卵：长0.08～0.11mm，鲜红色，卵形。

③幼螨：近圆形，长0.11～0.18mm，橘红色，足3对；体末端有毛3对，2对呈匙状，中间1对呈刚毛状。

④若螨：形似成螨，橙红色，体背具不规则形黑色斑；足4对，末端3对毛均呈匙状。

4. 生活习性

（1）神泽氏叶螨　1年发生数代，世代重叠，以休眠雌虫在落叶中或残留叶背面上越冬。春季开始活动产卵。温暖地区年初结束越冬期，到春夏间大量繁殖，在高温干燥条件下10d左右完成一代。以成虫和若虫随风飘散进行传播。

（2）卵形短须螨　杭州地区1年发生6～7代，世代重叠，以雌成螨群集在植株根颈部越冬，少数以各虫态在叶背腋芽或落叶中越冬。翌春4月，越冬成螨迁移到植株上为害。以7～9月发生严重，高温干燥有利发生；平均气温在30℃时完成一代约需20d，平均气温24～26℃时完成一代需22～27d，降雨常促虫口下降。

雌螨多营孤雌生殖，产生后代主要是雌螨，雄螨极少出现。也有通过两性交尾而生殖，其后代与孤雌生殖相似。卵散产叶背、叶柄、伤口及凹陷等处，以叶背为多。每雌螨产卵30～40粒，雌螨寿命平均35～45d，长达70d。冬季严寒引起成螨大量死亡。以为害下部叶为多，后逐渐向上蔓延，其中老叶受害居多，早春温暖、干旱有利该螨大发生。

5. 害螨综合防治

（1）释放天敌捕食　已发现可捕食上述3种害螨功能的胡瓜钝绥螨（*Amblyseius cucumeris*），可引进繁殖释放，发挥其控害作用。

（2）定点观察测报　可选当地有代表性田块固定 4～5 株，设东南西北中各 1 株，各观察 4 叶上螨虫数量，如 100 叶超过 100 只害螨，而天敌每叶不足 5 只时，可考虑全面施药防治。上述指标供防治时参考。

（3）施药防控　常用农药有 20％复方浏阳霉素乳油 1 000～1 500 倍液、15％哒螨灵乳油 2 000 倍液、10％联苯菊酯乳油 3 000 倍液等，宜轮换使用。

（二）斜纹夜蛾

为害特点、形态特征、生活习性和防治方法，参见本书仙草“四虫”综合防治。

（三）地下害虫

主要有小地老虎、蛴螬等，可参见地下害虫相关部分。

第八节　石斛/石斛

石斛（*Dendrobium nobile* Lindl）为兰科多年生附生性草本植物。

一、病害

（一）石斛茎软腐病

1. 症状　主要侵染幼嫩多汁的嫩芽、叶片和嫩枝，引起腐烂、萎蔫和坏死。为害当年的石斛幼苗，先在基部出现水渍状黑褐色病斑，后如遇连续阴雨天，病斑向上延伸，终至全株死亡。在以树皮为基质的苗床上出现 1 株，如无很好的控水措施，存在空气潮湿，病害可迅速蔓延，约 7d 可引起 50cm×50cm 范围内植株染病而死，形成明显的发病中心。在发病处补栽石斛苗，发病率可达 80％～90％。

2. 病原　终极腐霉（*Pythium ultimum* Trow），为鞭毛菌亚门腐霉属真菌。

3. 传播途径和发病条件　该菌以腐生方式在土中存活，潜存于树皮基质的病菌为该病初侵染源。在西双版纳地区，12 月至翌年 3 月仍可见大量发病。

3. 防治方法　参见本书菊花霜霉病。

（二）石斛疫病

危害性很大，一旦发生常造成严重的经济损失。

1. 症状　茎基部初现黑褐色水渍状病斑，逐渐向下蔓延，造成根系死亡。连续阴雨天气，病斑沿茎向上迅速扩展至叶，病叶呈黑褐色，对光看半透明状。严重时植株似开水烫过，叶黄、脱落，引起整株死亡。

2. 病原 据报道病原有4种：棕榈疫霉［*Phytophthora palmivora*（Butl.）Butl.］，为鞭毛菌亚门疫霉属真菌；烟草疫霉（*P. nicotianae* Breda.），为鞭毛菌亚门疫霉属真菌；恶疫霉［*P. cactorum*（Led. et Cohn）Schrot］；终极腐霉（*Pythium ultimum* Trow），为鞭毛菌亚门腐霉属真菌。

3. 传播途径和发病条件 在浙江义乌地区该病出现在8月上旬，为害持续到10月中旬，主要为害当年移栽的石斛苗，也为害2～3年生的石斛植株，田间有明显的发病中心。该病菌传染能力强，传播途径广泛，农具和人身上带菌，也会传染。其他参见本书穿心莲疫病。

4. 防治方法

（1）生态防控 通风控湿，即植株喷水后应即通风，降湿防病；及时清园，清除病残株，减少侵染源。

（2）病株康复处理 发现病株，拔起清除腐烂部分，晾根，待根稍干后置入药水（见药剂防治部分）中浸30～40min，捞出重栽，并用药淋喷根颈部，7～10d喷1次，连喷2～3次。

（3）田间防疫 拔除病株并烧毁，疫区来人进入培养室前，应更衣洗手。

（4）适期喷药防控 防治重点是有效控制发病中心。出现发病中心时，应即采取通风控湿，做好病株康复处理和喷药保护。可选用25%甲霜灵可湿性粉剂800倍液、72%霜脲·锰锌可湿性粉剂（克露）1 000～1 500液或50%烯酰吗啉可湿性粉剂2 000～3 000倍液，还可试用250g/L嘧菌酯悬浮剂800～1 000倍液喷治。

（三）石斛炭疽病

常见病害之一，主要为害叶片。

1. 症状 发病初期，叶面呈淡黄色、黑褐色或淡灰色凹陷小点，后期扩大为不规则形或椭圆形病斑，病部凹陷，中间灰褐色，边缘色深，病、健交界清楚。后期病部产生大量轮状排列小黑点，有的聚生呈波浪状（胶孢炭疽菌引起），有的散生（另一炭疽菌属真菌引起）。

2. 病原 由半知菌亚门胶孢炭疽菌（*Colletotrichum gloeosporioides* Penz.）和半知菌亚门炭疽菌属另一真菌（*C. phalaenopsidsi*）侵染引起。

3. 传播途径和发病条件 参见本书菊花炭疽病。

4. 防治方法 参见本书鱼腥草炭疽病。

（四）石斛花枯病

1. 症状与病原 开花后期常见病害。3种病菌侵染均能引起花器腐烂。受半知菌亚门镰孢属串珠镰孢（*Fusarium moniliforme* Sheld.）侵染的，开始在被害处出现凹陷的暗褐色至黑色病斑，上面通常覆盖着白色粉末，严重时能引起花在芽期变黄、凋落。受半知菌亚门葡萄孢属真菌（*Botrytis* sp.）侵染引起的，初感染时在花被之上呈现淡褐色很小的水渍状斑点，后逐渐变大，致使整朵花腐烂。受半知菌亚门弯孢属膝曲弯孢［*Curvularia geniculata*（Tracy et Earle）Boed.］侵染后在萼片、花瓣（一面或两面）或花梗上呈现约 0.5mm 宽的卵形或圆形病斑，病斑稍下凹，淡褐色至暗褐色。

2. 传播途径和发病条件及防治方法 参见本书黄精灰霉病。

（五）石斛污霉病

1. 症状 主要由于蚜虫、介壳虫、粉虱等昆虫为害后在植株上分泌蜜露而诱发的一种病害，即在叶上产生一层黑褐色霉状物，附生在表皮，可与叶片分离。病重时叶覆盖霉层而影响植株光合作用，造成石斛生长差，削弱树势。

2. 病原 多主枝孢［*Cladosporium herbarum*（Pers.）Link.］，为半知菌亚门枝孢属真菌；另一种是大孢枝孢（*C. macrocarpum* Preuss）。

3. 传播途径和发病条件 病菌在病残体上越冬，成为翌年初侵染源。蚜虫、介壳虫、粉虱发生重，防治不力，虫口密度大，通风差，药园失管等均有利发病。

4. 防治方法

（1）治虫防病 这是关键性措施，参考本书佛手、鱼腥草等蚜虫、介壳虫、粉虱防治。

（2）加强管理 合理密植，科学施肥，及时清园，改善通风透光条件，降湿防病。

（3）施药防控 发病初期选喷 77%氢氧化铜可湿性粉剂 800 倍液或 80%代森锰锌可湿性粉剂 800 倍液。

（六）石斛黑斑病

1. 症状 该病为害叶片。初始叶出现针尖大小的黑褐色病斑。半月后直径可达 2.8mm 左右，老叶基本上不被侵染，但可侵染 2～3 年植株刚抽出的新叶。当气候条件有利病害扩展时，病斑逐渐扩大，其周围叶组织变黄，随后脱落，个别植株全部脱落，削弱长势。

2. 病原 细极链格孢［*Alternaria tenuissima*（Fr.）Wiltsh.］，为半知菌亚门链格孢属真菌。

3. 传播途径和发病条件 病菌在病叶上越冬，翌春条件适宜，产生分生孢子，借风雨传播。分生孢子在水湿条件下萌发芽管，从气孔或伤口侵入寄主组织，同时产生大量菌丝，分泌毒素和酶，杀死和降解寄主组织，引起寄主组织解体。浙江义乌地区通常 4 月下旬至 5 月初始发，主要侵染移栽苗，多雨季节和低洼积水地有利发病。

（七）石斛黑点病

1. 症状 为害叶和茎。初现小黑点后逐渐发展成大小不一的褐色不规则病斑，多数发生在叶前端边缘，茎上也会出现病斑，严重时茎上黑点密集。2～3年生株龄老叶表面极易发生，新柚嫩叶也会被感染，被害后延迟开花或不开花，严重时造成很大的经济损失。

2. 病原 *Phyllosticta* sp.，为半知菌亚门叶点霉属真菌。

3. 传播途径和发病条件 该菌以分生孢子器在病部越冬，翌春条件适宜，产生新的分生孢子，借风雨传播，辗转为害。

4. 防治方法 适期喷药防治，据报道，凯润（83.3mg/L）和咪鲜胺（100mg/L）有较好防治效果，其他参见石斛污霉病、黑斑病、黑点病、叶斑病、褐斑病、红斑病综合防治。

（八）石斛褐斑病

1. 症状 叶表面呈现圆形或不规则形黄色病斑，叶背有相似小病斑，后变为暗褐色，有时紫色，严重时叶下表面有明显黑色粉末（即分生孢子梗和分生孢子），致小苗死亡。

2. 病原 *Cercospora branki*，为半知菌亚门尾孢属真菌。

3. 传病途径和发病条件 该菌以菌丝体在病叶上越冬，成为翌年初侵染源。翌春条件适宜，产生分生孢子，借风雨传播，引发初侵染和再侵染。老叶发生多，4～5月高温湿度大，发生较重。

（九）石斛叶斑病

1. 症状 叶片受害初期，出现黄褐色稍凹陷小点，随着病情发病，病斑扩大，形成圆形、椭圆形或不规则形病斑，其上凹陷部深褐色至棕褐色，边缘黄红色至紫黑色，多个病斑可汇合成不规则形大斑。假鳞茎也可受害，病部出现稍隆起小黑点（病菌分生孢子器），严重时引起幼苗死亡。

2. 病原 *Phyllosticta pyriformis*、*Phomopsis* sp.、*Cercospora* sp.，分别为半知菌亚门的叶点霉属、拟茎点霉属和尾孢属真菌。

3. 传播途径和发病条件 该菌以菌丝体或分生孢子在病组织内越冬，成为翌年初侵染源。分生孢子借风雨传播，从伤口或自然孔口侵入，高温高湿有利发病。

（十）石斛红斑病

1. 症状 为害叶片。叶初现黄绿色小斑，后变为红褐色病斑，其表面略凹陷，呈纺锤形，病部中央灰褐色，边缘为褐色。

2. 病原 膝曲弯孢［*Curvularia geniculata*（Tracy et Earle）Boed.］，为半知菌亚门弯孢属真菌。

3. 传播途径和发病条件 不详。

（十一）石斛污霉病、黑斑病、黑点病、褐斑病、叶斑病、红斑病综合防治

（1）生态防控

①加强药园管理：首先清园，苗地种前彻底清除地里病残株和周围杂草；生长期结合修剪及时除去病枝叶、徒长枝，集中烧毁；秋后清除病残株，减少田间侵染源。

②科学施肥，合理密植，通风控湿，注意施用充分腐熟有机肥，叶面喷水后要及时通风，以利降湿防病。

③田间防疫：细心操作，减少伤口，严格消毒，杜绝带菌。

（2）施药防控 注重早防早治。发病初期，采取剪除病叶和喷药相结合，严格控制发病中心的病情发展。发病中心和周围植株可选用75%百菌清可湿性粉剂800～1 000倍液、80%代森锰锌可湿性粉剂800倍液、77%氢氧化铜可湿性粉剂1 000倍液等药剂进行喷治，隔7d喷1次，连喷2～3次。发病较多、气候又有利于发病时，须全面喷治，可任选40%双胍辛烷苯基磺酸盐可湿性粉剂1 500倍液、10%苯醚甲环唑水分散颗粒剂3 000倍液、50%咪鲜·氯化锰可湿性粉剂2 000倍液、25%咪鲜胺乳油1 500倍液或25%丙环唑乳油1 500倍液喷洒，上述药剂宜轮换使用，视病情酌定喷药次数，一般间隔7d喷1次。

（十二）石斛萎蔫病

1. 症状 病菌侵染石斛假鳞茎，植株输导组织变成粉红紫色，堵塞导管，叶变灰色，终至植株萎蔫死亡。

2. 病原 尖镰孢（*Fusarium oxysporum* Sch. et Fr.），为半知菌亚门镰孢属真菌。

3. 传播途径和发病条件及防治方法 参见本书穿心莲黑茎病。

（十三）石斛黏菌病

1. 症状 主要为害叶片，也能侵染茎基部。叶和茎基部表面产生圆形或不规则形黑霉斑，上生黑色的球形颗粒状物，覆盖植株的叶片和顶梢，影响植株光合作用，削弱树势。

2. 病原 一种黏菌（Myxomycota），其营养体是一团多核的没有细胞壁的原生质，繁殖体形成有细胞壁的孢子。

3. 传播途径和发病条件 黏菌孢子随水、空气和昆虫传播，进行初侵染和再侵染。高温高湿、基地积水有利发病。

4. 防治方法

（1）清园　保持洁净环境，搞好排灌设施，防止积水，降低湿度，这是控制发病的重要措施。

（2）施药防控　发生较多时可选70%甲基硫菌灵可湿性粉剂600倍液、50%多菌灵可湿性粉剂600倍液或1∶1∶200波尔多液喷施，也可用2%石灰水喷树基部和地表，均能有效控制黏菌的扩展、蔓延。

（十四）石斛细菌性叶腐病（褐腐病）

1. 症状　初期叶呈现黄色、水渍状小斑点，后期病斑变栗褐色下陷，且会迅速扩展至连续长出的叶片，严重时导致叶腐烂死亡。

2. 病原　菊花欧氏杆菌（*Erwinia chrysanthemi* Burkholder et al.），为细菌门欧氏杆菌属细菌。

3. 传播途径和发病条件　细菌在病残组织和带菌基质中越冬，翌春条件适宜，细菌从病部缢出，借风雨、灌溉水及昆虫传播，也可通过农事操作的工具、刀具传病，从伤口及自然孔口侵入，高温、高湿有利发病，每年5～6月发病严重。虫害重、台风或操作不慎引起的伤口多、基质过细、通透性差、偏施氮肥等容易引发此病。

4. 防治方法

（1）清园　采收后及时清除病残体和田间杂草，集中烧毁，生产季节结合修剪，除去病虫害茎叶，改善通透性，降低株间湿度。

（2）加强管理　搞好排灌设施，防止积水，操作细心，减少伤口，不利病菌侵入。

（3）适期施药防控　发病初期可任选20%噻菌铜悬浮剂（龙克菌）300～400倍液、50%春雷·王铜可湿性粉剂1 000～1 500倍液、新植霉素100万U 5 000倍液、12%绿乳铜乳油600倍液、72%农用链霉素可湿性粉剂3 000～4 000倍液喷雾或淋根。也可将病株或病部剪除后置于0.1%高锰酸钾溶液中浸5min，洗净晾干后种植。

（十五）石斛细菌性软腐病

1. 症状　主要发生在蘖芽上，其次是叶片。初发时在芽基部呈现水渍状绿豆大小的病斑，后迅速向上、下扩展成暗色烫伤状大斑块，直达芽鞘外部，出现深褐色水渍状斑块，柔软，呈恶臭腐烂状（这是与真菌引起此类病害的区别点），病苗容易拔起。石斛全株发病，多从根茎处开始，先出现暗绿色水渍状，后迅速扩展，呈黄褐色软化腐烂，有特殊臭味。严重时叶迅速变黄，随腐烂处的内含物流失，呈干枯状。

2. 病原　*Erwinia carotovora*，为细菌门欧氏杆菌属细菌。

3. 传播途径和发病条件 病菌在病残体及带菌基质中越冬。借流水传播，仅能从伤口侵入。梅雨季节，如连续阴雨 15d 以上，气温偏高（25～30℃），尤其是台风过后极易发生、流行。多水多肥，偏施氮肥，基质通透性差，基地或盆栽虫害重，碰触造成的伤口多，积水等也易发病。

4. 防治方法 参见本书石斛细菌性叶腐病。

（十六）石斛细菌性褐斑病

这是一种世界性病害，可为害多种兰花。

1. 症状 为害叶片。叶出现水渍状小斑，继而发展成轮廓清晰、凹陷的褐色或黑色病斑，通常病情发展快，会引起整株死亡。

2. 病原 *Pseudomonas cattleyae*（Pavarino）Savulescu 和 *P. cypripedii* 均可侵染石斛，引起褐斑病，均属细菌门假单胞杆菌属。

3. 传播途径和发病条件及防治方法 参见石斛细菌性叶腐病。

（十七）石斛病毒病

1. 症状 侵染兰花的病毒有多种：以建兰花叶病毒（CymMV）、齿兰环斑病毒（ORSV）为害最重。兰花基地病毒病发生普遍，有日趋加重之势。由于田间往往是 1～2 种或多种病毒复合感染，所以引起的病状是多样的，常见的病状是花叶、斑驳、坏死、畸形等类型，要断定属何种病毒，需要通过检测鉴定。CymMV 侵染在兰花新叶上引起花叶或坏死，有的在叶脉处产生褪绿条斑。如与 ORSV 复合感染，能使石斛产生花叶。ORSV（或称 TMV-O）可为害多种兰花形成斑点，严重时，叶枯黄，花褪色。在齿兰上产生环斑，花碎色，在建兰上形成花叶。ORV 侵染先在叶脉间形成长方形黄绿色斑点，后产生坏死、斑驳症状。石斛花叶病毒有两种，其一是 CMV，另一是 DeMV，在石斛上产生明显的花叶与绿色环斑。

2. 病原 CymMV，属马铃薯 X 病毒组；ORSV 又称烟草花叶病毒兰花株系（TMV-O），属烟草花叶病毒属；OFV，属弹状病毒科。CMV，属黄瓜花叶病毒属；DeMV，属马铃薯 Y 病毒属。

3. 传播途径和发病条件 上述几种病毒可通过种苗、器具，汁液接触传染。其中 CymMV、CMV 还能经蚜虫传毒。ORSV（TMV-O）病毒非常稳定，致死温度可超过 90℃，病叶汁液中病毒粒子保毒期可超过几年，一旦发病后难以清除。自然寄主有的仅侵染兰科植物，如 CymMV、DMV，有的可侵染多种植物，如 CMV、ORSV 和 OFV。蚜虫传毒的病毒病与当年气候条件是否有利蚜虫发生，其田间蚜虫种群数量是否多，蚜虫带毒率是否高关系密切。寄主范围广的如 CMV 病毒，给防治带来很大困难。野生兰花较人工栽培的抗病，连续栽培的石斛基地，发病较重。遇台风或管理过程引起机械伤、虫害伤口多，为病毒侵染创造条件，有利发病。

4. 病毒病综合防治 从寄主—病毒—介体—环境这一复杂的生态系统了解发病过程，掌握其薄弱环节进行防治。

（1）农业生态防控

①种植地环境：选用新地，所用介质新鲜。

②远离疫区建立无毒种苗基地：首先，从健康植株选择健种，培育无毒种苗。也可用热处理结合茎尖培养进行脱毒处理，采用从无毒母株→无毒基础苗→无毒种苗的程序培育无毒苗，供生产使用，杜绝种苗带毒，传进新区或无病区。

③采用一系列无毒化田间操作措施，包括器具消毒、人员换衣戴手套等，每操作一次均应进行消毒（先用10%磷酸三钠1%次氯酸钠或20%漂白粉液消毒，片刻后再用清水冲洗），细心操作防止创伤和人为的接触传染。

（2）科学肥水管理 注重采用洁净水灌溉，防止流水传毒，实行配方施肥，促进植株长壮，提高抗病力。

（3）选育抗病毒良种 有些野生种较为抗病，可从中筛选抗原，培育抗病毒良种。

（4）治虫防病

①物理防控：采用银灰色薄膜覆盖育苗，起避蚜作用。黄板诱捕，在育苗地周围或基地内挂黄板诱捕（基地每20～30m^2挂黄板一片），但要注意及时换板。

②适期施药：有翅蚜出现时，应即及时、周到喷药，将蚜虫消灭在扩散传毒之前。可任选25%噻虫嗪水分散粒剂（阿克泰）6 000～8 000倍液、40%啶虫脒水分散粒剂（更猛）3 000～4 000倍液、0.36%苦参碱水剂500倍液、20%吡虫啉可溶性液剂（格田）1 500～3 000倍液、2.5%联苯菊酯乳油3 000倍液或2.5%氯氟氰菊酯乳油1 500～2 500倍液喷治，也可施用50%抗蚜威可湿性粉剂（辟蚜雾）1 500～2 000倍液或EB-82灭蚜菌200倍液治蚜。

二、害虫

（一）石斛菲盾蚧

为害石斛的介壳虫多种，主要有石斛菲盾蚧和石斛雪盾蚧，也出现矢尖蚧、康片蚧为害叶片。

石斛菲盾蚧（*Phenacaspis dendrobii* Kuwana），属同翅目盾蚧科。

1. 为害特点 以雌成虫、若虫聚集固定于植株叶上刺吸汁液，致叶枯萎，严重时引起植株死亡。该虫还可诱发煤烟病，影响植株光合作用，严重发生时引起大面积减产。

2. 形态特征

（1）成虫 雌虫盾壳长椭圆形，壳点2个，位于前端，盾壳边缘及中央白色，两侧淡黄褐色。雌成虫体长 2～3mm，红棕色，体纺锤形，触角呈小突起，上有刚毛 1 根，前气门附近有的有盘腺，肛孔在臀板基部附近，围阴腺 5 群，背腺大，依腹节排列整齐，无瘤腺，臀板边腺不比背腺大，臀角 2 对，臀角大，左右两片在基部有鞍片相连，内缘长于外缘，内缘有微齿刻，着生于臀板末端凹口处，第二臀角二分，臀角缘鬃发达，刚毛状。雄虫盾壳长形，两侧接近平行，白色。

（2）卵　椭圆形，红棕色。

3. 生活习性　贵州省赤水县一带，该虫在石斛上 1 年发生 1 代，以雌成虫在植株叶背或边缘越冬，平均每只雌虫产卵 74 粒，5 月中下旬是菲盾蚧孵化盛期，初孵若虫开始在植株叶背，后陆续移到边缘固定下来为害，严重时引起植株枯死。5 月下旬开始泌蜡，并逐渐形成盾壳，以后终身不再移动。

4. 防治方法

（1）人工捕杀　初期发生不重地区，将着虫老叶剪下集中烧毁，新枝叶上雌成虫用手捏死。

（2）适期施药防控　在赤水县罗家坪一带，以 5 月下旬为防治适期，初冬、早春可用 1～3 波美度石硫合剂喷治越冬雌成虫，5 月后气温较高，不适宜使用石硫合剂，以免药害。一龄幼蚧盛发期，选用 48%毒死蜱乳油 1 000 倍液、25%噻嗪酮可湿性粉剂（扑虱灵）1 500～2 000 倍液或柴油、机油乳剂（含油量 2%～5%）喷治。

（二）石斛雪盾蚧

石斛雪盾蚧［*Chionaspis dendrobii*（Kuwana）］，属同翅目盾蚧科。

1. 寄主　石斛、棕竹、剑叶龙血树、沿阶草等植物。

2. 为害特点　以成蚧、若蚧寄生于叶上，刺吸汁液，致叶枯萎，严重时引起整株死亡。

3. 形态特征　雌成虫介壳长形，白色，蜡质较薄，蜕点在前端，淡黄色。二龄蜕皮背面常有一层薄蜡质遮蔽，全长 2～3.2mm，宽约 0.8mm，雌成虫主要分布叶片，沿着叶脉呈直线状排列，介壳直线形，老熟成蚧体橙红色。雄成蚧介壳长条形，白色，只有一个壳点，背面中脊较明显，侧脊不显著。全长约 1.3mm，宽约 0.4mm，虫体橘红色，雄成虫分布在叶背，分泌蜡质粉絮状物呈堆状。

4. 生活习性　该虫在南宁市 1 年发生 3～4 代，月气温在 10～15℃以上，无雨干旱年份，越冬现象不明显。一般每年 12 月至第二年 1 月，二龄若虫和成虫在寄主叶上越冬。翌春 3 月下旬至 4 月上旬为第一代若虫孵化盛期。该虫为卵生繁殖，一般产卵量为 20～25 粒，产后 7d 左右卵孵化。孵化后若虫经短时间爬行后沿着叶脉两侧成行固定，二龄后开始分泌白色蜡质状物。该虫主要分布叶片。

通常可通过一龄若虫爬行传播，远距离主要通过苗木携带虫体进行传播。冬季雨水多，气温在10℃以下，越冬雪盾蚧死亡率为73%。3月下旬至4月上旬，月平均气温在20℃左右，第一代卵开始孵化。6～7月雨季，高温、高湿不利蚧虫生长发育，雨水对未固定若虫和雄虫有冲刷作用，造成死亡。8～9月气温高达31～36℃，相对湿度在90%以上，光照强烈，该虫大量死亡；每年春、秋两季如遇干旱，该虫极易暴发，造成严重为害。

5. 防治方法 重点防一代，严控第二代。

（1）*适期施药* 每年4月上旬为第一代若虫孵化盛期，也是施药最适时期，可用48%毒死蜱乳油100mg/kg喷治。

（2）*蚧虫固定期试用* 30%硝虫硫磷乳油800～1 000倍液或用25%噻嗪酮可湿性粉剂1 500～2 000倍液喷治。12月上旬可用吡虫啉1 250mg/kg喷治越冬成虫。其他参见石斛菲盾蚧防治。

（三）矢尖蚧

矢尖蚧［*Unaspis yanonensis*（Kuwana）］，属同翅目盾蚧科。

1. 为害特点 参见石斛菲盾蚧。

2. 形态特征 雌介壳箭头形，长3.5～4mm，棕褐色至黑褐色，第一、二次蜕壳位于介壳前端，黄褐色，介壳背面有明显纵脊，其两侧有许多向前斜伸的横纹。雌成虫橙黄色。雄介壳较细小，长1.2mm，粉白色，背面有3条纵隆脊，一龄蜕皮壳黄褐色，位于介壳前端。

3. 生活习性 福建1年发生3～4代，以受精雌成虫和部分若虫越冬。雌成虫全年可见。福建各世代：一龄若虫发生盛期分别于4月中下旬、7月上旬和9月中旬，一龄若虫敛迹于12中旬；二龄若虫发生盛期分别于5月上中旬、7月下旬和9月下旬。卵产介壳下，每雌产卵130～190粒。天敌有日本方头甲、寡节瓢虫、盔唇瓢虫和多种小蜂。

4. 防治方法 幼蚧盛孵期至低龄若虫期可试喷30%硝虫硫磷乳油1 000倍液。其他参见石斛菲盾蚧防治部分。

（四）蚜虫

为害石斛蚜虫的种类多，其中尾蚜属、棉蚜属、排蚜属等种类对石斛兰为害较重。

1. 为害特点 以成蚜、若蚜为害叶、芽及花蕾等幼嫩部分，吸取汁液，影响石斛生长。其排泄物可诱发煤烟病、黑腐病，更为主要的是蚜虫（如桃蚜、豆蚜等）是传播石斛病毒介体，所造成的为害更大。

2. 形态特征、生活习性 参见本书玫瑰茄蚜虫部分。

3. 防治方法 一般3～4月是卵孵化盛期，此时用药效果好，参见石斛病毒病蚜虫防治部分。

（五）叶螨（红蜘蛛）

为害石斛害螨多种，以红蜘蛛较为常见。其中有山楂叶螨（*Tetranychus viennensis* Zacher）、朱砂叶螨（*T. cinnabarinus* Boisduval）、二斑叶螨（*T. urticae* Koch）等。

1. 为害特点 参见本书罗汉果朱砂叶螨。

2. 形态特征 虫体小，红褐色或橘黄色，参见本书罗汉果朱砂叶螨。

3. 生活习性 此类害螨在高温和干燥条件下繁殖快，为害严重，其他参见本书罗汉果朱砂叶螨。

4. 防治方法 重点保持环境通风，增加湿度，一般至少要保持相对湿度40%以上；叶背经常喷水，是控制叶螨繁殖的好方法。保护、利用捕食螨等天敌，发挥其自然控制螨害作用；掌握在螨卵孵化后的若虫期喷药，一般在3～4月进行。可选喷1.8%阿维菌素乳油2 000～3 000倍液或10%浏阳霉素乳油1 000～2 000倍液。也可任选20%四氰菊酯乳油4 000倍液、10%联苯菊酯乳油（天王星）3 000～5 000倍液、5%氟虫脲乳油1 500倍液或0.2%爱诺虫清乳油2 000倍液喷治。

（六）花蓟马

花蓟马（*Frankliniella intonsa*），属缨翅目蓟马科。

1. 寄主 兰花、菊花、唐菖蒲、玫瑰等。

2. 为害特点 成虫、若虫均可为害石斛花序、花朵和叶片，刺吸其汁液，叶呈现小白点或灰白色斑点，影响寄主生长，被害花序畸形，难以正常开花或花色暗淡。

3. 形态特征

（1）成虫 雌成虫体长0.9～1.0mm，体橙黄色，卵肾形，淡黄色。触角8节。前胸背板的前缘有长鬃4根，前翅上脉鬃19～22根，下脉鬃14～16根，均匀排列。

（2）卵 肾形，一端较方，且有卵帽，长约0.29mm。

（3）若虫 末龄若虫体长1.2～1.6mm，初孵乳白色，二龄后淡黄色，形态与成虫相似，缺翅。

（4）蛹（四龄若虫） 出现单眼，翅芽明显。

4. 生活习性 福建福州地区1年发生6～8代，世代重叠，以成虫越冬。可行有性生殖和孤雌生殖，卵产叶背，每雌虫产卵100多粒。一般5～6月发生较重，花期为害最重。温室和家庭养花，可终年发生。

5. 防治方法 为害期任选50%辛硫磷乳油1 000～1 500倍液、70%吡虫啉水分散粒剂8 000～10 000倍液、25g/L多杀霉素悬浮剂（菜喜）1 000～1 500

倍液、2.5%联苯菊酯乳油3 000倍液、10%高效顺式氯氰菊酯乳油（灭百可）3 000倍液或0.36%苦参碱水剂400～500倍液喷治。

（七）粉虱

粉虱（*Trialeurodes vaporariorum* Westwood），属同翅目粉虱科。

1. 寄主 果树、蔬菜、花卉等200多种植物。

2. 为害特点 成虫、若虫群集寄主叶片，吸食汁液，被害叶褪绿变黄，严重时叶枯，并可分泌大量蜜露，诱发煤污病。

3. 形态特征

（1）成虫 体长1.1mm左右，淡黄色，翅半透明，翅面覆盖有白蜡粉。翅脉简单，沿翅外缘有一排小颗粒。

（2）卵 长约0.2mm，侧看长椭圆形，基部有卵柄，插入植物组织内。初产时淡绿，覆有蜡粉，后变褐色，孵化前呈黑色。

（3）若虫 共4龄，体小、扁平，椭圆形，淡黄色或黄绿色，被半透明蜡状物。老熟虫体长约0.5mm，足和触角退化，紧贴叶片，营固着生活。

（4）蛹 又称伪蛹，体长0.7～0.8mm，椭圆形，扁平，羽化前呈黄绿色，体背有长短不齐的蜡丝，体侧有刺。

4. 生活习性 1年发生11～13代，以老熟若虫或蛹越冬。卵多产于寄主嫩叶背面，初孵幼虫爬行不远，多在卵壳附近固定寄生，也可行孤雌生殖，其后代为雄性。7～8月虫口密度增长最快，8～9月为害最重。成虫不善飞翔，迁移速度慢，有明显为害中心。具趋嫩性和趋黄性。繁殖适温为18～21℃。天敌有蚜小蜂和跳小蜂，以丽蚜小蜂最常见。

5. 防治方法

（1）清洁药园 育苗前清理残株和杂草，生产期间结合修剪，摘除被害叶，杀灭部分虫体。

（2）黄板诱杀 每20～30m^2挂一张（与植株高度相同）。

（3）科学轮作、间、套种 育苗地或基地周围不种茄科、豆科、葫芦科、十字花科蔬菜等作物，种植该虫不喜欢的植物，如葱、蒜、韭菜等。

（4）生物防治 有条件地区可引进丽蚜小蜂（*Encarsia formosa*）、蜡蚧轮枝菌等天敌进行防治，虫、蜂比例为1∶2～3。

（5）施药防控 该虫世代重叠，同一时期各虫态均存在，而目前尚缺可兼治各虫态农药，故宜多次施用。可任选25%噻嗪酮乳油1 000～2 000倍液、20%啶虫脒可溶性粉剂5 000倍液、10%联苯菊酯乳油（天王星）3 000倍液、2.5%氯氟氰菊酯乳油（功夫）3 500倍液或25%噻虫嗪水分散粒剂（阿克泰）4 000～5 000倍液喷治。

（八）潜叶蝇

潜叶蝇属双翅目潜蝇科。

1. 为害特点 幼虫潜食叶肉，形成白色线状不规则潜痕，呈隧道状。被破坏部位易诱发黑腐病，以至全叶或全株腐烂死亡。

2. 形态特征 幼虫呈蛆状，白色，体长3mm左右。

3. 生活习性 1年发生5～6代，成虫多于早春出现，具日出性，活泼，卵产叶缘组织内。幼虫孵出后即在叶内取食叶肉，形成不规则的潜道，严重时潜道布满全叶。潜道互通，幼虫可在潜道内自由进退，潜道随虫龄增长而拓宽。老熟幼虫在潜道末端化蛹，以蛹在土中越冬。

4. 防治方法

（1）冬季清园，种前翻土 生长季节结合田间管理摘除虫害老叶，清除杂草，集中烧毁或深埋，杀死部分虫蛹。

（2）施用充分腐熟有机肥，以免将虫源带入药园基地。

（3）黄板诱杀成虫（见粉虱防治）。

（4）适期施药防控 该虫潜入叶表皮组织为害，防治难度大，以产卵盛期和幼虫孵化初期为防治适期，任选50%灭蝇胺可湿性粉剂（潜蝇灵）1 500～2 000倍液、1.8%阿维菌素乳油2 000～3 000倍液、50%敌敌畏乳油1 000～1 500倍液、2.5%溴氰菊酯乳油或20%氰戊菊酯乳油3 000倍液、50%辛硫磷乳油1 000倍液喷治。此外，还可试用具有内吸性质的70%吡虫啉水分散粒剂8 000～10 000倍液喷治。

（九）白蚁

参见本书地下害虫白蚁部分。

三、蜗牛、蛞蝓

参见本书其他有害生物部分。

第九节 草珊瑚/肿节风

草珊瑚［*Sarcandra glabra*（Thunb.）Nakai］为金粟兰科草珊瑚属植物。夏秋二季采收全草，晒干，为肿节风药材，异名九节茶、观音茶、山牛膝、接骨金粟兰等。

一、病害

（一）草珊瑚叶枯病

危害性大，给草珊瑚生产带来重大影响。

1. 症状　嫩叶的叶缘、叶尖处先出现黄褐色或灰黑色的圆形斑，病斑边缘有黄色晕圈，随后病斑向中心叶脉处扩展，呈圆形或不规则形，有时多个病斑连成不规则形大斑，可占叶面积的1/3～1/2。此时病斑呈黑褐色，中央灰白色，常可见上生黑色小点。最终向叶基部发展，出现卷叶枯死。

2. 病原　*Alternaria* sp.，为半知菌亚门链格孢属真菌。

3. 传播途径和发病条件　该病在广西全年均可发生，分生孢子借风雨传播。7～10月的高温、高湿季节，为发病高峰期，以7～8月雨季，发生为害最为严重。种植地土层深厚、腐殖质含量高，排水良好的沙壤土、壤土发病较轻，终日受到日光照射的发病重，而种在遮阴和通气条件好的地块，发病轻。

4. 防治方法

（1）冬季清园　清除枯枝落叶，集中烧毁。

（2）加强田间管理，及时排水、降低田间湿度。

（3）适期喷药防控　田间出现发病中心，任选75%百菌清可湿性粉剂600倍液、50%克菌丹可湿性粉剂400～500倍液、58%甲霜·锰锌可湿性粉剂500倍液、70%代森锰锌可湿性粉剂400倍液、64%噁霜·锰锌可湿度性粉剂（杀毒矾）400～500倍液或50%异菌脲可湿性粉剂1 000～1 500倍液喷治，间隔7～10d喷1次，视病情酌治次数。

（二）草珊瑚黑腐病

1. 症状　主要为害叶片，也可侵染茎部和根部，成株期多从下部叶开始发生，且多从叶端出现病变，向内延伸，形成V形的黄褐色病斑，叶脉坏死、变黑，严重时呈黑色网状，最终叶变黄干枯。叶脉病变可蔓延至茎部和根部，引起维管束变黑坏死，终至植株枯亡。该病常与软腐病并发，致茎、根腐烂，发出恶臭。

2. 病原　据报道，该病由细菌侵染所致，种类待定。

3. 传播途径和发病条件　种子或插条带菌，调运带病种子或插条是远距离传播的主要途径，近距离依靠风雨、昆虫传病，地势低洼积水，有利发病，高温、多雨季节发病较重。

4. 防治方法

（1）种子消毒　50～55℃温水浸种20min或用50%代森锌可湿性粉剂200倍液浸种15min，洗净晾干后播种。

（2）苗床消毒　可用50%代森铵水剂200～400倍液浇灌苗床，也可以每平方米用2～4kg（相当原液10mL）在播种沟床内均匀浇灌。

（3）拔除病株　苗床或大田一旦发现病株，即行拔除、烧毁，病穴施石灰或其他农药消毒。

（4）加强管理　及时排水，降湿防病；增施有机肥，提高抗病力。

（5）适期施药防控　发病初期选用72%农用链霉素5 000倍液、77%氢氧化铜可湿性粉剂500～800倍液或50%代森铵水剂800倍液喷治。

（三）草珊瑚根腐病

为害草珊瑚的重要病害。

1. 症状　受害植株地上部叶出现变软、枯萎，但不脱落。剖开病株，茎地下部和主根上部呈黑褐色，侧根减少。根大部腐烂时，地上部植株随着枯萎死亡。

2. 病原　种类待定。

3. 传播途径和发病条件　以病菌在病残体越冬，翌春条件适宜，产生分生孢子，借风雨传播或随灌溉水在株间传播。多在夏季发生，雨季土壤水多及黏重土湿度大，容易发病。

4. 防治方法

（1）清园　冬季及时清除田间病残体集中处理，减少翌年初侵染源。

（2）防疫　发现病株拔除烧毁，病穴施用石灰消毒，周围植株可选用70%甲基硫菌灵可湿性粉剂1 000倍液、70%敌磺钠可湿性粉剂1 500倍液或25%多菌灵可湿性粉剂600倍液喷洒。也可用上述药剂淋灌植株根部，效果更好。

（3）高垄栽培　雨天及时排水，实行干湿灌溉。

（4）苗期和田间防疫　苗床消毒同草珊瑚黑腐病。发病初期喷药防控，药剂同上，上年该病发生较多，采用种子繁殖的可用种子重量0.5%的50%多菌灵可湿性粉剂拌种，有防病作用。

二、害虫

地下害虫主要有小地老虎、蛴螬等，参见本书地下害虫相关部分。

第十节　穿心莲/穿心莲

穿心莲［*Andrographis poniculata*（Burm. f.）Nees］为爵床科穿心莲属植物。以干燥地上部入药，即中药材穿心莲，异名一见喜、苦胆草、苦草等。

一、病害

（一）穿心莲立枯病

穿心莲立枯病又称幼苗猝倒病，常致幼苗成片死亡。

1. 症状　常在长出1～2片真叶时为害严重。始发时茎基部呈现黄褐色水渍状长形病斑，后向茎周围扩展，形成绕茎病斑。病部因失水腐烂或缢缩，引起幼苗枯萎、倒伏，终至成片死亡。潮湿条件下，病部出现褐色小粒菌核，发病迟的因茎已木质化，呈立枯状死亡。

2. 病原 立枯丝核菌（*Rhizoctonia solani* Kuhn.），为半知菌亚门丝核菌属真菌。

3. 传播途径和发病条件 以菌丝体或菌核在病残体上或土壤中越冬。该菌可在土中营腐生生活，存活长达2～3年。遇到适当寄主可侵入为害，在病部产生菌丝。较低温度（15～18℃）和高湿（土壤潮湿，但不浸水）有利发病。幼苗生长缓慢，组织尚未木质化时发病最重，而幼苗生长快速即便条件适宜，也可避免受害。遇到不良气候、幼苗出土慢、生长细弱的植株，往往容易染病。

（二）穿心莲黑茎病

穿心莲黑茎病又称枯萎病。

1. 症状 成株期病害。初始时近地面茎部表面出现长条状黑色病斑，后向上、下扩展，引起茎秆细瘦，叶黄下垂，边缘内卷，皮层组织腐烂剥离。剖视茎内组织，可见维管束变为褐色至黑褐色，根部和根茎部腐烂，整株黄萎、枯死。

2. 病原 尖镰孢穿心莲专化型（*Fusarium oxysporum* Schl. f. sp. *andrographidis* Q. S. Cheo et P. K. Chi），为半知菌亚门镰孢属真菌。

3. 传播途径和发病条件 本菌为土壤习居菌，可在土中存活多年。病菌可在病残体或土中越冬，为翌年本病初侵染源。翌春条件适宜，病部产生分生孢子，借风雨、灌水、农具、肥料和昆虫传播，从根部伤口侵入。7～8月高温多雨季节为发病盛期。地势低洼、排水不良地块，发病较重。

（三）穿心莲疫病

1. 症状 主要为害叶片，也可侵染茎和根。病叶初现水渍状绿色病斑，后萎蔫下垂，似开水烫过，终至全株枯萎。

2. 病原 *Phytophthora* sp.，为鞭毛菌亚门疫霉属真菌。

3. 传播途径和发病条件 主要以卵孢子在病残体组织越冬。翌春，卵孢子萌发产生游动孢子囊，孢子囊释放游动孢子，借风雨或流水传播，从伤口侵入，辗转为害。7～8月高温多雨时发生。药园地势低、排水不良，地下害虫为害猖獗，植株生长衰弱，有利本病发生。

（四）穿心莲炭腐病

穿心莲炭腐病是危害性大的一种病害。

1. 症状 为害根与根茎处。初始在茎基部形成小褐斑，随后向上、下扩展。病株下部叶变黄，且逐渐向上部叶发展，严重时整株枯死，病部变黑，根皮烂腐，在维管束间产生大量粉末状菌核。

2. 病原 甘薯生小核菌［*Sclerotium bataticola* Traub＝*Rhizoctonia bataticola*（Traub.）Butler］，为半知菌亚门小核菌属真菌。

3. 传播途径和发病条件 以菌核在病部越冬，翌春条件适宜，菌核长出菌丝，依靠灌溉水、雨水等的移动传播。高温多雨季节有利发病。

（五）穿心莲白绢病

1. 症状 为害根与根茎部。发病初期，地上部无明显症状，仅在茎基部出现小褐斑，后向上、下扩展，下部叶先出现黄化，逐渐向上发展，严重时茎叶死亡。拔起病株，根际土壤和根部密布着大量白色菌丝，侧根全腐烂，主根软腐变黑。有的在根际土壤和根部散布着初为乳白色后成褐色的油菜籽粒状菌核。

2. 病原（*Sclerotium rolfsii*）**、传播途径和发病条件** 参见本书绞股蓝白绢病。

（六）穿心莲根茎部病害（立枯病、黑茎病、疫病、炭腐病、白绢病等）综合防治

（1）清园 收后和生长期及时清除枯枝落叶、残根、块茎及田间杂草，携出园外烧毁。

（2）培育和种植无病种苗 从源头上杜绝菌源。第一，在远离病区选土壤疏松、肥沃、排水方便的田块建立种苗基地；第二，从无病田选留健壮种子，经过种子预措后播种；第三，苗期防疫，对拟似病苗立即处理；第四，利用组培技术在短期内快速培育无病苗，既是防病需要，又有利无病良种苗的推广。

（3）实行轮作 病重田块实行水旱轮作或与非寄主植物轮作2～3年。

（4）加强管理 合理施肥，有沼气地区可施用20%沼气液，忌偏施氮肥，多施复合肥及充分腐熟有机肥，中耕宜浅，避免伤根。苗期和生长期实行干湿灌溉，保持苗床和畦内湿润，防止串灌。雨后及时排水，避免引发猝倒、根腐病。生长期密度过大，应剪除徒长枝、病虫枝，以利通气，降湿防病。

（5）强化苗期和生长期防疫 重视早期病害防控工作，重点抓“拔除病株，病穴消毒，周围植株防护”三环节。田间以立枯病、黑茎病、疫病为主的病害，可任选20%甲基立枯磷乳油1 200倍液、5%井冈霉素水剂800倍液、28%多·井悬浮剂800倍液、30%噁霉灵水剂600倍液、64%噁霜·锰锌可湿性粉剂500～600倍液、50%异菌脲可湿性粉剂1 000～1 500倍液、75%百菌清可湿性粉剂800倍液或25%甲霜灵可湿性粉剂800倍液喷洒，若田间病害以白绢病、炭腐病等为主，可任选50%腐霉利可湿性粉剂1 500倍液、50%乙烯菌核利可湿性粉剂1 000倍液、40%菌核净可湿性粉剂1 000倍液、木霉制剂（每克1亿活孢子水分散粒剂）1 500～2 000倍液、20%甲基立枯磷乳油900～1 000倍液或50%异菌脲可湿性粉剂1 000～1 500倍液淋灌病部或喷雾。

(七) 穿心莲炭疽病

1. 症状 叶上病斑呈圆形，微具轮纹，直径 2～4mm；茎上病斑呈椭圆形；果上病斑呈圆形至不规则形，病斑均呈暗褐色，上生黑色小点（分生孢子盘），严重时病斑汇合，致叶黑枯。

2. 病原、传播途径和发病条件及防治方法 参见本书鱼腥草炭疽病。

(八) 穿心莲类似病毒病害

1. 症状 产区时有发生，有的田块发生较重。病株矮小，叶片出现花叶、皱缩、枝条簇生、丛枝，其中以丛枝病状为害最重。

2. 病原 病害性质待定。

3. 传播途径和发病条件 不详。

4. 防治方法 参见本书石斛病毒病。

二、害虫

(一) 棉铃虫

参见本书薏苡棉铃虫。

(二) 斜纹夜蛾

参见本书仙草斜纹夜蛾。

(三) 东方蝼蛄

参见地下害虫蝼蛄部分。

第十一节 仙草/仙草或凉粉草

仙草（*Mesona chinensis* Benth.）为唇形科凉粉草属植物，又名凉粉草、仙人草、仙人冻等。以干燥地上部为凉粉草药材。

一、病害

(一) 仙草褐腐病

仙草褐腐病是近期发现的新病害，对仙草危害性很大。

1. 症状 初在茎基部出现褐色病斑，随后向上、下蔓延，受害的茎段顶部出现嫩叶叶缘内卷和萎蔫，向下扩展至根部，根呈现褐色病斑，生长受阻，进一步影响水分，养分向上、下输送，加剧地上部的萎蔫，终至根部干腐，地上部枝叶干枯死亡。早期病株可从个别茎蔓延到病株内多个茎段，并向周围健株蔓延，形成发病中心。在气候条件适宜的条件下，早期病株极易干枯死亡，造成绝收。生长后期出现病株虽不至于枯死，但对产量和品质造成很大的影响。

2. 病原 经分离接种，初步认定该病原为 *Erwinia* sp.，为欧氏杆菌属细菌，有关细菌学上种的明确，尚需进一步鉴定。

3. 传播途径和发病条件 初步观察，病菌可在病组织内或随病残体在土中越冬。种苗可带菌，调运带菌种苗是远程传播的主要途径，田间可经机械伤口或虫伤口侵入寄主，且可借雨水、昆虫、灌溉水传病。该病是否发生、流行与种苗带菌程度、气候因子和田间管理水平关系密切。如田间种苗带菌率较高，遇上适宜温湿度（如 6 月下旬气温在 25℃以上，雾大、雨多），十分有利病害发生、流行。影响发病的另一重要因素是田间水肥管理是否科学、到位。雨后积水、连作、偏施氮肥，极易徒长，遇风折倒，增加基部伤口，有利病菌侵入。

（二）仙草根结线虫病

仙草根结线虫病是近期发现的新病害。

1. 症状 地上部生长受阻，植株矮化，叶片变小、黄化，根系形成大小不一的根结，为害严重时病株逐渐枯死。

2. 病原 *Meloidogyne* sp.，为垫刃目根结科根结线虫属线虫。

3. 传播途径和发病条件 1 年发生多代，世代重叠。以幼虫或卵囊在病残体或土中越冬，可在土中存活 2～3 年。翌春，卵孵化后直接蛀入根内，继续发育并刺激根部皮层和中柱细胞，反常分裂，使细胞膨大，形成根结。幼虫经几次蜕皮后变成虫。雌成虫在根内产卵；卵在根内孵化，二龄幼虫钻出根结，进入土内，随后再侵入寄主或留土中越冬。采收后病残体成为翌年初侵染源。该线虫可随病残体、带线虫土壤、种苗、粪便、农具、灌溉水等传播。地温 25～30℃，土壤具一定持水量，尤其春夏多雨，有利发病。低温高湿或干旱对线虫有抑制作用，连作发病较多，前作水稻发病轻。

（三）仙草菟丝子寄生

1. 症状 菟丝子茎呈旋卷状的黄色丝状体，利用其吸器附着寄主表面，吸取其营养使植株生长受阻，矮化，状似塌圈，蔓延很快，不久植株逐渐萎缩、叶黄，终至全株枯死。

2. 病原 菟丝子（*Cuscuta chinensis* Lam.），为旋花科菟丝子属植物。

3. 传播途径和发病条件 菟丝子成熟后其种子可混在寄主种子内或随有机肥在土中越冬。该种子外壳坚硬，经 1～3 年才能发芽。在田间可沿畦埂、地边或河沟边蔓延，遇到适合寄主，即可产生吸器，缠绕寄主为害。菟丝子一旦发生，7～10d 内便可使受害植株由点到面，迅速蔓延，受害株生长衰弱，逐渐凋萎，严重时成片植株很快死亡，造成严重减产。

（四）仙草“三病”（茎褐腐病、根结线虫病、菟丝子）综合防治

（1）实施水旱轮作　可与水田（如水稻、莲、荸荠等）进行轮作，最好 2～3 年，如条件不具备，可进行一定时间（不少于 40d）的淹水，这是一项很好的病虫兼治的农业生态措施。

（2）建立无病种苗基地

①苗地选择：远离疫区选土质好前作是水作的田块为苗地。

②种苗选择与预措：从无病田块选外表健康、种质均一、生长强壮、无任何病状的植株截段，采用 40%爱诺链宝 2 000 倍浸苗 10min，洗净、晾干后栽入苗地。

③苗期防疫：发现疑似病株，立即拔除、烧毁，用石灰处理病穴，周围苗喷上述浸苗药液保护。也可选用 20%噻菌铜悬浮剂（龙克菌）500 倍液或 1∶1∶100 波尔多液喷洒基部。病情有发展趋势，应全面喷药防控，7d 左右喷 1 次，连喷 2～3 次。发现线虫病株，拔除后可试用 1.8%阿维菌素乳油 1～1.5mL 对水 500mL 左右，浇灌病穴，周围苗也用此药喷洒保护（参见本书山药根结线虫病防治）。发现菟丝子为害时，应立即将连受害植株茎叶一并铲除干净（因其断茎仍可繁殖为害），并装袋携园外烧毁或深埋，要注意在菟丝子种子成熟前铲除干净，以免种子落入园内成为翌年初侵染源。也可用生物制剂鲁保 1 号粉剂（每克含 30 亿活孢子）200 倍液，充分搅拌经纱布过滤，利用滤液均匀喷雾，5～7d 喷 1 次，连喷 2～3 次。施药时宜在药液中加少量中性皂粉，提高黏着力。注意避免在炎热中午和干旱情况下喷药，其药液应喷洒菟丝子端部，提高其防治效果。

（3）实施健康栽培　主要措施包括：雨后疏沟排水，实行干湿灌溉，防止漫灌，有条件地区实行喷灌；合理施肥，促进长壮，提高抗病力，即在增施有机肥的基础上，适当增施磷、钾肥，忌偏施氮肥，尤其在生长中后期不应盲目追求茎叶产量而过量施用氮肥，以免徒长，增大株间荫蔽，加速病害扩展。

（4）田间防疫

①控制水源：预防疫区染有病菌或菟丝子通过水流或漫灌流入无病田块。

②控制苗源：建立无病苗圃，取用无病苗地种苗，不从疫区引进种苗，这也是防病的重要环节。

③控制大田发病中心：发现病株立即拔除，按上述苗期方法处理。

（5）清园与深翻　收后清园，清除田间遗留的病残体，集中烧毁，田间和田埂旁杂草也要清除干净。清园后深翻深度达 21cm，使落入地中的菟丝子种子不会萌发。也可结合采用高温堆积发酵方法，使混入有机肥的菟丝子种子腐烂而失去萌发能力。

二、害虫

（一）斜纹夜蛾

斜纹夜蛾［*Spodoptera*（*Prodenia*）*litura*（Fabricius）］，属鳞翅目夜蛾科。又名莲纹夜蛾。

1. 寄主 十字花科、茄科、葫芦科、豆科等作物达290种以上。

2. 为害特点 仙草上一种常见的杂食性害虫，以幼虫取食仙草叶片，造成缺刻，也可在其上排泄粪便，引起叶片污染和腐烂，影响商品价值。

3. 形态特征

（1）成虫 体长14～20mm，深褐色，翅展35～40mm，前翅灰褐色，斑纹复杂，内横线及外横线灰白色，波浪形，在环状纹与肾状纹间，自前缘向后缘外方有3条白色斜纹，后翅白色，无斑纹。

（2）卵 扁半球形，孵化前呈黑紫色，卵粒集结成3～4层卵块，外覆盖灰黄色疏松绒毛。

（3）幼虫 老熟幼虫体长35～47mm，头部黑褐色，胴部体色多变，有土黄色、青黄色、灰褐色或暗绿色。背线、亚背线及气门下线均为灰黄色或橙黄色。中胸至第九腹节亚背线内侧有近月形或三角形黑斑，每体节1对，以第一、七和八节的黑斑最大，胸足黑色，腹足暗褐色。

（4）蛹 长15～20mm，赭红色，腹部第四节背面前缘及第五至七节背、腹面前缘密布圆形刻点。臀棘短，有一对强大而弯曲的刺，刺基部分开。

4. 生活习性 福建1年发生6～9代，云南、广东、台湾等地一年发生8代，终年可发生。成虫夜间活动，飞翔力强，有趋光性，对糖、醋、酒及发酵物有趋性，需补充营养。卵产叶背。幼虫共6龄，初孵初虫，群集取食，三龄前仅食叶肉，残留上表皮及叶脉。四龄后进入暴食期，多在傍晚出来为害。幼虫有假死性，老熟幼虫在1～3cm表土内做土室化蛹，7～10月为幼虫发生盛期。该虫最适温度为28～32℃，相对湿度75%～95%，在28～30℃下卵历期3～4d，幼虫期15～20d，蛹历期6～9d。

（二）棉大卷叶螟

棉大卷叶螟［*Sylepta derogata*（Fabr.）］，属鳞翅目螟蛾科。又名棉卷叶螟。

1. 为害特点 为害仙草未见报道，是常见的重要害虫。以初孵幼虫取食叶肉，留下表皮，不卷叶。三龄后吐丝卷叶，隐匿叶内取食，虫粪排在卷叶内。严重时将叶食光，影响产量和品质。

2. 形态特征

（1）成虫 体长8～14mm，翅展22～30mm，全体黄白色，有闪光。前后翅外缘线、亚外缘线、外横线、内横线均为褐色波状纹，中央接近前缘处有似OR形的褐色斑纹。

（2）卵　椭圆形，略扁，直径约0.9mm。初产时乳白色，后变淡绿色，孵化前呈灰色。

（3）幼虫　成长幼虫体长约25mm，全体青绿色，老熟后到化蛹前变为桃红色。头扁平，赭灰色，有深灰色斑点。前胸硬皮板咖啡色，除前胸及腹部末节外，每节两侧各有毛片5块，上生刚毛，背线暗绿色。

（4）蛹　长13mm，红棕色。腹部各节背面有不显著的横皱纹；第四腹节气门特大，第五、六、七各节前缘1/3处有明显的环状隆起脊，臀棘末端有钩刺4对，中央1对最长。

3. 生活习性　江苏、浙江一带1年发生4～5代，以老熟幼虫在杂草、枯叶等处越冬。福建南平市太平镇仙草基地于7月上旬初见卷叶为害，7月下旬至8月上旬系为害高峰期。该虫初孵幼虫有群集性，三龄后分散取食，卷叶为害。幼虫有转移习性，一个卷叶未食尽又转害他叶。成虫昼伏夜出，具强趋光性。植株茂密、近屋仙草地发生较多，8～9月雨日多发生量也较大。

（三）甘薯天蛾

甘薯天蛾［*Herse convolvuli*（Linnaeus）］，属鳞翅目天蛾科。又名旋花天蛾，一种暴食性害虫。

1. 寄主　甘薯、菠菜、扁豆、红小豆等。

2. 为害特点　以幼虫食害仙草叶片，还可为害嫩茎，虫口密度大时能将叶吃光。

3. 形态特征

（1）成虫　体长40～52mm，翅展100～200mm，体翅暗灰色，腹部背面灰色，胸部背面有成串褐色八字纹，腹部背面中央有一条暗灰色宽纵纹，两侧各节顺次有白、红、黑横带3条。前翅灰褐色，内、中、外各横线为锯齿状的黑色细线，翅尖有一条曲折斜向的黑色纹，后翅浅褐色，有4条黑色纹。

（2）卵　球形，初产蓝绿色，后变黄白色，长2mm。

（3）幼虫　共6龄，老熟幼虫体长83～100mm。一至三龄黄绿色或青绿色，成长后出现绿色及褐色2种类型。绿色型：体绿色，头黄绿色，两侧有淡黄色条，自第一腹节至第七腹节两侧有向后斜伸的黄白色带，气门橘黄色，围气门棕褐色，尾角黄褐色，尖端黑色，胸足黄褐色。褐色型：体褐色，头部黄褐色，上有纵条两对，胸部亚背线呈较宽的淡色条，腹部第一节至第七节有较短向后方倾斜的淡黄色条，斜条前方有暗褐色带，气门棕黄色，围气门黑色，气门下线呈蓝粉色带，尾角与胸足黑色。

（4）蛹　红褐色，50～60mm，下颚较长，向下弯曲成钩状。

4. 生活习性 福建1年发生4代，10月老熟幼虫下土，以蛹在土下10cm处越冬，成虫趋光性强，昼伏夜出，白天隐藏在寄主或杂草丛中，多在黄昏后取食活动，转移性大，可将叶食成缺刻，五至六龄食量明显增大，占总食重量的80%以上。卵产叶背，平均1只雌蛾可产卵约1 500粒，该虫较耐高温，夏季日均温29℃，最高在35℃下，对繁殖无甚影响，高温和过于干旱均对其发育不利，高温少雨，有利其发生，夏季雨水偏少，易导致大发生。冬季翻耕可降低虫口基数。

（四）仙草蛀茎虫

1. 为害特点 仙草上新害虫，以幼虫蛀食仙草茎部，致茎中空，受害茎的顶部嫩叶出现萎蔫、卷缩，似缺水状。直至受害茎枯死。枯死前，幼虫可转茎为害，又出现上述为害状。从福建南平市太平、南山两产区看，该虫为害较为多见，造成一定损失。

2. 形态特征 初步观察幼虫头部褐色，腹部乳白色，该虫种类待鉴定。

3. 生活习性 福建南平市太平镇仙草产区于7月上旬出现蛀茎虫为害状，至8月中旬仍可见该虫为害。1年发生代数和各代虫态历期不详。

（五）点蜂缘蝽

点蜂缘蝽［*Riptortus pedestris*（Fabricius）］，属半翅目缘蝽科。

1. 寄主 仙草、黄芪等药用植物及多种蔬菜。

2. 为害特点 常见害虫，为害较轻。

3. 形态特征

（1）成虫 体长15～17mm，狭长，黄褐色至褐色，被白色细绒毛。头在复眼前部成三角形，后部细缩如颈。触角第一节长于第二节，前三节端部稍膨大，基半部色淡。喙伸达中足基节间。头、胸两侧的黄色光滑斑纹成点斑状或消失。前胸背板前叶向前倾斜，前缘具领片，小盾片三角形，前翅膜片淡棕褐色，稍长于腹末。腹部侧缘稍外露，黄黑相间。足与体同色。后足腿节粗大，有黄斑，胫节向背面弯曲。腹下散生许多不规则的小黑点。

（2）卵 长约1.3mm，半卵圆形。

（3）若虫 一至四龄若虫体似蚂蚁，五龄体似成虫，仅翅较短。

4. 生活习性 1年发生3～4代，以成虫和若虫在枯枝落叶和草丛中越冬，翌年3月开始活动，8月上旬至10月下旬产卵，卵多产叶背、嫩茎和叶柄上。成虫和若虫活跃，早、晚温度低时稍迟钝。

（六）酸模叶甲

酸模叶甲（*Gastrophysa atrocyanea* Mots.），属鞘翅目叶甲科。

1. 寄主 仙草、酸模、大黄等植物。

2. 为害特点 常见害虫，有一定危害性。以成虫和幼虫为害仙草新芽、嫩叶及叶片，严重发生时可食光叶片，对产量影响较大。

3. 形态特征

(1) 成虫 体长约5.5mm，体蓝黑色，带有金属光泽，腹部末端红褐色，头部、前胸背板和前翅均有刻点。头部刻点微细，鞘翅上刻点粗且整齐，中、后足胫节外端呈三角形突起。

(2) 幼虫 成长幼虫体长7～8mm，头部黑褐色，胸腹部棕褐色，腹部末端灰黄色，胸、腹各节有大小不等的黑褐色毛瘤。

(3) 蛹 长约5mm，浅黄色，复眼深褐色，触角、足的胫节基部和跗节淡褐色。

4. 生活习性 北京地区1年发生1代，华南地区代数不详。该虫在寄主根际13～17mm土中越冬。翌年成虫开始出土活动，取食新芽及嫩叶，并交配繁殖。幼虫期为4月下旬至6月下旬。当代成虫于5月下旬为羽化盛期，成虫及幼虫均具假死性。

（七）仙草蚜虫

1. 为害特点 以成虫、若虫聚集叶背为害，引起叶卷皱缩，叶面凸凹不平，影响产量和品质。

2. 形态特征 体形似桃蚜，体淡黄绿色，复眼黑色，腹管圆筒形，不超过尾片。

3. 生活习性 1年发生多代。南平市南山镇仙草基地于6月下旬出现为害，但属零星发生，为害较轻，天气炎热时为害少。田间蜘蛛和蚂蚁可取食蚜虫。

（八）地下害虫

常见有小地老虎、蛴螬、东方蝼蛄等，参见本书地下害虫相关部分。

（九）仙草“四虫”（斜纹夜蛾、棉大卷叶螟、蛀茎虫、甘薯天蛾）综合防治

(1) 人工捕杀 初发或为害不重时，组织人工捕杀群集为害的低龄斜纹夜蛾幼虫，摘除斜纹夜蛾卵块和棉大卷叶螟虫苞，发现蛀茎虫受害株，拔除捏杀茎内幼虫。

(2) 诱杀 斜纹夜蛾等可用食饵诱杀，常用糖酒醋液诱杀，糖：醋：白酒：水=6：3：1：10，加少量90%敌百虫晶体药液，调匀置器内诱杀，对小地老虎等成虫有诱杀效果。性诱剂诱杀，可用斜纹夜蛾性诱剂诱捕器诱杀成虫，有良好诱杀效果。诱芯每月更换1次，每个诱捕器相距50m。此外还可在每日6:00前后检查诱捕器内斜纹夜蛾数量，逐日记载蛾量，根据诱蛾量可推算一至二龄幼虫发生期，为防治初龄幼虫提供依据。斜纹夜蛾、棉大卷叶螟等成虫发生期设立灯光

诱杀。

(3) 生物农药喷杀　掌握低龄期喷苏云金杆菌剂（Bt）对这些害虫均有效。若错过低龄期喷药，虫龄大、虫口密度大时，可喷用菊酯类农药，也可用10亿PIB/g斜纹夜蛾核型多角体可湿性粉剂，按667m^2 400～500倍液喷雾，防效好，持效长。但要注意选晴天早晨或16:00后喷，避免高温强光下喷药。遇雨补喷，不能与化学农药混用，近桑园、养蚕场不能用。

(4) 保护和利用天敌　仙草田间有多种天敌，其中蜘蛛群体数量最大，是捕杀害虫的主要天敌种类，此外，多种猎蝽和瓢虫均是捕杀害虫的能手，应注意保护与利用，尤其不可任意喷洒对天敌杀伤力强的广谱性农药。

(5) 清园深耕　收后彻底清园结合深耕灭蛹，减少越冬虫源，对上述几种害虫和部分地下害虫有兼治效果。

(6) 适期施药防控　掌握三龄前（斜纹夜蛾、棉大卷叶螟、旋花天蛾等）喷药防治，可任选10%虫螨腈悬浮剂（除尽）1 500～2 000倍液、2.2%甲氨基阿维菌素甲酸盐微乳剂（三令）2 000倍液、2.5%氯氟氰菊酯乳油1 500～2 500倍液、5%氟啶脲乳油（抑太保）1 200～2 000倍液、50%辛硫磷乳油1 500倍液、15%菜虫净乳油1 500倍液或2.5%溴氰菊酯乳油3 000倍液喷治，药剂宜轮流使用。

第十二节　绞股蓝/绞股蓝

绞股蓝［*Gynostemma pentaphyllum*（Thunb.）Makino］为葫芦科绞股蓝属植物。其干燥全草为中药材绞股蓝，异名七叶胆、小苦药、遍地生根等。

一、病害

（一）绞股蓝炭疽病

1. 症状　叶片呈现圆形、椭圆形或不规则形病斑，中央淡褐色或灰白色，边缘褐色，直径1～3mm，上生小黑点（病原菌分生孢子盘），发生多时致叶枯死。

2. 病原　①无性阶段：*Colletotrichum orbiculare*（Berk. et Mont.）V. Arx，为半知菌亚门炭疽菌属真菌。有性阶段：*Glomerella lagenaria*（Pass.）Watanabe et Tamura，为子囊菌亚门小丛壳属真菌。②无性阶段：*C. capsici*（Syd.）Butler et Bisby，为半知菌亚门炭疽菌属真菌。其中，以第一种侵染引起的炭疽病为主。

3. 传播途径和发病条件　参见本书山药炭疽病。

4. 防治方法　参见本书山药炭疽病。

（二）绞股蓝白粉病

多发生于生长后期。主要为害叶片，也可侵染叶柄与茎藤。

1. 症状 初期叶上呈现白色纤细斑点，正面为多，后向四周扩散，继而形成霉斑。条件适宜时全叶布满白色粉状物（病原菌气生菌丝和分生孢子），叶背霉斑由叶缘沿叶脉向内扩展。发生重时，叶片泛黄、卷缩，嫩梢也布满白色霉层，但叶不脱落。至秋季，叶背的白色霉层先现黄褐色后为黑色小粒（病原菌的子囊壳）。为害重时，引起叶干枯，甚至地上部枯死，影响翌年出苗率，常出现缺株、断垄。

2. 病原 瓜类单囊壳［*Sphaerotheca cucurbitiae*（Jacz.）Z. Y. Zhao］，为子囊菌亚门单丝壳属真菌。无性阶段为 *Oidium* sp.（半知菌亚门粉孢属）。

3. 传播途径和发病条件 病菌以闭囊壳在病残体上越冬。翌春释放出子囊孢子，借风雨传播，引起初侵染。随后可不断发生再侵染，该病田间流行温度：16～24℃，相对湿度 45%～75%。密度过大，通风不良，光照不足，昼夜温差大或遇阴雨天气，易诱发白粉病，氮肥过多，灌水过量，植株徒长，发病加重。

4. 防治方法

（1）杜绝、减少菌源 苗期、生长期和收后要及时清园，清除病残体和杂草，携出园外烧毁；远离病区种植，以减少被侵染机会；从无病田的健株上选取插条，避免插条带菌，成为大田初侵染源。

（2）加强田间管理 首先在畦面扦插竹或枝条，让其攀缘，改善通风透光条件，降低湿度；其次是合理施肥，适施磷、钾肥，避免施入过量氮肥，促进植株长壮，提高抗病力。

（3）施药防控 出现发病中心时，应及时施药防控。可任选 2%农抗 120 水剂 200 倍液、2%武夷菌素水剂 200～300 倍液、50%硫黄悬浮剂 600 倍液、25%三唑酮可湿性粉剂 2 000～3 000 倍液、40%氟硅唑乳油 8 000 倍液、30%富特灵可湿性粉剂 2000 倍液或 20%甲基硫菌灵可湿性粉剂 1 000～1 500 倍液喷治，发病较多时，宜全面喷药。

（三）绞股蓝白绢病

此病是为害绞股蓝的重要病害。

1. 症状 主要为害根和茎，也可侵染叶片。初始主要侵染近地植株茎蔓，茎、根呈现暗褐色，长有丝绢状菌丝，叶呈现暗褐色水渍状，叶表上长有白色菌丝体。随后植株出现凋萎，终至腐烂、枯死。其根茎仅剩下木质化纤维组织，似一堆乱麻状，极易拔起，病部长出茶褐色菌核。

2. 病原 齐整小核菌（*Sclerotium rolfsii* Sacc.），为半知菌亚门小核菌属真菌。

3. 传播途径和发病条件 一般自4月下旬开始发病，6月上旬至9月上旬为害最烈，10月中旬逐渐停止。参见本书罗汉果白绢病。

4. 防治方法 发病初期病株拔除后其病穴和周围植株应喷药防控，可任选70%百菌清可湿性粉剂600～800倍液、50%腐霉利可湿性粉剂1 500倍液、50%乙烯菌核利可湿性粉剂1 000倍液、40%菌核净可湿性粉剂1 000倍液、50%异菌脲可湿性粉剂1 000～1 500倍液或50%克菌丹可湿性粉剂400～500倍液淋灌或喷雾，其他参见本书罗汉果白绢病。

（四）绞股蓝疫病

1. 症状 主要为害绞股蓝叶片、叶柄和茎秆。发病初期，叶出现水渍状、暗绿色斑块。随着病情发展，病斑由小到大扩展至全叶及叶柄，似开水烫过，扩展后病斑变成黑褐色，叶片、叶柄软化下垂，后期茎秆腐烂，植株倒折或枯死。湿度大时，茎秆基部可产生断续的白霉状物（病原菌的菌丝体或子实体），散发出腥臭味，严重时成片死亡。

2. 病原 恶疫霉［*Phytophthora cactorum*（Leb. et Coh.）Schrot.］，为鞭毛菌亚门疫霉属真菌。

3. 传播途径和发病条件 卵孢子可在土中存活4年，成为该病翌年初侵染源。病部产生孢子囊，释放出游动孢子，侵入绞股蓝叶、叶柄和茎秆，进行初侵染和不断再侵染。高温多雨、地势低洼、排水不良、氮肥过量、通风不畅、湿气滞留、土壤偏酸均有利该病发生。

4. 防治方法

（1）清园与耕翻 秋季清除病残体，夏季利用炎热天气耕翻，让卵孢子早萌发失去侵染力，减少初侵染源。

（2）实行轮作 可与禾本科作物轮作2年，避免与葫芦科、茄科作物重茬。

（3）加强管理 增施腐熟有机肥，重施磷、钾肥，巧施硼、锌肥，有利改良土壤，促进植株长壮，提高抗病力。

（4）土壤消毒 病重田块，可结合整地进行土壤消毒，每667m^{2}任选70%甲基硫菌灵可湿性粉剂、50%多菌灵可湿性粉剂、30%敌磺钠可湿性粉剂、50%福美双可湿性粉剂，各1～1.5kg拌细土30kg，匀撒土中。酸性土可施用一定量石灰，上述措施也可兼治其他土传病害。

（5）垄作搭架栽培 一般水田推行深沟窄厢垄作，避免积水；旱地按地形实行高垄高畦种植。当苗长到30cm后，每平方米插4根竹竿搭成人字形，有利透光和促进光合作用，增强抗病力。

（6）适期施药防控 发病初期施用58%甲霜·锰锌可湿性粉剂（瑞毒霉·锰锌）800倍液或75%百菌清可湿性粉剂800～1 000倍液，也可用50%多菌灵、70%甲基硫菌灵可湿性粉剂500～600倍液喷雾，每隔7d喷1次，连喷2～3次。

（五）绞股蓝叶斑病

1. 症状 从叶缘或叶尖开始发病，并逐渐向中间扩展，先出现水渍状，后成黄色枯斑，严重时整株叶片腐烂、脱落。

2. 病原 初步认定为侵染性病害，病原种类待定。

3. 传播途径和发病条件 不详。

4. 防治方法 可参见绞股蓝炭疽病。

（六）绞股蓝花叶病

此病是为害绞股蓝的一种系统性病害。

1. 症状 幼苗幼叶出现浓淡不均斑驳。成株期叶片呈现深绿、浅绿相间的花叶症状，严重时叶片卷缩、发硬、变脆。高温多湿季节，叶自下而上出现枯黄，病株生长衰弱。

2. 病原 可能与病毒侵染有关，尚待研究明确。

3. 传播途径和发病条件 不详。

4. 防治方法 参见本书石斛病毒病。

（七）绞股蓝菟丝子寄生

1. 症状 参见本书仙草菟丝子寄生。

2. 病原 *Cuscuta* sp.，种名待定。

3. 传播途径和发病条件及防治方法 参见本书仙草菟丝子寄生。

4. 防治方法 参见本书仙草“三病”综合防治中有关菟丝子的部分。

二、害虫

（一）三星黄叶甲

三星黄叶甲［*Paridea angulicollis*（Mostchulsky）］，属鞘翅目叶甲科。

1. 为害特点 以成虫为害叶片为主，主要取食上部嫩叶和幼嫩茎芽，形成缺刻或孔洞。初龄幼虫可蛀茎为害，从茎基部向上蛀食，茎内充满虫粪，被蛀茎或叶柄逐渐枯萎，后退出隧道食叶。越冬代成虫发生期长，为害重，对产量影响大。

2. 形态特征

（1）成虫 体长5.7～7mm，椭圆形，虫体大部分黄色，具金属光泽；头和前胸稍带橙色，复眼黑色，触角丝状，11节，黄褐色，前胸背板略呈梯形，离前缘2/3处有一横沟；小盾片三角形。后胸腹板和跗节黑色，鞘翅黄色，上有刻点行，每鞘翅有2个黑斑，其中一个大黑斑位于中部下方近外缘处，有的此斑浅或不明显；另一个小斑位于中缝基部；两翅合拢时形成一个近椭圆形的黑色斑块，腹部末端外露。

（2）卵　圆形或稍扁，表面具蜂窝状网纹，直径约1mm，初产时为橘黄色，孵化前卵色变暗。

（3）幼虫　共3龄，具明显骨化头部，初龄幼虫体长约2mm，头部、前胸背板及臀板均为黑褐色，余为橘黄色。三龄幼虫体长约9mm，头部黑褐色，三龄末全体为橘黄色，老熟幼虫入土做蛹室化蛹。

（4）蛹　体长约5mm，黄白色，椭圆形，头部、体背、翅芽、臀节具刺毛，臀节末端具一对端部内弯的褐色长臀刺。

3. 生活习性　江苏1年发生2代，有世代重叠现象。以二代成虫在枯茎落叶下、杂草或土缝里越冬。翌年4月中下旬绞股蓝露芽时开始活动，成虫具假死性，趋光性不明显。主要为害期在4～5月（苗期）和10～11月。以上午为活动盛期。温度在5℃以下时进入越冬休眠期，7～8月气温超过24℃不利其发生，日平均气温降至20℃以下时，该虫活动加剧，形成全年第二个为害高峰期。该虫出现前，若降雨增多，则后期该虫为害加重，反之则为害轻。

4. 防治方法

（1）清园　冬季清除枯枝落叶，集中烧毁，减少越冬虫源。

（2）适期施药防控　防治成虫可在7月第一次收后田间寄主较少虫口较集中时用药，防治幼虫宜于卵孵化高峰期进行，可任选2.5%高效氯氰菊酯乳油2 000倍液、2.5%溴氰菊酯乳油2 000倍液、1.8%阿维菌素乳油1 000倍液、20%高渗辛硫磷乳油1 000倍液或90%敌百虫晶体1 000倍液喷治。

（3）人工捕杀　利用成虫具假死性特点，于早晨进行人工捕杀。

（二）黑条罗萤叶甲

黑条罗萤叶甲（*Paraluperodes suturalis nigrobilineatus* Motschulsky），属鞘翅目叶甲科。别名大豆二条叶甲、二条黄叶甲、二条金花虫，是为害绞股蓝最为严重的一种害虫。

1. 寄主　绞股蓝、大豆、小豆、水稻、甜菜等。

2. 为害特点　以成虫为害叶片、生长点嫩茎，严重时新出苗植株叶、嫩茎、芽被食光，似开水烫过一样，成片死亡。近期该虫为害逐年加重，对绞股蓝生产威胁很大。

3. 形态特征

（1）成虫　体色淡黄，呈卵圆形，长3～4mm，鞘翅黄褐色，两鞘翅中央各有一个略弯曲的纵行黑色条斑，足黄褐色，均密被灰黄色细毛，各足胫节外侧具有深褐色斑。

（2）卵　球形，初产白色，老熟黄褐色，直径0.6mm。

（3）幼虫　老熟幼虫体长约 5mm，初孵乳白色，后稍变黄，体躯上被短细毛。头褐色，前胸盾板和臀板黑褐色，前胸盾梭形，中间有一明显狭缝，分成左右两对三角形。胸足 3 对，褐色。

（4）蛹　体长 3～4mm，乳白色，尾端有一对钩状刺。

4. 生活习性　1 年发生 3 代，以成虫在杂草和土缝中越冬。翌年 4 月，越冬成虫开始活动，为害绞股蓝幼苗。4 月下旬至 6 月下旬进入为害盛期。成虫活泼，善跳，有假死性，白天藏土缝中，早、晚为害。成虫卵产绞股蓝的四周土表处，每雌产卵 200～300 粒，卵期 7～8d，孵出幼虫入土为害根部，使根部形成根瘤，根成空壳或腐烂。末龄幼虫在土中化蛹。蛹期 6～7d，8 月下旬至 9 月上旬羽化为成虫，取食为害，9 月中下旬至 10 月上旬入土越冬。盛夏不热，晚秋不凉，有利该虫生长繁殖和越冬。

5. 防治方法

（1）消灭越冬成虫　冬季翻土时结合清除田间寄主的秸秆、杂草和残株，集中烧毁，减少越冬虫源。

（2）土壤处理与药剂拌种　初春翻土结合防治地下害虫，可用 40%辛硫磷乳油（地舒适）或敌百虫粉拌适量毒土，每 667m² 撒施 10～15kg，毒杀成虫。药剂拌种：可用 35%多克福种衣剂（一般按药种比例 1：75）进行包衣。

（3）适期施药防控　该虫为害盛期（3 月下旬至 4 月上旬）可任选 0.6%丙酯·氧苦水剂（清源得）1 000～1 200 倍液、15%阿维·毒乳油（蛾英宝）1 000～1 200 倍液（每 667m² 60kg 液）、2.5%氯氟氰菊酯乳油 50mL 或 48%毒死蜱乳油 50mL 均对水 40kg 喷雾，5～7d 重喷 1 次。

（三）大青叶蝉

参见本书罗汉果大青叶蝉。

（四）斜纹夜蛾

参见本书仙草斜纹夜蛾。

（五）豆灰蝶

豆灰蝶（*Plebejus argus* Linnaeus），属鳞翅目灰蝶科。别名小灰蝶、银蓝灰蝶。

1. 寄主　为害红花菜、豆小冠花、绞股蓝等植物。

2. 为害特点　幼虫咬食叶片，残留上表皮，严重时将叶食光，仅剩叶柄和主脉。有时也为害嫩果和啃食嫩茎皮。

3. 形态特征

（1）成虫　体长 9～11mm，翅展 25～30mm，雌、雄异形，雄虫翅面青蓝色，绿带黑色，具青色闪光，缘毛白色，后翅具一列黑色圆点，与外缘带混合。雌虫翅棕褐色。

（2）卵　扁圆形，直径0.5～0.8mm，初黄绿色，后变黄白色。

（3）幼虫　头黑色，胴部绿色，背线色深，老熟幼虫体长9～13mm。

（4）蛹　长8～11mm，长椭圆形，淡黄绿色。

4. 生活习性　河南地区1年发生5代，以蛹在土中越冬。翌年3月下旬羽化为成虫。卵散产在叶上。9月下旬老熟幼虫入土化蛹越冬。

5. 防治方法

（1）选用抗虫品种。

（2）秋冬深耕灭蛹。

（3）适期施药防控　低龄幼虫盛发期任选25%灭幼脲悬浮剂500～600倍液、10%吡虫啉可湿性粉剂1 500倍液、20%氰戊菊酯乳油2 000倍液、2.5%多杀霉素悬浮剂1 000～1 500倍液（500～700mL/hm²）或3.2%Bt可湿性粉剂1 000倍液（1kg/hm²）。

（六）蚜虫

参见本书石斛蚜虫。

（七）地下害虫

主要有蛴螬，其中以华北大黑鳃金龟［*Holotrichia oblita*（Faldermann）］和暗黑鳃金龟［*H. parallela*（Motschulsky）］、小地老虎为主，小家蚁（*Monomorium pharaonis*）和黄褐油葫芦或称南方油葫芦也是常见苗期害虫，参见地下害虫相关部分。

此外，食叶害虫的中黑盲蝽和黄守瓜是取食绞股蓝叶片的重要害虫，可分别参见本书益母草稻绿蝽和栝楼守瓜类。

灰巴蜗牛和野蛞蝓参见其他有害生物部分。

第五章　花　类

第一节　忍冬/金银花

忍冬（*Lonicera japonica* Thunb.）为忍冬科忍冬属植物别名金银花、双花。其干燥花蕾或待初开的花入药，称为金银花。

一、病害

（一）金银花白粉病

此病是为害金银花的主要病害。

1. 症状　主要为害叶片，有时也为害茎和花。叶上病斑初为白色小点，后扩展为白色粉状斑，严重时叶布满白粉层，致叶发黄、变形以至落叶；茎上病斑褐色，不规则形，上生白粉；花扭曲，严重时脱落。

2. 病原　无性阶段：*Oidium* sp.，为半知菌亚门粉孢属真菌。有性阶段：忍冬叉丝壳［*Microsphaera lonicerae*（DC.）Wint.］，为子囊菌亚门叉丝壳属真菌。

3. 传播途径和发病条件　以菌丝体、分生孢子或子囊壳在病残体上越冬，翌年条件适宜，病部产生分生孢子或子囊孢子，借风雨传播，引起初侵染。随后可不断进行再侵染。4～8 月为害最烈。多在多雨季节或通风不良、光照不足时发生。4 月上旬当年新梢始见发病，后在新梢叶上扩展。花蕾染病后即可迅速流行，严重时致花蕾失收。10 月中下旬后本病不在枝叶上扩展。

4. 防治方法　参见本书凌霄白粉病。

（二）金银花褐斑病

此病是为害金银花的重要病害。

1. 症状　初期叶呈现黄褐色小斑，后期几个小斑相融合，呈圆形或受叶脉所限呈多角形病斑。潮湿时叶背上生灰黑色霉状物，干燥时病斑中间部分易破。严重时叶早期枯黄脱落。

2. 病原　鼠李尾孢（*Cercospora rhamni* Fack），为半知菌亚门尾孢属真菌；忍冬生尾孢（*C. lonicericola* Yamam.）也能引起褐斑病。

3. 传播途径和发病条件 病菌以分生孢子梗和分生孢子在病叶上越冬。翌春条件适宜，产生分生孢子，借风雨传播，进行初侵染和再侵染。一般由下部叶先发病，逐渐向上发展。多雨潮湿有利发病，7～8 月发病严重，常引起秋季早期大量落叶。

（三）金银花炭疽病

1. 症状 金银花常见病。主要为害叶片，多从叶缘开始为害，后向周围扩展，病斑不规则形，中央灰白色或浅褐色，边缘有明显的暗褐色分界线。后期叶面长出小黑点（病原菌分生孢子盘），严重时引起叶片局部枯死。

2. 病原 胶孢炭疽菌（*Colletotrichum gloeosporioides* Penz.），为半知菌亚门炭疽菌属真菌。

3. 传播途径和发病条件 该菌在病残体上全年均可存活。分生孢子随风雨传播。病害发生与雨日、雨量有关，雨季易发生，低湿、干旱、日照强，不易发病。

（四）金银花烟霉病

1. 症状 时有发生，为害叶片。叶片布满灰色至黑色的烟霉层（病原菌的菌丝体和分生孢子），发生多时影响光合作用。

2. 病原 散播烟霉（*Fumago vagans* Pers.），为半知菌亚门烟霉属真菌。菌丝体匍匐于叶面，用手一擦即掉。另有报道，*Neocapnodium* sp.（子囊菌亚门新煤炱属真菌）也可引起此病。

3. 传播途径和发病条件 该病以菌丝体或分生孢子在病叶上越冬，翌年条件适宜，病部产生分生孢子，引起初侵染和再侵染，潮湿荫蔽药园，易于发生。

（五）金银花斑点病

1. 症状 初期叶上病斑近圆形，暗褐色，后中间灰褐色，边缘暗色，上生小黑点（病菌分生孢子器）。

2. 病原 *Phyllosticta lonicerae* West.（半知菌亚门叶点霉属真菌）和忍冬叶点霉［*P. caprifolii*（Opiz.）Sacc.］均可引起斑点病。

3. 传播途径和发病条件 病菌以分生孢子器在病部越冬。成为翌年初侵染源，翌春适宜条件，病部产生分生孢子，借风雨传播，辗转为害。夏、秋发生较多，潮湿荫蔽有利发病。

（六）金银花黑霉病

1. 症状 主要为害叶片。叶呈现近圆形病斑，正面中央灰白色，周围黑褐色，背面颜色较淡，斑面生有浅褐色霉层（病原菌分生孢子梗和分生孢子）。

2. 病原 *Cladosporium* sp.，为半知菌亚门芽枝霉属真菌。

3. 传播途径和发病条件 不详。

（七）金银花叶斑病类（褐斑病、炭疽病、烟霉病、斑点病）综合防治

（1）冬季清园 清除园内枯枝，病叶，集中烧毁，减少初侵染源。

（2）加强药园管理 多施有机肥，遇旱即浇水，及时除草、培土，增强树势，提高抗病力，结合打顶修剪，除去病虫枝、徒长枝、衰弱枝、过密枝，以利通风透光，降湿防病。

（3）加强防疫 初期零星发生，要及时剪除，带出药园烧毁。

（4）适期喷药防控 发病初期重点抓防治发病中心，发生较多时宜全面喷药。常用农药有：1∶1∶200 波尔多液、10%多抗霉素可湿性粉剂 600～800 倍液、2%农抗 120 水剂 500～1 000mL 对水 100kg、64%噁霜·锰锌可湿性粉剂 400～500 倍液、50%多菌灵可湿性粉剂 600 倍液、65%代森锌可湿性粉剂 500 倍液等，7～10d 喷 1 次，视病情酌治数次。

（八）金银花锈病

1. 症状 为害叶片。叶背出现许多茶褐色粉末，严重时引起叶枯。

2. 病原 *Uromyces* sp.，为担子菌亚门单胞锈菌属真菌。

3. 传播途径和发病条件 不详。

4. 防治方法 发病初期剪除病叶并烧毁，发病中心及周围植株喷 15%三唑酮可湿性粉剂 1 000 倍液或 0.3 波美度石硫合剂。

（九）金银花根腐病

1. 症状 为害根系及根茎部位，逐渐向地上部蔓延，引起枝叶枯萎，以至全株枯死。

2. 病原 尖镰孢（*Fusarium oxysporum* Schl.），为半知菌亚门镰孢属真菌。

3. 传播途径和发病条件 病菌在病部越冬，翌春条件适宜，病菌通过土壤和灌溉水传播，由植株根部伤口侵入，向地上部扩展蔓延。多在高温多雨季节的低洼积水地块发生，高温多雨季节为害严重。

4. 防治方法 参见本书广藿香根腐病。

（十）金银花白绢病

1. 症状 参见本书绞股蓝白绢病。

2. 病原 齐整小核菌（*Sclerotium rolfsii* Sacc.），为半知菌亚门小核菌属真菌。

3. 传播途径和发病条件 一般每年 4 月始发，5～8 月发生较多，低洼地发病较重，一般幼苗和幼龄园重于成株园。

4. 防治方法 参见本书绞股蓝白绢病。

（十一）金银花病毒病

1. 症状 病株矮小，节间短，叶片皱缩、簇生。

2. 病原 待定。

3. 传播途径和发生条件 不详。

4. 防治方法

（1）加强防疫 发现病株立即拔除，深埋或烧毁。

（2）培育和种植无毒苗。其他参见菊花病毒病和病毒一类病害综合防治。

二、害虫

（一）金银花尺蠖

金银花尺蠖（*Heterolocha jinyinhuaphaga* Chu），属鳞翅目尺蛾科。

1. 为害特点 初龄幼虫在叶背啃食表皮及叶肉，叶面出现透明小斑，三龄后蚕食叶片，呈现不规则缺刻，五龄后进入暴食期，严重时将叶和花蕾食光，若连续为害 3～4 年，可引起整株枯死。

2. 形态特征

（1）成虫 体细小，长 8～11mm，翅展 18～32mm，淡褐色或枯黄色，杂有细微的小斑点。前翅前缘略拱出，顶角旁有三角形紫棕斑，外线有紫棕色小点组成的宽带。后翅中线明显，赭色。雌蛾触角丝状，腹部较肥大；雄蛾触角羽毛状。体色有季节二型：春型（越冬代成虫）为灰褐色；夏型（第一、二代成虫）为杏黄色，但在第二代成虫中有少数个体表现为春型。

（2）卵 椭圆形，孵化前为灰色。

（3）幼虫 共 5 龄，老熟幼虫体黑褐色或灰褐色。前胸黄色，有 12 个小黑斑，排成二横列。体线均为黄白色，腹部第八节后缘有 12 个黑点，臀板上有 1 个近圆形黑斑。

（4）蛹 腹末有臀棘 8 根。

3. 生活习性 汉中地区 1 年发生 4 代，5 月中旬和 8 月中旬为害严重。浙江 1 年发生 4 代，以幼虫和蛹在近表土枯叶下越冬。翌年 3 月下旬越冬蛹羽化，越冬幼虫也开始化蛹。4 月中旬相继羽化为成虫。卵多产于叶背。初孵幼虫迅速爬行，且可吐丝悬垂，借风吹分散。低龄幼虫取食叶片下表皮，三龄后食量增加。老熟幼虫在枯叶下或表土 1cm 处结薄茧化蛹。冬暖，有利越冬幼虫和蛹的存活，翌年发生量大。湿度大，虫口密度高，反之，干旱少雨发生轻。5～6 月为害严重，管理粗放，缺整枝修剪的，为害较重。

4. 防治方法

（1）冬季清园　清除地面枯枝落叶，可消灭部分越冬幼虫或蛹。

（2）整枝修剪　生长季节及时整枝修剪，有利通风透光，降低虫口密度。

（3）施药防控　幼虫为害期任选20%氰戊菊酯乳油2 000～3 000倍液、0.5%印楝素乳油800～1 000倍液、青虫菌粉（300亿个/g）1 000～1 500倍液或2.5%鱼藤精400～600倍液喷治。对未修剪树应作重点防治。花期不宜喷施敌百虫。

（二）小造桥虫

为害特点、形态特征、生活习性，参见本书玫瑰茄小造桥虫。防治方法参见金银花尺蠖。

（三）蚜虫类

主要有以下几种：中华忍冬圆尾蚜（*Amphicercidus sinilonicericola* Zhang）、胡萝卜微管蚜［*Semiaphis heraclei*（Takahashi）］、桃蚜［*Myzus persicae*（Sulzer）］、桃粉蚜（*Hyalopterus arundinis* Fabricius），均属同翅目蚜科。

1. 为害特点　成虫、若虫刺吸叶片汁液，引起叶卷、发黄和皱缩，花蕾畸形，且可分泌蜜露诱发煤烟病，影响光合作用，引起减产。

2. 形态特征　着重介绍中华忍冬圆尾蚜：体型小，孤雌胎生，有性蚜卵生。有翅2对，前翅有4条斜脉，栖身时翅纵立成平跌；触角丝状，头部与胸部之和不大于腹部；第六腹节有腹管1对；气门位于腹部第一至第七或第二至第五节；产卵器缩小为被毛的隆起。

3. 生活习性　华南地区1年发生20多代，世代重叠，终年繁殖为害，15～25℃繁殖最快，4月上中旬始发、5月上中旬为害最烈。蚜虫天敌有多种，如食蚜瓢虫、草蛉、食蚜蝇、蚜茧蜂等，自然控制作用较显著，高温干旱不利其繁殖为害。

4. 防治方法

（1）施用生物农药　应用千虫克（0.18%阿维菌素·每克100亿活芽孢苏云金芽孢杆菌）1 500～2 000倍液（可兼治锈胸黑边天蛾）、0.2%阿维高渗可溶性粉剂3 000倍液、8.4%杀蚜素500～600倍液、EB-82灭蚜菌200～300倍液或10%吡虫啉可湿性粉剂3 000倍液，隔5～7d喷1次，连喷2～3次。

（2）清园　清除杂草，结合整枝修剪，剪除蚜害枝叶，减少田间虫源量。

（3）保护利用天敌　宜用选择性杀虫剂（如抗蚜威、杀蚜素等）和改变施药途径（涂茎、粘板），以减少药剂对天敌的伤害。

（4）适期喷药　根据测报，在发生始期可喷虫害株及周围植株，发现胎生若蚜剧增而天敌数量很少时，应全面喷治。重点使用上述生物农药，还可选用80%敌敌畏乳油1 000倍液或3%啶虫脒乳油2 000～3 000倍液喷治。

（四）金银花叶蜂

金银花叶蜂［*Arge similes*（Vollenhoven）］，属膜翅目叶蜂科。

1. 寄主 金银花、杜鹃花、石榴红等。

2. 为害特点 以幼虫群集于叶片取食，从叶边向内取食成整齐缺刻，严重时将叶食光，受害枝条枯死，以至植株不能开花，影响产量。

3. 形态特征

（1）成虫 雌成虫头蓝黑色，触角黑色，丝状，鞭节端部膨大，光滑无毛，复眼黑色，胸腹部蓝黑色，微具金属光泽。中、后足胫节近端部1/3处的外侧有一刺，端部有2个距。翅黑色，透明。雄虫触角鞭节细长，两侧密布细毛，其余特征与雌虫相似。

（2）卵 近肾形。

（3）幼虫 共5龄，老熟幼虫22～23mm，头黑色，体粉红色，背线淡绿色，亚背线金黄色，气门上线绿色，背上有小黑斑毛瘤，前胸有毛瘤14个，中、后胸各有16个，分别排为3列。腹部第二至六节，背部各有毛瘤3列16个。胸足3对，腹足6对。

（4）蛹 黑色，茧椭圆形，长10～14mm，淡金黄色，分为3层。

4. 生活习性 成虫白天活动，以中午前后较盛，阴雨天则栖息在枝叶下不动。成虫常飞到蜜源植物或有蚜虫地方取食，以补充营养。羽化3～4d后，雌虫开始产卵。卵产叶面表皮下，单粒或2～3粒，产卵处叶组织呈水渍状，后变黑褐色。初孵幼虫在嫩叶上食成缺刻，食光全叶后再迁移邻近叶片取食。幼虫取食后头、胸、足逐渐变成黑色，体变绿色，四龄后呈桃红色。幼虫老熟后爬下枯株，钻入0.5～1.0cm表土层或杂草叶间吐丝结茧、化蛹。

5. 防治方法

（1）选用较为抗虫品种 叶蜂较少为害叶面蜡质层厚、茸毛长且硬的品种，可选用此类品种种植，以减轻受害。

（2）加强管理 及时清除枯枝落叶和杂草，结合冬季耕翻土壤，可杀死部分虫蛹。

（3）施药防控 幼虫为害期可选喷0.5%印楝素乳油800～1 000倍液、20%氰戊菊酯乳油3 000～5 000倍液或90%敌百虫晶体1 000倍液。

（五）咖啡虎天牛

咖啡虎天牛（*Xylotrechus grayii* White），属鞘翅目天牛科。

1. 寄主 咖啡、金银花、葡萄、桑等。

2. 为害特点 以幼虫为害树干，蛀食树干韧皮部和木质部，致枝干或主枝枯死，遇风易折断。

3. 形态特征

（1）成虫　体长9.5～15mm，体黑色，头顶粗糙，有颗粒状纹。触角为体长的一半，末端6节有白毛。前胸背板隆起似球形，背面有黄色毛斑点10个，腹面有黄白毛斑点1个。鞘翅栗棕色，上有白毛形成的曲折白线数条。鞘翅基部略宽，向末端渐狭窄，表面分布细刻点，后缘平直，中后胸腹板均有稀散白斑，腹部每节两边各有1个白斑。

（2）卵　椭圆形，长约0.8mm，初产乳白色，后转浅褐色。

（3）幼虫　体长13～15mm，初龄浅黄色，老熟后色稍加深。

（4）蛹　裸蛹，长约14mm，浅黄褐色。

4. 生活习性　一般1年发生1代，以幼虫和成虫在花基部枝干内或枯枝内越冬。翌年4月中旬咬破茎表皮，出来取食为害，于4月底（15℃以上）至5月中旬化蛹。5月下旬成虫羽化、交配、产卵，卵产于粗枝干的老皮下。初孵幼虫经一段时间后开始蛀入枝干为害，老熟幼虫在蛀道内越冬。

（六）柳乌蠹蛾

柳乌蠹蛾（*Holcocerus vicarius* Walker），属鳞翅目木蠹蛾科。

1. 寄主　杜仲、梨、杏、樱桃等植物。

2. 为害特点　以幼虫蛀食树干韧皮部和木质部，成不规则形隧道，以树干基部最多。

3. 形态特征

（1）成虫　体长28～33mm，翅展65～78mm，体粗壮，暗灰褐色。前翅基半部色较暗，有黑色波状横纹，后翅灰褐色，头顶有毛丛，无单眼，头小，触角短，一般为双栉状，但有的为单栉状或丝状。

（2）幼虫　老熟幼虫体长25～40mm，头黑褐色，体背暗红色，腹面色较淡，前胸盾黑色，腹部各腹节背面及体侧为紫红色，刚毛赤褐色，着生于毛瘤上，胸足赤紫色，腹足退化。

4. 生活习性　陕西洛阳1年发生1代，以老熟幼虫在枝内越冬。4月开始在蛀道内做蛹室化蛹，蛹期16～22d，6月上中旬成虫羽化，成虫具趋光性。每雌产卵220粒左右，卵产于枝皮裂缝、修剪口处，靠枝干基部较多，成堆状，卵期11～17d。6月中旬后初孵幼虫出现，常有成群幼虫从树皮裂缝或被害孔侵入韧皮部和木质部，多数向上或斜向上蛀食。

（七）豹纹木蠹蛾（咖啡豹蠹蛾）

豹纹木蠹蛾（*Zeuzera coffeae*），属鳞翅目木蠹蛾科。

1. 寄主　金银花、杜仲、枇杷等多种果林和药用植物。

2. 为害特点　多在枝条或主干内皮层下为害，引起枝条枯萎，新抽嫩梢细弱，不能现蕾开花。据山东一些产区调查，被害株率达 25%～60%，局部地区高达 80%，严重影响产量。

3. 形态特征

(1) 成虫　雌虫体长 27～35mm，翅展 50～60mm，体被白色鳞片。在翅脉间、翅缘和少数翅脉上有许多比较规则的蓝黑斑，头部和前胸鳞片疏松，前胸有排成两行的 6 个蓝黑斑点，腹部每节均有 8 个大小不等的蓝黑色斑，成环状排列。雌虫触角为丝状。雄虫基半部羽毛状，端部丝状。

(2) 卵　椭圆形，长 0.8mm，宽 0.6mm，粉红色或黄白色。

(3) 幼虫　老熟幼虫体长 40～60mm，黄白色，每体节有黑色毛瘤，瘤上有毛 1～2 根，前胸背板上有黑斑，中央有一条纵向的黄色细线，后缘一黑褐色突，其上密布小刻点，尾板较硬化，少数有一大黑斑。

(4) 蛹　黄褐色，头部顶端有一大齿突，每腹节有两圈横行排列的齿突。

4. 生活习性　1 年发生 1 代，以高龄幼虫在树干基部虫道内越冬。翌春枝条萌发，越冬幼虫开始活动，由下向上为害。4 月幼虫化蛹，蛹期 15～20d，5 月成虫羽化、交尾，卵产于嫩枝芽腋或叶上，单粒散产或多粒一起。卵期 15～20d，成虫寿命 20～25d，初孵幼虫从上部枝杈或嫩梢处蛀入为害，形成长而光滑的隧道，上有多个排粪孔。老熟幼虫在隧道内吐丝缀连碎屑，堵塞两端，并向外咬一羽化孔，构成蛹室化蛹，蛹期 19～23d。幼虫孵化后蛀入嫩梢，经 3～5d，即出现枯萎，钻出的幼虫向下转移，在不远处重新蛀食，严重时环绕木质部为害，当年新枝梢可全部枯死，遇风吹即可折断。

(八) 3 种蛀茎害虫（咖啡虎天牛、柳乌蠹蛾、豹纹木蠹蛾）综合防治

(1) 冬季清园　为害重的剪除虫害枝，集中处理，消灭越冬幼虫。幼虫化蛹后，收集虫害枝烧毁。

(2) 涂刷树干　成虫羽化初期、产卵前用涂白剂刷树干，可防产卵或产卵后使其干燥，不能孵化。

(3) 生物防治　幼虫期选择细雨天气或阴天喷用白僵菌。咖啡豹蠹蛾幼虫天敌有小茧蜂，可将有虫枝捆立林内，让其自然扩散。还可释放肿腿蜂防治。

(4) 灯光诱杀　柳乌蠹蛾为害重的可在成虫羽化期进行黑光灯诱杀。

(5) 施药防控　幼虫孵化初期蛀入木质部前，可在树干上喷 10%氯氰菊酯乳油 3 000 倍液。幼虫已蛀入枝干，采用 80%敌敌畏乳油 100～500 倍液或 20%氰戊菊酯乳油 100～300 倍液注射枝干方法毒杀，也可将棉球蘸上述药剂原液塞入虫道，用泥封口。

(九) 丽绿刺蛾

丽绿刺蛾［*Latoia lepida*（Cramer)］，属鳞翅目刺蛾科。

1. 形态特征

（1）成虫　雌虫体长 14～18mm，翅展 33～42mm，雄虫体长 14～16mm，翅展 27～33mm，头翠绿色，触角褐色，雌虫触角丝状，雄虫触角基部数节为单栉齿状。胸部背面翠绿色，有似箭头形褐斑，腹部黄褐色。前翅翠绿色，基部有尖刀形深褐斑，翅前缘 1/4 处向后缘中有一弧形线，前后缘毛浅褐色。

（2）卵　扁椭圆形，长约 1.5mm，黄绿色。

（3）幼虫　共 8 龄，初孵幼虫黄绿色，半透明。老熟幼虫体长 23～25mm，体宽 8.5～9.5mm，头褐红色；前胸背板黑色；身体翠绿色，背中央有 3 条紫或暗绿色带，在亚背区和亚侧区上各有一列带短刺瘤，前面和后面的瘤尖红色。

（4）蛹　卵圆形，长 14～16mm，宽 8～9mm，黄褐色。

（5）茧　扁椭圆形，长 14～18mm，黑褐色，其一端往往附着有黑色毒毛。

2. 生活习性　福建邵武地区 1 年发生 2 代，以老熟幼虫在茧内越冬。翌年 4 月下旬开始化蛹，5 月中旬成虫羽化产卵，7 月中旬第一代老熟幼虫结茧化蛹。蛹期平均 29d；8 月上旬第一代幼虫出现。8 月中旬第二代幼虫孵化，取食至 9 月下旬，老熟幼虫陆续结茧越冬。成虫昼伏夜出，有趋光性。卵产叶背，呈鳞状排列，产卵量 200 余粒，卵期 5～9d，成虫寿命 7～11d。幼虫群集叶背取食叶肉，残留上表皮，三龄后群集取食全叶，被害叶似刀状。五龄后逐渐分散取食，食量大增，被害叶仅存主脉。幼虫历期 28～35d。老熟幼虫在树枝上或树皮缝、树干基部等处结茧，第一代从幼虫结茧到羽化历期 18～24d，越冬代历期 237d，茧外有毒毛，人体接触会红肿。

（十）褐边绿刺蛾

为害特点、形态特征和生活习性，参见本书橄榄褐边绿刺蛾。

（十一）刺蛾类综合防治

（1）人工捕杀。

（2）灯诱成虫　应在发生始盛期进行。

（3）适期喷药防控　在低龄幼虫期任选每毫升 2 亿孢子苏云金杆菌（每克 100 亿活芽孢）1 000 倍液、25g/L 多杀霉素悬浮剂（菜喜）1 000～1 500 倍液、10%虫螨腈悬浮剂（除尽）1 000～1 500 倍液、3%甲氨基阿维菌素苯甲酸盐微乳剂 1 000～1 500 倍液、10%高效氯氰菊酯乳油 1 500～2 000 倍液、2.5%氯氟氰菊酯乳油 1 500 倍液、90%敌百虫晶体或 80%敌敌畏乳油 1 000 倍液喷治。花期不宜用敌百虫，以防药害。

（十二）甜菜夜蛾

1. 为害特点、形态特征、生活习性　参见本书栝楼甜菜夜蛾。

2. 防治方法 生物农药可选用300亿PIB/g甜菜夜蛾核型多角体水分散粒剂（科云）5 000倍液、Bt（每克100亿活芽孢）悬浮剂800～1 000倍液、5%氟虫脲乳油（卡死克）1 000～1 500倍液、5%氟啶脲乳油（抑太保）1 000～1 500倍液等，也可用2.5%氯氟氰菊酯乳油1 500～2 500倍液。其他参见泽泻银纹夜蛾防治。

（十三）棉铃虫

为害特点、形态特征、生活习性和防治方法，参见本书薏苡棉铃虫。

（十四）人纹污灯蛾

人纹污灯蛾（*Spilarctia subcarnea* Walker），属鳞翅目灯蛾科。

1. 寄主 金银花及十字花科蔬菜、瓜类、豆类、马铃薯、玉米等。

2. 为害特点 幼虫食叶，造成缺刻或孔洞。

3. 形态特征

（1）成虫 体长约20mm，翅展45～55mm。体、翅白色，腹部背面除基节与端节外皆红色，背面、侧面具一列黑点。前翅外缘至后缘有一斜列黑点，两翅合拢时呈人字形，后翅多少染红色。

（2）卵 扁球形，淡绿色，直径约0.6mm。

（3）幼虫 末龄约长50mm，头较小，黑色，体黄褐色，密被棕黄色长毛；中胸及腹部第一节背面各有横列的黑点4个；腹部第七至九节背线两侧各有1对黑色毛瘤，腹面黑褐色，气门、胸足、腹足黑色。

（4）蛹 体长18mm，深褐色，末端具12根短刚毛。

4. 生活习性 我国东部1年发生2代，以老熟幼虫在地表落叶或浅土中吐丝做茧越冬。翌春5月开始羽化，第一代幼虫出现在6月下旬至7月下旬，成虫于7～8月羽化。第二代幼虫期为8～9月，发生量较大，为害严重。成虫有趋光性。卵产叶背，单层排列，每块数十粒至百余粒。初孵幼虫群集叶背取食，三龄后分散为害，受惊后落地假死，蜷缩成环。幼虫爬行迅速。9月开始寻找适宜场所做茧化蛹越冬。

5. 防治方法

（1）灯光诱杀。

（2）人工捕杀。

（3）适期施药防控 卵孵化盛期及低龄幼虫期喷药防治，可参见本书金银花尺蠖、刺蛾类防治用药。

（十五）美洲斑潜蝇

美洲斑潜蝇［*Liriomyza sativae*（Blanchard）］，属双翅目潜蝇科。

1. 寄主 为害多种蔬菜和药用植物。

2. 为害特点 幼虫潜叶为害，形成蛇形的不规则白色虫道，严重时，受害叶脱落。

3. 形态特征

（1）成虫 体长1.3～2.3mm，翅展1.3～1.7mm，淡灰黑色，胸背板亮黑色，体腹面黄色，雌虫比雄虫稍大。

（2）卵 （0.2～0.3）mm×（0.1～0.15）mm，米色，半透明。

（3）幼虫 共3龄，长约3mm，蛆状，初孵无色，渐变淡橙黄色，后气门突呈圆锥状突起，顶端3分叉，各具一开口。

（4）蛹 椭圆形，腹面稍扁平，（1.7～2.3）mm×（0.5～0.75）mm，橙黄色。

4. 生活习性 上海地区1年发生9～11代，世代重叠，以蛹越冬。成虫昼伏夜出，对黄色敏感。幼虫老熟后爬出虫道，在叶上或土缝中化蛹。成虫活泼，可短距离飞翔。卵产叶上，每雌产卵200～600粒，繁殖率极强。孵化后幼虫即潜叶为害。

5. 防治方法

（1）黄板诱杀 每667m^{2}挂20～30张黄板。

（2）灌水灭蛹 利用漫灌灭杀表土虫蛹。

（3）生物防治 该虫天敌有潜蝇茧蜂、绿姬小蜂等，有条件的地方可释放寄生蜂防治。

（4）适期施药防控 参见本书菊花潜叶蝇施药方法。

（十六）忍冬细蛾

忍冬细蛾［*Phyllonorycter lonicerae*（Kumata）］，属鳞翅目细蛾科。金银花新害虫。

1. 寄主 金银花。

2. 为害特点 以幼虫潜叶为害，于叶背表皮下取食叶肉，形成网眼状黄白虫斑，叶背表皮鼓起皱缩，致叶向背面弯折，虫斑多时，致叶枯焦，早期落叶，严重影响金银花树势和产量。

3. 形态特征

（1）成虫 体长2.5～3mm，翅展6～7mm，体黄褐色，下唇须直，长，略向前上方弯曲，头部白色，顶部有2丛长鳞毛。触角丝状，明显长于体，鞭节各节基半部灰白色，端半部棕褐色。复眼黑色，翅狭长，端部尖锐。前翅黄棕色，间有金黄色和银白色鳞片，有3条银白色横带将翅近四等分。在各银白色横带前端或两侧有棕褐色鳞片，翅端部有金黄色鳞斑，后缘毛甚长。后翅窄，基半部银灰色，端半部深棕褐色，后缘毛甚长。足细长，除胫节、转节部分褐色外，其余黄白色，后足胫节端部有 2 个距。

（2）卵　扁椭圆形，长径约 0.3mm，乳白色，半透明，具光泽，孵化前变为淡褐色。

（3）幼虫　共 5 龄，细纺锤形，体稍扁。头部棕褐色，口器淡褐色。体乳白色，四至五龄腹中部淡褐色，其余部分乳白色。五龄幼虫体长 5～5.2mm。胸足 3 对，腹足 3 对，着生于第三、四、五腹节，臀足 1 对，趾钩中列式。

（4）蛹　长 3.5～4.5mm，梭形，初化蛹时淡黄褐色，复眼黑褐色明显，腹部第八节明显比其余节长，中部两侧各有 1 个褐色突起。翅、触角及第三对足先端裸出，长达第八腹节，羽化前呈深红棕色。

4. 生活习性　该虫在河南封丘 1 年发生 4 代，以幼虫在老叶内越冬，翌春 3 月下旬，越冬幼虫开始取食活动，后陆续化蛹，4 月下旬开始羽化，羽化期约 20d，此时正值金银花抽长新枝叶。成虫多在傍晚前后活动，进行交尾、产卵，卵产嫩叶背面，单粒散产，半透明。幼虫孵化后即潜入表皮为害，叶背可见大小不等的白色囊状椭圆形虫斑，叶面被害位形成一黑色斑。老熟幼虫在虫斑内化蛹。卵期一、四代为 10～15d，二、三代为 7～8d，幼虫一代 30d 左右，二、三代 20～25d，四代（越冬代）长达 5～6 个月。蛹期一、四代 8～10d，二、三代 6～8d，成虫羽化时，蛹皮一半露出虫斑之外。

5. 防治方法

（1）清园　秋冬结合修剪，彻底清除残枝落叶，携出园外烧毁。

（2）适期施药防控　细蛾有随代数增加而加重为害的特点，宜掌握在前期防治，在越冬代和第一代成虫盛期，喷洒 25%灭幼脲悬浮剂 2 500 倍液或 20%哒嗪硫磷乳油（杀虫净）1 000 倍液。在随后的各代卵孵化盛期，可用 1.8%阿维菌素乳油 2 500 倍液防治。

（十七）忍冬双斜卷叶蛾

忍冬双斜卷叶蛾［*Clepsis*（*Siclobola*）*semialbana* Guente.］，属鳞翅目卷蛾科。

1. 寄主　月季、蔷薇、忍冬、百合等花木。

2. 为害特点　主要以幼虫为害嫩叶和嫩芽，初龄幼虫大多在初展顶叶时为害，虫龄增大后吐丝将叶缘卷缀或将两叶黏叠一起，潜在其中嚼食叶肉，留下表皮呈网眼状。

3. 形态特征

（1）成虫　体长 8～10mm，翅展 15～19mm，唇须前伸，第二节末端膨大，雄蛾前翅有狭窄；头部翅基片及前翅棕褐色，基斑中带和端纹深棕褐色；中带上窄下宽，外缘界限不十分清楚，腹部和后翅棕褐色，后翅具有波纹。

（2）卵　长 0.8mm，椭圆形，淡黄绿色。

（3）幼虫　体长 16～18mm，头部深褐色，体淡绿色。

4. 生活习性 1年发生3～5代，以幼虫在土中结茧越冬。幼虫受惊后吐丝下垂。幼虫每年5月中旬开始为害，6月上旬化蛹，6月中旬羽化，蛹期约7d，至每年9月底，均可见到受该虫为害植株，8月下旬为害最烈。成蛾有趋光性。

5. 防治方法

（1）人工摘除虫苞。

（2）黑光灯诱杀成蛾。

（3）施药防控 幼虫发生期选喷48%毒死蜱乳油1 500倍液或50%杀螟硫磷乳油1 000倍液。

（十八）白翅粉虱

白翅粉虱，又称温室白粉虱。为害特点、形态特征、生活习性和防治方法，参见本书石斛粉虱。

（十九）螨类

主要有山楂叶螨和柑橘全爪螨。为害特点、形态特征、生活习性和防治方法，参见本书石斛叶螨。

（二十）金龟子类

为害金银花的金龟子主要有铜绿丽金龟（*Anomala corpulenta* Motschulsk-ly）、黄褐异丽金龟（*A. exoleta* Faldermann）、暗黑鳃金龟［*Holotrichia parallela*（Motschulsky）］、华北大黑鳃金龟［*H. oblita*（Faldermann）］等。

1. 为害特点、形态特征、生活习性 成虫参见本书莲铜绿丽金龟。

2. 防治方法 成虫参见本书女贞白星花金龟，幼虫参见本书地下害虫蛴螬部分。

（二十一）储藏期害虫

储藏期常见害虫有锯谷盗［*Oryzaephilus surinamesis*（Linne.），鞘翅目谷盗科］、烟草窃蠹（*Lasioderma serricorne* Fabricius.，鞘翅目窃蠹科，又称烟草甲）、药材甲（*Stegobium paniceum* Linnaeus，鞘翅目窃蠹科）和干果粉斑螟［*Ephestia cautella*（Walker），鳞翅目螟蛾科］。着重介绍锯谷盗、烟草窃蠹和药材甲，供辨认时参考。

1. 锯谷盗

（1）成虫 体长2.5～3.5mm，体形细长较扁，体色深褐色，背面覆盖淡黄色毛，体长为体宽的3.6倍。头部呈梯形，复眼小，黑色，突出。触角11节，末3节扩大成棒状。前胸背板长卵形，中央有3条隆脊，其中两侧隆脊稍弯曲，两缘有锯齿6个。

(2) 卵　长0.7～0.9mm，长椭圆形，乳白色表面光滑。

(3) 幼虫　体长4.0～4.5mm，细长圆筒形，胴部乳白色至灰白色。

(4) 蛹　长2.5～3mm，乳白色，无毛，前胸背板近方形，侧缘各具细长条状突6个。

2. 烟草窃蠹

(1) 成虫　体长2.5～3.5mm，背观椭圆形，红褐色或棕黄色，头宽大，隐于前胸背板之下，复眼大，圆形，黑色。触角短，淡黄色，11节，第四至十节锯齿状，前胸背板背面观半圆形，后缘与两鞘翅等宽，两侧显著下弯，包盖腹部两侧，其上散布不成行小刻点，末端圆形，足短，前足胫节端部膨大。

(2) 卵　长约0.5mm，淡黄色。

(3) 幼虫　长约4mm，体弯曲，密生细毛。头部淡黄色，胸足3对。

(4) 蛹　长约3mm，乳白色，前胸背板后缘两侧角突出，复眼明显。

3. 药材甲

(1) 成虫　体长1.5～3.5mm，着生灰黄色茸毛。触角11节，第三至八节念珠状，末端3节扁平膨大。前胸背板隆起呈帽状，鞘翅上具明显刻点列。

(2) 卵　长约0.3mm，圆形或椭圆形，表面较光滑，乳白色，不透明，未受精卵呈半透明状，略有光泽，孵化前呈乳黄色。

(3) 幼虫　老熟幼虫体长4mm，蛴螬形，体被黄白色毛，腹背体节背面具微刺。

(4) 蛹　长约2.8mm，裸蛹，鞘翅伸达第三腹节后缘，腹末两侧各有一小肉刺状突起，雄性球状不突出，雌性分3节，且明显分开。

4. 储藏期害虫综合治理

(1) 清除越冬虫源。

(2) 低温冷冻除虫　冬、春对储室内外进行2～3次打扫和清除杂草、垃圾、污水，保持环境洁净，减少储室内外的越冬幼虫。可考虑设置－10℃冷冻12h，便可杀死储室害虫。

(3) 高温杀虫　夏季可利用晴天烈日暴晒，害虫在45℃以上2h后死亡。

(4) 植物熏避除虫　在储粮中已经应用。各地可就地取材，试将花椒、八角茴香或碾成粉状的山苍子等任取其中一种，装入小纱布袋，每袋装12～13g，均匀地埋入储藏的金银花中，每50kg放两袋。采用90%敌百虫晶体200倍液（25～30m^2/kg）、80%敌敌畏乳剂100～200倍液（10～20m^2/kg）或50%辛硫磷乳油200倍液（30m^2/kg）喷储藏室的各个部分，喷后关闭2～5d，打开换气即可储存。有关金银花储藏期消毒方法未见报道，上述方法可供试用。

第二节　菊/菊花

菊（*Dendranthema morifolium* Ramat. *morifolium* Ramat.）为菊科菊属植

物，俗称菊花。以干燥头状花序入药。产地和加工方法不同，药材名称不同，产于安徽亳州市辖区、涡阳及河南商丘者称“亳菊”；产于安徽滁州者称“滁菊”；产于安徽歙县、浙江德清者称“贡菊”；产于浙江嘉兴市辖区、桐乡、海宁和吴兴者统称“杭菊”。

一、病害

（一）菊花斑枯病

菊花斑枯病或称黑斑病、褐斑病，广东产区发生普遍，为害严重。

1. 症状 下部叶先发病，逐渐向上发展。初始叶出现圆形或椭圆形大小不一的紫褐色病斑，后变黑褐色，直径2～10mm，病、健部交界明显，后期病斑边缘黑褐色，中心灰褐色，上生细小黑点（病原菌分生孢子器），病斑可愈合成大斑，严重时整叶发黑干枯，但不脱落。严重影响产量和品质。

2. 病原 菊壳针孢（*Septoria chrysanthemella* Sacc.），为半知菌亚门壳针孢属真菌。引起本病的尚有东北壳针孢（*S. mandshurica* Miura）、钝头壳针孢（*S. obtusa* Heald. et Wolf.）和土耳其壳针孢（*S. adanensis* Pet.），寄生于菊花某些品种。

3. 传播途径和发病条件 以菌丝体或分生孢子器在病残体和病株上越冬。翌春条件适宜，分生孢子借风雨传播，辗转为害。每年4～10月发病，秋季为发病高峰期。多雨天气，植株过密，氮肥过多，生长嫩弱，发病严重。广东一般6～11月发病，8～9月严重发生。气温高（24～28℃），发病迅速。品种间抗病性存在差异，一般早菊染病较重。连栽时间长和以老根留种的发病较重。

4. 防治方法

（1）清园 采花后刈至地上部，彻底清除病残体，园外烧毁。

（2）实行2年以上轮作。

（3）选用健苗 用无病母株的新芽繁殖，培育无病壮苗。

（4）加强田间管理 结合菊花剪苗摘顶，及时剪除病叶并烧毁；合理密植，保持通风透光，实行配方施肥，促进植株长壮。

（5）施药防控 发病初期任选50%多菌灵可湿性粉剂600倍液、75%百菌清可湿性粉剂700倍液、50%代森锰锌可湿性粉剂500倍液或50%异菌脲可湿性粉剂（扑海因）800倍液喷治，老龄或发病重的植株隔7～10d喷1次，视病情和天气情况酌定喷药次数。

（二）菊花球壳孢黑斑病

此病是近期我国报道的菊花新病害。

1. 症状 叶呈现灰黑色的圆形或近圆形病斑，边缘明显，直径4～6mm，上生很多黑色颗粒状小点（病原菌分生孢子器）。

2. 病原 *Sphaeropsis dendronthemae* F. X. Chao et P. K. Chi，为半知菌亚门球壳孢属真菌。

3. 传播途径和发病条件 不详。

4. 防治方法 参见本书鱼腥草炭疽病。

（三）菊花链格孢黑斑病

1. 症状 多从叶尖、叶缘处先出现近圆形或不规则形褐色或灰褐色病斑，外围具浅黄色晕圈，无明显轮纹，后期斑面形成黑色霉层（病原菌分生孢子梗和分生孢子）。严重时全株叶变黑枯死，但不脱落。

2. 病原 链格孢（*Alternaria alternate* Keissler），为半知菌亚门链格孢属真菌。

3. 传播途径和发病条件 病菌以菌丝体在病残体中越冬，为翌年初侵染源。翌春条件适宜，菌丝分化产生分生孢子，借风雨传播，病斑新产生的分生孢子，又可不断进行多次再侵染。高温、高湿和重茬地发病重，降水次数多、雨量大有利发病。6～10月均可发生，2～9月为发病高峰期，9月以后发病减缓。

4. 防治方法 发病初期可选喷10%多抗霉素800倍液或64%噁霜·锰锌可湿性粉剂400～500倍液，其他参见菊花斑枯病。

（四）菊花轮斑病（斑点病）

1. 症状 叶呈现圆形暗褐色病斑，直径2～4mm，中央灰褐色，微具轮纹，上生黑色小点（病原菌分生孢子器）。

2. 病原 菊叶点霉（*Phyllosticta chrysanthemi* Ell. et Dearn），为半知菌亚门叶点霉属真菌。

3. 传播途径和发病条件 病菌在病叶中越冬，成为翌年初侵染源。第二年产生分生孢子，借风雨传播，辗转为害。

4. 防治方法 参见菊花斑枯病。

（五）菊花炭疽病

1. 症状 叶上病斑圆形，茎上病斑椭圆形，暗褐色，中央色淡，上生许多小黑点（病菌分生孢子盘），病斑多时可汇合，致叶迅速枯死。

2. 病原 据报道有2种病原可引起菊花炭疽病：菊花炭疽菌［*Colletotrichum chrysanthemi*（Hori）Saw.］，为半知菌亚门炭疽菌属真菌；胶孢炭疽菌（*Colletotrichum gloeosporioides* Penz.），为半知菌亚门炭疽菌属。有性阶段：围小丛壳［*Glomerella cingulata*（Stonem）Spauld et Schrenk］，为子囊菌亚门真菌。

3. 传播途径和发病条件 高温、药害、施肥不当及根系发育不良均会诱发本病。其他参见本书金银花炭疽病。

4. 防治方法 参见菊花斑枯病。

（六）菊花枯萎病

1. 症状 初始叶变淡或变黄，萎蔫下垂，茎基部变淡褐色，横剖茎基部可见维管束呈暗褐色。由茎基部向上，枝条的维管束逐渐变淡，呈淡褐色；向下，根的外皮坏死，变黑腐烂。有时茎基部出现开裂，潮湿时产生白色霉状物（病菌的菌丝体和子实体）。本病通常不如细菌性青枯病发病急速，且常伴有植株一侧的枝叶变黄、萎蔫现象。

2. 病原 尖镰孢（*Fusarium oxysporum* Schl. f. sp. *chrysanthemi* Snyd. et Hans），为半知菌亚门镰孢属真菌。

3. 传播途径和发病条件及防治方法 参见穿心莲黑茎病。

（七）菊花黄萎病

1. 症状 最初植株基部叶片边缘失绿，后扩大全叶，继而变黄，后期整株叶片枯萎死亡。

2. 病原 黄萎轮枝孢（*Verticillium albo-atrum* Reinke et Berth），为半知菌亚门轮枝孢属真菌。

3. 传播途径和发病条件 不详。

4. 防治方法 参见菊花斑枯病。

（八）菊花白粉病

1. 症状 叶出现黄色小点，病部布满白粉状物（病原菌菌丝体和子实体），严重时叶变形、枯萎、脱落。

2. 病原 菊粉孢（*Oidium chrysanthemi* Rabenh.），为半知菌亚门粉孢属真菌。另据报道，二孢白粉菌（*Erysiphe cichoracearum* DC.，为子囊菌亚门白粉菌属真菌）也能引起本病。

3. 传播途径和发病条件及防治方法 参见本书绞股蓝白粉病。

（九）菊花锈病

菊花锈病有白锈病、黑锈病和褐锈病 3 种。

1. 症状

（1）白锈病 主要发生在叶上，初始在叶背表面出现小型变色斑，后呈灰白色蜡粉疱状突起，渐变为淡褐色，叶正面为略凹下的淡黄色斑点，严重时引起叶早衰枯死。

（2）黑锈病　初始叶背出现针头大小疱状突起，有时出现在叶片正面，疱状物破裂后散出黑褐色粉状物，严重时植株生长极度衰弱，大量落花。一般寒冷地区发生较多。

（3）褐锈病　叶表面散生淡褐色或橙黄色的微小斑点，后期白斑上长出粉状物。

2. 病原　菊柄锈菌（*Puccinia chrysanthemi* Roze.），为担子菌亚门柄锈菌属真菌；堀柄锈菌（*Puccinia horiana* P. Henn.），为担子菌亚门柄锈菌属真菌；秋夏孢锈菌（*Uredo autumnalis* Diet.），为担子菌亚门夏孢锈菌属真菌；蒿层锈菌（*Phakopsora artemisiae* Hirats.），为担子菌亚门层锈菌属真菌，常见前3种。

3. 传播途径和发病条件　白锈病在上海仅见于从日本引进的品种上，本地菊未见感病。病菌在叶部越冬。病菌孢子随气流或病苗传播，露地栽培以4～7月，9～10月为发病期，多雨季节发病重，温室栽培比露地栽培发病重。日本菊花品种间抗病性存在差异。

4. 防治方法　发病初期病斑破裂前交替选用15%三唑酮可湿性粉剂1 500倍液、20%萎锈灵乳油400倍液或2.5%丙环唑乳油4 000倍液，其他参见金银花锈病防治。

（十）菊花立枯病

1. 症状　多发生苗期幼龄植株上。发病初期，植株地上部停止生长，出现轻度萎蔫，叶片失水下垂，萎蔫逐渐加重，终至苗死。病株根颈处出现褐色、变细、水渍状腐烂，幼苗未木质化前病苗会倒伏，木质化后呈立枯状，潮湿时根茎病部会产生蛛网状褐色菌丝体。

2. 病原　立枯丝核菌（*Rhizoctonia solani* Kuhn.），为半知菌亚门丝核菌属真菌。

3. 传播途径和发病条件及防治方法　本病6～9月较常见。定植后喷30%克菌丹500～700倍液防病，其他参见本书益智立枯病和菊花白绢病。

（十一）菊花茎秆菌核病

1. 症状　主要发生在近地表的茎基部，温室中茎秆中部也会受害。初始病部变色，向上、下扩展成不规则形大斑，水渍状软腐，潮湿时病斑上形成白色菌丝，环绕茎基一周后，叶出现枯萎，黄化下垂，最终病株呈立枯状；天气干燥时，菌丝消失，病斑变灰白色；剖视病茎基部，可见鼠粪状黑褐色菌核，有时茎秆外部也有菌核；茎秆中部发病，病斑多出现在分枝处及叶柄基部，暗褐色，可见棉絮状白色菌丝，之后可见菌核。病斑以上叶片枯萎，也可向下扩展，引起全株性立枯。

2. 病原 核盘菌［*Sclerotinia sclerotiorum*（Lib.）de Bary］，为子囊菌亚门核盘菌属真菌。本菌不产生分生孢子，由菌丝形成菌核。

3. 传播途径和发病条件 以菌核在病残体和土表越冬。翌年条件适宜，菌核萌发形成子囊盘，弹射出子囊孢子，借风雨传播，直接侵染寄主。连作、阴雨天数多，发病重，棚室栽培易发病。

4. 防治方法

（1）清园 冬季清除枯枝落叶，并烧毁。

（2）施药防控 发病初期选喷50%氯硝胺可湿性粉剂1 000倍液或70%甲基硫菌灵可湿性粉剂1 000～1 500倍液，其他参见本书佛手菌核病防治。

（十二）菊花霜霉病

1. 症状 菊花上一种毁灭性病害。主要为害叶和嫩茎。春、秋均可发生为害。3月开始侵染幼苗，叶呈现褪绿，微向上卷曲，叶背和幼茎长满白色霉状物。随着幼苗生长，叶自下而上变为褐色，最后干枯而死。秋季多于10月发生，叶片、嫩茎、花蕾均可被侵染，其上布满白色霉层，叶现灰绿色，微显萎蔫，植株逐渐枯死。

2. 病原 丹麦霜霉（*Peronospora danica* Gaum.），为鞭毛菌亚门霜霉属真菌。

3. 传播途径和发病条件 病菌多在留种母株的幼苗上越冬。翌年3月上旬侵染寄主，春雨多时，迅速流行。温度较高时，发病较轻，日平均气温在25℃以上，病害则停止发展。秋季多在10月上中旬现蕾阶段发病。秋季多雨，9月下旬即可发生，先是湿度大的田块发生，形成发病中心，后向周围蔓延，引起秋季病害流行。

4. 防治方法

（1）清园 采收后清除病残体，并烧毁。

（2）精选无病良种，培育无病壮苗 移栽前种苗用40%乙膦铝可湿性粉剂300倍液浸种5～10min，也可用50%多菌灵可湿性粉剂600倍液浸泡12h，晾干后栽。

（3）实行轮作 重病田块可与禾谷类作物进行3年以上轮作。

（4）防控发病中心 发现发病中心，除摘除病叶烧毁外应即对发病中心喷药防治，周围植株施药保护，可选用40%乙膦铝可湿性粉剂250～300倍液或64%噁霜·锰锌可湿性粉剂500倍液喷治，隔7～10d喷1次，连喷2～3次。秋季发病初期可选用50%多菌灵可湿性粉剂800～1 000倍液，40%乙膦铝可湿性粉剂300倍液，或50%甲霜灵可湿性粉剂500倍液喷治。如出现霜霉病与斑枯病等混合发生时，可选喷40%乙膦铝可湿性粉剂200倍液加50%异菌脲可湿性粉剂1 000倍液或40%乙膦铝可湿性粉剂200倍液加70%代森锰锌可湿性粉剂500倍液，进行兼治。也可选用58%甲霜·锰锌可湿性粉剂500倍液、75%百菌清可湿性粉剂500倍液或64%噁霜·锰锌可湿性粉剂500倍液喷治。

（十三）菊花花腐病（或称疫病）

1. 症状 主要侵染花冠，也可侵染叶片、花梗和茎等部位。花冠顶端先染病，通常在花冠一侧出现畸形呈半边花。病害逐渐蔓延整个花冠。花瓣由黄变为浅褐色，终至腐烂。大多情况下花梗被侵染后变黑软化，花冠下垂。未开放的花蕾被侵染后变黑、腐烂。叶染病后呈现不规则形叶斑，有时扭曲。茎部染病后呈现条状黑色病斑，几厘米长，多发生在茎秆分杈处。病部上生小黑点（病原菌分生孢子器）。

2. 病原 *Mycosphaerella ligulicola* Bakeer，Dimock & Davis，为子囊菌亚门球腔菌属真菌。

3. 传播途径和发病条件 参见本书凌霄斑枯病。

4. 防治方法

（1）实行检疫 发现引入材料带菌，立即就地烧毁。

（2）清园 冬季和生长季节彻底清除田间病残体，发现病株立即拔除，园外烧毁，减少田间侵染源。

（3）施药防控 参见菊花斑枯病。

（十四）菊花斑点病

1. 症状 在花序的管状小花上引起褐色或白色坏死斑点，周围有褪绿晕圈。

2. 病原 *Stemphylium* spp.，为半知菌亚门匍柄霉属真菌。*Alternaria* spp.（链格孢）也可引起本病。

3. 传播途径和发病条件 遇高温、高湿条件，发生较多。其他参见本书金银花斑点病。

（十五）菊花灰霉病

1. 症状 在潮湿的温室侵染花器后出现褐色、水渍状病斑。病部覆盖灰黑色霉层和粉状孢子团。

2. 病原 灰葡萄孢（*Botrytis cinerea* Pers.），为半知菌亚门葡萄孢属真菌。

3. 传播途径和发病条件 病菌经灌溉水和气流在株间传播，其他参见本书黄精灰霉病。

（十六）菊花花腐病、斑点病和灰霉病综合防治

（1）清园 冬季采收后彻底清除病残株，园外烧毁。

（2）加强田间管理　实行干湿灌溉，有条件地区推广滴灌，避免水直接喷洒植株，减少病菌传播；合理密植，注意通风。

（3）施药防控　发病初期任选 65%代森锌可湿性粉剂 500 倍液、70%福美铁可湿性粉剂 1 000 倍液或 50%灭菌丹可湿性粉剂 800 倍液喷治。芽形成后药量适当减少。

（十七）菊花腐霉萎蔫病

1. 症状　染病植株呈现萎蔫，尤其菊花"冰山"品种极易感染此病。

2. 病原　瓜果腐霉［*Pythium aphanidermatum*（Eds.）Fizp.］，为鞭毛菌亚门腐霉属真菌。

3. 传播途径和发病条件　不详。

4. 防治方法　参见菊花霜霉病。

（十八）菊花黄色带叶病

1. 症状　病株叶上长出狭窄黄白色带，有腋芽的，腋芽黄化、瘦小。

2. 病原　温特曲霉（*Aspergillus wentii* Wehmer），为半知菌亚门曲霉属真菌。

3. 传播途径和发病条件　病菌广泛存在土壤、空气和腐败有机物上，分生孢子借气流传播，在湿度大、通气差的条件下极易发病，在堆肥内 45℃下能够存活。

4. 防治方法

（1）净化环境　清除枯枝落叶，发现病株拔除并烧毁。

（2）细心操作，减少伤口，降低被侵染机会。

（3）施药防控　可参见本书菊花斑枯病防治用药。

（十九）菊花白绢病

1. 症状　为害根颈部。被害处出现白色菌丝缠绕，其后产生褐色菌核。

2. 病原　有性阶段：白绢薄膜革菌［*Pellicularia rolfsii*（Sacc.）West.］，为担子菌亚门真菌。无性阶段：齐整小核菌（*Sclerotium rolfsii* Sacc.），为半知菌亚门真菌。

3. 传播途径和发病条件　参见本书绞股蓝白绢病。

4. 防治方法　种前要进行土壤消毒，地面可浇灌 20%甲基立枯磷乳油 1 000 倍液。拔除病株后的病穴及其邻近植株淋灌 5%井冈霉素水剂 1 000～1 500 倍液，20%甲基立枯磷乳油 1 000 倍液或 90%敌磺钠可湿性粉剂 500 倍液。也可用培养好哈茨木霉 0.4～0.45kg 加 50kg 细土拌匀，覆盖在病株基部，可有效控制病害扩展。其他参见本书绞股蓝白绢病防治。

（二十）菊花细菌性青枯病

1. 症状 初期个别植株枝叶失水、下垂，后逐渐扩展至全株，终至全株枯萎死亡。剥去外皮可见维管束变褐，病茎切断保湿处理，维管溢出污白色菌浓。

2. 病原 青枯假单胞菌［*Pseudomonas solanacearum*（Smith）E. F. Smith］，为细菌门假单胞杆菌属细菌。

3. 传播途径和发病条件 参见广藿香细菌性青枯病。本病与镰刀菌引起的枯萎病区别点：一是无霉状物，二是病茎维管束断面可挤出白色的细菌菌脓，三是发病急，发展快。

4. 防治方法 定植时采用青枯病拮抗菌 MA-7、N0E-104 浸根；发病初期选用72%农用硫酸链霉素可溶性粉剂 3 000 倍液、30%碱式硫酸铜悬浮剂400 倍液、20%噻菌铜悬浮剂 500 倍液或 53.8%氢氧化铜干悬浮剂 900～1 000倍液喷洒或淋灌，7～10d 施药 1 次，连治 2～3 次，其他参见广藿香细菌性青枯病。

（二十一）菊花细菌性枯萎病

1. 症状 茎上部出现水渍状浅灰色斑，后变浅黑色，病部软化腐烂，顶端枯萎、折断。有时病茎开裂，有浅红褐色的菌脓，皮层下维管束局部或全部红褐色，可直达根部。茎上部枯萎腐烂后，植株下部萌发的蘖枝仍能正常开花，有的仅局部分枝受害。

2. 病原 欧氏杆菌（*Erwinia chrysanthemi*），为细菌门欧氏杆菌属细菌。

3. 传播途径和发病条件 病菌随病残体在土壤中存活，成为翌年初侵染源。其他参见本书石斛细菌性叶腐病。

4. 防治方法 参见本书石斛细菌性叶腐病。

（二十二）菊花根癌病（冠瘿病）

1. 症状 病菌从根部伤口侵入，初形成白色小瘤，后逐渐变大，颜色转为褐色。茎部伤口被侵染，初为白色小瘤状突起，后变为褐色，并逐渐增大，表面不平整。

2. 病原 根癌土壤杆菌［*Agrobacterium tumefaciens*（F. F. Smith et Townsend）Conn.］，为根癌土壤杆菌属细菌。

3. 传播途径和发病条件 发病与土壤温湿度有关，细菌生长温度为 0～37℃，发育适温为 25～28℃，致死温度 51℃/10min，病菌侵染与致病随土壤湿度的提高而增加。最适 pH 为 7.3。连作发病重，母株发病，扦插芽也易带病菌。

4. 防治方法

（1）种苗消毒 种前用500U 农用链霉素 200 倍液浸苗 2h，也可用K-84 制剂浸蘸根部，杀灭种苗带菌。对可疑病株可用1%硫酸铜浸5mim。

(2) 土壤和用器消毒　庭院养花，对所用的土壤和盆钵进行消毒，盆钵可用1%硫酸铜浸洗，土壤可用40%甲醛拌湿后装入塑料袋封好，置阳光下曝晒7～10d，再打开袋子通气5～7d，即可用于种植，此法可兼治其他土传病害。

(3) 加强检疫　防止病苗随调运传开。

(4) 病根康复处理　定植后发现根颈部或茎部有癌肿时，应立即彻底切除，并用1%硫酸铜或80% 402乳油1 500倍液消毒切口，再外涂波尔多浆保护，也可用400U链霉素涂抹切口，外加凡士林保护。切除后病根立即集中烧毁，病株周围土壤可用90%新植霉素2 000倍液灌注消毒。此外，可试用生物农药——土壤放射杆菌（每克200万活芽孢）可湿性粉剂加1倍水调匀蘸根，或刮除病根后涂抹。

（二十三）菊花细菌性叶斑病

1. 症状　叶呈现圆形至椭圆形病斑，后渐扩展或连接成不规则形大斑，深褐色至黑色，稍下陷，具同心轮纹，潮湿时病斑软而下陷，干燥时病斑脆而下陷，可穿孔脱落，有时该病可蔓延至叶柄、茎部。染病花芽呈褐色至黑色，引起芽枯。

2. 病原　*Pseudomonas cichoii*（Swingle）Stapp，为假单胞杆菌属细菌。

3. 传播途径和发病条件　病菌随病残体在土壤中越冬，借雨水飞溅传播，从气孔侵入。多雨潮湿是本病发生的主要条件。多数品种感病。

4. 防治方法

(1) 清园　摘除病叶，清除病残体，集中烧毁。

(2) 施药防控　发病初期，喷波尔多液或农用链霉素1 000倍液。其他参见本书石斛细菌性叶腐病。

（二十四）菊花B病毒病

菊花B病毒病或称菊花花叶病。

1. 症状　在菊花及野菊上表现为轻花叶或无症状，感病品种出现较重花叶或坏死斑，严重时出现褐色枯斑。大立菊嫁接时花叶症状极其明显，秋季则隐症。

2. 病原　菊花B病毒（*Chrysanthemum virus* B，CVB），又称菊花轻花叶病毒或菊花花叶病毒。病毒寄主范围广，除菊花、野菊外还可侵染瓜叶菊、烟草、百日草、金鱼草、金盏花、翠菊、蚕豆等。

3. 传播途径和发病条件　病毒可通过汁液、插条传播，桃蚜、马铃薯蚜为传毒介体，但不能经种子和土壤传毒。

（二十五）菊花番茄斑萎病毒病

菊花番茄斑萎病毒又称菊花病毒病。

1. 症状 幼叶呈褪绿带，有坏死现象，病叶呈白色环状或线状斑纹。

2. 病原 番茄斑萎病毒（*Tomato spotted wilt virus*，TSWV）。

3. 传播途径和发病条件 病毒可侵染野菊及野菊杂交种，并可通过蚜虫、叶蝉和蓟马传毒，也可经汁液传染。

（二十六）菊花番茄不孕病

菊花的番茄不孕病又称菊花无子病。

1. 症状 一般症状不明显，严重时才会致叶扭曲，花色不正常，植株矮小，有时菊花叶子变形或形成耳突。

2. 病原 番茄不孕病毒（*Tomato aspermy virus*，ToAV）。

3. 传播途径和发病条件 自然条件下，主要靠桃蚜和其他蚜虫（非持久性）传毒，汁液接触容易传染。

（二十七）菊花轻斑驳病毒病

1. 症状 系统侵染的寄主有：菊花染病后无症状或产生许多微小斑点，依品种不同而出现花朵变小、花褪色或花现斑驳。在烟草、心叶烟、矮牵牛上产生花叶，茼蒿无症状。局部侵染的寄主：苋色藜、蚕豆及曼陀罗等，产生局部坏死。

2. 病原 菊花轻斑驳病毒（*Chrysanthemum mild mottle virus*，CMMV），是 ToAV 的一个株系。

3. 传播途径和发病条件 汁液接触传染，桃蚜为非持久性传毒介体。

（二十八）菊花畸形病

1. 症状 染病后菊花花变短、变窄并向内弯曲，有时花序数量减少，或者花序变短、平伸。

2. 病原 菊花畸形病毒（*Chrysanthemum flower distortion virus*，CFDV）。

3. 传播途径和发病条件 可经嫁接传毒，但不能通过机械摩擦传染。

（二十九）菊花脉斑驳病

1. 症状 叶呈现脉纹状斑驳，有时畸形。

2. 病原 菊花脉斑驳病毒（*Chrysanthemum vein mottle virus*，CVMV）。

3. 传播途径和发病条件 汁液和嫁接能传毒，菊小长管蚜为非持久性传毒介体。

（三十）菊花矮化病

菊花矮化病，异名菊丛矮病毒病、菊矮化斑驳病毒病。

1. 症状 染病后6～8个月，菊花出现植株矮小，叶片和花变小。粉红色、红色、青铜色的菊花品种花瓣，均成透明状，开花期提前。野菊产生黄色斑点或畸形，可侵染大丽花、瓜叶菊、艾菊、百日草等花卉。许多植物被侵染后不显症状。

2. 病原 菊花矮化类病毒（*Chrysanthemum stunt viroid*，CSVd）。

3. 传播途径和发病条件 接穗和苗木可带毒，嫁接能传病，刀切、汁液摩擦也可传染。田间病株和稳症带毒植株是本病的初侵染源，远距离传播主要靠调运带毒的苗木和接穗。近距离主要通过病原污染的工具（剪刀、嫁接刀等）及农事操作时病原污染人手接触健株而传染。在实验条件下菟丝子能传毒。也有种子传染的报道。

（三十一）菊花黄化病（绿萼病）

1. 症状 特有症状是花失去原来的颜色，小花成为绿色，花茎分枝以上部位变细、变黄，比正常的植株更直立，病株经几个月后死亡。

2. 病原 *Chrysanthemum aster yellow* phytoplasma，一种植原体。已知寄主有菊花、长春花、红车轴草、翠菊等。也有报道称，在菊花黄化病组织内除植原体外，还发现有病毒粒体，认为是植原体和病毒复合侵染所致。

3. 传播途径和发病条件 该植原体可通过嫁接传染，叶蝉为传毒介体，菟丝子能传毒，种子不传毒。

（三十二）菊花柳叶病

菊花柳叶病又称菊花柳叶头。

1. 症状 病株长出的梢部叶片，呈细长条似柳叶状，全缘无缺刻；基部叶基本正常，越向上叶缘的深裂越小，直至端部叶片叶缘无缺刻，但不能孕蕾开花。

2. 病原 一种植原体（phytoplasma）。

3. 传播途径和发病条件 8月后出现病株，呈零星发生，主要靠分根、嫁接、压条、插条繁殖而传播蔓延。

（三十三）菊花病毒病和病毒一类病害综合防治

（1）培育和种植无毒良种苗木 在远离病区的地方建苗圃；不用带毒材料（病苗、病株）繁殖新株；采用茎尖培育结合热处理去除病毒一类病原，选出无毒母株和培养无病基础苗，按无毒苗繁育程序生产无毒壮苗，供生产上应用。

（2）苗期和生产季节防疫　发现病株立即拔除，园外烧毁，拔前要先治介体昆虫，所用工具和操作人员的手，均要进行消毒（次氯酸钠）处理；细心操作，避免汁液接触传染。

（3）治虫防病　多数传染介体为蚜虫，少数为叶蝉或线虫，应针对性采取药剂防治方法把传毒介体消灭在传毒之前，可参见本书石斛蚜虫、罗汉果叶蝉防治方法。

（4）净化环境，优化管理　菊花生产场所的周围杂草、菟丝子和园内的枯枝落叶，清除干净并烧毁。实施配方施肥，合理密植，雨后及时排水，做好低温防冻等工作。

（三十四）菊花叶枯线虫病

1. 症状　侵染叶片、花芽和花。线虫侵入叶片后很快出现黄褐色斑点，后逐渐扩大，呈现特有的三角形褐色斑块，或受大叶脉所限，形成各种形状坏死斑，叶枯下垂，大量落叶。幼芽受害后，造成芽枯和死苗。染病后花芽干枯或膨大后不能成蕾，或发育不良，引起畸形花。

2. 病原　*Aphelenchoides ritzemabosi*（Schwartz）Steiner，为线虫门滑刃属线虫。

3. 传播途径和发病条件　线虫在病株、病残体和野生寄主（西番莲、苣荬菜、繁缕等）上越冬。干叶上能存活20～25个月，土中可存活1～2个月。通过雨水、灌溉水传播，或随病株或土壤转移。经气孔侵入寄主后，整个生活史在寄主体内完成，潜育期约14d，该线虫繁殖速度快，数量巨大。

4. 防治方法

（1）彻底清园　除去园内病残体和周围的野生寄主，不使用病土繁殖幼苗，减少传染源。

（2）露地栽培　实施轮作，干湿灌溉，避免植株喷水，减少溅水传播。

（3）温室栽培　如是病地可采用40%甲醛30倍液熏蒸消毒（每立方米土壤10L药液）密封2～3h，通风15d后栽培。

（4）培育无线虫苗　叶线虫不侵染顶芽，可取顶芽为繁殖材料。同时对插条也要进行消毒（50℃温水处理10min，或55℃温水处理5min，每年9～10月进行）。其他参见本书山药线虫病防治。

（三十五）菊花原孢子虫病

1. 症状　主要为害新叶。随着新叶展开，在叶上出现5mm左右黄绿色的不规则形病斑。

2. 病原　一种原孢子虫侵害引起，该虫体极小，属低等动物，无足，无翅。体色为淡黄色，肉体一般不易观察到。

3. 传播途径和发病条件 发病高峰期分别出现在4～6月和8～11月。

4. 防治方法

（1）减少传染源 发现病叶即行摘除、烧毁。

（2）施药防控 发病初期及时选用10%吡虫啉可湿性粉剂1 500～2 000倍液、90%敌百虫晶体1 000倍液或80%敌敌畏乳油1 000倍液喷治。

（三十六）菊花菟丝子寄生

1. 症状、病原（*Cuscuta chinensis* Lamb.）**、传播途径和发病条件** 参见本书仙草菟丝子寄生。

2. 防治方法 参见本书仙草“三病”综合防治中有关菟丝子的防治。

（三十七）菊花缺素症

1. 菊花缺钾

（1）菊花缺钾症状 早期叶缘出现轻微黄化，先叶缘后叶脉黄化；生长后期叶出现与上相同症状，叶缘枯死，叶脉间略变褐，叶略下垂。

（2）发病条件 沙性土含钾量低易发生。施用堆肥等有机肥少；钾肥少，氮肥过多，产生对钾肥吸收的拮抗作用；过湿条件阻碍对钾吸收。

（3）防治方法

①增施有机肥和施足钾肥。

②出现缺钾，追施硫酸钾。

2. 菊花缺锌

（1）菊花缺锌症状 中部叶开始褪色，茎叶略僵硬，上位叶的叶脉间逐渐褪色。叶脉间黄化，同时出现褐色斑点，叶向外卷曲，生长点附近节间缩短。

（2）发病条件 光照过强易缺锌，磷施用量过多也会出现缺锌症。土壤pH高致锌成不溶解状态。一般多出现中、下位叶，上部叶一般不发生黄化。

（3）防治方法

①施用硫酸锌：每667m^{2}施用1.3kg。

②叶面喷施0.1%～0.2%硫酸锌水溶液。

③施磷肥不能过量。

3. 菊花缺镁

（1）菊花缺镁症状 菊花开花进入盛期，下位叶叶脉间变黄，除叶缘留点绿色外，叶脉间均黄化。判断是否缺镁：叶不卷曲，叶缘保持绿色，叶脉间缺绿。

（2）发病条件 沙土、沙壤土未施镁肥或施用量不足易发生；施用过量钾、氮肥，会妨碍菊花对镁的吸收。

（3）防治方法 土壤诊断发现缺镁，要施足量镁，生长期出现缺镁试用0.5%硫酸镁水溶液，进行叶面追肥。

4. 菊花缺铁

(1) 菊花缺铁症状　新叶除叶脉外均变黄，严重时全叶黄白色，腋芽上也长出叶脉间黄化的叶，全叶黄化但非斑点状黄化为缺铁。严重缺铁，失绿时上部叶多成棕色，根部发育不良，可能部分死亡。

(2) 发生条件　pH 很高易出现缺铁，磷用量过多影响菊花对铁的吸收，铜、锰太多容易与铁产生拮抗作用。

(3) 防治方法　根据土壤诊断，采取相应措施，pH 达 6.5～6.7 时禁用石灰，而改用生理酸性肥。客土可降低土壤磷含量，还可喷施 0.5%硫酸亚铁水溶液。

5. 菊花缺钙

(1) 菊花缺钙症状　顶端叶形状稍小，向内或向外侧卷曲，长时间低温和日照不足，晴天高温，生长点附近的叶片叶缘卷曲枯死。上位叶的叶脉间黄化时，有时叶产生褐色斑，出现症状同时根生长不良。

(2) 发病条件　施用过量氮、钾，阻碍菊花对钙的吸收。缺钙酸性土，钙供应不足。

(3) 防治方法　根据土壤诊断，如钙不足应施石灰肥料补充钙，施肥时注意避免一次施过量钾和氮肥。

二、害虫

(一) 菊小长管蚜

多种蚜虫为害，主要有两种，一是菊小长管蚜［*Macrosiphoniella sanborni* (Gillette)］；二是棉蚜（*Aphis gossypii* Glover）；上述两种均属同翅目蚜虫科。后者参见本书罗汉果棉蚜部分。着重介绍菊小长管蚜（或称菊蚜）。

1. 为害特点　可为害多种菊科植物。主要寄生嫩梢、幼叶、花蕾和小花，刺吸汁液，致叶失绿，呈现卷曲、皱缩。蚜虫排泄物，还会诱发煤烟病，也是多种病毒的传毒介体。

2. 形态特征

(1) 成蚜　无翅胎生雌蚜体长 2～2.5mm，体深红褐色，有光泽，触角和尾片暗色，体、足和触角均有较粗的长毛。腹管圆筒形，上端略粗，下端较窄；腹管末端的表面呈网眼状，尾片圆锥形，末端尖，有曲毛 11～15 根，其长度比腹管长。有翅胎生雌蚜体长 1.2～1.8mm，暗赤褐色，触角第三节有次生感觉圈 16～26 个，第四节 2～5 个，腹管、尾片形状同无翅型。

(2) 若蚜　形态和无翅胎生雌蚜相似，初产时体色淡棕色，随蜕皮次数增加和虫龄增长，体色加深直至深红棕色。

3. 生活习性　上海地区 1 年发生 10 多代，以胎生方式繁殖，多以无翅蚜在留种菊株的叶腋和芽旁越冬。3 月初开始活动，4 月中下旬至 5 月中旬是其繁殖高峰期，全年以 9～10 月为害最烈。12 月下旬进入越冬。平均气温 15.7℃，完成一世代平均仅需 13.9d；气温 20℃，完成一代平均为 9.8d。一代蚜虫平均寿命历期 32.3d。

4. 防治方法 苗期防治可选用 50%辛硫磷乳油 1 000～1 500 倍液或 20%氰戊菊酯乳油 2 000～4 000 倍液喷治，击倒作用最快，尤其氰戊菊酯持久性最长。花期防治可选用 1%阿维菌素乳油 2 000～4 000 倍液、1.2%烟・参碱乳油 1 500～2 000倍液、5%吡虫啉乳油或 10%吡虫啉可湿性粉剂 1 500～3 000 倍液。忌用乐果类农药。其他参见本书石斛蚜虫防治。

（二）绿盲蝽

绿盲蝽（*Lygus lucorum* Meyer - Dür.），属同翅目盲蝽科。

1. 为害特点 以成虫、若虫刺吸寄主嫩叶和幼果汁液，初期叶面呈现黄白色斑点，后渐扩大成黑色枯死斑，严重时叶片扭曲，皱缩，致叶早落。新梢生长点受害，呈现黑褐色坏死斑，果实被害处停止生长，出现凹陷斑点或斑块。

2. 形态特征、生活习性和防治方法 参书本书栀子绿盲蝽。

（三）中黑盲蝽

中黑盲蝽（*Adelphocoris suturalis* Jakovlev），属半翅目盲蝽科。

1. 寄主 菊花、芙蓉、木槿、枸杞、蜀葵等植物。

2. 为害特点 为害嫩叶后出现黑斑孔洞，致生长点停止生长，不再发叶，原有叶扭曲皱缩成球状。

3. 形态特征

（1）成虫 体较绿盲蝽稍大，体长 6～7mm，体表被褐色绒毛，全体呈草黄色带褐色，头小，红褐色，复眼大，黑色，触角 4 节，比体长，前胸背板中央有黑色圆斑 2 个；小盾片，爪片内缘与端部楔片内方，革片与膜区相接处，均为黑色，停歇时这些部分相连接处在背上，形成 1 条黑色纵带，故名中黑盲蝽。

（2）卵 长约 1.2mm，长口袋形，淡黄色，卵盖上有一根丝状物。

（3）若虫 初孵时橘黄色，后转为绿色，五龄若虫为深绿色。

4. 生活习性 1 年发生 4～5 代，以卵在杂草茎秆或菊花残茬中越冬。翌春 4～5 月孵化，先在周围杂草、蒿类上繁殖为害，5 月下旬迁移到菊花上为害，9 月后陆续产卵越冬，每只雌虫可产卵 70～80 粒。

5. 防治方法 参见本书栀子绿盲蝽。

（四）苜蓿盲蝽

苜蓿盲蝽（*Adelphocoris lineolatus* Goeze），属半翅目盲蝽科。

1. 寄主 菊花、大丽花、向日葵等植物。

2. 为害特点 以成虫、若虫在菊花嫩茎、心叶上为害，发生极普遍。

3. 形态特征

（1）成虫 体长7.5mm左右，体表被有细绒毛，全体黄褐色，头三角形，端部略突出。触角细，呈丝状褐色，超过体长，前胸背板绿色，略隆起，后缘有2个明显的黑斑，小盾片三角形，黄色，沿中线有介字形黑纹。

（2）卵 淡黄色，长约1.3mm，为弯曲的口袋形，卵盖上有一指状突起。

（3）若虫 全体黄绿色，被有黑色毛，翅芽及各腹节密生大小不等的黑色斑点，五龄若虫翅芽超过第三腹节。

4. 生活习性 华东、中南地区1年发生4代，对菊花等花木以第二代、第三代为害最重。以卵在残茬茎秆及杂草茎秆中越冬，翌春4月下旬孵化，5月下旬至6月上旬，在菊花嫩茎、心叶上逐渐呈现为害状，二至四代若虫分别出现在6月中旬、7月中下旬和8月下旬，9月中旬后大部分成虫羽化，开始产卵越冬，卵产嫩茎上，密集成排。

5. 防治方法 参见本书栀子绿盲蝽。

（五）二星叶蝉

二星叶蝉（*Erythroneura apicalis* Nawa），属同翅目叶蝉科。

1. 寄主 主要为害菊花、一串红、猕猴桃、桃花、葡萄等花木。

2. 为害特点 以成虫、若虫刺吸新梢、嫩叶汁液，虫量大时叶常失绿并呈现小白点，为害加重时，白点相连成白斑，致叶早落。

3. 形态特征

（1）成虫 体长2.9～3.3mm，全体黄白色，除散生的淡褐色斑纹外，唯有前胸背板中域色晦暗，小盾片淡黄色，头部向前突出，成钝三角形。在头冠前部有2个黑色圆纹。前胸背板的前缘区有数个淡褐色大小多变化的斑纹，有时全部消失；小盾板在基缘近侧角处有1块大型黑斑；整个翅面具有不规则形淡褐色斑纹。中胸腹部中央具有黑色斑块；各足跗节端爪黑色；腹部背面在褐色斑纹较深的个体中，在中域具有褐色斑块；雄虫生殖板末端为黑褐色。

（2）卵 黄白色，长椭圆形，稍弯曲，长约0.5mm。

（3）若虫 体色两型：红褐色型，体为红褐色，尾部有常向上举的习性，成熟若虫体长约1.6mm；黄白色型，体为黄白色，尾部不向上举，成熟时体长约2mm。

4. 生活习性 1年发生3代，以成虫在石缝、土缝、落叶、杂草丛中越冬。越冬代成虫于翌春4月开始活动、产卵，卵散产于叶背叶脉内或绒毛下，第一代若虫盛孵期在5月下旬至6月中旬。第二代若虫于7月上旬至8月中旬发生，第三代若虫出现于9月上旬至10月下旬。黄白色型若虫比红褐色型若虫早发生2

周，此虫善跳，有趋光性，成、若虫均在叶背活动为害。

（六）大青叶蝉

为害特点、形态特征和生活习性，参见本书罗汉果大青叶蝉。

（七）叶蝉类防治方法

低龄期选用20%异丙威乳油800倍液或15%哒嗪酮乳油1 000～2 000倍液（可兼治菊花茶黄螨），其他参见本书罗汉果大青叶蝉防治。

（八）菊花螟虫

菊花螟虫又名食心虫，常见有玉米螟、三条蛀野螟［*Dichocrocis*（*Pleuroptya*）*chlorophanta*（Butler）］和网锥额野螟（*Loxostege sticticalis* Linnaeus）。

1. 为害特点 玉米螟、三条蛀野螟以幼虫蛀茎、为害嫩芽和钻入花穗蛀食为害；网锥额野螟以幼虫取食嫩叶，并吐丝缠叶结网为害。螟虫尤其蛀食花穗，对菊花产量影响很大。

2. 形态特征

（1）玉米螟 参见本书薏苡玉米螟部分。

（2）三条蛀野螟 下唇须下侧白色，触角黄色，纤毛状，头顶部淡黄色。胸、腹部背面黄色，散布有赭色鳞片，腹部各节后缘白色。前、后翅黄色，前翅中室内有2个黄斑及3条黄褐色横线，后翅有2条黄褐色横线，绒毛淡白色，足淡黄色。幼虫体长约20mm，淡绿色，肾状，前胸背板褐色。茧以粪便黏结成一长圆筒形，幼虫在茧内化蛹。蛹长15mm，黄褐色。

（3）网锥额野螟 成虫体长8～12mm，翅展24～26mm，黄褐色，前翅灰褐色，外缘有淡黄色条纹。翅中央近前缘有一深黄色斑，后翅浅灰黄色，有两条与外缘平行的波状纹。卵椭圆形，长0.8～1.2mm，2～3粒排列成覆瓦状卵块。幼虫共5龄，老熟幼虫长16～25mm。一龄淡绿色，体背有许多暗褐色纹；三龄灰绿色，体侧有淡色纵带，周身有毛瘤；五龄多为灰黑色，两侧有鲜黄色线条。蛹长14～20mm，淡黄色，背部各节有14个赤褐色小点，排列于两侧，尾刺8根。

3. 生活习性

（1）玉米螟 参见本书薏苡玉米螟部分。

（2）三条蛀野螟 山东1年发生4代，以茧蛹在枯叶落地越冬。卵孵化后即蛀入茎内为害，受害枝上端逐渐萎蔫、枯死。9～10月为害严重，有的蛀入花穗，一旦蛀入，损失很大。

（3）网锥额野螟 北方1年发生2～4代。以老熟幼虫在土内吐丝做茧越冬。成虫飞翔力弱，喜食花蜜。卵产叶背主脉两侧，常3～4粒一起。初孵幼虫多集中在枝梢上结网，藏匿其中取食，三龄后食量大增。

4. 防治方法

（1）人工捕杀　9:00～10:00巡视菊园，发现幼虫蛀害芽头和花穗，须及时摘除灭虫。

（2）清园　害虫食性杂，清除园内杂草及枯枝落叶，可消灭部分虫源。

（3）施药防控　低龄期选喷10%高效氯氰菊酯乳油1 200倍液或2 000IU/mL高效科诺千胜悬浮剂（生物农药）400倍液，其他参见本书薏苡玉米螟防治部分。

（九）赤蛱蝶

赤蛱蝶（*Vanessa indica* Herbst），属鳞翅目蛱蝶科。

1. 寄主　菊花、一串红等植物。

2. 为害特点　以幼虫为害菊花顶端、嫩叶，常卷叶取食。

3. 形态特征

（1）成虫　体长约20mm，翅展约60mm，前翅外半部有数个小白色斑，中部有宽广而不规则的云状横纹，后翅暗褐色，外缘赤橙色，中列生4个黑斑，内侧与橙色交界处还有数个小黑斑，背面有4～5个眼状纹。

（2）卵　长椭圆形，竖立状，淡绿色。

（3）幼虫　老熟体长约32mm，背面黑色，腹部黄褐色，体上有支刺7列，每枝刺上还有小分支，刺毛通常为黑色，有光泽，偶有黄绿色。

（4）蛹　体长约25mm，灰绿褐色，圆锥状，有棱角，腹背有7列刺状突起。

4. 生活习性　1年发生2代，以成虫越冬。翌春3～4月出现，分散产卵，每叶产卵1～2粒；幼虫，共5龄，化蛹时幼虫吐丝，将尾端钩缀在叶上，呈倒悬状态，再行蜕皮化蛹。

5. 防治方法

（1）人工捕杀　用网捕法捉杀成虫，摘除虫害卷叶和虫蛹。

（2）施药防控　幼虫为害期可选喷48%毒死蜱乳油1 500倍液或90%敌百虫晶体1 000倍液。

（十）星白灯蛾

星白灯蛾（*Spilosoma menthastri* Esper），属鳞翅目灯蛾科。

1. 为害特点　以初孵幼虫群集叶背吸食，致叶残缺不全，仅留透明上表皮，稍大后分散蚕食叶片成缺刻、孔洞。

2. 形态特征

（1）成虫　体长14～18mm，翅展37～45mm。雄虫触角栉齿状，下唇须背面和尖端黑褐色，前足腿节背面黄色，后足胫节有距2对，腹部背面黄色，前翅几乎呈白色，翅表面多少带有黄色，散布黑色斑点。

（2）卵　圆球形，表面有网状纹。

（3）幼虫　土黄色，背面有灰色或灰褐色纵带，密生有棕黄色至黄褐色长毛，腹足土黄色。

（4）蛹　被有黄色绒茧，茧上混生有幼虫体毛。

3. 生活习性　2年发生3代，以蛹在土中越冬。翌年4～5月成虫羽化；成虫昼伏夜出，卵产叶背成块状，每块数十粒至百余粒，成虫具趋光性，幼虫具假死性。

4. 防治方法　参见菊花赤蛱蝶。

（十一）菊花潜叶蛾

菊花潜叶蛾（*Lyonefiide* sp.），属鳞翅目潜蛾科。

1. 为害特点　初孵幼虫潜入叶表皮下取食，致叶内有数条潜道，引起叶枯，早期脱落。

2. 形态特征

（1）成虫　体长约2mm，翅展约5mm，全体白色。

（2）幼虫　体长约4mm，体黄白色。

3. 生活习性　1年发生2～3代，以蛹越冬。翌年5月中旬羽化，成虫在叶上产卵。

4. 防治方法

（1）剪除受害叶烧毁。

（2）施药防控　害虫发生期选喷80%敌敌畏乳油1 000倍液或50%杀螟硫磷乳油1 500倍液。也可选用5%吡虫啉乳油1 000倍液喷治。

（十二）菊花潜叶蝇

菊花潜叶蝇（*Phytomyza atricornis* Hardy），属双翅目潜蝇科。

1. 寄主　菊花、大丽花、翠菊等植物。

2. 为害特点　以幼虫潜入叶表皮蛀食为害，一叶常见数条弯曲潜道，有时数十只幼虫取食，致叶枯萎、早落。雌成虫以产卵器刺破叶组织产卵，且雌、雄均要从刺破口吸食汁液，形成许多小白点。

3. 形态特征

（1）成虫　形似小苍蝇，雌成虫体长2～3mm，翅展6.5～7.0mm。雄成虫较小，体暗灰色，复眼红褐色至黑褐色，体被有稀疏刚毛。翅1对，有紫色闪光，足黑色，腿节端部黄色。雌成虫腹部末端有漆黑色的粗壮产卵器。雄成虫腹部末端有1对明显的抱握器。

（2）卵　长卵圆形，长约0.3mm，灰白色，暗透明。

（3）幼虫　共3龄，圆筒形，蛆状，末龄幼虫体黄白色或鲜黄色，体长3.2～3.5mm。

（4）蛹　纺锤形，长2.5mm，羽化前黑褐色。

4. 生活习性　我国南方1年发生十多代，江苏、浙江、上海一带无固定越冬虫态。浙江杭州每年3月下旬成虫出现，4～5月发生最多，为害严重。夏季发生少，秋季又有发生，但虫量少。成虫白天活动、交配、产卵，成虫每刺一孔产卵一枚。

5. 防治方法

（1）剪除受害枝并烧毁。

（2）施药防控　幼虫发生期可选用40%二嗪农乳油1 500倍液或5%吡虫啉乳油1 000倍液喷治。

（十三）美洲斑潜蝇

为害特点、形态特征、生活习性和防治方法，参见本书金银花美洲斑潜蝇；防治药剂参见菊花潜叶蝇。

（十四）菊花瘿蚊

菊花瘿蚊（*Epiymgia* sp.），属双翅目瘿蚊科。

1. 为害特点　对祁菊为害严重。苗期被害枝条不能正常成长，成小老苗，花蕾期被害，使蕾数减少，花朵瘦小，引起菊花减产。

2. 形态特征

（1）成虫　雌成虫体长4～5mm，羽化初期为酱红色，产卵后变为黑褐色，复眼黑色。

（2）卵　长椭圆形，初产时为橘红色，后渐为紫红色。

（3）幼虫　纺锤形，橘黄色，老熟幼虫体长3.5～40mm，在虫瘿内吸食为害。

（4）裸蛹　橘黄色，长3～4mm，头顶有2根触突，1对前翅及3对胸足明显裸露，后足伸达腹部第四节，腹部可见9节。

3. 生活习性　华北每年发生5代，华南代数不详。以老熟幼虫越冬。翌年3月老熟幼虫在虫瘿内化蛹，4月羽化，雌成虫在植株上部幼嫩处皮下组织内产卵。4月中旬菊花园出现第一代幼虫，在组织内吸食汁液，并刺激组织局部膨大形成瘤状虫瘿。虫瘿初期绿色，后渐转为紫红色，5月随移栽苗进入大田。5～6月在大田菊花上发生第二代，7～8月、8～9月分别发生第三、四代，此时恰遇菊花出现蕾期，受害严重。10月上旬发生第五代，10月下旬以第五代幼虫越冬。成虫产卵部位有趋嫩性。产卵对品种有选择，在杭菊上基本不产卵，喜在祁菊产卵，故祁菊被害重。

4. 防治方法

（1）摘除虫瘿　在菊花田或移栽本田前摘除虫瘿深埋。

（2）保护和利用天敌　8月上旬前一般不喷药，避免杀伤天敌。

（3）施药防控　菊花现蕾前（8月中下旬）可选用90%敌百虫晶体800倍液、50%辛硫磷乳油1 000～1 500倍液或50%敌敌畏乳油800～1 000倍液喷治。

（十五）菊天牛

菊天牛（*Phytoecia rufiventris* Gautier），属鞘翅目天牛科。又名菊小筒天牛、菊虎。

1. 寄主　菊花、金鸡菊、蓍草、欧洲莲等花木。

2. 为害特点　成虫产卵时咬伤茎秆，伤口以上茎梢枯萎，易折断。幼虫蛀食茎、根，受害后植株不能开花，以至整株枯死。

3. 形态特征

（1）成虫　体长9～11mm，宽3～5mm，触角长度与体长相近。体黑色或黑褐色，圆筒形，鞘翅薄，前翅坚硬，黑色，翅面密被灰色稀疏绒毛；前胸背板中央有一很明显的赤黄色椭圆形大斑；腹和足多为橙红色，腹部背面和鞘翅上有许多微小的下凹小点。雄虫体与雌虫相近，但触角淡黄色，比体略长，足橙黄色。

（2）卵　长椭圆形，表面光滑，长2～3mm。

（3）幼虫　体细长，圆柱形，乳白色，头颅较厚，额淡黄色，前缘锈褐色，前胸背板隆起，前部低，显著向前倾斜，背板两旁各有一条深褐色凹陷，背板前半部有1个大的淡褐色斑，背板后部1/3处有由许多粗颗粒组成的“蝙蝠形斑”，腹第四节至第七节的背面向上隆起，老熟幼虫体长18mm。

（4）蛹　长9～11mm，黄褐色，长椭圆形。

4. 生活习性　1年发生1代，多数地区以成虫在菊花植株根部越冬，也有以幼虫和蛹越冬。翌年5～7月成虫飞出，以5月最多，成虫白天在叶背活动，有假死性，卵产在茎梢部，每处一粒，幼虫孵化后即蛀入茎内，沿茎秆向下蛀食直至根部，9月幼虫老熟，在蛀道内化蛹。10月成虫羽化，并以成虫在根际越冬。有少数以老熟幼虫在蛀道内越冬。翌年早春化蛹，5～6月羽化为成虫。

5. 防治方法

（1）人工捕杀　5～7月成虫羽化盛期捕捉。发现茎秆枯萎或折断时，立即清除梢内幼虫。

（2）施药防控　在6～7月可选喷2.5%溴氰菊酯乳油2 000倍液、90%敌百虫晶体1 000倍液或80%敌敌畏乳油1 500倍液，10～15d喷1次，连喷2～3次，可杀死初孵幼虫。

（十六）斜纹夜蛾与银纹夜蛾

为害特点、形态特征、生活习性和防治方法，分别参见仙草斜纹夜蛾与泽泻银纹夜蛾。

（十七）黄胸蓟马

黄胸蓟马［*Thrips hawaiiensis*（Morgan）］，属缨翅目蓟马科。

1. 为害特点 以成虫、若虫在花蕾内营隐蔽生活，锉吸花器汁液，被害处呈现红褐色小点，后渐成黑色，使花蕾不能发育。

2. 形态特征 小型蓟马，体细长，乳白色，锉吸式口器，翅膜质，狭长，翅脉退化，翅缘具长而密的缘毛。足端有一端泡，行走时腹端不时上翘。

3. 生活习性 食性杂，1年发生10多代，世代重叠，可在任何时候抽长的花蕾内取食和在不同植物上转移为害，扩大蔓延。高温、干旱有利该虫的繁衍和为害，多雨和强风不利其发生。该虫产卵于花器内，半埋于花瓣或花蕊表皮下，孵化后即在花蕾内取食为害。

4. 防治方法

（1）加强肥水管理 促进菊花抽蕾整齐，缩短受害期。

（2）施药防控 花蕾抽长期发生较重时，可选喷10%吡虫啉可湿性粉剂2 000～3 000倍液或3%啶虫脒乳油1 500～2 000倍液，每隔5～7d喷1次，视虫情酌喷次数。

（十八）小头蓟马

小头蓟马［*Microcephalothrips abdominalis*（Crawford）］，属缨翅目蓟马科。

1. 为害特点 参见黄胸蓟马。

2. 形态特征 雌成虫体长1.1～1.2mm，雄成虫体长1.0～1.1mm。体褐色。触角7节，褐色，第三节基部有时色略淡。头部较小，单眼间鬃短，位于单眼三角眼形连线上，前胸宽大，后缘角有2条粗鬃；中胸腹板内骨具有小刺；前翅上脉基鬃（4+3）条，端鬃3条，下脉鬃7条；腹部第二至第八节后缘有栉齿。

3. 生活习性 广州地区5～6月常见，天气干旱时发生较多。

4. 防治方法 参见黄胸蓟马。

（十九）中华简管蓟马

中华简管蓟马（*Haplothrips chinensis* Priesner），属缨翅目管蓟马科。

1. 寄主 菊花、玫瑰、桃、枇杷、柑橘等。

2. 为害特点 成虫和若虫常在卷曲的叶苞内为害，也可在花内或幼果上取食，严重发生时影响新梢生长。

3. 形态特征

（1）成虫 体黑褐至黑色，雌虫体长约1.9mm，头宽、长各为0.18mm。

前翅长 1mm；雄虫较小，体长约 1.4mm，触角 8 节，第三节至第六节黄色，其余为褐色。复眼后长鬃、前胸各长鬃及翅茎鬃尖端扁钝。复眼后鬃、前胸及翅基鳞瓣鬃尖端钝，前足胫节黄褐色，前翅端部后缘间插缨 6～10 根。

（2）卵　长约 0.3mm，长圆形，近透明，玉白色，近孵化时淡乳黄色。

（3）若虫　无翅，初孵浅黄色，后变橙红色，触角、尾管黑色。

4. 生活习性和防治方法　参见本书石斛丽花蓟马。

（二十）棉铃虫

参见薏苡棉铃虫。

（二十一）粉虱

参见石斛粉虱。

（二十二）菊花茶黄螨

菊花茶黄螨［*Polyphagotarsonemus latus*（Banks）］，属真螨目跗线螨科。别名侧多食跗线螨、茶嫩叶螨、茶壁虱等。

1. 寄主　茶、菊花及多种蔬菜。

2. 为害特点　以成螨和幼螨刺吸菊花幼嫩部位。受害叶背呈灰褐色或黄褐色油渍状斑，叶边缘向下卷曲；嫩茎、嫩枝受害后变黄褐色，扭曲变形，严重时顶部干枯；受害花、穗则不能开花坐果，果实木栓化，失去光泽成锈壁果。

3. 形态特征

（1）雌成螨　体长 0.21～0.25mm，椭圆形，较宽，腹部末端平截。体分节不明显，初乳白色，后渐变为淡黄至黄绿色，半透明。足 4 对，第四对足纤细，沿中线有一白色条纹，腹面后足体有 4 对刚毛。

（2）雄成螨　体长 0.19～0.22mm，体近似六角形，末端圆锥形，初乳白色，后渐成淡黄至黄绿色，足 4 对，第四对足粗长，前足体背面有 3～4 对刚毛，腹面后足体有 4 对刚毛。

（3）卵　长约 0.1mm，椭圆形，灰白色，半透明，卵面有 6 排纵向排列的泡状突起，底面平整光滑。

（4）幼螨　乳白色至淡绿色，近椭圆形，躯体分 3 节，足 3 对。

（5）若螨　长椭圆形，半透明。

4. 生活习性　江苏、浙江一带露地 1 年发生 20 代以上，保护地周年发生。成螨通常在土缝、冬季蔬菜及杂草根部越冬。两性生殖为主，卵产嫩叶背面，每只成螨可产 30～100 粒。

5. 防治方法

（1）清园　收后清除残株败叶，铲除田边杂草，减少田间虫源。

（2）温室熏杀　80%敌敌畏乳油每平方米3mL与木屑拌匀，密封熏杀16h左右，杀螨效果好。

（3）施药防控　移栽前全面喷1次药，预防苗带虫。发生初期选喷73%炔螨特乳油1 200～1 500倍液、20%双甲脒乳油1 000～2 000倍液或10%联苯菊酯乳油2 000倍液（可兼治白粉虱）。

（二十三）小地老虎

参见本书地下害虫小地老虎部分。

（二十四）艾叶甲

1. 为害特点　以幼虫为害新叶，取食叶片，严重时仅留叶脉。

2. 形态特征

（1）成虫　体长1cm左右，青铜色。

（2）幼虫　体长5～7mm，暗绿色。

3. 生活习性　1年发生1代，3月成虫羽化，4～5月幼虫为害较重。

4. 防治方法

（1）人工捕捉　家庭养花，发现该虫进行人工捕捉。

（2）施药防控　发生初期，小面积施药防治，发生多时全面喷药。可选喷40%敌百虫晶体1 000～1 500倍液或1%阿维菌素乳油1 000～2 000倍液。

三、灰巴蜗牛、蛞蝓

参见本书其他有害生物部分。

第三节　辛夷/辛夷

望春花（*Magnolia biondii* Pamp.）、玉兰（*Magnolia denudata* Desr.）或武当玉兰（*Magnolia sprengeri* Pamp.）的干燥花蕾为中药材辛夷。

一、病害

（一）辛夷根腐病

1. 症状　病菌从根、根茎部伤口侵入，致根系变黑，逐渐腐烂，皮层充满白色菌丝，病组织有蘑菇气味，随后地上部逐渐枯死。

2. 病原　*Armillaria* sp. 或 *Armillariella* sp.，为担子菌亚门密环菌属或假密环菌属真菌。

3. 传播途径和发病条件　不详。

4. 防治方法 参见厚朴根腐病。

（二）辛夷立枯病

1. 症状 幼苗出土不久便会受害。靠近地面的茎基部出现腐烂、皱缩、变黑，暴晒后苗木干枯。严重时，引起苗木大量死亡。

2. 病原 待定。

3. 传播途径和发病条件 4～6 月多雨季节易发病，参见本书菊花立枯病。

4. 防治方法 参见本书厚朴立枯病。

（三）辛夷白纹羽病

1. 症状 染病后根部呈黄褐色斑块，从细根向大根扩展，皮层腐烂后坏死的木质部，布满白色或灰白色放射状菌索，后形成黑褐色菌核。地上部生长衰弱，叶黄、落叶，该病发展较慢，数年后全株枯死。

2. 病原 有性阶段：*Rosellinia necatrix*（Hart.）Berl.，为子囊菌亚门座坚壳属真菌。无性阶段：白纹羽束丝菌（*Dematophora necatrix* Hart.），为半知菌亚门真菌。

3. 传播途径和发病条件 不详。

4. 防治方法 参见辛夷白绢病。

（四）辛夷白绢病

1. 症状、病原、传播途径和发病条件 参见本书绞股蓝白绢病。

2. 防治方法

（1）选用无病苗木。

（2）挖沟隔离 病区或病株周围挖 1m 深沟，加以封锁，防止病害蔓延。

（3）康复治疗 切除烂根，用波尔多液涂抹伤口［波尔多浆：硫酸铜：生石灰：水＝0.5kg：1.5kg：7.5kg（其中 4kg 水配石灰乳，3.5kg 水配硫酸铜），须随配随用］，刮除部分携园外烧毁。

（4）土壤消毒 可任选 70%甲基硫菌灵可湿性粉剂 1 000 倍液（大树 15～25kg）、65%代森铵可湿性粉剂 500 倍液或 10%～20%石灰乳浇灌根部。

（5）扒土晾根 于春秋两季扒开根部土壤，刮除病根，晒 1～2 周，每株掺入 5～10kg 草木灰封好，1～2 个月后即可发新根。

（6）桥接、根接 经刮除后的病根可进行桥接、根接，以增强吸收功能，尽快恢复树势。

（7）挖除病株 快要死亡或已死亡病株，要果断及时彻底挖净，烧毁，用生石灰消毒病穴。以上处理时间，以早春（4～5 月）和夏末（9 月）分两次实施，但应避免 7～8 月高温时扒土、施药。

（8）施药防控　参见绞股蓝白绢病施药部分。

（五）辛夷干腐病（腐烂病）

1. 症状　枝干皮层呈褐色腐烂，逐渐向内发展，引起木质部腐朽。初期无明显症状，严重时大树枝干逐渐枯死。

2. 病原　病害性质不明。

3. 传播途径和发病条件　春、秋两季为发病高峰。

4. 防治方法

（1）彻底清园　结合冬季整枝，剪除病枝、枯死枝，园外烧毁，修剪时不留枝桩，伤口要平滑，并涂波尔多浆（见辛夷白绢病）保护。

（2）病部康复处理　春秋发病高峰期及时刮除病部（刮至健部 3～5mm 宽），刮后涂药保护伤口，也可用利刀纵横划切病部数道，每道间隔 3～5mm，深达木质部（至健皮 5mm 处），处理后涂药促其康复。常用农药：2%农抗 120 水剂 20～30 倍液、5%菌毒清水剂 50 倍液、5～10 波美度石硫合剂等。

（3）适期施药防控　春季发芽前对重病园枝干喷一次药剂防护，对一些新出现的病树，及时施药防控，可选喷 2%农抗 120 水剂 150 倍液或 5%菌毒清水剂 400～500 倍液，喷洒枝干。

（六）辛夷苗日灼病

1. 症状　植株叶色变淡发黄，生长减缓，随后叶缘焦枯、卷缩，1 个月内苗较正常植株矮 20～30cm，严重时全株枯死。

2. 病因　由烈日强光直射引起。

3. 防治方法　出现日灼病后立即改善苗地周围环境，采取遮阴和增加田间湿度等措施，一周后病状便会得到缓解，植株迅速恢复生长。此后应加强田间管理，促苗生长，培育壮苗。

二、害虫

（一）辛夷卷叶象甲

辛夷卷叶象甲（*Cycnotrachelus henan xinyi*），属鞘翅目象虫科。

1. 寄主　玉兰属的辛夷等植物。

2. 为害特点　成虫于 5 月下旬至 7 月下旬咬食辛夷新梢、嫩叶，后产卵于叶先端，并将叶折卷起来，还可另寻新叶为害产卵。一般叶片被卷后 1～4d 萎蔫脱落，影响树体生长。

3. 形态特征

（1）成虫　雄虫体深棕色，具光泽，长 19mm，背宽 4mm，头延伸成椭圆形喙，头管长 9mm，倒长颈瓶状，黑色，具光泽，微被短毛。复眼 1 对，黑色。触角 8 节，竹节状棒形，长 7.5mm。前翅角质坚硬，达腹末或梢端，翅面布满小刻点，前翅基部成直角三角形，其边缘具一小突起黑褐色，具光泽，微被毛。腹部腹板 5 节，黑褐色或棕色，具光泽，微被毛，前二节愈合，气门二孔式。第一腹板不为后足基窝所分刈。腿部胫节长 3mm，跗节 3 节，长 1.5mm。雌虫体长 13mm，背部宽 4mm，头管长 5mm，触角 8 节，长 3～4mm，其他特征与雄虫相似。

（2）卵　椭圆状卵形，胶质状，半透明，米黄色，径 1～1.5mm。

（3）幼虫　象甲形，乳白色，肥胖弯曲，嘴棕褐色。

（4）蛹　裸蛹。

4. 生活习性　1 年发生 1 代，以幼虫在卷叶内孵化、取食，后钻出叶卷，入土继续为害杂草、作物等的幼根。6 月中旬至 9 月中旬，老熟幼虫在地表做室化蛹。翌年 5 月下旬至 7 月下旬，相继羽化，5 月下旬出现成虫，继续为害至 7 月下旬。为害期也是产卵期，卵产叶先端，孵出后卷叶为害。成虫有趋光性，雌虫飞翔力强。发生为害与生态环境有关：纯林为害重，混交林为害较轻；阴坡湿处为害重，阳坡干燥处为害轻；长壮枝上新形成叶受害重，短枝弱枝上的叶受害轻。

5. 防治方法

（1）清园　冬季彻底清除枯枝落叶、杂草，集中烧毁；生长期剪除卷叶，深埋或烧毁。

（2）选地建园　宜选向阳干燥处建园种植。

（3）灯光诱杀。

（4）施药防控　成虫入土前或幼虫入土前，清除园内杂草、灌木，并喷药防治，为害期 3～5d 喷一次 80%敌敌畏乳油 800～1 000 倍液。

（二）大蓑蛾

为害特点、形态特征、生活习性和防治方法，参见本书莲大蓑蛾。

（三）地下害虫

常见有小地老虎、蛴螬、蝼蛄等，参见本书地下害虫相关部分。

第四节　凌霄/凌霄花

凌霄［*Campsis grandiflora*（Thunb）K. Schum.］和美洲凌霄［*Campsis radicans*（L.）Seem.］均为紫葳科凌霄属植物。其干燥花为中药材凌霄花，又名堕胎花、藤萝花、紫葳花、杜灵霄花。

一、病害

（一）凌霄斑枯病

1. 症状　病叶呈现小的多角形褐色斑点，逐渐扩大连成大斑，致叶枯死。

2. 病原　*Mycosphaerella tecomae*，为子囊菌亚门球腔菌属真菌。

3. 传播途径和发病条件　病菌在病部或病残体上越冬，翌春条件适宜，病部产生的子囊孢子（或分生孢子）借风雨传播，辗转为害。高温、湿度大、植株生长衰弱的发病较重。

（二）凌霄叶斑病

1. 症状　多从叶缘及叶尖侵入，呈现近圆形至不规则褐色病斑，有的出现霉状物（尾孢霉引起）。

2. 病原　*Phyllosticta tecomae*，为叶点霉属真菌；*Septoria tecomae*，为壳针孢属真菌；*Cercospora duplicata* 和 *C. langloisii*，均为尾孢属真菌。

3. 传播途径和发病条件　病菌以分生孢子器在病残体上越冬，翌年5～6月开始发病，高温高湿植株枝叶过密、树势较弱的易发病。

（三）美国凌霄褐斑病

1. 症状　叶上病斑呈褐色多角形，叶背出现暗色霉状物。

2. 病原　*Cercospora* sp.，为半知菌亚门尾孢属真菌。

3. 传播途径和发病条件　不详。

（四）凌霄斑枯病、叶斑病、褐斑病综合防治

（1）清园　秋冬季彻底清园，扫除病残体，园外烧毁或深埋。

（2）加强管理　合理密植，科学施肥，不偏施氮肥，注意通风，及时排水，降湿防病。

（3）重病园实行轮作。

（4）施药防控　发病初期任选1∶1∶100波尔多液、50%多菌灵可湿性粉剂600倍液、50%硫菌灵可湿性粉剂600倍液或80%代森锰锌可湿性粉剂500～600倍液喷治，视病情酌治次数。

（五）凌霄白粉病

1. 症状　初期叶上呈现黄色小斑点，后扩展蔓延，叶面布满白色粉状物，叶出现皱褶凹凸不平，嫩梢扭曲，后期病斑愈合成大斑，上生小黑点（闭囊壳），花小色淡，严重影响植株生长与品质。

2. 病原 二孢白粉菌（*Erysiphe cichoracearum* DC.），为子囊菌亚门白粉菌属真菌；[*Microsphaera alni*（Wallr.）Salm.]，为子囊菌亚叉丝壳属真菌。

3. 传播途径和发病条件 以闭囊壳或菌丝体在病落叶上越冬。翌春，闭囊壳释放出子囊孢子或菌丝分化产生分生孢子，借风雨传播，以分生孢子多次再侵染，辗转为害。栽培过密，通风不良，氮肥过多，植株徒长的易发病。适温（21℃）高湿（相对湿度97%～99%）和冷凉气候，有利病害发生。

4. 防治方法

（1）清园 冬季彻底清除枯枝落叶，减少越冬菌源。

（2）加强栽培管理 合理密植，改善通风透光条件，及时排水，降低田间湿度，氮肥适量，增施磷、钾肥，增强树势。

（3）施药防控 初发时及时施药防治。常用农药：25%三唑酮可湿性粉剂1 000～1 500倍液（15%三唑酮可湿性粉剂800倍液）、40%氟硅唑乳油（杜邦福星）800～1 000倍液、50%苯菌灵可湿性粉剂800～1 000倍液、62.25%锰锌·腈菌唑可湿性粉剂600倍液或5%硫悬浮剂300～500倍液。也可试用12.5%烯唑醇可湿性粉剂4 000～5 000倍液。病情发展较快，可考虑隔7～10d喷1次，连喷2～3次。

（六）凌霄灰霉病

1. 症状 为害花器和叶。初为水渍状小点，后扩展成近圆形或不规则病斑，湿度大时病部出现灰色霉状物。

2. 病原 病原种类待定。

3. 传播途径和发病条件 高温高湿，偏施氮肥，植株郁闭，通风不良，易于发病。

4. 防治方法

（1）轮作 病重田块，宜轮作换茬，减少田间病菌来源。

（2）清园 生长期发现病果、病叶，应及时摘除，收后及时清除病残体，园外烧毁。

（3）加强田间管理 合理密植，少施氮肥，雨后及时排水，促进植株长壮，提高抗病力。

（4）施药防控 发病初期选用10%多抗霉素可湿性粉剂（宝丽安）1 000倍液或50%腐霉利可湿性粉剂（速克灵）1 000～1 500倍液喷治。

（七）凌霄根结线虫病

1. 症状 罹病后须根减少，不发新根，根上形成许多结状小瘤，初期表面光滑，后期变粗糙。剖开根结，在解剖镜下可见白色粒状物，系雌线虫，受害株地上部生长不良，叶色变黄，严重时枝条枯萎，甚至全株死亡。

2. 病原 花生根结线虫［*Meloidogyne arenaria*（Neal）Chitwood］。

3. 传播途径和发病条件 雌虫在病根上越冬，卵在卵囊内越冬，成虫期可达2年。线虫病依靠种苗、肥料、工具、土壤移动和流水传播。

4. 防治方法

（1）使用无根结线虫的土壤、肥料和种苗。

（2）土壤热处理 加热不超过80℃，维持30min以上；夏季在太阳下暴晒，在水泥地面铺成薄层，白天晒，晚上收集后用塑料覆盖，反复暴晒2周，其间注意防水浸，避免重新感染。

（3）用具和花盆要清洗消毒，病土集中处理。其他参见本书山药根结线虫病。

二、害虫

（一）大蓑蛾

参见本书莲大蓑蛾。

（二）白粉虱（温室白粉虱）

为害特点、形态特征、生活习性和防治方法，参见本书石斛粉虱。

（三）霜天蛾

为害特点、形态特征、生活习性和防治方法，参见本书栀子霜天蛾。

（四）光肩星天牛

为害特点、形态特征、生活习性和防治方法，参见本书梅光肩星天牛及佛手星天牛。

（五）黄刺蛾

1. 为害特点和形态特征 参见本书橄榄黄刺蛾。

2. 生活习性 广东、广西、福建、江西等地1年发生2～3代，以老熟幼虫结茧越冬，翌年4～5月化蛹和羽化为成虫，其他参见本书橄榄黄刺蛾。

3. 防治方法 参见本书橄榄刺蛾类综合防治。

（六）美国白蛾

美国白蛾［*Hyphantria cunea*（Drury）］，属鳞翅目灯蛾科。别名秋幕毛虫。异名：*Bombyx cunea* Dyury，*Hyphantria textor* Harr.。

1. 寄主 为害多种林、果、农作物等，主要为害阔叶树，最嗜好的寄主有桑和白蜡槭，其次为胡桃、梧桐等。

2. 为害特点 幼虫食叶和嫩枝，低龄幼虫吐丝结网幕，网内啃食叶肉成网状，五龄后分散，将叶食成缺刻和孔洞，暴发时将叶食光。

3. 形态特征

（1）成虫 体长12～15mm，翅展28～38mm，体白色，下唇须上方黑色。雌虫：触角褐色锯齿状，翅上多无斑点或有少量斑点。雄虫：触角双栉齿状，翅上有较多褐色斑点。

（2）卵 圆球形，直径约0.5mm，初产淡白色，近孵化时转为灰褐色。

（3）幼虫 共5龄。体长28～35mm，体色有红头型和黑头型两类，我国仅有黑头型。低龄幼虫浅灰色，老龄幼虫色变暗。头和前胸盾、臀板均为黑色，有光泽。体侧及腹面灰黄色，背中线、气门上线、气门下线均为灰黄色。背部毛瘤黑色，体侧毛瘤橙黄色，毛瘤上生有白色长毛丛，杂有黑毛，有的为棕褐色毛丛。胸足黑色，腹足外侧黑色，趾钩单序异形中带。

（4）蛹 长8～15mm，红褐色，臀刺8～17根，外被疏松的幼虫体毛和丝织成的椭圆形茧。

4. 生活习性 1年发生2代，南方代数不详。以蛹在树下、枯枝落叶等被物下及各种缝隙中越冬。成虫昼伏夜出，有趋光性，飞行力不强，卵多产叶背，数百粒成块，多达千粒，单层排列，上盖雌蛾尾毛。初孵幼虫数小时后即可吐丝结网，在网内群居取食。可借助交通工具及风力作远程传播。天敌有蜘蛛、草蛉、蝽、寄生蜂、白僵菌、核型多角体病毒等。

5. 防治方法

（1）严格检疫 防止带虫苗木传播，一旦发现疫情，立即查明发生范围，划定疫区，消灭在点片发生阶段。

（2）清园 越冬代成虫羽化前彻底清除园内杂草枯枝落叶，集中处理，消灭越冬蛹。

（3）摘除卵块 生长期摘除虫卵，集中烧毁。

（4）保护和利用天敌 在天敌发生盛期不施用广谱杀虫剂。

（5）适期施药防控 幼龄期选用80%敌敌畏乳油1 000倍液或90%敌百虫晶体1 000倍液喷治。也可施用Bt乳剂或美国白蛾病毒制剂（其中核型多角体病毒毒力较强）。

（七）红蜘蛛

为害特点、形态特征、生活习性和防治方法，参见本书罗汉果朱砂叶螨。

（八）蚜虫

1. 为害特点、形态特征、生活习性 参见本书栝楼蚜虫。

2. 防治方法 可采用20%丁硫克百威乳油800～1 000倍液或20%吡虫啉可

湿性粉剂 2 000 倍液喷治，其他参见金银花蚜虫类。

(九) 介壳虫类

1. 为害特点、形态特征、生活习性 参见本书石斛菲盾蚧、石斛雪盾蚧、矢尖蚧等。

2. 防治方法 根据发生的种类采用相应的药剂，但要注意适期施药防治。在初发时可选用 80%敌敌畏乳油 1 000 倍液或 25%噻嗪酮可湿性粉剂 1 500～2 000倍液喷洒。其他参见石斛菲盾蚧、石斛雪盾蚧、矢尖蚧等防治。

第五节 鸡蛋花/鸡蛋花

鸡蛋花（*Plumeria rubra* L. cv. Acutifolia）为夹竹桃科鸡蛋花属植物。又称缅栀子、蛋黄花、寺树、番缅花等。其干燥花朵入药。

一、病害

(一) 鸡蛋花锈病

1. 症状 叶背呈现橘黄色脓包或粉末，严重发生会导致落叶。

2. 病原 *Coleosporium plumeria* Pat.，为担子菌亚门鞘锈菌属真菌。

3. 传播途径和发病条件 多在潮湿季节发生，品种抗病性存在差异。

4. 防治方法

(1) 选用抗病品种。

(2) 防控发病中心 初发时摘除病叶烧毁，减少再侵染菌源数量，周围植株喷 25%三唑酮可湿性粉剂 1 500～2 000 倍液，如遇气候适宜病害发展，可全面喷药防治。

(二) 鸡蛋花煤烟病

症状、传播途径和发病条件及防治方法，参见本书佛手煤烟病。

二、害虫

(一) 钻心虫

钻心虫又名长角甲虫。

1. 为害特点 蛀茎为害。

2. 形态特征 一种甲虫。

3. 生活习性 不详。

4. 防治方法

（1）剪除被害枝。

（2）喷药防控　采用吡虫啉农药喷治。

（二）螺旋粉虱

一种危险性入侵害虫。

为害特点、形态特征、生活习性和防治方法，参见本书槟榔螺旋粉虱。

为害鸡蛋花的害虫尚有温室粉虱、蓟马、害螨等多种，可参见本书金银花、菊花、鱼腥草相关害虫。

第六节　木槿/木槿花

木槿（*Hibiscus syriacus* L.）为锦葵科木槿属植物。其干燥花朵为中药材木槿花，又名里梅花、白玉花、大碗花、灯盏花、木红花；茎皮或根皮为中药材木槿皮；果实入药称木槿子；以叶入药为木槿叶；其根为木槿根。

一、病害

（一）木槿叶斑病

1. 症状　初始叶上呈现圆形或不规则形紫褐色小点，后扩大成1～7mm病斑，中央暗灰色，边缘有稍隆起的褐色浅纹。

2. 病原　真菌性病害，种类待定。

3. 传播途径和发病条件　以菌丝体在病部越冬，成为翌年初侵染源。翌春病菌借风雨传播。5月下旬气温达到20℃以上，开始发病，高温多湿有利发病，7～9月发病较严重。

4. 防治方法

（1）摘除发病枝叶。

（2）施药防控　发病初期选用0.5%波尔多液、75%百菌清可湿性粉剂600～800倍液或80%代森锰锌可湿性粉剂500～600倍液喷治，7～10d喷1次，连喷2～3次。

（二）木槿褐斑病

1. 症状　叶上呈现多角形褐色病斑，大小为3～10mm，湿度大时叶背出现暗色绒毛状物（病原菌分生孢子梗和分生孢子）。

2. 病原　真菌性病害，种类待定。

3. 传播途径和发病条件　不详。

4. 防治方法　参见木槿叶斑病。

（三）木槿白粉病

1. 症状 初始叶出现白粉状小斑点，后渐扩展，叶上布满白粉状物，严重发生时，引起叶枯。

2. 病原 待定。

3. 传播途径和发病条件及防治方法 参见本书栀子白粉病和薏苡白粉病。

（四）木槿枝枯病

1. 症状 主要为害枝条、树干。初始症状不明显，后树叶及树枝逐渐干枯，上生红色小点（病原菌子囊壳）。

2. 病原 坎帕葡萄穗霉（*Stachybotrys kampalensis* Aunsf.），为半知菌亚门葡萄穗霉属真菌；*Phoma fimeti* Brun.，为半知菌亚门茎点霉属真菌。据报道绯球丛赤壳［*Nectria coccina*（Pers.）Fr.，子囊菌亚门丛赤壳属真菌］，也能侵染木槿，引起枝枯病。

3. 传播途径和发病条件 病菌以菌丝体在病部越冬，翌春产生分生孢子，借风雨及昆虫传播，从伤口侵入致病，管理水平较高，植株长壮的发病较轻，反之亦然。

4. 防治方法

（1）加强栽培管理 及时整枝修剪，合理施肥，及时浇水，提高植株抗病力。

（2）冬季清园 彻底清除枯枝落叶，园外烧毁。

（3）施药防控 发病初期施药，控制病情发展，常用农药有75%百菌清可湿性粉剂600倍液、50%多菌灵可湿性粉剂600倍液或50%氯溴异氰尿酸水溶性粉剂（杀菌王）1 000倍液。

（五）木槿丛枝病

1. 症状 病株节间缩短，枝叶丛生。

2. 病原 *Native rosella*（*Hibiscus* spp.）witches’ broom，一种植原体。

3. 传播途径和发病条件 不详。

4. 防治方法 参见本书菊花病毒和病毒一类病害。

另据报道，为害木槿的病害常见的还有炭疽病、煤污病和锈病，可参见本书有关炭疽病、煤污病和锈病部分。

二、害虫

（一）棉蚜

棉蚜（*Aphis gossypii* Glover），属同翅目蚜科。

为害特点、形态特征、生活习性和防治方法，参见本书罗汉果棉蚜部分。

（二）棉大卷叶螟

参见本书仙草棉大卷叶螟。

（三）大造桥虫

大造桥虫［*Ascotis selenaria*（Schiffermuller et Denis）］，属鳞翅目尺蛾科。

1. 为害特点 低龄幼虫啃食叶肉，长大后蚕食叶片呈缺刻状，还能咬食花蕾、花瓣以及新芽、幼叶和嫩花。

2. 形态特征、生活习性和防治方法 参见本书女贞尺蠖。

（四）二斑叶螨

二斑叶螨（*Tetranychus urticae* Koch），属半习性真螨目叶螨科。又名棉红蜘蛛。

为害特点、形态特征、生活习性和防治方法，参见本书罗汉果朱砂叶螨。

（五）金龟子类

常见有铜绿丽金龟和白星花金龟。

1. 铜绿丽金龟 参见本书莲铜绿丽金龟。

2. 白星花金龟（*Potosia brevitarsis* Lewis） 属鞘翅目花金龟科。为害特点、形态特征、生活习性和防治方法，参见本书女贞白星花金龟。

（六）天牛

蛀干害虫。为害特点、生活习性和防治方法，参见本书佛手星天牛。

（七）蓑蛾类

常见有大蓑蛾、小蓑蛾。为害特点、形态特征、生活习性和防治方法，分别参见本书橄榄大蓑蛾和莲小蓑蛾。

（八）堆蜡粉蚧

堆蜡粉蚧［*Nipaecoccus vastator*（Maskell）］，属同翅目粉蚧科。

1. 寄主 柑橘、棉、桑、木槿、芒果、葡萄、枣等。

2. 为害特点 以若虫和成虫群集于嫩梢、果柄、果蒂、叶柄和枝上为害，受害枝梢扭曲，新梢停发，削弱树势。

3. 形态特征 雌成虫，体长约 2.5mm，椭圆形，灰紫色，体表被覆蜡粉，每一节上蜡粉分 4 堆，自前而后形成 4 行，体周缘蜡丝粗短，仅末端 1 对略长，产卵期分泌的卵囊状若棉团，白色，略带黄色。

4. 生活习性 华南地区1年发生5～6代，世代重叠，以若虫、成虫在树干、枝条裂缝和卷叶等处越冬。越冬成虫、若虫于翌年2月恢复活动，通常雄虫数量少，行孤雌生殖，每雌产卵500～1 000粒。

5. 防治方法

(1) 人工剪除被害部害虫。

(2) *刷干* 用20%石灰浆刷干或10%洗衣粉液浸布巾渍刷被害部。

(3) *利用天敌* 放养扑虱蚜小蜂、红点唇瓢虫，防控效果显著，其他参见本书佛手吹绵蚧。

（九）粉虱

为害特点、形态特征、生活习性和防治方法参见本书石斛粉虱。

（十）盲蝽类

常见有绿盲蝽和中黑盲蝽。为害特点、形态特征、生活习性和防治方法，参见本书栀子绿盲蝽和中黑盲蝽。

（十一）桑棉粉蚧

为害特点、形态特征、生活习性和防治方法，参见本书佛手吹绵蚧。

三、鼠害

为害特点、形态特征、生活习性和防治方法，参见本书其他有害生物鼠害部分。

第六章 地下害虫与其他有害生物

第一节 地下害虫

地下害虫是一类为害虫期在地下的重要害虫，在南方为害药用植物的主要地下害虫有小地老虎、蛴螬、东方蝼蛄、蟋蟀、黄褐油葫芦、沟金针虫、白蚁等，分别介绍如下。

一、小地老虎

小地老虎（*Agrotis ypsilon* Rottemberg），属鳞翅目夜蛾科。

1. 为害特点 幼苗期重要害虫。食性杂，以幼虫为害幼苗，低龄期多在嫩芽嫩叶上为害，可咬断根、地下茎或近地面的嫩茎，严重时引起缺苗、断垄。

2. 形态特征

（1）成虫 体长16～23mm，雌蛾触角丝状，雄蛾双栉齿状。前翅褐色，前缘及外横线至中横线呈黑褐色，在内横线与外横线之间有明显的肾状纹、环状纹和棒状纹，后翅灰白色，翅脉及边缘黑褐色，腹部灰色。

（2）卵 半球形，孵化时淡灰紫色。

（3）幼虫 共6龄。老熟幼虫体长37～47mm，头黄褐色，体黄褐色至暗褐色，体表粗糙，布满圆形黑色小颗粒，臀板黄褐色，有2条黑褐色纵带。

（4）蛹 长18～24mm，红褐色，有光泽。

3. 生活习性 该虫为南北往返的迁飞性害虫。江西、福建、广东、广西1年发生6~7代。长江流域以老熟幼虫、蛹或成虫越冬。广东、广西、福建、云南等地全年可繁殖为害，无越冬现象。春、秋两季对作物为害较重。成虫昼伏夜出，有趋光性和趋化性，尤其对黑光灯、酸甜发酵物、花蜜趋性较强，成虫喜产卵在表土或5cm以下矮小杂草上，每只雌虫平均产卵800～1 000粒。幼虫动作快，性残暴，三龄后会自相残杀。老熟幼虫有假死性，受惊动后蜷缩成环形坠地，卵期7～10d，幼虫期40d，雌蛾约20d，雄蛾约10d，蛹期12～18d。小地老虎不耐高温和低温。发育适温为18～23℃，高于30℃，雌虫不能产卵，低于5℃幼虫很快死亡。该虫适宜相对湿度为70%，高湿可引起幼虫大量死亡，土壤相对湿度15%～20%对发育不利。壤土、黏壤土、沙壤土发生重，黏土、沙土发生轻，管理粗放、杂草多的田块发生重。

4. 防治方法

（1）诱杀　越冬代发蛾期采用黑光灯或糖醋液诱杀成虫，可有效降低第一代虫量。但用糖醋液诱杀成本较高，可采用甘薯3 000g，煮熟捣烂，加少量发酵面粉发酵后，再加等量水调成糊状，最后加醋1 000g和25%甲萘威可湿性粉剂100g配成诱液，盛容器中，于黄昏时置田间诱杀。苗期三龄以上幼虫多在根茎部为害，也可用鲜草或毒土、毒沙进行诱杀：90%敌百虫晶体1 000g加水5～10kg拌鲜草（切碎）100kg或用50%辛硫磷乳油0.5kg加适量水拌细土或细沙，于傍晚撒苗地上诱杀三龄以上幼虫，后者每667m^2施毒土或毒沙20～25kg，顺垄施于苗周围土面上。也可用豆饼切碎、炒香后拌药施苗附近，每667m^2用豆饼2～2.5kg拌药上90%敌百虫晶体或50%辛硫磷乳油0.1～0.2kg即成毒饵。

（2）清除杂草　杂草是地老虎产卵寄主和低龄幼虫的食料。在苗地幼苗出土前或一至二龄幼虫期，清除田间、地头和苗地及附近杂草，并及时运出沤肥或烧毁，可杀死杂草上幼虫，也可防止幼虫转移到药用植物幼苗上为害。

（3）人工捕捉　发现新鲜受害状，可就近刨土捕杀幼虫。

（4）种前深耕多耙，收后及时深翻，有利天敌取食或机械杀死幼虫或蛹，这是有效减少部分虫蛹的可行措施。

（5）生物防治，可试用小卷蛾斯氏线虫颗粒剂（颗粒内包囊三龄侵染期线虫）与水混合喷地面，每20m^2约喷1 000万条侵染期线虫。

（6）适期施药防控　根据苗地调查，每平方米有虫0.5～1.0头或苗木被害率达10%时，定植后每平方米0.1～0.3头或苗被害率5%时应及时施药防治，也可掌握该虫抗药性差的低龄期喷药防治。可选用2.5%溴氰菊酯3 000倍液、10%氯氰菊酯乳油2 000倍液、20%氰戊菊酯乳油（杀灭菊酯）2 000～3 000倍液、50%辛硫磷乳油1 000倍液或90%敌百虫晶体800～1 000倍液喷治。

二、蛴螬

蛴螬是金龟子幼虫的总称，种类多，均属鞘翅目金龟子总科。

1. 为害特点　蛴螬是多食性害虫，发生普遍，常咬断幼苗根茎，致苗枯死，啃食地下块根、块茎，使幼苗发育不全，直接影响产量和品质；严重发生时常造成大量缺苗、断垄。

2. 形态特征　此类幼虫种类多，但总体形态是体色乳白色，肥硕呈C形弯曲，体壁各节间多皱，胸足3对，发达，头大，赤褐色。虫体大小因种类、龄期差异大。

3. 生活习性　福建1年发生1代，幼虫期长，终生栖息土中，迁移活动能力不强，一般不出土。黏土发生多，壤土、沙壤土其次，沙土少。土壤干燥不利其生长，土壤厩肥多及富含有机质的发生较多、为害较重。土壤过干过湿，卵不能孵化，幼虫易死。温室、温床大棚等保护地，由于气温高、幼苗又集中，往往受害早且重。

4. 防治方法

(1) 农业生态防控　在蛴螬分布密度大的苗地；首先，适时整地，深耕多耙，有利天敌取食、机械杀死部分蛴螬；适时灌水，对幼龄幼虫有一定淹杀效果。其次抓清园，清除田间杂草，可减少食源和产卵场所，亦能降低其虫口密度。

(2) 灯光诱杀成虫　不少种类金龟子有强烈或较强趋光性，可在成虫发生盛期的夜晚，点黑光灯（20W 黑光灯或频振式杀虫灯）诱杀成虫。

(3) 毒饵诱杀幼虫　每公顷用干粪 1 500kg 拌 2.5%敌百虫粉 30～40kg 制成毒饵撒施畦面。

(4) 药物浇灌、拌毒土或拌种毒杀幼虫

①药物浇灌：卵孵化盛期可选用 50%辛硫磷乳油 250g 加水 1 000～1 500kg、90%敌百虫原油加水 1 000 倍液或 80%敌百虫可溶性粉剂和 25%甲萘威可湿性粉剂各 800 倍液以及 48%毒死蜱乳油 67mL 另加水 100L 浇灌苗木根部。

②拌毒土：每公顷用 50%辛硫磷乳油 3 000～4 700mL 加细土25～30kg 喷洒细土拌匀，顺垄条施，随即浅耕。

③拌种：辛硫磷拌种（种子上的药含量达 0.05%～0.1%）保苗效果显著，或用辛硫磷微胶囊（按有效成分0.05%～0.1%）拌种防治效果可达 90%以上，残效期达 52%～70%。

(5) 推行生物防治　蛴螬天敌多，有多种食虫鸟、捕食性寄生性昆虫、病原微生物等如小卷蛾线虫（*Steineernema felterae*）和斯氏线虫，每公顷用 55.5×10^9 头防治蛴螬，效果很好。此外，日本金龟子芽孢杆菌（*Bacillus popilliae*）、卵孢白僵菌（*Beauveria tenella*）、绿僵菌（*Metarhizium anisopliae*）等对蛴螬均有较好防效，绿僵菌使用每克含 23 亿～28 亿活孢子粉剂，每 667m^2 用 2kg 拌细土 50kg，中耕时撒入土中。采用菌土菌肥形式施用，虫口减退率较高，持效性好，如白僵菌不仅当年有效，2～3 年后仍能保持长效。

(6) 适期施药防控　根据田间调查，每平方米有蛴螬 1～3 头，寄主受害率 6%～7%，应采取点片或全面防治，可选用上述浇灌苗木的药剂进行。

(7) 人工捕杀　春季可组织人力随犁拾虫，种植后如发现被害株，可逐株检查，捕杀。

三、东方蝼蛄

东方蝼蛄（*Gryllotalpa orientalis* Burmeister），属直翅目蝼蛄科。

1. 为害特点　俗称“土狗”，是药用植物常见的杂食性害虫，有一定危害性。常在土表钻成纵横交错的隧道，使苗根系与土壤脱离，呈现“吊死”，即致苗失水而枯死。

2. 形态特征

（1）成虫　体长29～35mm，体褐色，前翅短，约及体躯中部，后翅长，稍长过腹部末端，产卵管不露出体外。触角丝状，短于体长，前足特别发达，端部有数个大型齿，为开掘足，适于掘土，后足胫节背面内侧有3～4个刺，此是与华北蝼蛄（有刺1个或消失）区别之处。

（2）卵　圆形，长约2mm，初产乳白色，后渐变黄褐色，孵化前暗紫色。

（3）若虫　形似成虫，而翅未成长。

3. 生活习性　长江以南地区1年发生1代，10月下旬以成虫或若虫在土穴中越冬，翌年出土活动，昼伏夜出，21:00～23:00为活动取食高峰；喜低湿环境，具趋光性、趋化性、趋粪性。越冬成虫于5月开始产卵，5月下旬至6月上旬为产卵盛期，卵产于扁圆形卵室，约17cm深土层。6月中旬盛孵，初孵幼虫（孵化后3～6d）有群集性，后分散活动，具有怕光、怕风、怕水特性。温湿度与蝼蛄活动为害关系密切。气温12.5～19.8℃，20cm土温15.2～19.9℃，为其适宜温度，过高或低便潜入深土层中。土壤含水量在20%以上，为害活动最盛，土壤含水量低于15%活动减弱。

4. 防治方法

（1）灯光诱杀　设置40W黑光灯，在晴朗、无风、闷热的夜晚诱杀。

（2）毒饵、毒土、鲜草或马粪诱杀

①毒饵：每公顷90%敌百虫晶体1.5kg加适量水拌饵料（麦麸或炒香豆饼）30～37.5kg制成毒饵，于无风闭热夜晚，顺垄施于苗穴里。

②毒土：采用50%辛硫磷乳油，按1∶15∶150的药、水、土比例制成毒土，每公顷毒土225kg，于成虫盛发期顺垄撒施。

③鲜草或马粪：苗地每隔20cm挖一小坑，将带水的鲜草或马粪放入小坑（毒饵亦可）可引诱蝼蛄入坑，集中捕杀。

（3）挖窝灭虫（卵）　早春蝼蛄有在地表筑虚土堆特点，据此查找虫窝，发现虫窝，下挖45cm左右深，便查找到蝼蛄。夏季在蝼蛄盛发地产卵盛期，查卵室，先铲表土，发现洞口，往下挖10～18cm附近，可找到雌虫及卵，加以杀灭。

四、大蟋蟀

大蟋蟀（*Brachytrupes portentosus* Lichtenstein），属直翅目蟋蟀科。我国南方一种重要地下害虫。

1. 寄主　为害许多农林作物。

2. 为害特点　该虫食性杂，为害广，成虫、若虫均能为害，几乎加害所有农、林、果、药用植物、花卉等，在土层下为害各类植物的根部，引起苗木枯黄以至死亡，地面食害小苗，切断嫩茎，也会咬食寄主植物的茎叶、花荚和果实，影响品质和产量。

3. 形态特征

（1）成虫　体长30～40mm，暗褐色或棕褐色。头部半圆形，较前胸宽；复眼间具Y形纵沟；触角丝状，约与身体等长。前胸背板前方膨大，尤以雄虫为甚，前缘后凹呈弧形，背板中央有一细纵沟，两侧各有一羊角形斑纹，后足腿节粗壮，胫节背方有粗刺2列，每列4个。腹部尾须长而稍大。雌虫产卵管短于尾须。

（2）卵　长约4.5mm，近圆筒形，稍有弯曲，两端钝圆，表面光滑，浅黄色。

（3）若虫　共7龄。其外形与成虫相似，但体色较浅，随龄期增长，体色变深，二龄后出现翅芽，体长与翅芽均随龄期增长而增大。

4. 生活习性　1年发生1代，以三至五龄若虫在土洞中越冬。福建闽南地区冬季气候温暖，也常出洞觅食。翌春3月，越冬若虫开始活动，5～6月成虫陆续出现，7月为羽化盛期，并交配产卵，9月为产卵盛期，出现新一代若虫，成虫于10月陆续死亡，10～11月若虫常出土为害，12月初越冬。该虫为穴居性昆虫，昼伏夜出，以黄昏后20:00～22:00活动最盛，成虫、若虫均掘地造洞穴，其穴深可达60cm以上，产卵前掘3～5个穴供产卵用。若虫初孵时，有群集性，翌年3～4月，正当罗汉果、仙草等发芽时或抽嫩梢时，开始出土咬食幼苗或咬断嫩条后拖回洞内嚼食，通常5～7d出洞1次，以久雨初晴或闷热湿润夜晚，出洞最多，雨后多移居近地面的穴道。回洞时有新松土堆积洞口，此为识别穴内有大蟋蟀的标志。该虫喜干燥。在沙壤土和种过作物的熟地上建园，以及植被疏松、裸露、阳光充足的地方发生较多，而潮湿壤土或黏土很少发生。3～6月遇春旱及气温偏高年份，有利越冬后若虫和成虫活动，为害春播药用植物幼苗较重，据观察1头大蟋蟀一晚能咬断拖走幼苗达10余株，可见其为害严重程度。

5. 防治方法

（1）生态防控措施　秋季深耕30cm，冬、春灌水，一般能降低卵孵化率85%以上。

（2）诱杀

①灯光诱杀：利用成虫趋光性，在成虫发生期设置黑光灯诱杀。

②草堆诱杀：利用该虫喜栖于薄层草堆下的习性，可将草铺成10～20cm厚，以5m一行，3m一堆，匀置田间，翌晨揭草集中捕杀，如在草堆下放少量毒饵，效果更好。

③毒饵、毒土诱杀：采用90%敌百虫晶体50g，加水5kg，拌入炒香的麦麸、米糠、花生饼或棉籽饼5kg，即成毒饵，于雨后天晴或闷热夜晚，顺垄撒施田间。此外，每公顷还可用50%辛硫磷乳油750～900mL，拌细土1 125kg，制成毒土，施法同上。

(3) 适期施药防治

①药剂灌洞毒杀：找到大蟋蟀洞后扒去封土，灌入80%敌敌畏乳油1 000倍液、70%氯氰菊酯或10%高效氯氰菊酯乳油1 000倍液毒杀。

②喷雾：重点放在苗期，且未封垄前进行，效果较好。每公顷用20%氰戊菊酯乳油450mL或1.8%阿维菌素乳油300mL，对适量水喷雾，也可用上述灌洞药剂喷杀，施药时宜采用从四周向田块中央推进的封锁式方法，防其外逃。

五、黄褐油葫芦

黄褐油葫芦（*Gryllus testaceus* Walker），属直翅目蟋蟀科，别名黑蟋蟀、褐蟋蟀。

1. 寄主 多种果林、粮油、蔬菜和药用植物。

2. 为害特点 以成虫和若虫咬食植物的茎、叶、果实、种子，有时也为害根部。为害作物幼苗，常致植株枯死，出现缺苗现象。

3. 形态特征

(1) 成虫 雄虫体长18.9～22.4mm，雌虫体长20.60～24.25mm。体暗黑色，有光泽。前翅淡褐色有光泽，后翅发达，尖端纵折露出腹端，形如尾须。后足胫节具刺6对，距6个，尾须2根，褐色。雌虫产卵器黑褐色，微曲，长19.5～22.8mm。

(2) 卵 长2.35～3.80mm，宽0.32～0.34mm，长筒形，两端微尖，表面光滑，乳白色，微黄。

(3) 若虫 共6龄。似成虫，但仅具翅芽。

4. 生活习性 1年发生1代，以卵在土中越冬，翌春4月底至5月初开始孵化，5月为若虫出土盛期，7～8月成虫盛发。9～10月为产卵期。卵喜产多杂草的向阳田埂上或坟堆、草堆旁。白天潜伏田间杂草下或土穴中，夜间外出取食，对黑光灯有较强趋光性。

5. 防治方法 参见大蟋蟀。

六、沟金针虫

沟金针虫（*Pleonomus canaliculatus* Faldemann），属鞘翅目叩头虫科。又称沟头虫、沟叩头甲。

1. 为害特点 幼虫取食播下的种子、幼芽、幼苗根部；引起缺苗断垄，以至全田毁种、死苗。

2. 形态特征

(1) 成虫 14～18mm，深褐色，密生黄色细毛，前胸背板呈半球形隆起，可见腹板6节。

(2) 卵 近椭圆形，乳白色。

（3）幼虫　老熟幼虫体长20～30mm，细长筒形略扁，体壁坚硬而光滑，具黄色细毛，体黄色，前头和口器暗褐色，头扁平，上唇呈三叉状突起。胸、腹部背面中央呈一条细纵沟。尾端分叉，并稍向上弯曲，各叉内侧有1个齿。各体节宽大于长，从头部至第九腹节渐宽。

（4）蛹　纺锤形，淡绿至深绿色，雌蛹长16～22mm，宽4.5mm，雄蛹长15～19mm，宽3.5mm。

3. 生活习性　华北地区3年发生1代，华南地区不详。以幼虫和成虫在土中越冬。3月中旬至4月中旬为越冬成虫活动盛期。成虫昼伏夜出，夜间出土交配、产卵。卵散产于3～7cm土层中，单雌产卵200余粒。雌虫无飞翔能力，雄虫善飞，有趋光性。多年生药用植物长期不翻耕有利该虫生存，发生较多，新垦地或邻近有荒地的药用植物田块，为害较重。

4. 防治方法　参见蛴螬、蝼蛄等地下害虫。

七、白蚁

为害药用性植物的白蚁主要有：黑翅土白蚁（*Odontotermes formosanus* Shiraki）、黄翅大白蚁（*Macrotermes barneyi* Light）、家白蚁（*Coptotermes formosanus* Shiraki），分别隶属于等翅目白蚁科（黑翅土白蚁、黄翅大白翅）和鼻蚁科（家白蚁）。

1. 寄主　为害罗汉果、红豆杉、橄榄、枇杷等许多农林作物和茯苓、灵芝等食用菌。

2. 为害特点　主要为害树基、树干和根部等，黑翅土白蚁与黄翅大白蚁有在树干上作泥被或泥路特点，为害药用真菌主要食菌木条，蛀空木心。为害严重时造成植株尤其幼苗死亡，轻的也会影响产量和品质。

3. 形态特征　白蚁为小型至中型昆虫，白色柔软，多态型，头大，前口式。口器咀嚼式，上颚很发达，触角念珠状，有大翅、短翅、无翅等类形，有翅成虫翅狭长，且前后翅相似，不用时平放在腹部上，能自基部特有的横缝脱落。足的跗节4节或5节，有2爪。尾须短，1～8节。

家白蚁：有翅成虫体长7.5～8.5mm，翅长11mm，头褐色，近圆形，较不明显，触角2节，胸、腹部黄褐色，翅灰白色透明，翅基和前缘淡黄褐色。兵蚁体长约5.5mm，头黄色，卵圆形，最宽部在头中部，头部前额中央的齿孔遇敌时分泌乳状液体，上颚褐色，向内弯曲，内侧无齿；触角14～15节，胸腹部乳白色。工蚁体长4.5～6mm，头圆形；缺分泌孔，触角15～16节，胸腹部乳白色。

4. 生活习性　白蚁可分为木栖性（木白蚁等），土、木栖性（家白蚁等）和土栖性（黑翅土白蚁、大白蚁等）三类型，有群栖性。有翅成虫具有趋光性，黑翅土白蚁属“社会性”昆虫，在成熟群体中有蚁王、蚁后、工蚁、兵蚁和繁殖蚁等各种不同的品级类型，各司其职，每年 4～6 月闷热天，大多在 18：00～20：00，有翅成虫分飞，多数落地脱翅，雌、雄配对，入地做巢，分群繁殖。一般蚁巢入土 1～2cm 深，主巢附近有许多副巢，并有蚁路相通。3 月初气温转暖时，开始出土为害。5～6 月和 9 月出现为害高峰期，11 月下旬以后入土越冬。黄翅大白翅有翅成虫多在 4～6 月分飞，1d 中以 1：00～4：00 最多，闷热的雷雨前后群飞最盛，尤其雨后晴天，大量出巢为害。

为害药用菌的主要是黑翅土白蚁，蚁种则是工蚁。每年 4～12 月（温度10～37℃时）是白蚁活动期，4～6 月为白蚁分群繁殖期。蚁后的生命长达 10 多年。壮年期昼夜产卵数千粒。卵孵化达 30d 以上。一个蚁巢历经 3～4 年繁殖后再分群繁殖。

5. 防治方法

（1）植物检疫　检查调运林木有无蚁孔、泥被、泥路、排泄物等，确认无带白蚁后可放行。

（2）生态防控

①保持洁净干燥环境：清除周围各种垃圾杂物和腐烂树根，不利其发生为害。

②选用无蚁源之地种植：不在旱地靠近林场、地表腐殖质丰富的场所建园，可在水田或多年菜地上建园种植。

③种树防蚁：种植有效成分对白蚁有驱避、拒食及抑制生长发育的树种，如苦楝、红椿等。

④挖沟防蚁：尤其对必须在蚁区建立菇棚的，可在菇棚四周挖一条深 50cm、宽 40cm 的封闭沟，沟内常年积水，既可切断白蚁通道，也可作为排水沟用。

⑤浸水灭蚁：发现白蚁已蛀入菌袋为害可将菌袋从土中取出浸水 10h 后捞起排袋，既能杀死菌袋中白蚁，又可起到给菌袋补水作用。

⑥挖巢灭蚁：根据白蚁活动主道，取食蚁路、泥被、泥线及分飞孔处等，判断蚁巢位置，进行挖巢灭蚁。

（3）灯光诱杀　在每年 4～6 月有翅蚁分飞时设置黑光灯诱杀。灯离地 1～2m 处，放一大面盆水，内加煤油或农药，直接触杀。灯光附近地面应常喷农药，可杀死“漏网”有翅蚁。

（4）生物防治

①保护天敌：重视对白蚁的捕食性天敌（蟾蜍、姬蛙、蜘蛛、隐翅虫、步甲、蠼螋等）的保护，发挥天敌的灭蚁作用。

②引进白蚁新天敌——蚀蚁菌，只要一蚁感染，巢内无一幸免，灭蚁率高达 100％。

（5）施药防控

①毒饵诱杀：这是一种较为经济有效的灭蚁方法。在白蚁活动主道，取食蚁

路、泥被、泥线及分飞孔处，设置诱杀堆、诱杀坑等，待诱到白蚁后，即投放毒饵。选好引诱材料十分关键，对土栖性白蚁具有较大引诱力的材料，主要有糖、甘蔗渣、蕨类植物、桉树皮、松花粉等。使用前将这些引诱材料用密褶孔菌进行发酵处理，可明显提高引诱效果。

A. 坑诱：白蚁出没处，挖一深、长、宽各 30～40cm 土坑，内放白蚁喜食的食物如松花粉加食糖、松树枝、甘蔗渣等，上盖麻皮袋、纸皮或松土，并以自来水淋湿（不能积水）。

B. 箱诱：用松木板制成长、宽、高各 30cm×30cm×30cm 木箱，内放七八成松木条，置于蚁路旁或白蚁活动处，上述诱法经 10～20d，待白蚁较多时，将其喂家禽或用开水浇杀，重复多次直至消灭整个群体。

C. 毒饵诱杀：蔗渣粉或桉树皮粉、食糖、灭蚁灵按 4∶1∶1 拌匀，4g 装成一袋，在白蚁活动处，铲去一层表皮，铺上一层其喜食植物，放置毒饵后，以杂草覆盖，上覆一层细土，每公顷施用毒饵 900g 防效显著。

②淋灌、喷粉灭蚁：成年树除了在树基处采用上述诱杀外法还可直接在蚁巢上淋灌灭蚁，常用药：80%敌敌畏乳油 1 000 倍液、48%毒死蜱乳油 1 000～1 500倍液、40%辛硫磷乳油 500～600 倍液，以及多种氯氰菊酯、氰戊菊酯、联苯菊酯、吡虫啉、氟虫腈等，菇棚附近的蚁巢可用菇净 500～1 000 倍液淋灌。也可采用喷粉法灭蚁，如在工蚁外出觅食时，在其身上喷阿维菌素粉剂（商品名为克蚁星），让其粘粉回到巢内，通过其个体间的清洁行为，致全巢白蚁死亡。

③压烟灭蚁：找到蚁巢确定其主道后，在通向主巢蚁道下方，点燃 1～1.5kg 的敌敌畏插管烟剂，当发烟时用动力机械将烟压入主巢内，密封进烟道。

第二节　其他有害生物

一、蛞蝓

蛞蝓属软体动物门腹足纲柄眼目蛞蝓科。为害药用植物（包括药用真菌）、常见的有野蛞蝓［*Agriolimasx agrestis*（Linnaeus）］、双线嗜黏液蛞蝓（*Philomycus bilineatus* Benson）和黄蛞蝓（*Limax flavus* Linnaeus）。

1. 形态特征

（1）野蛞蝓　体柔软无外壳，体长 30～40mm，宽 4～6mm，暗灰色、黄白色或灰红色，少数有明显的暗带或斑点。触角 2 对，黑色。外套膜为体长 1/3，边缘卷起，内有一退化的贝壳盾板。呼吸孔似有微小的细带环绕，尾脊钝，黏液无色，生殖孔在右触角的后方约 2mm 处。卵呈卵圆形，白色，透明，3mm，可见卵核，近孵化时色深。初孵幼体体长 2～2.5mm，淡褐色，体形同成体。

（2）双线嗜黏液蛞蝓　体裸露，柔软无外壳，外套膜覆盖全身。体长 35～

37mm，宽6～7mm，触角2对，蓝褐色。呼吸孔圆形，位于右触角3mm处。全身灰白色或淡黄褐色，背部中央有黑色斑点组成的一条宽纵带，两侧各有一条黑色小斑点组成的细纵带。体前宽后狭长，尾部有一脊状突起。跖足肉白色，黏液乳白色。卵棱形，透明。

（3）黄蛞蝓　体裸露，柔软，无外壳，体长120mm，宽12mm，体型较前两者大，深橙色或黄褐色，有零星的淡黄色或白色斑点。体背1/3处有椭圆形外套膜，内有一石灰质的盾板。腹足为淡黄色，分泌的黏液为淡黄色。

2. 生活习性　以成体或幼体在作物根部湿土下越冬，在云南、贵州1年发生2～6代，南方4～6月和9～10月为其活动期，也为产卵盛期，多在20:00后为害，清晨之前陆续潜入土中或隐蔽处。蛞蝓生活在阴暗潮湿的草丛、枯枝落叶、石块及砖瓦下，能取食多种药用植物及多种食用菌（包括灵芝、香菇、平菇、黑木耳、毛木耳等），多在夜间、阴天、雨后成群爬出取食。卵产于湿度大、有隐蔽的土缝中或作物根部土内，为害食用菌则产在培养基中。卵堆生，每成虫产卵3～4堆，每堆10～20粒，蛞蝓怕光，暴晒2～3h即死，但耐饥力强，在食物缺乏或不良条件下可不吃不动。蛞蝓适温为15～25℃，超过25℃低于14℃活动变缓。阴暗、潮湿环境易于大发生，气温11.5～18.5℃，土壤含水量为20%～30%时，对其生长发育最为有利。春、秋季繁殖最盛，阴雨天基本上全天取食为害，常在枯叶、草丛、砖瓦土堆中栖息生存。

3. 防治方法

（1）生态防控　破坏该虫隐蔽场所，如经常打扫栽培场地，清除生产地的垃圾、砖瓦块、枯枝落叶、杂草，并在地面、墙角及蛞蝓经常出入地方撒生石灰或草木灰，保持干燥，可2～3d撒一次。也可在药用植物或灵芝栽培场周围撒成封锁带，防外界该虫进入栽培场内。

（2）人工捕捉　利用该虫昼伏夜出和阴雨天为害特点，可在早上、傍晚和阴天进行人工捕捉，直接杀死，或放在5%食盐水中脱水致死。

（3）诱杀　此类害虫对多聚乙醛（蜗牛敌）敏感，并有引诱作用，可用300g多聚乙醛、100g糖、50g敌百虫，拌入400g豆饼粉中，加水拌成粒状，撒在药用植物栽培基地或灵芝等药用真菌栽培场所附近诱杀。

（4）药物防治　大发生时采用10倍食盐水、“螺灭杀”、2%～5%甲酚皂或芳香灭害灵，于早上、傍晚进行喷杀，也可用生石灰粉、食盐直接撒蛞蝓经常出没场所，每3～5d撒1次，有明显杀灭效果。注意喷药时不能将药喷灵芝子实体上，以免引起灵芝畸形或药害。

二、蜗牛

为害药用植物（包括药用真菌）的蜗牛有灰蜗牛［（*Fruticicola ravida*（Benson)］、灰巴蜗牛（*Bradybaena ravida* Benson）和同型巴蜗牛（*Bradybae-*

na similaris Ferussac）均属无脊椎动物软体动物门腹足纲柄眼目巴蜗牛科，是一种雌雄同体、异体受精或同体受精的软体动物，食性杂，能为害薄荷、板蓝根、黄芪、药用真菌等多种中药材。

1. 为害特点　为害嫩芽、叶片和嫩茎，严重时能将叶食光，茎被咬断，引起缺苗、断垄。为害多种药用真菌（灵芝等），引起子实体呈现缺刻。

2. 形态特征

（1）成贝　体黄褐色，爬行时体长30～36mm，背上有一个5～6层灰黄褐色的螺壳。身体分头、足和内脏囊三部分，头部发达，有两对可翻转缩入的触角。前触角作嗅觉用，眼在后触角顶端，位于身体的腹侧，左右对称。体外由外套膜分泌形成的贝壳一枚，保护身体。

（2）幼螺　基本形态和颜色与成贝相同，但体型小。

（3）卵　圆球形，直径1.5mm以下，初产时乳白色，孵化前灰黄色。

3. 生活习性　1年发生1～2代，以成螺或幼螺在药用植物根部或草堆、石块、松土下越冬。翌年3～4月开始活动，4月下旬至5月中旬转入药用植物基地，为害幼芽、叶及嫩茎，叶片被食成缺刻和孔洞。5月成贝交尾产卵，一年产卵多次，卵粒成堆，多产于潮湿、疏松土或枯叶下。蜗牛喜潮湿环境，雨天昼夜取食，干旱昼伏夜出，夏季干旱时隐蔽起来，干旱过后又为害秋播作物。9月以后遇潮湿多雨，仍可取食为害。蜗牛生长最适温度为15～28℃，相对湿度90%以上，在适温下卵历期14～31d，幼虫历期6～7个月。成贝寿命可活5～10个月，完成一个世代需1～1.5年。11月后转入越冬状态。上年虫口基数较大，当年苗期多雨，土壤潮湿，蜗牛将有可能大发生。

4. 防治方法

（1）人工捕杀　可在凌晨、阴天或雨后人工捕杀。

（2）诱杀　在排水沟内堆放青草诱杀，也可用50kg豆饼加蜗牛敌1.5～3kg配制成毒饵或用蜗牛敌4kg拌炒香棉籽饼75kg于傍晚置沟边、地头或药园内的行间、药用菌棚蜗牛常出没处，天亮前收集捕杀。

（3）石灰带隔离　周围撒一条宽10cm左右生石灰带，可使经过石灰带的蜗牛致死。

（4）适时投药防控　当3～5只/m^2时可用90%敌百虫晶体800～1 000倍液喷治。严重发生时，每公顷用50%辛硫磷乳油25kg拌细土25kg，或用蜗牛敌4kg拌炒香棉籽饼75kg，或每667m^2任选6%四聚乙醛颗粒剂14～30g、0.75%除蜗灵颗粒剂0.4kg、8%灭蜗灵颗粒剂、10%多聚乙醛颗粒剂1kg拌一定数量细土，于8:00前或18:00后均匀撒畦面及基部。也可于清晨蜗牛入土前对土面或树体喷洒5%～10%硫酸铜、1%～5%食盐水或1%茶籽饼浸出液。此外，撒茶饼粉、石灰粉、草木灰和磷肥等有驱避蜗牛作用。以上用药宜在蜗牛大量出现而又未产卵前为好。

三、鼠害

为害大田农作物的农田鼠类是一大祸害，不仅为害农作物造成严重减产，还能传播疾病。而种植在大田的药用植物（包括药用真菌）同样深受其害。我国南方农田鼠害发生普遍，为害严重的主要是黄毛鼠、小家鼠和褐家鼠。

1. 黄毛鼠 黄毛鼠［*Rattus losea*（Swinhoe）］又名罗赛鼠、田鼠、园鼠、黄毛仔等。

（1）为害特点 食性杂，为害农田作物，喜食稻谷、谷子、甘薯、小麦、大豆等及室内食物仓库等，尤其对药用植物的苗地破坏性很大，常咬食根、茎，引起断垄、缺苗。还可为害食用菌以及其他野生植物和一些小鱼、虾、青蛙、昆虫等。

（2）生活习性 黄毛鼠喜湿、喜暖，喜栖居于田埂、路旁、河沟旁、斜坡、河堤、池塘边的杂草里，树根下、灌木丛中，居住穴内。有鼠居住的洞口光滑，有时洞口有新鲜颗粒状土堆、新鲜咬断的种芽，附近遗留有鼠足印、鼠粪、食物残渣。如洞口有土堵塞，洞内多有乳鼠，洞口有蜘蛛网，洞内已无鼠。该鼠独居生活，一般夜间活动，隐蔽条件较好的地方，昼间也有活动。一般以18:00～20:00和3:00～6:00活动最为频繁。活动范围一般为15～20m，最远达840m。有迁移习性，为寻找食物，常向附近成熟作物区转移，可到距离100～200m以外觅食。善游泳，一般灌渠、小河不能阻隔其活动。繁殖力强，一年四季均可繁殖，一年繁殖5～6次，每胎5～6仔，最多达13仔。5～7月和9～10月为其繁殖高峰，密度最高在12月至翌年1月，其次在8月，最低是4～6月。怀孕期21～24d。该鼠是传播华南恙虫病、钩端螺旋体病的重要储存宿主，该鼠也是江西、湖南等地血吸虫病的宿主。为害农田作物、室内食物仓库等，还可为害食用菌；主要是塑料袋栽培的食用菌，常将料袋咬破，致使杂菌污染料袋，以至整个料袋报废。

2. 小家鼠 小家鼠（*Mus musculus* Linnaeus），属啮齿目鼠科，又名小老鼠、小耗子、鼷鼠、小鼠等。

（1）为害特点 参见黄毛鼠。

（2）生活习性 属家栖兼野栖鼠类，栖居地广，包括人住房、场院、仓库、农田等，这些栖居地也是越冬场所。一般在杂物堆、地板下墙角、粮堆、水渠埂、荒地等处打洞筑巢。雌鼠产仔后，大部分洞口堵塞，只留一个。具有食性杂、繁殖力强、迁移性大、数量变动快等特点，一般冬春数量高，夏季偏低，秋后逐渐上升。

3. 褐家鼠 褐家鼠（*Rattus norvegicus* Rerkenbout），属啮齿目。

（1）为害特点 参见黄毛鼠。

（2）生活习性 白天藏洞内，夜晚外出活动取食，每夜外出2次，一次在天刚黑后不久，另一次是黎明前。该鼠食性杂，行动敏捷，视觉差，嗅觉、听觉、触角都很灵。稍受惊扰，立即躲避，生殖力强，幼鼠生活 3～4 个月后就可生殖。

4. 灭鼠方法

（1）改变农田生态环境　破坏害鼠栖息做巢条件，包括清除田埂旁、沟边池塘、河堤等外的杂草，降低田埂高度，除去多余基埂，田间及时除草等。

（2）器械灭鼠　常用有鼠夹、鼠笼、电子捕鼠器、粘鼠板等，尤其粘鼠板系灭鼠新方法，采用粘鼠胶，一年四季均可实行。野外使用电子捕鼠器一定要重视用电安全。野外找不到鼠洞，可等距离放置带饵捕鼠器械。

（3）药物灭鼠　应选高效、安全、经济药剂。

①敌鼠钠盐：按 0.025%～0.01%取药配制。将其溶于适量的酒精或热水中，然后按饵料吸水程度，加入适量的水配制成敌鼠钠盐母液。将小麦、大米等谷物或切成块状的瓜类、蔬菜浸泡在药液中，待药液被全吸收后摊开，稍晾干即成毒饵。如以黏附法配制，宜将药剂原粉与面粉以 1∶99 配成 1%母粉，然后按常规配制法进行配制。对黄毛鼠，每洞投放 20g 毒饵，如野外鼠洞不易找到的可等距离（5～10m）投一堆，每堆 20g，不易产生拒食性，此类药作用慢，但对人较为安全。

②毒鼠酮：毒饵中有效成分一般为 0.005%，取 1 份 0.025%毒鼠酮油剂倒入黄毛鼠喜食的谷物做成饵料拌均匀，堆闷数小时即成。田间可采取等距离堆放，间隔 5～10m 一堆，每堆 10g。此药对人畜较安全。

③毒鼠灵：属抗凝血灭鼠剂，对家畜毒性小些。采取逐步稀释法，先配制成 0.5%母粉，即 1 份 2.5%母粉加 4 份稀释剂稀释，然后取 0.5%母粉，加上 19 份饵料（先与 3%植物油混合），混合均匀即配制成 0.025%毒饵，该灭鼠剂适口性好，对家畜毒性较小。

④生物农药灭鼠：

A. 莪术醇：对人畜安全，但宜在鼠类繁殖期前投放。每 667m^2 使用 0.2%莪术醇饵剂 100g，投放点次按 15m×20m，每点放饵料 50g；如鼠群密度较大时，每 667m^2 使用饵剂 330g，投放点次按 15m×10m，每点放饵料 50g。

B. 沙门菌（生物猫）：系对鼠类专性寄生菌。对人畜安全。防治黄胸鼠、大足鼠、布氏田鼠，每个鼠洞用 1.25%沙门菌诱饵 5～8g。投饵时注意避光，下午或傍晚为宜，黄毛鼠可参考上述剂量灭鼠。

此外，要在菇场内养猫，防止鼠害。但要禁止在菇场培养料上投放鼠药。喷洒 50%福美双 300 倍液，对黄毛鼠有忌避作用。

主要参考文献

毕孝瑞，刘欢，闫军霞，2012. 检疫性害虫螺旋粉虱研究进展［J］. 现代农业科技（17）：114-120.

蔡健和，秦碧霞，余玉冰，2001. 罗汉果花叶病毒病病原病毒鉴定［J］. 广西科学，8（1）：66-69.

蔡健和，朱西儒，1994. 几种菊的病毒病病原鉴定［J］. 广西农业科学（6）：282-283.

蔡平，毛建萍，陆小燕，等，2005. 金叶女贞假尾孢病害的生物学特性和杀菌剂筛选［J］. 江苏林业科技，32（2）：5-7.

蔡选光，郑道序，黄武强，等，2005. 橄榄锄须丛螟生物学特性与综合防治［J］. 中国森林病虫（3）：14-15.

昌茹婧，郑露，黄俊斌，2009. 鱼腥草叶斑病病原鉴定［C］// 中国植物病理学会2009年学术年会论文集.

车海彦，吴翠婷，符瑞益，等，2010. 海南槟榔黄化病病原物的分子鉴定［J］. 热带作物学报，31（1）：83-87.

陈贵善，2006. 2种八角害虫的发生为害习性及防治方法［J］. 中国植保导刊，26（1）：32.

陈汉林，黄水生，1996. 厚朴新丽斑蚜的发生和防治［J］. 中药材，19（3）：112-114.

陈汉林，王根寿，1997. 黎氏青凤蝶的初步研究［J］. 森林病虫通讯（1）：35-36.

陈汉林，王根寿，陈正国，1997. 波纹杂毛虫生物学特性与防治措施［J］. 陕西林业科技（1）：49-51.

陈红梅，2008. 雷公藤角斑病病原鉴定及其生物学特性［J］. 福建林学院学报，28（3）：240-246.

陈宏，陈菁瑛，2011. 鱼腥草白绢病的生态防治措施［J］. 福建热作科技，32（4）：23，48.

陈惠敏，宋璋，俞亮，等，2002. 肉桂粉实病发生、病原生物学及药效试验［J］. 福建林学院学报，22（2）：176-179.

陈须文，李庚花，盛传华，等，2006. 车前草菌核病发生与防治研究［J］. 江西农业大学学报，28（6）：864-867.

陈须文，盛传华，曾水根，2006. 车前草穗枯病发生规律与综合防治研究［J］. 江西植保，31（4）：168-172.

陈捷，刘志诚，2009. 花卉病虫害防治原色图谱［M］. 北京：中国农业出版社.

陈瑾，许长同，吴如健，等，2013. 福州地区橄榄病害及防治调查分析［J］. 中国园艺文摘，29（2）：41-43.

陈军金，2005. 漆蓝卷象对橄榄的危害及防治方法研究［J］. 中国南方果树，34（2）：43-44.

陈康，谭毅，2006. 中药材病虫害防治技术［M］. 北京：中国医药科学出版社：1-12.

陈良秋，2006. 海南岛槟榔园常见病虫害的防治［J］. 现代农业科技（10）：76-77.

陈鹏，苏一，泽桑梓，等，2011. 八角新害虫——云南链壶蛉发生发展规律观察［J］. 林业实用技术（6）：44-45.

陈小红，2005. 四川省主要药用植物病害种类调查及川麦冬炭疽病的研究［D］. 雅安：四川农业大学.

陈玉胜，1993. 益母草病虫害的发生与防治［J］. 中药材，16（4）：11-12.

邓青云，李国元，2005. 红栀子主要害虫发生特点及防治研究［J］. 林业科技开发，19（3）：41-43.

邓运川，贾秀娟，2010. 美国凌霄栽培管理技术［J］. 南方农业（园林花卉版）（6）：17-18.

丁万隆，等，2002. 药用植物病虫害防治彩色图谱［M］. 北京：中国农业出版社.

丁晓军，唐庆华，严静，等，2014. 中国槟榔产业中的病虫害现状及面临的主要问题［J］. 中国农学通报（7）：246-253.

董宝成，2004. 鱼腥草紫斑病（*Nigrospora* sp.）的研究［D］. 雅安：四川农业大学.

方中达，任欣正，1992. 中国植物病原细菌名录［J］. 南京农业大学学报，15（4）：1-6.

冯明义，杨林，周立珍，2004. 神农架绞股蓝黑条罗萤叶甲严重发生原因及综防技术［J］. 中国植保导刊，24（9）：22-23.

冯岩，黄丽华，陈健，1999. 广州地区粉葛拟锈病病原鉴定［J］. 植物保护（1）：11-13.

冯悦，2008. 辽宁地区栽培射干病虫害及其防治［J］. 特种经济动植物，11（10）：50.

符悦冠，林延谋，1990. 益智主要害螨—卵形短须螨的初步研究［J］. 热带农业科学（4）：49-50.

甘国菊，杨永康，廖朝林，等，2011. 厚朴主要病虫害的发生与防治［J］. 现代农业科技（7）：175-176.

于清泉，2010. 莲藕绿色高效生产问答［M］. 北京：化学工业出版社.

高日霞，陈景耀，等，2011. 中国果树病虫原色图谱（南方卷）. 北京：中国农业出版社.

葛有茂，2007. 泽泻田节肢动物群落与主要害虫综合治理［D］. 福州：福建农林大学.

葛有茂，赵士熙，黄俊义，等，2005. 莲缢管蚜为害泽泻的防治指标及田间药效试验研究［J］. 江西农业大学学报，27（6）：847-851.

葛有茂，赵士熙，林光美，2005. 泽泻白斑病的病原及田间药效试验初报［J］. 中药材，28（5）：366-367.

宫喜臣，等，2004. 药用植物病虫害防治［M］. 北京：金盾出版社.

龚标勋，1998. 槟榔主要病虫害及其防治措施［J］. 植物医生，11（3）：11-12.

龚秀泽，白志良，2001. 从越南入境的椰子树苗中截获椰心叶甲初报［J］. 广西植保，14（4）：29-30.

郭素芬，2006. 汉中地区金银花主要害虫发生及防治技术的研究［D］. 杨凌：西北农林科技大学.

韩金声，1987. 花卉病害防治［M］. 昆明：云南科技出版社.

韩召军，杜相革，徐志宏，等，2001. 园艺昆虫学［M］. 北京：中国农业大学出版社.

何苏琴，金秀林，王卫成，2006. 金叶女贞褐斑病病原鉴定［J］. 植物保护（2）：70-72.

何学友，黄金水，张金文，等，2003. 漆蓝卷象防治试验研究［J］. 林业科学（S1）：134-138.

洪祥千，陈家俊，1986. 益智的三种重要新病害［J］. 热带作物研究（3）：50-53.

洪祥千，陈家俊，1989. 巴戟六种重要病害调查研究［J］. 热带作物研究（3）：48-52.

洪祥千，陈家俊，叶清仰，等，1992. 海南岛槟榔细菌性条斑病的发生规律［J］. 热带作物学报（1）：87-94.

曾令祥，2003. 黄柏主要病虫害及其防治技术［J］. 贵州农业科学，31（6）：55-57

侯平扬，黄喜文，李育斌，等，2005. 橄榄蛀果野螟的生物学特性及防治研究初报［J］. 广东农业科学（4）：62-64.

黄崇坚，2011. 广藿香的栽培技术［J］. 中国热带农业（1）：63-64.

黄德贵，阮孔中，1998. 几种杀菌剂防治金线莲病害试验［J］. 福建热作科技，23（1）：4-7.

黄家德，2006a. 罗汉果主要病虫害及其防治措施［J］. 广西科学院学报，22（3）：188-192.

黄家德，2006b. 绞股蓝病害的发生与防治［J］. 特种经济动植物 9（4）：41-42.

黄家南，2005. 九里香的主要病虫害及其防治［J］. 花卉（3）：7.

黄建军，2012. 玉屏县射干常见病虫害的发生及防治［J］. 植物医生，25（1）：20-21.

黄江华，2012. 广东省菊花主要病虫害危害及其防治［J］. 环境昆虫学报，34（1）：120-123.

黄金聪，2005. 女贞天蛾生物学特性的初步观察［J］. 福建林业科技，32（4）：99-101.

黄清汉，2005. 罗汉果常见病虫害防治方法［J］. 广西园艺，16（6）：41-42.

黄思良，陈作胜，晏卫红，2001. 罗汉果芽枯病病因及防治技术研究［J］. 中国农业科学，34（4）：385-390.

黄文恺，王凤玲，赵劲松，等，2002. 湖北麦冬主要病虫害的发生及防治对策［J］. 湖北植保（2）：12-13.

黄云，王洪波，李庆，等，2004. 山药炭疽病研究——Ⅰ炭疽病的症状及其病原鉴定［J］. 西南农业大学学报，26（1）：44-46，54.

黄云，叶华智，董宝成，等，2004. 长叶胡颓子锈病菌及其重寄生菌［J］. 中国生物防治，20（3）：193-196.

季梅，宁德鲁，陈海云，等，2007. 八角瓢萤叶甲的发生及防治［J］. 安徽农学通报，13（8）：142.

简美玲，郑基焕，毛润乾，2011. 广东省金银花主要病虫害调查初报［J］. 广东农业科学，38（14）：74-76.

江芒，温龙友，方益柱，等，2008. 辛夷栽培技术［J］. 现代农业科技（20）：51，54.

姜敏，邵明果，赵伯林，2005. 金银花尺蠖的生物学特性及防治技术［J］. 山东林业科技（1）：62-63.

姜子德，戚佩坤，1989. 砂仁真菌病害的鉴定［J］. 华南农业大学学报，10（1）：9-16.

蒋妮，蓝祖栽，谢保令，等，2008. 草珊瑚叶枯病研究初报［C］//中国植物病理学会 2008 年学术年会论文集.

蒋拥东，田启建，陈功锡，等，2009. 重楼病虫害生态调控研究［J］. 安徽农业科学，37（23）：11051-11153.

金波，等，2004. 园林花木病虫害识别与防治［M］. 北京：化学工业出版社.

康永，2011. 菊花常见病害及其防治［J］. 现代园艺（4）：97.

孔宝华，蔡红，陈海如，等，2003. 花卉病毒病及其防治［M］. 北京：中国农业出版社.

郎剑锋，朱天辉，叶萌，2004. 黄柏锈病的初步研究［J］. 四川林业科技，25（4）：40-43.
冷清波，戴凤凤，徐小荣，2002. 葛藤害虫紫茎甲调查研究初报［J］. 江西林业科技（5）：27-28，35.
黎起秦，林伟，冯家勋，2004. 茄青枯病菌引起的新病害——罗汉果青枯病［J］. 植物病理学报，34（6）：561-562.
李发美，2009. 野生花卉石蒜的栽培管理技术［J］. 中国园艺文摘，25（8）：154.
李庚花，张敬军，蒋军喜，等，2005. 车前草穗枯病研究Ⅰ症状及病原菌鉴定［J］. 江西农业大学学报，27（6）：872-874.
李桂亭，徐劲峰，吴彩玲，等，2002. 瓜藤天牛发生为害规律及控害技术［J］. 安徽农业科学，30（2）：238-239.
李国元，邓青云，华光安，等，2005. 红栀子园两种主要害虫咖啡透翅天蛾和茶长卷叶蛾的生物学特性及防治［J］. 昆虫知识，42（4）：400-403.
李怀方，刘凤权，郭小密，等，2001. 园艺植物病理学［M］. 北京：中国农业大学出版社.
李建申，田明义，古德就，2003. 取食葛藤的昆虫种类调查初报［J］. 昆虫天敌，25（1）：42-48.
李静，张敬泽，吴晓鹏，等，2008. 铁皮石斛疫病及其病原菌［J］. 菌物学报，27（2）：171-176.
李科明，2007. 安康地区绞股蓝主要害虫发生及防治技术研究［D］. 杨凌：西北农林科技大学.
李巧，陈锋，胡颖超，等，2013. 湘西地区葛根害虫紫茎甲危害规律剖析［J］. 吉首大学学报，34（1）：93-96.
李尚志，1989. 花卉病害与防治［M］. 北京：中国林业出版社.
李少峰，2001. 药用野菜——黄精高产栽培技术［J］. 长江蔬菜（1）：14.
李世平，唐斌，2000. 巴戟天高产栽培技术［J］. 特种经济动植物（3）：22-23.
李涛，伍贤进，张圣喜，等，2006. 鱼腥草病虫害发生规律研究初报［J］. 安徽农学通报，12（9）：142-144.
李涛，张圣喜，李苏翠，等，2009. 鱼腥草主要病虫害调查方法与综合防治标准操作规程［J］. 中国农学通报，25（13）：185-189.
李翔，2010. 半枝莲特征特性及栽培技术［J］. 现代农业技术（17）：142.
李向东，王云强，王卉，等，2011. 金钗石斛和铁皮石斛软腐病原菌的分离和鉴定［J］. 中国药学杂志，46（4）：249-252.
李泽善，廖中元，2003. 阆中发现半夏害虫新的为害种类［J］. 植物医生，16（6）：25-26.
李增平，罗大全，王友详，等，2006. 海南岛槟榔根部及茎部病害调查及病原鉴定［J］. 热带作物学报，27（3）：70-76.
李专，2011. 槟榔病虫害的研究进展［J］. 热带作物学报，32（10）：1982-1988.
李子辉，程新奇，2002. 辛夷苗木日灼病的发生及防止［J］. 湖南农业科学（5）：40.
林国柱，2011. 菊花病虫害的发生及防治［J］. 绿色科技（1）：51-53.
林石明，戚佩坤，1991. 槟榔叶斑类真菌病害［J］. 热带作物研究（3）：44-48.
凌世高，黎建伟，钟永红，等，2004. 橄榄病虫害调查初报［J］. 广西植保，17（2）：10-12.

刘爱华，王嵩，周富，2006. 半夏根腐病药剂防治筛选试验［J］. 安徽农业科学，34（15）：3737-3738.

刘丹，2011. 广藿香青枯病病原菌鉴定及致病性测定［D］. 广州：广州中医药大学.

刘亨平，2005. 山地橄榄主要病虫害种类及其防治措施［J］. 林业调查规划，30（4）：112-114.

刘鸣韬，孙化田，张定法，2004. 金银花根腐病初步研究［J］. 华北农学报，19（1）：109-111.

刘起丽，张建新，等，2014. 观赏花卉常见病虫害防治问答［M］. 北京：化学工业出版社.

刘淑娴，2006. 广州地区卵形短须螨种群生态学研究［D］. 广州：华南农业大学.

刘鑫，2009. 大连地区木槿病害、虫害的发生与防治方法浅析［J］. 黑龙江科技信息（29）：145.

刘有莲，黄寿昌，2003. 橘光绿天牛对九里香绿化球的危害及其经济损失评估［J］. 广西科学，10（2）：142-145.

刘玉，胥倩，姜莉，2006. 女贞瓢跳甲的生物学特性及防治［J］. 昆虫知识，46（6）：906-910.

卢隆杰，卢苏，2008. 何首乌病虫害防治技术［J］. 植物医生，21（2）：21-22.

卢宗荣，卢宗华，彭思略，2012. 显齿蛇葡萄病害的诊断与防治［J］. 现代农业科技（17）：132-133.

卢宗荣，王柏泉，冯广，等，2014. 厚朴枝角叶蜂生物字特性观察［J］. 中国森林病虫，33（5）：10-12.

陆家云，等，2001. 植物病原真菌学［M］. 北京：中国农业出版社.

陆自强，1991. 莲缢管蚜生物学与种群消长规律的研究［J］. 植物保护学报，18（4）：357-361.

罗文扬，罗萍，李士荣，等，2009. 鸡蛋花及其繁殖栽培技术［J］. 中国园艺文摘，25（11）：148-149.

罗有强，翟珍珍，宋水林，等，2010. 山麦冬叶枯病病原菌分离鉴定［J］. 江西植保，33（3）：119-120.

吕佩珂，苏慧兰，李秀英，等，2013. 绿叶类蔬菜病虫害诊治原色图鉴［M］. 北京：化学工业出版社.

毛美新，黄永明，李志中，2014. 白花蛇舌草无公害防治技术［J］. 农业开发与装备（1）：142-143.

梅德文，郑国农，李学益，1991. 胡颓子轮盾蚧在平凉地区的发生情况与防治［J］. 植物保护，17（5）：18-19.

莫贱友，郭堂勋，胡春锦，等，2006. 葛的栽培方法及其主要病虫害的防治技术［J］. 作物杂志（3）：48-51.

倪锋轩，吴玉洲，张江涛，2011. 河南辛夷丰产栽培技术［J］. 中国园艺文摘，27（5）：193-194.

牛永浩，2006. 二斑叶螨（*Tetrnychus urticae* Kach）生物学特性及防治技术研究［D］. 杨凌：西北农林科技大学.

裴卫华，曹继芬，杨明英，等，2011. 滇重楼一种茎腐新病病原的分离鉴定［C］//中国植物病理学会2011年年会论文集．

彭长江，刘岱，郑强，等，2013. 图说菜用鱼腥草栽培技术［M］．北京：化学工业出版．

皮祥，2011. 白花蛇舌草栽培技术［J］．农家之友（9）：18.

戚佩坤，等，1994. 广东省栽培药用植物真菌病害志［M］．广州：广东科技出版社．

瞿宏杰，赵劲松，何家涛，等，2006. 湖北麦冬主要病虫害发生规律及防治措施［J］．湖北农业科学，45（3）：337－338.

任应党，刘玉霞，申效诚，2003. 忍冬细蛾——危害金银花的中国昆虫新纪录［J］．昆虫分类学报，25（3）：235－236.

任应党，刘玉霞，申效诚，2004. 金银花主要害虫及防治［J］．河南农业科学（9）：66－68.

阮瑶瑶，黄永芳，韦如萍，等，2010. 肉桂主要病虫害及防治技术综述［J］．广东林业科技，26（1）：108－112.

沈立荣，薛小红，1993. 红天蛾的初步研究［J］．植物保护（5）：9－10.

冼旭勋，1995. 肉桂双瓣卷蛾生物学及防治［J］．昆虫知识，32（4）：220－223.

宋海超，张勇，刑波，等，2011. 海南石斛兰叶片黑点病的病原鉴定及室内药剂毒力测定［J］．中国农学通报，27（19）：110－114.

宋荣浩，濮祖芹，1991. 太子参（*Psevdostellaria heterophylla*）病毒病病原鉴定［J］．上海农业学报，7（2）：80－85.

苏百童，曹臻，2012. 菊花花腐病和斑枯病的发生与防治［J］．现代农村科技，(13)：21-22.

孙新荣，呼丽萍，刘艳梅，等，2010. 半夏块茎腐烂病病原鉴定和药效比较［J］．中国中药杂志，35（7）：837－841.

孙莹，薛明，张晓，等，2013. 金银花蚜虫的发生与防治技术研究［J］．中国中药杂志，38（21）：185－187.

唐养璇，2011. 商洛桔梗种植区地下害虫发生规律研究［J］．商洛学院学报，25（2）：17-19.

唐养旋，2005. 中草药种植基地网目拟地甲生活史及危害研究［J］．陕西农业科学（6）：42-44.

田福进，王诗军，田凤环，等，2004. 山药根结线虫病的发生及发病因素调查［J］．中国蔬菜（3）：40－41.

田启建，赵致，谷甫刚，等，2008. 贵州黄精病害种类及发生情况研究初报［J］．安徽农业科学，36（17）：7301－7303.

王柏泉，艾训儒，卢宗荣，等，2010. 厚朴害虫藤壶蚧生物学与发生规律研究［J］．湖北民族学报，28（3）：294－297.

王柏泉，艾训儒，彭琼，等，2011. 厚朴病虫害种类的初步调查［J］．植物保护，37（1）：132－134.

王宝清，王培学，2011. 药用植物金樱子栽培技术［J］．中国林副特产（6）：58－59.

王缉健，黄端昆，陈进宁，等，1998. 危害八角的两种蓟马［J］．广西农业科学（4）．

王记祥，2003. 福建省肉桂病虫害发生与防治枝术研究［D］．南京：南京林业大学．

王杰，胡惠露，张成林，等，2002. 菊花病虫害综合防治研究［J］．应用生态学报，13（4）：444－448.

王永明，2008. 九里香新害虫——黄杨绢野螟生物学特性与防治［J］. 福建林业科技，35（4）：161-164，169.

王宗华，唐景章，吴石金，等，1997. 福建柘荣太子参发生一种严重的新病害［J］. 植物病理学报（2）：174.

魏翠华，谢宇，秦建彬，等，2012. 金线莲高产优质栽培技术［J］. 福建农业科技（6）：31-33.

温学森，霍德兰，赵华英，2003. 太子参常见病害及其防治［J］. 中药材，26（4）：243-245.

巫锡源，肖连明，2013. 金线莲大棚高产栽培技术［J］. 福建农业科技（1-2）：58-60.

吴江，戚行江，陈俊伟，等，2004. 药用凌霄的无公害栽培技术［J］. 时珍国医国药，15（4）：254.

吴杰，马翠兰，2011. 浅谈河南南召辛夷主要病害的防治［J］. 中国中医药现代远程教育，9（18）：71-72.

吴荣华，庄克章，唐汝友，等，2009. 薏苡常见病虫害及其防治［J］. 作物杂志（3）：82-84.

吴泽文，莫少坚，宋力，等，1996. 肉桂的五种枝梢害虫［J］. 植物检疫，10（4）：213-215.

武知和，2006. 樟叶瘤丛螟的发生与防治［J］. 安徽林业（3）：43.

席刚俊，徐超，史俊，等，2011. 石斛植物病害研究现状［J］. 山东林业科技，41（5）：96-98.

冼旭勋，1992. 肉桂新害虫——肉桂泡盾盲蝽［J］. 森林病虫通讯（3）：50.

冼旭勋，1997. 肉桂泡盾盲蝽的生物学及防治［J］. 昆虫知识，34（4）：222-225.

向玉勇，朱园美，赵怡然，等，2012. 安徽省金银花害虫种类调查及防治技术［J］. 湖南农业大学学报，38（3）：291-295.

肖兴根，周小云，邓亦兵，等，2006. 商洲枳壳主要病虫害防治标准［J］. 现代园艺（2）：26-27.

肖永良，2007. 栀子重要害虫的发生与防治研究［D］. 武汉：华中农业大学.

谢联辉，林奇英，吴祖建，1999. 植物病毒名称及其归属［M］. 北京：中国农业出版社.

谢婉凤，郭文硕，陈玉森，等，2011. 雷公藤角斑病菌的生物学特性及侵入途径观察［J］. 福建农林大学学报，40（1）：13-18.

谢雨露，2003. 枳壳高产栽培技术［J］. 林业实用技术（1）：40.

景河铭，黄定芳，1989. 波纹杂毛虫生活习性及防治方法的研究［J］. 四川林业科技，10（3）：37-40.

徐雪荣，周晶，吴晓鹏，2012. 益智主要病虫害及其防治［J］. 中国热带农业（5）：56-58.

徐颖，严巍，池杏珍，等，2002. 金叶女贞叶斑病的研究［J］. 中国森林病虫，21（5）：12-14.

涂育合，许可明，姜建国，等，2006. 雷公藤栽培与利用［M］. 北京：中国农业出版社.

薛琴芬，邹罡，张峰，2010. 薏苡主要病虫害发生与防治［J］. 植物医生，23（6）：29-30.

薛振南，黄式玲，李孝忠，2003. 肉桂枝枯病菌及其生物学特性研究［J］. 广西农业生物科学，22（4）：275-279.

鄢淑琴，康芝仙，胡奇，等，1993. 黄柏丽木虱生物学特性的初步研究［J］. 吉林农业大学学报，15（1）：6-7.
杨晨亮，2011. 三星黄萤叶甲成虫取食与危害研究［D］. 杨凌：西北农林科技大学：1-28.
杨春雨，2010. 海南广藿香青枯病发病规律研究［J］. 植物医生，23（5）：30-31.
杨雄飞，李加智，1985. 景洪玫瑰茄基腐病初步研究［J］. 云南热作科技（4）：20-24.
杨永红，刘君英，王明辉，等，2008. 滇重楼根茎腐烂与小杆线虫的关系研究［J］. 中药材，31（10）：1467-1469.
杨永红，严君，刘君英，等，2009. 滇重楼根茎腐烂病的调查及其主要害虫研究［J］. 中药材，32（19）：1342-1346.
杨子琦，曹华国，陈凤英，1991. 神泽氏叶螨的初步研究［J］. 江西农业大学学报（2）：129-133.
姚银花，任胜利，郑福山，2008. 药用植物金银花病虫害种类及综合防治［J］. 凯里学院学报，26（3）：56-59.
叶江林，徐跃平，李新星，等，2010. 栀子灰蝶的生物学特性观察［J］. 浙江林业科技，30（3）：42-45.
叶庆荣，2005. 珍稀中草药金线莲病虫害综合防治技术［J］. 中国农村小康科技（12）：43，47.
时雪荣，戚佩坤，1988. 巴戟枯萎病的病原菌鉴定［J］. 植物病理学报，18（3）：137-142.
叶玉珠，吴耀根，袁媛，等，2002. 栀子三纹野螟生物学特性研究［J］. 中国森林病虫，21（4）：12-14.
《英汉农业昆虫学词汇》编辑委员会，1983. 英汉农业昆虫学词汇［M］. 北京：农业出版社.
余丽莉，庄文彬，董须光，2007. 玫瑰茄在漳浦县的种植表现及高产优质栽培技术［J］. 福建农业科技（2）：27.
虞国跃，张国良，彭正强，等，2007. 螺旋粉虱入侵我国海南［J］. 昆虫知识，44（3）：428-431.
袁兴华，曾小春，肖美仔，等，2006. 白花蛇舌草的高产栽培技术［J］. 内蒙古农业科技（7）：251.
曾令祥，2004. 黄柏常见病虫害及其防治［J］. 农技服务（1）：23-25.
曾宋君，刘东明，段俊，2003. 石斛兰的主要虫害及其防治［J］. 中药材，26（9）：619-621.
曾燕君，莫饶，刘志昕，等，2009. 海南兰花病毒病调查及病原检测［J］. 热带农业科学，29（4）：17-19.
张斌，黄金水，陈如英，等，2000. 肉桂突细蛾生物学特性及防治技术［J］. 森林病虫通讯 19（3）：2-5.
张成良，张作芳，李尉民，等，1996. 植物病毒分类［M］. 北京：中国农业出版社.
张丹雁，刘军民，徐鸿华，2005. 阳春砂的病虫害调查与防治［J］. 现代中药研究与实践，19（4）：15-17.
张方平，符悦冠，2004. 海南香蕉皮氏叶螨的发生与防治［J］. 中国南方果树，33（6）：44.
张锋，王志芳，王维婷，等，2012. 益母草无公害生产技术规程［J］. 山东农业科学，44

(9)：123-124.

张国辉，任永权，李娇梅，等，2014. 华重楼软腐病的病原鉴定与病害分析 [J]. 中国农学通报 (7)：306-308.

张国辉，张西平，贸定翔，2011. 贵州省黔东南州太子参斑点病的调查及防治 [J]. 安徽农业科学，39 (7)：3993-3994，3999.

张海珊，檀根甲，陈莉，2008. 2种麦冬炭疽病菌生物学特性的研究 [J]. 草业学报，17 (4)：118-123.

张红梅，李桂芝，王亚，等，2006. 金叶女贞常见病虫害及其防治 [J]. 平顶山工学院学报，15 (1)：46-47.

张继龙，黄金水，陈红梅，等，2010. 应用昆虫病原线虫防治雷公藤丽长角巢蛾试验 [J]. 福建林业科技，37 (3)：32-36.

张可池，1988. 斜线网蛾 (*Striglina scitaria* Walker) 的初步研究 [J]. 福建农学院学报，17 (4)：339-341.

张丽芳，施永发，瞿素萍，等，2010. 刺足根螨的生物学研究 [J]. 江西农业学报，22 (2)：93-94.

张庆琛，裴冬丽，丁锦平，等，2012. 车前草白粉病的病原菌鉴定 [J]. 贵州农业科学，40 (9)：106-108.

张绍升，罗佳，刘国坤，等，2011. 花卉病虫害诊治技术 [M]. 福州：福建科学技术出版社.

张绍升，肖荣凤，林乃铨，等，2002. 福建橄榄寄生线虫种类鉴定 [J]. 福建农林大学学报，31 (4)：445-451.

张世宇，熊仁，陈云和，等，2006. 鱼腥草主要病虫害及无公害防治技术 [J]. 云南农业科技 (2)：51.

张小斌，唐养璇，2006. 商洛半夏块茎腐烂病的原因初探及防治对策 [J]. 商洛师范专科学校学报，20 (2)：37-39.

张雪辉，2010. 半夏根腐病的发生与防治 [J]. 现代园艺 (2)：41-42.

张扬，张忠民，罗方田，2006. 绞股蓝疫病的发生与防治技术 [J]. 中国植保导刊，26 (7)：28-29.

章霜红，2012. 薏苡叶枯病和叶斑病调查与病原鉴定 [J]. 中国植保导刊，32 (6)：5-7.

赵明，陈鹏，戴兴祥，等，2009. 富宁县八角主要病虫害种类及其治理 [J]. 林业调查规划，34 (1)：76-79.

赵振玲，张金渝，陈翠，等，2012. 滇重楼2种真菌性叶斑病的初步研究 [J]. 西南农业学报，25 (1)：318-322.

赵云青，陈菁瑛，林晓军，等，2014. 金线莲茎腐病病原菌分离及分子鉴定 [J]. 福建农业学报，29 (10)：995-999.

赵云青，黄颖桢，陈菁瑛，等，2013. 金线莲白绢病病原菌分离及分子鉴定 [J]. 福建农业学报，28 (3)：356-360.

郑宝荣，2007. 肉桂双瓣卷蛾种群动态及综合治理研究 [J]. 福建林业科技，34 (2)：10-13.

郑宝荣，李跃生，沈汉水，2003. 肉桂病虫害种类调查初报 [J]. 福建林业科技，30 (3)：

70－72.
郑宝荣，叶建仁，王记祥，等，2004. 肉桂藻斑病的初步研究［J］. 中国森林病虫，23（2）：8－10.
郑俊仙，梁光红，郑郁善，2012. 雷公藤叶部病虫害的发生现状、成因及对策［J］. 亚热带农业研究，8（1）：31－36.
中国科学院微生物研究所，1976. 真菌名词及名称［M］. 北京：中国科学出版社.
钟爱清，林丛发，2008. 金线莲组培苗栽培技术［J］. 闽东农业科技（2）：12－13.
周萍，祝哲华，李泽文，等，1990. 石斛菲盾蚧的发生及防治初步研究［J］. 中药材，13（7）：11－12.
周银烟，2011. 余甘异胫小卷蛾的发生及防治［J］. 福建农业科技（1）：68.
朱建华，黄金水，任少鹏，等，2010. 雷公藤丽长角巢蛾生物学特性研究［J］. 中国森林病虫，29（3）：18－20.
朱京斌，陈庆亮，单成钢，等，2010. 桔梗主要病虫害及其防治［J］. 北方园艺（21）：194－195.
朱培林，吴金蛾，郑昭宇，等，2004. 地道药材江枳壳规范化种植技术［J］. 林业科技开发，18（5）：51－54.
邹吉福，2000. 黑脉厚须螟生物学特性的研究［J］. 浙江农林大学学报，17（4）：414－416.

索　引

南方药用植物病害病原学名与中文病害名称对照索引

R

S

T

南方药用植物害虫学名与中文名称对照索引

B

Q

栝楼斑点病叶片症状

栝楼蔓枯病果实症状

莲褐斑病病叶

柑橘黄龙病病树

柑橘黄龙病病叶（斑驳）

柑橘黄龙病病果（红鼻果）

橄榄煤烟病症状

橄榄叶上粉虱

漆蓝卷象为害橄榄青果
（何学友供）

漆蓝卷象蛀果为害状（橄榄）
（何学友供）

余甘青霉病病果（右）

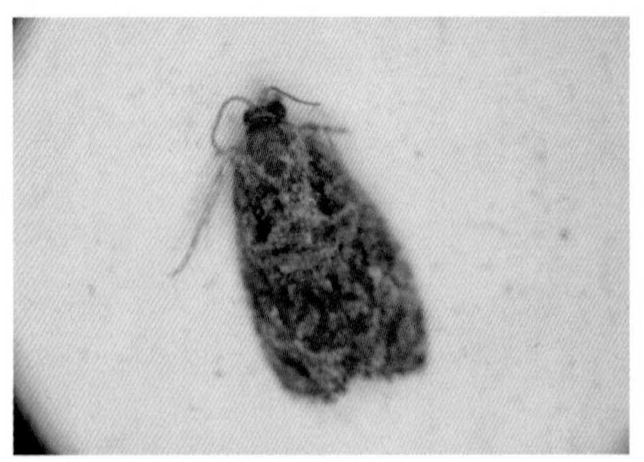
余甘异胫小卷蛾（成虫）
（庄家祥供）

余甘异胫小卷蛾（幼虫）及其为害状
（庄家祥供）

余甘异胫小卷蛾（蛹）
（庄家祥供）

太子参斑点病症状

太子参花叶病症状

泽泻白斑病初期症状

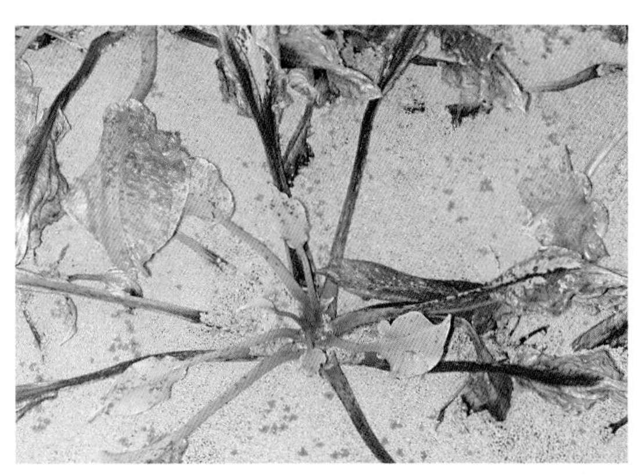

泽泻白斑病后期症状

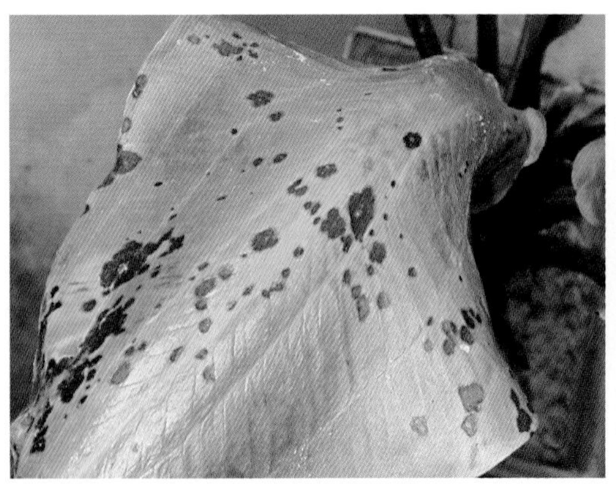

泽泻白斑病病叶症状

多花黄精叶斑病症状

山麦冬黑斑病病株

山麦冬黑斑病叶片症状

山麦冬炭疽病病叶症状

为害山麦冬的粉蚧

山药褐斑病症状

山药灰斑病症状

白术白绢病病株

白术白绢病根际土壤密布白色菌丝

白术立枯病症状

金线莲白绢病症状

金线莲猝倒病病苗

金线莲茎腐病症状

红蜘蛛为害状（金线莲）

石斛黑点病症状

紫皮石斛花枯病症状

蚜虫为害石斛

蜗牛为害状（石斛）

仙草菟丝子寄生

仙草褐腐病基部症状

仙草根结线虫病症状

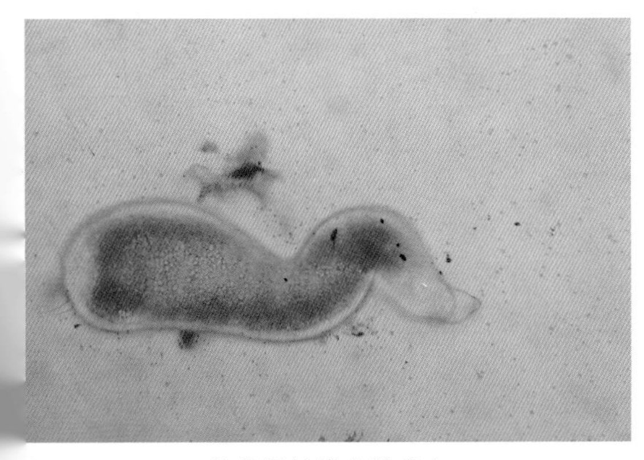

仙草根结线虫雌成虫

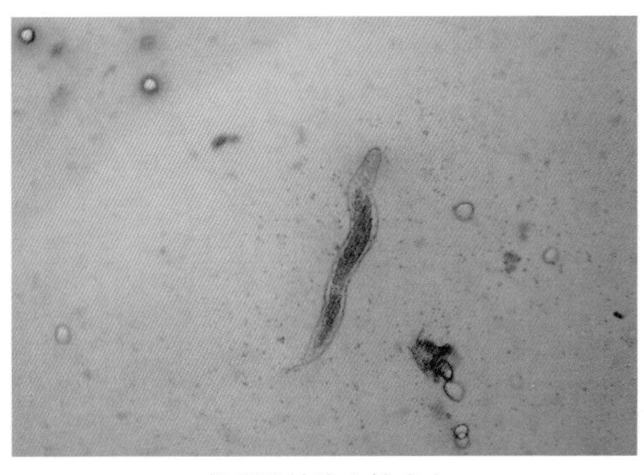

仙草根结线虫雄成虫

为害仙草的斜纹夜蛾（幼虫）

仙草斜纹夜蛾为害状

仙草蛀茎虫（幼虫）及其为害状

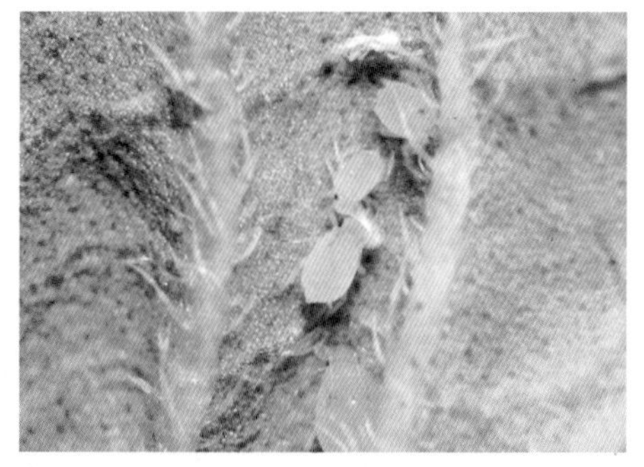
仙草蚜虫

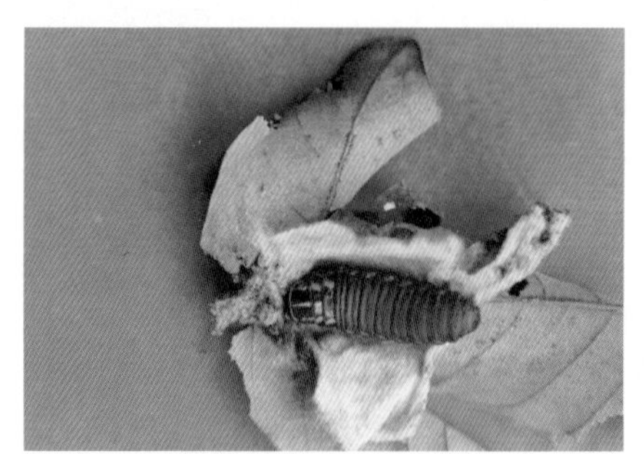
大袋蛾（袋囊内幼虫）

乌桕黄毒蛾（高龄幼虫）

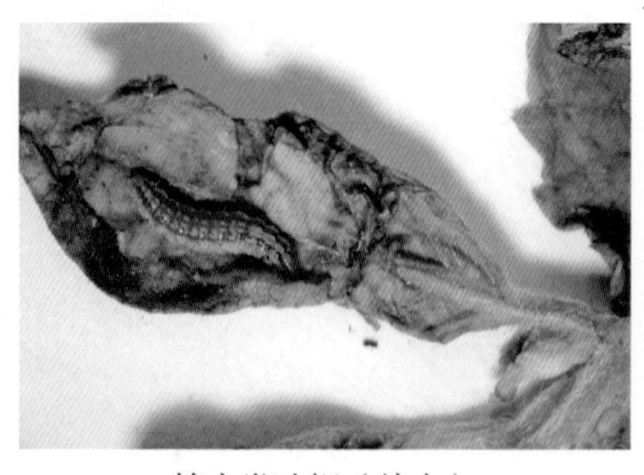
棉大卷叶螟（幼虫）

咖啡豹蠹蛾